电线电缆材料
——结构·性能·应用

郭红霞　主编

机械工业出版社

本书以材料的结构—性能—应用为主线，系统地介绍了金属材料、高分子材料、复合材料等电线电缆行业使用较多的各种材料。以通俗简洁的语言深入浅出地介绍了结构及其使用环境和性能的关系，是一本综合性、应用性较强的书籍。全书共分 5 部分。第一部分是金属材料，首先介绍了金属和合金的微观结构，然后阐述了金属宏观性能与微观结构的关系以及影响因素，最后介绍了以铜铝为主等金属材料的性能、特点及应用。第二部分是高分子材料，介绍了高分子的结构和高聚物聚集态结构，以及高分子复合材料结构；阐述了高聚物电性能等宏观性能与微观结构的关系以及影响因素；分别介绍了电线电缆中常用的塑料和橡胶的结构性能特点与应用；最后简单阐述了高分子合金的基本理论，并介绍了电线电缆中常用的共混物和热塑性弹性体。第三部分是复合材料，介绍玻璃纤维、碳纤维和芳纶纤维以及环氧树脂的制造、结构和性能。第四部分是光纤光缆材料；第五部分是气体、液体电介质。

本书可供从事电线电缆制造的有关工程技术人员、管理人员和实际操作人员阅读参考；也可供大中专院校相关专业作为教材使用。

图书在版编目（CIP）数据

电线电缆材料：结构·性能·应用/郭红霞主编. —北京：机械工业出版社，2012.3（2024.7重印）
（电线电缆技术丛书）
ISBN 978-7-111-37877-8

Ⅰ.①电…　Ⅱ.①郭…　Ⅲ.①电线—电缆　Ⅳ.①TM246

中国版本图书馆 CIP 数据核字（2012）第 057513 号

机械工业出版社（北京市百万庄大街 22 号　邮政编码 100037）
策划编辑：林春泉　责任编辑：张沪光
版式设计：霍永明　责任校对：张　薇
封面设计：鞠　杨　责任印制：张　博
北京建宏印刷有限公司印刷
2024 年 7 月第 1 版·第 10 次印刷
184mm×260mm·17.75 印张·437 千字
标准书号：ISBN 978-7-111-37877-8
定价：46.00 元

前　　言

材料是人类社会进步的物质基础，是人类文明程度的象征。社会的发展始终与材料密切相关。石器时代、青铜时代、铁器时代等就是以材料来划分人类社会发展进程的。现代高科技发展更是紧密地依赖材料的发展。材料、能源、信息和生物技术已是现代科技的四大支柱。

电线电缆材料对电线电缆行业的发展有着十分重要的意义。塑料在电缆中的使用，不仅使电缆的生产过程大大简化，而且使电缆敷设简便易行；碳纤维复合材料制造的复合铝绞电缆，与传统的钢芯铝绞电缆相比，可以提高电力传输容量一倍以上，同时可以减少8%线路损耗和减少20%的杆塔数。石英玻璃纤维的出现使光纤通信获得了飞速发展。随着国民经济的发展和人民生活的提高，电线电缆的使用条件更为复杂，因此，对材料提出了更高、更苛刻的要求。熟悉各种材料的物理、化学性质，理解各种材料微观结构、化学组成与其性能的关系，了解材料在各种外界条件作用下，其物理化学性能的变化规律，这样才能在电线电缆结构设计中合理地选择材料，确定良好的加工工艺，制备出符合各种环境下使用的电线电缆产品。

本书作者从事电缆材料的教学和研究十余年，对如何进行材料的理论教学有比较深刻的体会，本书是对多年工作的总结。电线电缆材料一方面发展迅速，涉及的材料种类繁多，另一方面又要在较少篇幅内构筑起微观结构与宏观性质的联系，因此，在编写中除了力求本书的科学性、系统性外，还特别注意了其简明性、实践性，同时努力反映电线电缆材料领域的新成就和发展趋势。

本书由河南机电高等专科学校郭红霞主编，张开拓（河南机电高等专科学校）、穆培振（河南新太行电源有限公司）、梁蕊（河南师范大学）、郭鑫（中国移动通信集团河南有限公司）参与了部分章节的编写工作。编写过程得到了河南机电高等专科学校电缆教研室和多家电缆厂的帮助，在此向他们曾经给予的热情帮助表示衷心的感谢！

作者在本书编写过程中参考和借鉴了不少专家的相关著述，在此向他们表示真诚的感谢！作者在书末的参考文献做了一一列举，但难免有遗漏之处，敬请谅解。

本书涉及内容广泛，加之作者专业水平有限，其中难免有许多不妥或错误之处，敬请读者批评指正。

作　者

目　录

绪　论

电线电缆是用于传输电能、传递信息和实现电磁转化的电工类线材产品。一般将直径较小、结构简单的电线电缆称为电线，而将直径较大、结构复杂的电线电缆称为电缆，两者没有严格区别，有些依习惯而定。电线电缆产品的品种是非常繁多的，目前已有一千多个品种，按其产品的性能、结构、工艺的相近性与相似性，结合产品的使用特点大致可以分为以下五类：

1）裸电线与裸导电制品

裸电线与裸导电制品是指有导体而无绝缘的电线电缆产品，用于电力传输，电气、通信以及电气装备的元件。与其他电线电缆产品相比，具有结构简单、制造方便、施工容易和便于检修等优点。这类产品使用的材料是金属及其合金。

2）绕组线（电磁线）

绕组线是指以绕组形式在磁场中切割磁力线产生感应电流，或通过电流产生磁场的电线制品，用于电动机、变压器以及电气装备中的线圈。它主要有漆包线和绕包线。这类产品除使用金属外，还使用各种绝缘漆、绝缘薄膜、绝缘纤维等材料。

3）电力电缆

电力电缆是在电力系统中的主干线上，用以传输和分配大功率电能的电线电缆产品，用于电力输配线路，使用电压都比较高，一般都在 1kV 及以上。这是一类最具代表性的产品，其结构一般有导电线芯、绝缘层、护层以及屏蔽层和填料共五部分组成，如图 0-1 所示。这类产品对绝缘材料要求很高，特别是 35kV 以上的超高压电缆。

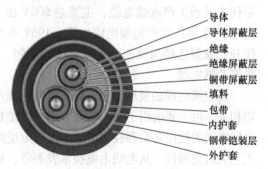

导体
导体屏蔽层
绝缘
绝缘屏蔽层
铜带屏蔽层
填料
包带
内护套
钢带铠装层
外护套

图 0-1　三芯电缆结构示意图

4）通信电缆和光缆

通信电缆和光缆是指传输电话、电报、电视、广播、传真、数据和其他信息的电线电缆产品。通信电缆又分为对称通信电缆和同轴通信电缆。产品要求电线电缆以极快速率，准确、清晰地将各种信息传输至接收方，因此要求采用电导率很高的导体材料、绝缘电阻高而且介电常数很小的绝缘材料，以及屏蔽性能高的材料。

光缆是以光导纤维作为光波传导介质进行信息传输的电缆产品，如图 0-2 所示。具有传输衰减小、传输频带宽、不受电磁场干扰、保密性好，并且产品重量轻、外径小等特点。因此，光缆一经诞生就得到迅速发展。

5）电气装备用电线电缆

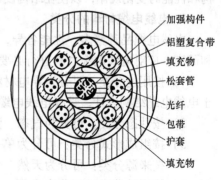

加强构件
铝塑复合带
填充物
松套管
光纤
包带
护套
填充物

图 0-2　层绞式光缆结构

电气装备用电线电缆包括从电力系统的配电点把电能直接输送到用电设备、器具作为连接线路的电线电缆，以及电气装备内部的计测、信号控制系统中各种通用或专用的电线电缆。它是使用范围最广、品种系列最多、工艺技术门类最复杂的一类产品。按产品用途它可分为八类，包括低压配电电线电缆、信号及控制电缆、仪器和设备连接线、交通运输工具电线电缆、地质资源勘探和开采电线电缆、直流高压电缆、加热电缆以及特种电线电缆等。这类电线电缆由于使用的领域复杂，对护层材料的要求各不相同，诸如耐热、耐燃、耐油、耐腐蚀、耐磨、柔软等，因此使用的材料品种繁多，性能各异。

电线电缆在国民经济中发挥着非常重要的作用，在电力系统、信息传输中发挥决定性的作用，电机、电信、电子工业的发展都受其较大的影响。在现代的生产、国防、科学研究和日常生活中，电线电缆是不可须臾缺少的重要产品。电线电缆在国民经济中所起的作用就像人体中血管和神经的作用一样。

电线电缆的发展并不是孤立的，它首先决定于电能应用的多样性和广泛性，以及电机、电信、电子工业的发展。

1. 电线电缆发展和电线电缆材料的作用

电线电缆的使用随电的产生就出现了，在1880年爱迪生在纽约首先制造并使用了电缆。1887年在上海用硫化橡胶作绝缘铅包作护层的电缆，用于上海租界的照明，这是我国最早使用电缆。1932年意大利米兰安装第一根220kV充油电缆，在1969年法国安装使用第一根225kV聚乙烯电线电缆。目前发达国家正在研究1000kV交联聚乙烯电缆。我国20世纪30年代才开始生产电线电缆，主要是600V以下的橡皮绝缘电缆；50年代开始生产油浸纸绝缘电缆；60年代生产充油电线电缆，1968年生产出220kV充油电缆，70年代达330kV；60年代开始聚氯乙烯与聚乙烯绝缘电缆的研制，早期生产不稳定，至80年代开始生产110kV交联聚乙烯电缆。

从电线电缆的发展历史可见，电线电缆产品每一次升级换代，都与电线电缆使用的材料密切相关。由于要适用不同的需要，电线电缆自然应具有各种广泛、优异而稳定的使用性能。而电线电缆的使用寿命和性能取决于电线电缆结构的合理性和先进性，材料使用的合理性，以及工艺先进完善性。从电线电缆技术发展看，材料的合理性和正确使用是关键因素。电线电缆正向高压、高频、环保、耐高温、阻燃等特殊功能发展，这就要求不断采用性能优异的新材料。由于市场经济，也要求使用的材料来源广泛、价格低廉。要根据电线电缆的用途和性能要求，不断地发现、改进和使用性能好的材料。这就要求深入了解电线电缆材料在各种因素作用下结构和性能的变化规律，以便在结构设计中合理地使用材料，在生产过程中制定合适的工艺。

2. 电线电缆材料的分类

电线电缆品种繁多，性能各异，一种材料在电线电缆中往往起多种作用。为了便于选用和研究，应对电线电缆材料进行必要的分类：

1）按用途分类：可分为导电材料、绝缘材料、护层材料。这种分类具有专业特点，便于电线电缆结构设计，选择电线电缆材料。

2）按性态分类：可分为气态、液态、固态材料。

3）按组成形式分类：可分为单一材料、组合（复合）材料如合金、铝塑。

4）按来源分类：可分为天然、合成、人造材料。这种分类便于材料的研究和开发。

5）按属性分类：可分为金属、塑料、橡胶等。这种分类有利于研究材料的特点和结构，便于开发和采用新材料。

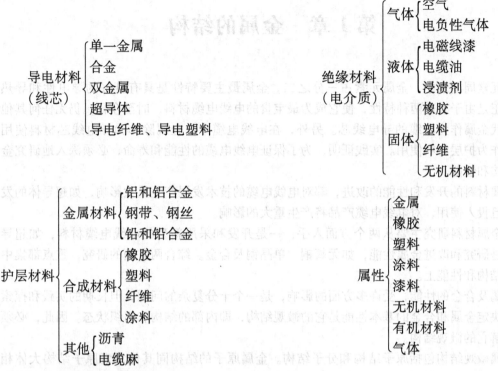

3. 电线电缆材料的基本要求

在电线电缆中，材料用途不同，要求也不同。

导电线芯：要求较高的电导率，这是最基本的前提，在满足这个条件下，并要求有足够的机械强度和化学稳定性，不易氧化，同时便于加工和焊接。

绝缘层：要求优异电绝缘性能。材料的电性能一般用绝缘电阻 R、介电常数 ε_r、介质损耗角正切 $tg\delta$ 和耐电强度 E_b 来表示。不同使用领域，电线电缆绝缘材料对这四大参数要求也各有侧重。

例如：高压电缆：E_b 高、$tg\delta$ 小

　　　　高频电缆：ε_r 小

　　　　一般电线：R 大

此外，对材料的力学性能、化学性能、耐老化性能和电老化性能以及特殊性能（如耐燃、耐热、耐油、耐湿）也会有要求。

护层：护层作用是保护和防止绝缘材料免受各种外界因素（机械作用、物理、化学、光、电、湿、微生物）的影响，确保电线电缆使用。护层材料要有耐受各种环境因素作用的能力，也就是它的稳定性能，如金属材料的耐腐蚀性，塑料的耐环境应力开裂的性能和耐老化性能。

在选择材料时，不管是导电还是其他材料，都有一个共同点，就是要考虑其工艺性（加工性）及材料的经济性。因此，选择材料的基本原则如下：

①　性能满足要求；

②　加工性能良好；

③　材料的经济性。

第1章　金属的结构

在元素周期表中，金属元素占三分之二。金属最主要特性是具有良好的导电性和导热性。而正是由于有这两种特性，使它成为最宝贵的电线电缆材料，时至今日，仍无任何其他材料取代金属作为电缆的导电线芯。另外，在电线电缆中，金属除作为导电线芯材料使用外，也作为护层材料使用。实践证明，为了保证电线电缆的性能和寿命，必须深入地研究金属的结构和性能。

金属材料的开发和性能的改进，都对电线电缆的技术发展产生重大影响，如超导体的发现，一旦投入使用，对电线电缆产品将产生重大的影响。

对金属材料研究主要从两个方面入手：一是开发和采用新型的电线电缆材料，如超导体；二是研究和改进金属性能，如无氧铜、单晶铜及合金。综合两方面的研究，重点都集中在金属结构和性能上。

金属及合金的性能，受许多方面的影响，是一个十分复杂的问题，但长期的实践和探索表明，决定金属和合金的基本性能是它的微观结构，即内部的结构和组织状态。因此，必须首先了解它的微观结构。

金属微观结构包括原子结构和分子结构。金属原子的结构同其他元素原子结构大体相同，是由带正电荷的原子核和带负电荷并围绕其原子核运动的电子组成。原子内的电子是按能级排布的。例如：

$_{13}$Al：13e　$1S^2 2S^2 2P^6 3S^2 3P^1$

$_{29}$Cu：29e　$1S^2 2S^2 2P^6 3S^2 3P^6 3d^{10} 4S^1$

在原子中，最有意义的是最外层电子，它决定金属的主要性能，作为一个共同的规律，金属元素位于周期表左侧，最外层的电子都比较少，一般只有1、2、3，且电负性小，对最外层电子吸引力小，外层电子容易脱离原子核的吸引成为自由电子。金属许多性能都与自由电子有关。

1.1　固体金属的结构

1.1.1　金属键

一般情况下，金属是处于固体的。金属原子之间相互结合成固体时，彼此相互影响，各金属原子的外层电子易脱离原子核的吸引成为正离子，正离子按照一定规律排列起来，在平衡位置上振动，而外层的价电子成为自由电子，在各离子间自由运动，为整个金属所共有，形成所谓的电子气，这些带负电的自由电子与带正电荷的金属离子之间产生相互吸引力，自由电子形成的电子气像粘合剂一样，将金属正离子或原子吸引在一起，金属的这种结合方式称为金属键。形象地说，自由电子像可流动的粘合剂一样，将金属原子或离子粘合在一起（见图1-1）。

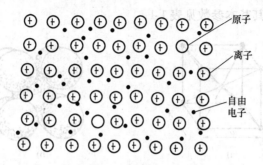

图 1-1　金属键模型

自由电子的这种金属结构决定了固体金属的共同特性——导电性、导热性、金属光泽性及延展性。

金属的自由电子在外加电场的作用下，定向移动可以形成电流，因此金属具有导电性。由于金属原子和离子不是静止的，是在其平衡位置上不断振动的，这种振动对电子的定向移动有阻碍作用，加上金属正离子对电子的吸引作用，故金属有电阻。温度升高，金属离子振动加剧，电子定向运动受到更大的阻碍，所以温度升高，金属的电阻增加。

金属的自由电子可以吸收可见光，然后又把大部分的光反射出来，因此金属不透明，且有金属光泽。

金属一端受热后，通过自由电子的高速运动，将能量迅速"输送"到冷的一端（金属离子与自由电子不断碰撞而交换能量），故金属有导热性。

由于自由电子不属于某一特定原子所有，在外力作用下，金属离子的位置发生相对位移后，不破坏金属键，从而显示金属特有的延展性。

1.1.2　固体金属的空间结构

金属晶体是由于金属原子靠共用自由电子结合在一起的。在电子的胶合作用下，金属原子尽可能以最紧密的堆积形成晶体。

为了研究问题的方便，把金属晶体中的金属原子简单地看成一个点，很多点排列组合起来就组成所谓的点阵，点与点连接起来就构成格子，称为晶格，而那些点就称为结点。从晶格中可以清楚地显示晶体中微粒（如金属原子）的排列规律。

在金属晶体中，原子有规则地排列。在空间排列上，有周期的重复性，各金属原子或离子的排列顺序和距离，呈现出周期性。这一周期性是由几个金属原子规则排列构成的小单元连续不断重复的结果，因此只要研究一个小单元就可了解整个晶体的结构。

由于晶格只是不断重复这种顺序的排列，因此只需要从中抽出一个最小的基本单元，就可以了解整个晶格，这个抽出来的最小基本单元称为晶胞。晶胞通常是一个很小的六面体，因为晶胞能在空间重复堆砌，这个六面体有一定的对称性。晶胞各边的尺寸与夹角称为晶格常数。

显然，晶胞在三维空间重复堆砌就形成晶格，晶胞是包括晶格所有信息的最小重复单元。

按照金属晶胞的不同类型，金属晶格典型结构有体心立方、面心立方、密排六方三种，如图1-2～图1-5所示。其基本参数见表1-1。

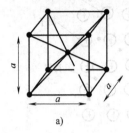 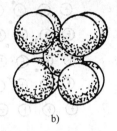

图1-2　体心立方结构

a）体心立方晶格（质点模型）　b）体心立方点阵（钢球模型）

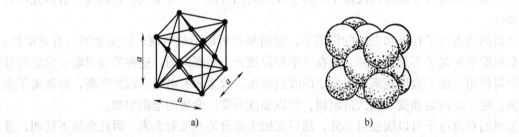

图1-3　面心立方结构

a）面心立方晶格（质点模型）　b）面心立方点阵（钢球模型）

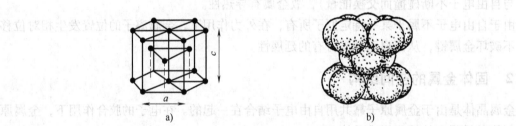

图1-4　密排六方结构

a）密排六方晶格（质点模型）　b）密排六方点阵（钢球模型）

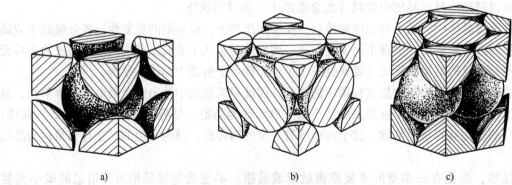

图1-5　晶胞中原子数示意图

a）体心立方晶格　b）面心立方晶格　c）密排六方点阵

表 1-1 金属晶体结构类型的基本参数

晶格类型	一个晶胞中的原子数	配位数[①]	原子间最近的距离	致密度	例　子
体心立方	$\frac{1}{8} \times 8 + 1 = 2$	8 + 6	$\frac{\sqrt{3}}{2}a$	0.68	Li、Na、K、Mo、W、Cr、α-Fe、δ-Fe
面心立方	$\frac{1}{8} \times 8 + \frac{1}{2} \times 6 = 4$	12	$\frac{\sqrt{2}}{2}a$	0.74	Cu、Al、Ag、Au、γ-Fe、Pb、Ni
密排六方	$\frac{1}{6} \times 12 + \frac{1}{2} \times 2 + 3 = 6$	12	a	0.74	Mg、Zn、Co、Cd、Ti、La

① 配位数:晶体结构中,与任一原子最近并相邻且距离相等的原子数。

金属的晶体结构和晶格常数决定了晶体的基本类型,一般来讲,作为良导体的金属都是面心立方。

当已知一个金属在一定温度下的晶格常数,便可以利用下列公式计算其密度:

$$\rho = \frac{\frac{n}{N}M}{V} = \frac{nM}{NV}$$

式中　M——金属的原子量;

V——晶胞的体积;

n——每一个晶胞所包含的原子数;

N——每克原子金属所具有的原子数（$N = 6.0228 \times 10^{23}$）。

表 1-2 电线电缆常用的几种金属的晶格常数

金　属	晶格类型	晶格常数/nm		原子距离/nm	原子半径/nm
		a	c		
铜	面心立方点阵	0.365		0.256	0.128
铝	面心立方点阵	0.405		0.286	0.143
铅	面心立方点阵	0.495		0.35	0.175
金	面心立方点阵	0.408		0.288	0.144
银	面心立方点阵	0.409		0.289	0.145
镍	面心立方点阵	0.352		0.249	0.124
锌	密排六方点阵	0.266	0.495	0.266	0.133
镉	密排六方点阵	0.298	0.562	0.298	0.149
γ-铁	面心立方点阵	0.365（916℃）		0.258（916℃）	0.129（916℃）
α-铁	体心六方点阵	0.287		0.248	0.124

注:除注明温度外,其余均为室温。

1.1.3　晶体中原子间的作用规律

金属晶体中的原子之间通过金属键结合成具有一定几何尺寸、结构稳定的晶体,是由于原子间存在着作用力,即金属键,这种作用力本质上也是静电力,只是要遵守量子论原则。但两原子之间的作用力是随两原子之间的距离变化的,图 1-6 表示原子间相互作用力 f,随原子距离 r 变化的规律。

从图可知，当 $r = r_0$ 吸引与排斥相等，而处于平衡状态。当两原子间距离小于 r_0 原子相互靠近时，排斥力急剧增加。

当 $r = r_m$ 时，吸引力最大，超过此值，原子间作用力减小，金属结构被破坏。

必须指出，上面的分析是一种在 $T = 0K$ 时理想状态，若 $T \neq 0$ 时，就复杂得多。

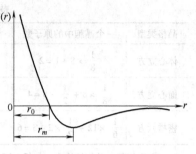

图 1-6　原子间的相互作用

1.1.4　晶体的缺陷

在实际的晶体中，原子的排列不可能是完整的理想状态，而是或多或少地存在偏离理想结构的区域。缺陷的产生与晶体的生成条件（晶体凝固）、晶体中原子的热运动（固态相变）、晶体的再加工（如冷拉）及辐射有关。

晶体的缺陷对金属的许多性能有极其重要的影响，特别是对塑性变形，断裂强度等起决定作用。

在晶体中，缺陷并不是静止的、稳定不变的存在着，而是随各种条件的改变，不断地变动，可以产生、发展、运动和相互作用，有时还会合并消失。

晶体的缺陷按几何形状可分为点缺陷、线缺陷和面缺陷三种形式。

1. 点缺陷

在晶体中，位于点阵上的原子并非静止不动的，而是以其平衡位置为中心，作高频率的热运动。在一定温度时，原子热振动的平均能量是一定的。但是各个原子的能量并不完全相等，振动的能量经常变化，称其为能量起伏。在任一瞬间，晶体中总有些原子具有很高的振动能量，足以克服周围原子对它的束缚作用，可以脱离其原来的平衡位置而迁移到别处，结果在原来的位置上就出现了空结点，称为空位。

离开平衡位置的原子可以有两个去处，即迁移到晶体的表面，也可以迁移到晶体点阵的间隙，晶体内就多了一个原子，称为填隙原子；空位、填隙原子就是点缺陷，如图 1-7 所示。此外，晶体中的杂质原子也是一种点缺陷。

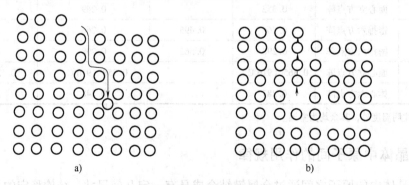

图 1-7　晶体中的点缺陷
a) 填隙原子　b) 空位

显然，空位形成比填隙原子要容易得多，也就是说填隙原子的形成能比空位的形成能高，因此在同一温度下，空位浓度远多于填隙原子，同时温度越高，原子热运动加剧，原子离开平衡位置的可能性增加，空位也就越多。

空位的存在，使周围原子失去了一个近邻原子而影响原子间作用力的平衡，因而周围的原子都要向空位方向稍作些调整，造成点阵局部的弹性畸变，同样填隙原子所处的点阵也会发生畸变，而且畸变更大。

晶体中空位和填隙原子不是固定不变的，而且处于不断运动变化之中。由于原子的能量分布不均，当空位周围的原子因热振动获得足够的能量，就可能迁移至该空位（见图1-8）。空位可以通过迁移聚集，也可以消失在晶界和晶体的表面。

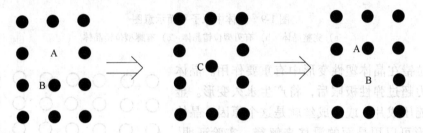

图1-8 空位从 A 迁移到 B 示意图

高温淬火、冷加工、高能粒子辐射等都可能造成点缺陷。

例如，高温淬火：在高温时，空位的浓度很高，如果缓慢冷却下来，多余的空位将在冷却过程中，因热运动而消失在晶体的表面、晶界、位错处。如果金属从高温态急剧冷却（例如淬火）下来，高温时的空位大部分保留到低温时，使晶体空位数远远超过该温度下应有的空位数，淬火空位不但对金属电阻率有影响，而且还可以提高金属的屈服强度。

点缺陷对金属的物理性能和力学性能都有一定影响，点缺陷引起电阻增加。这是由于晶体中存在点缺陷时对传导电子产生附加的电子散射，使电阻增加。点缺陷存在还使晶体体积膨胀，密度减少。实际上，一个空位缺陷，体积膨胀大约 0.5 个原子体积。一个填隙原子，体积膨胀多达 1~2 个原子体积。

2. 线缺陷

位错在晶体中呈连续的线状分布，称之为线缺陷。它表征在晶体中，有一列或数列原子发生了有规律的错排现象。位错的多少用位错密度 ρ 来表示：

$$\rho = \frac{L}{V}$$

式中 L——晶体内所含的位错线的总长度（cm）；

     V——晶体的体积（cm^3）。

经过充分退火的金属晶体中，位错密度为 $10^6 \sim 10^8 cm^{-2}$，而经过强烈冷却变形的金属，位错密度可增加至 $10^{11} \sim 10^{12} cm^{-2}$。

最常见的位错是刃型位错和螺型位错，如图1-9所示。

1）刃型位错

晶体内有一个原子平面在晶体内部中断，其断裂处的边沿就是刃型位错。由于位错周围原子的畸变，中断剩余的这部分原子面犹如插入的刀刃一样，因而称为刃型位错，如图1-9b和图1-10所示。

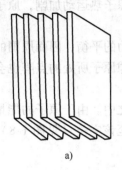 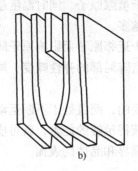 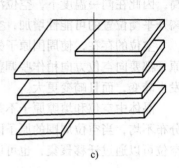

图 1-9　晶体中原子平面示意图

a）完整晶体　b）有刃型位错晶体　c）有螺型位错晶体

刃型位错在晶体塑性变形中有重要作用。晶体受到的应力超过弹性极限后，将产生永久变形。金属之所以能压成片，或拉成丝就是这个原因。晶体的这种变形可以用晶面的滑移来解释。实验证明，当晶体受到弯曲或被拉长时，晶体各部分沿着晶面发生了相对位移即发生了滑移。当外力取消后，形变不恢复而产生永久变形。所以，塑性是由晶面的滑移产生的。因为滑移往往沿晶面发生，并且沿一定的晶向滑动，这些晶面称为滑移面，使晶面产生滑移的最小应力称为临界切应力。

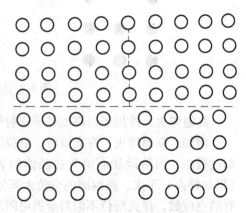

图 1-10　刃型位错的原子排列

（垂直于位错线的原子平面）

在切应力的作用下，如果滑移是上半部分对下半部分整体滑移，即同时做整体刚性的移动，这样所需的切应力很大，是实验测得的切应力的几千倍甚至几万倍。若滑移是通过位错在切应力作用下，在晶体中逐步地移动来进行的，当它由晶体的一端移至另一端时，只需要其邻近原子作很小距离的弹性偏移就能实现，而晶体的其他部位仍处于正常位置，此时滑移的切应力大为减少。图 1-11 是说明刃型位错的滑移过程。

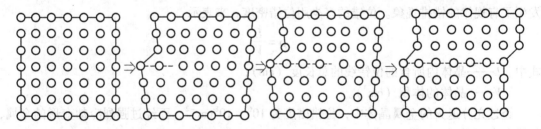

图 1-11　刃型位错的滑移过程

2）螺型位错

位错另一种形式是螺型位错，如图 1-12 所示。从图 1-12a 可见，如果将晶体沿 ABCD 面局部切开，并使这上下两部分晶体相对移动一个原子间距，然后上下接合起来，这形成螺型位错。图 1-12b 是俯视图，进一步看出 aa' 右边晶体的上层原子与下层原子相对移动了一个原子间距。而 BC 和 aa' 之间形成了一个上下原子不吻合的过渡区域，这里的原子平面被扭成了螺旋面，即螺型位错，BC 线为螺型位错线。在原子面每绕位错线一周，就推进了一个晶面间距。在螺型位错附近也产生了点阵畸变。

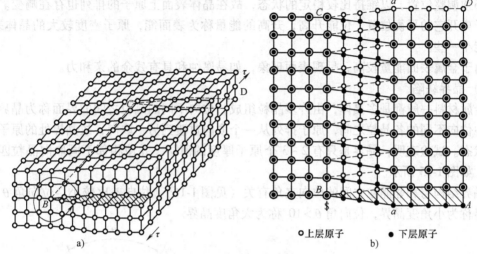

○ 上层原子　　● 下层原子

图 1-12　螺型位错示意图

a）立体图　b）俯视图

螺型位错的运动（滑移）与刃型位错一样，如图 1-13 所示。

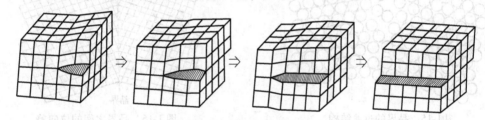

图 1-13　螺型位错的滑移过程

3. 面缺陷

晶体内的二维缺陷为面缺陷，面缺陷就是金属晶体界面的缺陷，通常包括几个原子层的区域。对金属的物理化学性质有较大影响。这里主要有堆垛层错、晶体表面以及晶界三种缺陷。

1）堆垛层错缺陷

堆垛层错简称层错，是面缺陷的一种。层错缺陷就是原子堆垛次序发生错乱的现象，如图 1-14 所示。层错几乎不产生畸变，但破坏了晶体的正常周期，使电子发生反常的衍射效应和能量增加，增加的能量称为层错能。显然层错能越大，越不容易发生层错。

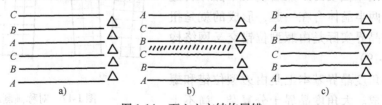

图 1-14　面心立方结构层错

a）密排面的堆垛顺序　b）抽出型堆垛层错　c）插入型堆垛层错

2）晶体表面缺陷

在晶体表面上，原子的排列情况与晶体内部是不同的，晶体表面原子虽然和里层原子具有结合能，但外表面与空气（或金属蒸气）接触，并无本体原子作对称结合。因此，表层原子必须调整位置，以维持比较稳定的状态，故在晶体表面上原子的排列也存在畸变。当表面原子离开它的平衡位置，位能升高，升高的能量称为表面能，原子密度较大的晶体表面，表面能小一些。

由于金属表面能量较高，呈现表面现象，如易腐蚀和具有残余的亲和力。

3）晶界缺陷

金属材料一般都是多晶体，由许多晶粒组成，位向不同的晶粒之间的界面称为晶界。多晶体中位向不同的各晶粒之间，原子排列从一个取向过渡到另一取向，故晶界处的原子处于过渡状态。试验表明，晶界是只有 2~3 个原子厚度的薄层，并使相邻不同取向晶粒匹配得很好，如图 1-15 所示。

晶界结构与相邻晶粒之间的位向夹角有关（见图 1-16），位向差比较小，位向角 $\theta < 10°$ 的晶界称为小角度晶界，位向角 $\theta > 10°$ 称为大角度晶界。

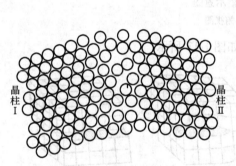

图 1-15　晶界的过渡结构

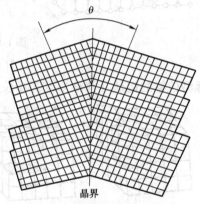

图 1-16　晶界之间的位向差

小角度晶界最简单的是对称倾侧晶界，是由一系列相隔一定距离的刃型位错垂直排列而成（见图 1-17）。对称倾侧晶界可以看作两边的晶体绕位错线的轴各自旋转一个相反的 $\theta/2$ 角度而形成（见图 1-18）。晶界缺陷是多晶体的重要面缺陷，对晶体性能有重要影响。

另一种类型小角度晶界为扭转晶界。表示将一个晶体沿中间平面切开，然后使一半晶体转过小角度，再将两半晶体合在一起，形成的就是扭转晶界。这种晶界实际是由螺型位错交叉网络构成的（见图 1-19）。

一般的小角度晶界基本上是由刃型位错和螺型位错结合而成。大角度晶界十分复杂，尚不十分清楚。

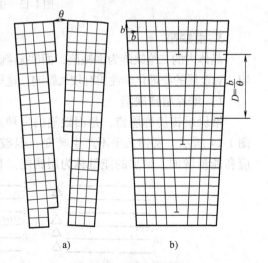

a)　　　　　b)

图 1-17　对称倾侧晶界

a）晶界位向差　b）位错模型

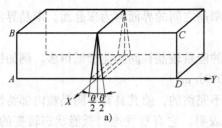
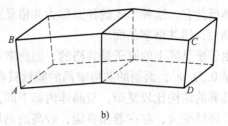

图 1-18 对称倾侧晶界的形成示意图

a) 倾侧前 b) 倾侧后

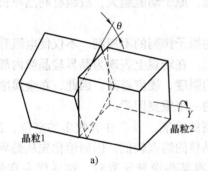
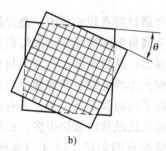

图 1-19 扭转晶界的形成模型

a) 晶界位向差 b) 位错模型

晶界上由于原子排列是畸变的,比晶粒内部的能量高一些,增高的能量称为晶界能,晶界能随两晶粒取向差的增大而增高,但当取向差达到相当大时,晶界能不再变化,如图 1-20 所示。实际金属晶界一般为大角度晶界,各晶粒的位向差大约为 30°~40°,实际测得各种金属的晶界能约为 0.25~1.05J/m²,与晶粒的位向差无关。

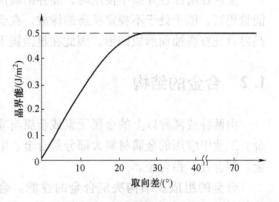

图 1-20 铜的晶界能

孪晶界是所有晶界中最简单的一种,孪晶是指两晶体(或一个晶体的两部分)沿一个公共的面构成镜面对称的位向关系,此公共面称为孪晶面(见图 1-21)。在孪晶面上的原子同时位于两个晶体点阵的结点上。且孪晶为两部

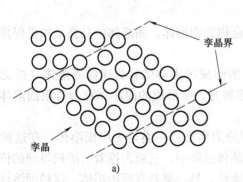
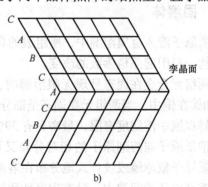

图 1-21 孪晶与孪晶面

分晶体所共有，这种形式的界面称为共格晶面。孪晶之间的界面称为孪晶面，孪晶界常常就是孪晶面，即共格孪晶面。

由于孪晶界上的原子是共格的，因此孪晶界的能量较晶粒间的能量低得多。例如铜的晶界能是 $0.5J/m^2$，而铜的共格孪晶的能量只有 $0.019J/m^2$。

晶界的结构比较复杂，与晶体内部不同，是不完整的，使其具有不同晶粒内部特性，晶界处点阵畸变大，存在着晶界能；较高的晶界能表明，它有自发地向低能状态转变的趋势。晶粒长大和晶界平直化都能减少晶界的总面积，从而降低了晶界的总能量。但只有当原子具有一定动能时，这个过程才有可能。温度越高，原子动能越大，故越有利晶粒长大和晶界的平直化。

晶界对于金属材料有很大影响。晶界处的原子排列的不规则，不仅使电阻升高，而且使它在常温下对金属材料的塑性变形起阻碍作用，在宏观上表现为晶界较晶粒内部具有较高的强度和硬度。显然，晶粒越细小，金属材料的强度、硬度越高。因此，在金属冶炼和热加工过程中，对晶粒大小的控制是获取优质材料的一个重要因素。

晶界处的原子偏离其平衡位置，具有较高的动能，并存在有较多的空位、位错等缺陷，故原子的扩散速度比晶粒内部快得多。而且晶界的熔点较低，因而熔化先从晶界开始。当晶界处富集某些低熔点的杂原子时（当金属溶有某些微量元素时，往往优先富集于晶界处，这种现象称为内吸附），其熔点降低更多。

金属在腐蚀性介质中使用时，晶界的腐蚀速度一般都比晶粒内部快，这也是由于晶界的能量更高，原子处于不稳定状态的缘故。在金相分析中，用化学试剂浸蚀抛光的试样表面，晶界首先被腐蚀而形成凹形，因此在显微镜下很容易观察到黑色的晶界。

1.2　合金的结构

由两种或两种以上的金属元素或金属与非金属元素组成的并具有金属特性的物质称为合金。工业中应用的金属材料大部分是合金。电缆中也广泛使用各种合金，用得最多的是铜合金、铝合金、铅合金。

合金的组成及结构决定合金的性能。合金相的结构分为两大类：一类是固熔体，其晶体结构与组成合金的某一金属相同；另一类是中间相，其晶体结构与组成合金的元素均不相同。

1.2.1　固溶体

溶质原子溶入金属溶剂中，所组成的合金称为固溶体。固溶体的晶格结构仍保持溶剂的晶格结构，只引起晶格参数的改变。

当两组元合金在固态呈现无限溶解时，所组成的固溶体称为连续固溶体（或无限固溶体），如镍在铜中。当两组元在固态呈部分溶解时，所形成的固溶体称为有限固溶体。如在室温，锌在铜中溶解度有限，最高只有39%。

按溶质原子与溶剂原子的相对分布又可分为两类：一类是无序固溶体，在这种固溶体中，溶质原子概率地或统计式地分布在溶剂晶体点阵中，它或占据着与溶剂等同的位置，或占据着溶剂原子的间隙中，没有次序性和规律性。另一类是有序固溶体，这种固溶体中，溶质原子按照适当的比例，并按一定的顺序和方向，围绕溶剂原子分布。若按溶质原子在固溶体中所处的位置，固溶体又分为间隙固溶体和置换固溶体。

1. 间隙固溶体

当溶质原子半径很小，它们在固溶体中处于溶剂晶体结构的间隙位置，便形成了间隙固溶体。金属溶剂晶体结构中，间隙空间的形状和大小，是容纳原子的先决条件。由于间隙的位置一般都较小，只有原子半径小于 0.1nm 的元素，如氢、碳、氧等，才可能溶解到金属中，形成间隙固溶体。

各种金属晶体的结构都有不同间隙形状和大小。

在面心立方晶体中，一个晶胞可以六个面心为顶点构成八面体间隙，中心位于立方体中心。也可以以 3 个面心与 1 个顶点形成一个中心在晶胞对角线左上位置的四面体间隙，如图 1-22a 所示。

在体心立方晶体中，上下两晶胞的体心与上面的四个顶角可以形成中心在上面面心位置的一个八面体间隙。另一种由上下两个晶胞的体心和八面体上面两个顶角形成一个中心在上面的四面体的间隙，如图 1-22b 所示。

由几何学可以确定晶胞间隙的尺寸，见表 1-3。

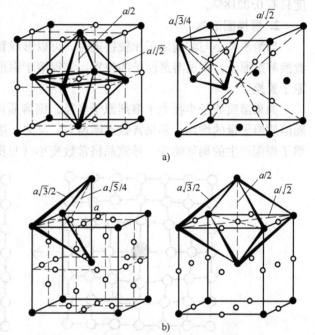

图 1-22 两种晶体结构的间隙
a) 面心立方 b) 体心立方

表 1-3 金属晶体中间隙尺寸 （单位：nm）

金属	点阵结构	原子半径	八面体空洞半径 r_8	四面体空洞半径 r_4	金属	点阵结构	原子半径	八面体空洞半径 r_8	四面体空洞半径 r_4
Cu	面心立方体	0.128	0.053	0.029	Ti	体心立方体	0.142	0.022	0.041
Ag	面心立方体	0.144	0.060	0.032	Zr	体心立方体	0.157	0.024	0.046
Au	面心立方体	0.144	0.060	0.032	Hf	体心立方体	0.155	0.024	0.045
Fe	面心立方体	0.127	0.053	0.029	V	体心立方体	0.133	0.021	0.039
Ti	密排六方体	0.145	0.060	0.033	Nb	体心立方体	0.144	0.022	0.042
Zr	密排六方体	0.160	0.066	0.036	Th	体心立方体	0.143	0.022	0.042
Hf	密排六方体	0.158	0.065	0.036	Fe	体心立方体	0.124	0.019	0.036

从表 1-3、表 1-4 可见，除氢外，氧、氮、碳、硼原子半径较小，一般都比金属晶体的间隙空间大，当这些原子溶入金属时，优先占据较大间隙位置，并使晶胞长大。

表 1-4 半径小于 0.1nm 的元素

元 素	H	O	N	C	B
原子半径/nm	0.046	0.060	0.071	0.077	0.097

例如面心立方的 γ-Fe 中，碳的最大的溶解度为 2.11%，而体心立方的 α-Fe 中碳的溶解度只有 0.0218%。

2. 置换固溶体

当溶质大小与溶剂原子比较接近时，可以形成置换固溶体。在固溶体中，溶质原子可以置换溶剂原子，占据溶剂原子的位置。如镍溶于铜形成的置换固溶体。其中一些铜原子被镍原子置换。

如果溶质原子半径大于溶剂原子半径，则溶质原子周围产生畸变，导致晶格常数变大，随溶质原子量的增加，晶格常数逐渐增大。反之，溶质原子半径小于溶剂原子半径，则溶质原子周围产生的局部畸变，导致晶格常数变小（见图 1-23）。

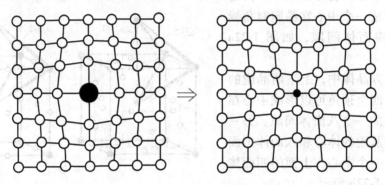

图 1-23 形成置换固溶体时的点阵畸变

在热力学平衡状态下，固溶体的成分从宏观上看是均匀的，但从微观上看往往是不均匀的。置换固溶体的微观不均匀性，有两种形式：一种是同类原子对（AA 或 BB）结合较异类原子对（AB）强时，溶质原子聚扰在一起，在溶质原子聚扰的地方溶质原子浓度远远超过其平均浓度，这一状态称为偏聚态，如图 1-24b 所示；另一种形式是，异类原子对（AB）的结合较同类原子对（AA 或 BB）强时，则溶质原子 B 在点阵趋于按一定规律呈有序分布，

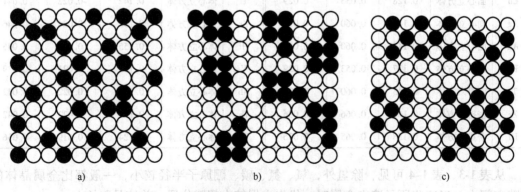

图 1-24 固溶体中溶质原子的分布情况示意图
a）无序分布　b）偏聚分布　c）短程有序分布

但这种分布只在短距离、小范围内存在，称之为短程有序分布，如图 1-24c 所示。

1.2.2　中间相

两组元元素 A 和 B 组成合金时，除了可以形成以 A 为基或以 B 为基的固溶体外，当超过固溶体的溶解度时，还可以形成晶体结构不同于该两组元的新相。新相可有很多类型，它在二元相图上所处的位置总是在两个固溶体区域的中间部位，所以通常把这些合金相称为中间相。

中间相的类型很多，分类也不一致，主要包括服从原子价规律的正常价化合物（如 Mg_2S、ZnS），取决于电子浓度的电子化合物，及小尺寸原子与过渡金属之间形成的间隙相和间隙化合物等。这是一类不包括固溶体和金属化合物的相，成分往往可以在一定范围内波动，不能以单一的化学式来表示，多数是金属之间或金属与类金属之间的化合物，其结合以金属键为主，仍保持金属特性的合金相。

1. 电子化合物

电子化合物是由两种金属组成的：一种为一价的金属（Cu、Ag、Au、Li、Na）或过渡金属（Mn、Fe、Co、Ni、La）；而另一种为普通的二至五价的金属（Be、Mg、Zn、Cd、Hg、Al、Si、Sn、Sb、As）。这种化合物的特点是价电子数与原子数之间具有一定的比例 [3 : 2；21 : 13；7 : 4 等]，每一比例与一定的晶体结构相对应。

电子浓度比为 21 : 14（或 3 : 2），如：CuZn（3 : 2）、Cu_3Al（6 : 4）、Cu_5Sn（9 : 6），晶体结构都是体心立方，称为 β 相；

电子浓度比为 21 : 13，如 Cu_5Zn_8，具有复杂立方结构，称为 γ 相如 γ 黄铜；

电子浓度比为 21 : 12（或 7 : 4），如 $CuZn_3$、$AgAl_3$，具有密排六方结构，称为 ε 相。

可见决定合金结构的是电子浓度，故称为电子化合物。另外组元的半径及化学性质等因素，也会影响化合物的结构。

同时应当指出，电子化合物虽然可用化学式表示，但实际上，它的成分在一定范围内变化着。因此电子浓度实际也是一个范围。

2. 间隙相与间隙化合物

过渡金属元素能与氢、碳、氧、氮等原子半径小于 0.1nm 的元素形成的金属化合物。当金属（M）与非金属（X）的原子半径比值 $r_x/r_M < 0.59$ 时，化合物具有比较简单的结构，称为间隙相。而当 $r_x/r_M > 0.59$ 时，其结构很复杂，通常称为间隙化合物。它们都具有金属的性质，有很高的熔点和极高的硬度，称为硬质合金。

间隙相具有比较简单的结构。金属原子位于面心立方、体心立方或密排六方的正常结构上，而原子半径很小的原子则位于该结构的间隙位置，从而构成一种新的晶体结构。

例如，间隙相 VC（见图 1-25）：钒原子位于面心立方正常结点上。而碳原子则有规则地分布在面心立方的八面体间隙位置上，构成 NaCl 型结构，八面体间隙数与金属原子数相等，钒与碳原子数大致相等。

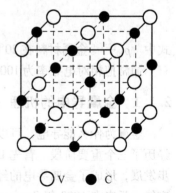

○ V　　● C

图 1-25　间隙相 VC 的晶体结构

第2章 金属的性能

金属材料是制造电线电缆的重要材料，不光绝大多数电线电缆的导电线芯是金属材料，相当部分的护套材料也是由金属材料制造的。金属材料的特性，特别是导电性、导热性、力学性能等，很大程度上决定着电线电缆的使用特性。金属保护材料对电缆的使用寿命也有显著的影响。例如，金属材料的电阻大小直接影响着电线电缆的载流量，金属材料的力学性能影响电缆的承受机械作用的稳定性。

金属材料即使作导电线芯使用，也不能单纯考虑其导电性，电线电缆产品是导体、绝缘及护层的有机集合体。因此，导电好的材料如果发热严重，也会影响绝缘材料的老化，使电缆的寿命缩短而影响使用。因此，作为电线电缆工程技术人员应对金属性能有比较详细的了解。金属主要性能包括：导电性、力学性能、热性能、耐腐蚀性、工艺性能。

这些特性对电线电缆产品设计、制造和使用都是非常重要的。

此外，对磁性、热电性和超导电性也作一些介绍，全面了解金属性能，对选择和研究金属材料都非常有用。

2.1 导电性

导电性是指金属材料传导电流的性能，是电线电缆用金属材料的最重要性能之一。以银导电性最好，铜、铝次之。因此，电线电缆中最常用铜、铝作导电线芯。在电线电缆技术中，为了衡量比较金属电阻的大小，往往采用电导率的相对值（% IACS）来表示。国际电工委员会（IEC）规定，在温度为20℃、相对密度为8.89、长1m、截面积为1mm^{2}的导体，电阻率为0.017241Ω·mm^2/m，电阻温度系数为0.00393K^{-1}的退火纯铜的相对电导率为100%，即金属相对电导率：

$$\% \text{IACS} = \frac{0.017241}{\rho_{20}}$$

式中 ρ_{20}——金属材料在20℃时的电阻率。

通常把相对电导率为100% IACS的退火纯铜称为标准铜。

2.1.1 金属导电的机理

金属为什么能导电，可以用金属的自由电子理论来理解。金属的自由电子理论发展大约经历了三个重要阶段。首先Drude（特鲁德）在1900年提出，后经Lorentz（洛伦兹）进一步发展，形成了金属导电的经典理论，他们认为金属晶体中自由电子仍然服从经典力学运动定律，后来在1928年Sommerfed（索木菲）提出了量子自由电子理论，他认为自由电子服从量子力学定律，Bloch（布鲁斯）在28年后又提出了金属导电的能带理论。现在，通常都用自由电子和能带理论解释金属导电的本质。

下面用经典自由电子理论来解释。

　　金属都是由晶体构成的，金属中，正离子按照一定方式排列成各种晶格，从原子中分离的电子，可以在晶格间自由地做无规则运动而成为自由电子。

　　在没有外加电场时，自由电子总是不断地作无规则的热运动。电子的热运动是杂乱无章的布朗运动，从宏观上看，大量电子在任一运动方向的电子数相同，所以金属中并没有电流通过。

　　如果在金属导体上加上电场，则每个自由电子都受到与电场方向相反的电场力，从而产生逆着电场方向相反的加速度，于是自由电子将沿着和电场相反的方向、相对晶体的点阵作有规则的运动，即自由电子作相对于金属离子的定向运动，显然电子的这种运动是叠加在杂乱无章的热运动基础上的漂移运动。电子的这种运动就形成了电流。

　　设导体中电场强度为 E，导体中自由电子所受的电场力：

$$F = -eE$$

　　在电场力的作用下，电子除热运动外，都以加速度 a 作沿电场的相反方向的定向运动，每个电子的加速度为

$$a = \frac{F}{m} = -\frac{e}{m}E$$

式中　　m——电子的质量。

　　电子被加速定向运动，直到电子与晶格碰撞，电子定向运动被打断。碰撞后，由于电子的运动是叠加在杂乱无章的热运动基础上的，故电子向各个方向弹射的几率是相等的，因此碰撞后定向运动速率为 0。设电子在与离子发生碰撞之间经过的平均时间为 τ，则碰撞前定向移动速度由 0 增加到 $eE\tau/m$，故碰撞后的瞬时速度 $v_x = 0$。

　　碰撞前的瞬时速度为 $v_x = -eE\tau/m$，可见，电子在两次碰撞之间的平均定向速度即漂移速度为

$$\overline{v_x} = -\frac{1}{2}\frac{e}{m}E\tau$$

　　设金属单位体积内有 n 个电子，则电流密度为

$$J = -ne\overline{v_x} = \frac{ne^2\tau}{2m}E$$

　　与欧姆定律 $J = \gamma E$ 比较可得

$$\gamma = \frac{ne^2\tau}{2m}$$

　　可见，自由电子碰撞间隔的时间 τ 越长，即电子的自由行程越长，金属的导电性越好。

　　电子与晶格碰撞导致 τ 减小，电子与晶格碰撞原因有两个：一是因晶格热振动；二是晶格中由于杂质或晶格缺陷引起的。

　　以量子论观点，微观的粒子电子具有波粒二象性，金属中的自由电子具有波的性质，所以自由电子在金属内运动是以波的形式行进的。当电子波在热力学 0K 下、纯净的完美理想金属晶格中像光波在均匀介质中传播一样，电子波在这种理想结构中传播也不会受到阻碍的，纯净的金属电阻趋向于 0，这与实验事实相符。金属存在杂质、缺陷，而且晶格有热振动，故电子波在传播中受到杂质、缺陷和晶格热振动等的散射，因此金属有电阻。

　　上面介绍的都是直流的情况。在交流的情况下，由于导体内产生交变磁场，电流不是均匀地分布在导体的整体截面上，越接近导体表面，电流密度越大，称为趋肤效应，这实际上相当于减少导电截面，从而导致交流电阻增大。

2.1.2　影响金属导电性的因素

根据金属导电的本质，试分析影响金属导电性的因素。

1. 温度

从 $\gamma = ne^2\tau/(2m)$ 可见，当 τ 减小时，电导率减少；当温度升高时，晶格热运动加剧，电子与晶格碰撞次数增加，也就是说两次碰撞时间减少，因此电导率也减少。

用量子理论解释，由于晶格热运动，电子波传播时受到热振动的散射作用，显然温度增加，热振动加剧，引起电子波传播过程散射作用加强而导致电阻增加。

金属电阻随温度增加而增加，当温度不是太高（接近熔点）、不是太低而接近 0K 时，电阻率与温度呈现下列线性关系：

$$R = R_0\left[1 + \alpha\left(T - T_0\right)\right] \quad 或 \quad \rho = \rho_0\left[1 + \alpha\left(T - T_0\right)\right]$$

即

$$\alpha = \frac{R - R_0}{T - T_0}\frac{1}{R_0} \quad 或 \quad \alpha = \frac{\rho - \rho_0}{T - T_0}\frac{1}{\rho_0}$$

式中　R、R_0——温度为 T、T_0 时的电阻；

ρ、ρ_0——温度为 T、T_0 时的电阻率；

α——电阻温度系数（K^{-1}）（大部分金属的 α 值为 $(3\sim5)\times10^{-3}K^{-1}$）。铜的电阻温度系数是 $3.9\times10^{-3}K^{-1}$，铜的电阻温度系数是 $4.0\times10^{-3}K^{-1}$。

2. 合金元素与杂质

纯的良导体的导电能力一般很好，当制成合金时，所加入的合金会导致晶格畸变，使自由电子定向运动增加障碍，也就引起电子波散射，从而电阻增大。

合金元素对基础金属影响程度，决定于下列四种情况：

① 合金元素在基础合金中所占的质量分数。一般来讲，金属的电阻率与合金的质量分数成正比。合金元素含量越多，引起电导率下降越多。

② 合金元素与基础金属的价电子数差别越大，影响越大，如图 2-1 所示。

③ 合金元素与基础金属原子半径差别越大，晶格畸变越大，对电阻影响越大。

④ 合金元素在基础合金所处的状态。当形成二相混合物时，电阻变化为一直线。当形成固溶体时，电阻显著增加。

金属中含有杂质，其影响与合金相同，都导致晶格畸变，引起电阻增加。杂质对电子波作用就像空气中尘埃对光的影响一样，引起电子波散射。金属中杂质含量越多，对电阻影响越大。

同样，杂质对金属电阻影响决定于杂质的种类、含量及其在金属中的分布状态。

对导电铝影响最大的杂质是铁、硅、铜；对导电铜影响最大的杂质是铁、砷、铝、锑、磷等。当砷含量为 0.35% 时，铜的电阻率将增加50%，即使铁、磷含量甚微，对铜电阻的影响也很大。

电线电缆的导电线芯一般使用纯金属，铜用

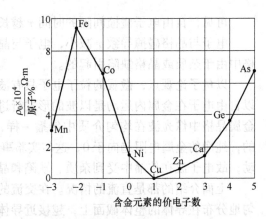

图 2-1　元素对铜合金电阻增长的影响

含 99.9% 以上的无氧铜或工业纯铜，铝用含铝 99.5% 以上的电工铝，1 号铝或特 2 号铝。

3. 冷加工

经过冷轧、冷拉丝或冷挤压等加工，金属产生较大塑性变形，引起晶格畸变，使晶格中出现空位，位错等缺陷，引起晶体弯曲等变形现象，造成电子波散射，从而使电阻增大。但是只有冷变形超过 10% 时，电阻增加才明显。通常纯金属由于冷变形而引起电阻增加一般不超过 4%，而合金要高一点。

4. 热处理

导电金属经冷变形后，电阻增大，而在一定温度下，退火时可使金属晶格缺陷减少，内应力基本消除，致使电阻降低到冷变形以前的水平。退火的温度和时间对电阻影响很大。

导电合金时效热处理（低温回火）是一个很复杂的物理化学过程，在时效初期，电阻增加，随后电阻逐渐降低，可低于原来固溶体的电阻。

5. 表面状态

当金属表面有污染或氧化层，或附有水污渍时，电阻增大。在金属表面镀其他金属保护层时，电阻有少许增大。

2.2 超导电性

2.2.1 超导电现象

在 1880 年，荷兰低温物理学家卡末林·昂尼斯使最后一个永久性气体氦液化，从而使温度可以下降到 4.2K 的低温。1911 年他和他的学生做了一个实验，将汞冷却到 4.2K 附近，通过电流，测定电压发现，当温度稍低于 4.2K（4.15K）时，汞的电阻降低为 0。这是人类最早发现的超导现象。我们将有些物质在低温时，电阻突然消失的现象称为超导现象。物质的这种特性称为超导电性。

通常把有超导电性的物质称为超导体。把超导体这种以零电阻为特征的状态称为超导态；超导体有电阻时的状态称为正常态。超导体电阻消失，电阻突然变为 0 时所对应的温度称为临界温度，用 T_C 表示。

到目前为止，已发现有 27 种元素和数千种合金及化合物具有超导电性，并且人们发现：

① 一价金属良导体银、铜、金、钠都不是超导体。

② 一些在常温下导电性差的金属，如铌（$T_C = 9.2K$）、铅（$T_C = 7.2K$）、钽（$T_C = 4.2K$）等，都是超导体。

③ 铁磁体及其他反磁性金属铁、钴、镍也不是超导体。

④ 某些化合物或合金是超导体，如铌三锡（Nb_3Sn）、矾三镓（V_3Ga）、铌三铝（Nb_3Al）以及铌铝合金、铌钛合金。

⑤ 某些金属的氧化物是超导体，而且临界温度比较高。

2.2.2 超导体的主要特征

1. 零电阻率

这里介绍著名的持续电流实验，如图 2-2 所示。将一超导圆环放入磁场中，并冷却到临界温度以下。当磁场突然撤去时，在超导环中产生感应电流，感生电流可以持续好几年而没有观察到电流的衰减。这是一个完全理想的导体，即超导体。该试验证实了超导体具有零电阻的特征。

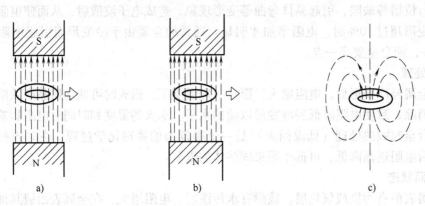

图 2-2　持续电流实验

a) $T > T_c$ 在超导环上加磁场　b) $T < T_c$ 超导环转变为超导态　c) 突然撤去外磁场，超导环中产生持续电流

2. 完全抗磁性

1933 年迈斯纳发现超导体具有完全抗磁性，这种基本特征也称为迈斯纳效应，这时超导体内的磁感应强度 B 为 0，如图 2-3 所示。

图 2-3　超导体的完全抗磁效应

a) 正常态时磁场的分布　b) 超导时磁场的分布

如图 2-4 所示，一个简单的实验如下：

将一长圆柱形超导体表面上，绕一探测线圈，沿样品的轴线加上磁场，于是磁通量突然增加，在线圈中出现瞬时电流，检流计指针正方向转过一个角度 α，然后慢慢冷却样品，当温度经过临界温度时，检流计的指针突然出现一个反方向的偏转，偏转角与 α 相等。在这以后，无论撤去磁场或增加磁场，电流指针都没有丝毫的偏转，根据电磁感应定律，以上试验说明，在样品进入超导态的瞬间，穿过样品的磁通量突然全部排除出去，于是探测线圈上出现了一个与当初加上磁场时大小相等、方向相反的瞬时电流。这以后的试验表明，只要样品处于超导态，它始终保持内部的磁场为零，外部磁力线统统排斥之外，超导体是一个理想的抗磁体。

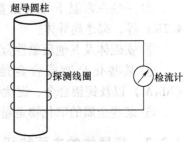

图 2-4　超导体的完全抗磁性实验示意图

3. 临界磁场

超导态不仅和导体的温度有关，还和外磁场的强度有关（见图 2-5）。实验表明，如果不断地增加外加磁场强度，则当磁场强度超过某一值时，超导体就从超导态变为正常态，而失去超导电性，此时磁场强度称为临界磁场强度，记作 H_c，对一定物质来讲，H_c 的值是随温度的降低而升高的，并有下列近似关系：

$$H_c = H_{c0} \left[1 - \left(\frac{T}{T_c} \right)^2 \right]$$

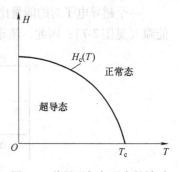

图 2-5　临界磁场与温度的关系

式中　H_{c0}——$T = 0K$ 时的临界磁场强度，即临界磁场的最大值。

此外，当通过超导体的电流达到一定数值时，所产生的磁场也可以使超导态破坏，这时电流，称为临界电流 I_c，I_c 随温度和外加磁场的增加而减少。单位面积承载的 I_c 称为临界电流密度。

4. 同位素效应

超导体的临界温度与同位素的质量有关，若质量越大，则临界温度越低，临界温度与超导元素的同位素质量的二次方成反比，这叫同位素效应：

$$T_c m^\alpha = K$$

式中　m——同位素质量；

　　　K——常数；

　　　α——大多数超导体如汞、锡、铅约为 0.5，个别 $\alpha \to 0$ 或 $\alpha > 0.5$。

2.2.3　超导电性的 BCS 理论

怎样从微观上解释超导电性的宏观规律，一直是物理学的难题，自发现超导电现象后，经过 40 多年，直到 1957 年才由巴丁（J. Barden）、库珀（Cooper）、施瑞弗（Scbriffer）三人共同创造了超导微观理论，简称 BCS 理论。

BCS 理论认为，超导电中参与导电的电子是结合成对的，超导电子对不能独立运动。当某一电子受到扰动时，就要涉及到这个电子对的另一个电子，它们的动量和必须是 0，这样就使电子不能为晶格所任意散射，只能做有规律的运动，因此就谈不上电阻。电子对中的两个电子相距可能很远，但是密切相连，这只有在低温下才有可能。此时，电子之间的晶格热振动才不会打乱这两个电子之间的关系。

超导电子对的形成机理如下，处于超导态的超导体内的某一个电子 e_1 在正离子附近运动时，会吸引正离子而使这个区域的局部正电荷密度增加，当另一个电子 e_2 在这个增强的场中运动时，就会受到这个场的吸引作用，这就是说 e_1 与 e_2 之间产生了吸引力。如果这个吸引力大于它们之间的库仑力时，这两个电子便结合成对（见图 2-6）。

表示运动方向

图 2-6　超导电子对的形成示意图

但是这种解释是近似的，因为电子之间的作用还受量子规律的限制，它们之间不是经典的库仑力。因此，只有两个自旋方向相反、动量相等的电子才能形成电子对，成为电子对的两个电子相互作用范围为 $10^{-4} \sim 10^{-7}$cm，它随电子平均自由行程的减少而减少，这种相互作用范围大小，称为相关长度 ξ，它比晶格中原子间的距离（10^{-8}cm）要大得多。

一个超导电子对的能量比形成它的两个单独正常电子的能量低 2Δ，这个降低的能量称为能隙（见图 2-7）；因此，超导电子对处于更稳定的状态，正常电子则处于能量更高的状态。

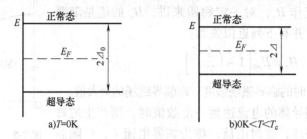

a) $T=0$K　　　　　　　　　　b) 0K$<T<T_c$

图 2-7　超导体能隙

能隙的大小与温度有关，在 0K 时，$2\Delta = 3.5$kT，其值最大。在温度和外加磁场增加时，电子获得能量，能隙减少。当温度和外加磁场强度增加到 T_c 或 H_c 时，当电子对获得足够的能量时，就被拆开成为两个独立的正常电子，能隙减少到 0，超导体由超导状态变为正常态。

2.2.4　超导材料和超导电缆的发展

自从发现超导体以来，超导体的临界温度在很长时间没有明显提高。直至 1986 年 4 月瑞士的 J. G. Beth 和 K. A. Miiler 宣布两种 La、Ba、Cu 三元氧化物的超导体的临界温度为 35K。1987 年 2 月 16 日休斯顿大学美籍华裔教授朱经武报告 Y-Ba-Cu-O 系统在 80 ~ 93K 温度区可获得稳定的超导转变，首次实现了在液氮沸点（77K）以上的超导转变。我国科学家赵忠贤在 1987 年 2 月 19 日也获得了 Y-Ba-Cu-O 超导体。这使超导材料应用进入了一个新的阶段。通常，将临界温度高于液氮沸点（77K）的超导体称为高温超导体。超导材料临界温度见表 2-1。目前关于高温超导体的研究有以下四个方向：

1）更高 T_c 体系的探索；

2）高 T_c 超导机理研究；

3）高 T_c 超导体物理性能的测定和研究；

4）高 T_c 超导体的制备与成材加工工艺研究。

表 2-1　几种超导材料的临界温度

材　料	临界温度 T_c	发现年份
汞（Hg）	4.15K	1911
铅（Pb）	7.26K	1913
铌（Nb）	9.2K	1930
氮化铌（NbN）	14.7K	1955
铌三锗（Nb₃Ge）	23.2K	1973
镧钡铜氧化物（La-Ba-Cu-O）	35K	1986
钇钡铜氧化物（Y-Ba-Cu-O）	90K	1987
铋锶铜氧化物（Bi-Sr-Cu-O）	110K	1988
铊钡钙铜氧化物（Tl-Ba-Ca-Cu-O）	120K	1989

采用高温超导体作导电线芯的高温超导电缆（High-Temperature Superconducting Power Cable，HTS）能够传输比同尺寸的常规电缆大 3~5 倍的功率，其损耗只有不到 1%，比常规电缆 8% 损耗小得多。但高温超导电缆（HTS）比传统电缆多了绝热套和相应的制冷系统，以确保导体的低温环境。因此，高温超导电缆具有载流能力大、损耗低、体积小和重量轻等优点，且无火灾隐患、无电磁辐射污染等常规电缆无法比拟的诸多优点。高温超导电缆明显地节约占地面积和空间，节省宝贵的土地资源。用高温超导电缆改装现有地下电缆系统，不但能将传输容量提高 3 倍以上，而且能将总费用降低 20%。利用高温超导电缆还可以改变传统输电方式，采用低电压大电流传输电能。因此，高温超导电缆可以大大降低电力系统的损耗，提高电力系统的总效率，具有可观的经济效益。高温超导电缆将首先应用于短距离传输电力的场合（如发电机到变压器、变电中心到变电站、地下变电站到城市电网端口）及电镀厂、发电厂和变电站等短距离传输大电流的场合，以及大型或超大型城市电力传输的场合。

目前，世界上已有四条高温超导输电电缆连接到电网进行试验运行，如美国 Southwire 的 30m 长、12.5kV/1.25A（2000 年）；丹麦的 30m 长、30kV/104MVA（2001 年）和中国的 30m 长、35kV/2kA（2004 年）及 75m 长、10.5kV/1.5kA（2004 年）三相高温超导电缆。此外，日本住友电气工业株式会社与东京电力公司合作制造的 100m 长、3 相 66kV/1kA 三芯平行轴电缆，已于 2002 年在东京电力实验场投入试运行。

我国从 20 世纪 90 年代中期开始从事高温超导电缆技术的研究，第一根高温超导电缆于 2004 年在昆明使用，这使我国成为第三个将高温超导电缆并入电网的国家。采用的超导体均是 Bi-2223 HTS。

由于高温超导电缆的上述优点，美国、日本、德国、韩国竞相投入大量人力、物力进行开发研究和工业应用研究，其目标是实现超导电缆商业运行。据 2000 年美国应用超导会议预测，预计到 2020 年，全世界超导体应用的总市场达到 2440 亿美元，高温超导电缆约占 5%，美国已经计划于 2030 年前建立覆盖全国的超导电缆网络。根据我国电线电缆行业统计资料表明，10kV 及以上交联聚乙烯绝缘电力电缆的年需求量约为 10 万 km，假如其总量的 5% 被高温超导电缆所取代，则高温超导电缆在我国每年的需求总量将会达到 5000km。

超导体的基本特征之一是直流运行条件下电阻为 0，因此在直流状态下没有损耗。因而高温超导技术应用于直流输电将带来更大的经济效益。而且，超导输电的研究一开始是在直流输电领域，高温超导电缆应用于直流输电时没有导体损耗和无功损耗，被认为是最有效的应用领域。高温超导直流输电比交流输电的容量更大，效率更高。不过目前的主要输电方式是交流，所以相对而言，直流超导输电研究比较滞后，但目前直流输电的种种优势又激发人们的研究热情，超导直流输电的研究越来越多，如英国 BICC 电缆公司和意大利 Ansaldo 公司合作，研究高温超导直流输电电缆。他们认为，超导直流输电电缆几乎没有损耗，虽然电缆终端需要整流和逆变装置，但在传输一定功率下，输电电压可以比常规电压低，因此整流和逆变装置更为简单和价格低廉。该公司已经制成 1.4m 长样品，计划研制 100km 长、40kV，10kA 超导直流电缆。

目前高温超导电缆已不存在大的技术障碍，并且已经走向实际应用。超导电缆特别适用于短距离传输大电流的场合，如电镀厂、发电厂、变电站以及大型城市电力传输场合。

2.3 热性能

2.3.1 比热容

物体的温度决定于物质质点热振动的强度，金属离子在围绕结点振动时，振幅的增大使原子的动能及位能都增大，金属温度升高或降低总要吸收或放出热量。

将质量为 m 的物体从绝对温度 0K 升高到 TK（度），所吸收的热量称为热函，它包括了所有与温度有关的热量，但是不包括在 0K 时所具有的能量。因为根据量子力学，即使在 0K 时，原子也不会静止，而是不断地振动着，其能量称为零点能。

热函通常用 Q 表示：

$$Q = mcT$$

式中　c——在 0K 到 TK 温度区间的平均比例参数，称为比热容（Specific Heat Capacity）又称为质量热容，是单位质量物质的热容，即使单位质量物体改变单位温度时的吸收或释放的内能。比热容是表示物质热性质的物理量。即 1kg 物质升高 1K 所需的热量。

$$c = \frac{1}{m}\frac{Q}{T}$$

物质的比热容与所进行的过程有关。在工程应用上有比定压热容 c_p 和比定容热容 c_V。

比定压热容 c_p 是单位质量的物质在压力不变的条件下，温度升高或下降 1℃ 或 1K 所吸收或放出的能量。

比定容热容 C_V 是单位质量的物质在容积（体积）不变的条件下，温度升高或下降 1℃ 或 1K 吸收或放出的能量。

对于同一物质，$c_p > c_V$。对于金属和合金，因为 c_V 很难测出，实际使用的是 c_p。

将一质量 m 的物体，由温度 T_1 加热到 T_2，物体的热函将由 Q_1 增加到 Q_2，比定压热容 c_p [J/(kg·K)] 为

$$c_p = \frac{1}{m}\frac{Q_2 - Q_1}{T_2 - T_1}$$

若 T_2 趋于 T_1 时，则

$$c_p = \frac{1}{m}\frac{dQ}{dT}$$

金属和合金的比热一般为 0.12 ~ 1.2kJ/(kg·K)，比其他类材料如高分子材料和无机材料小。常见物质的热性能见表 2-2。

表 2-2　常见物质的热性能

物 质 名 称	比定压热容/[kJ/(kg·K)]	导热系数/[W/(m·K)]	线膨胀系数/($\times 10^{-6}$/K)
银	0.234	412	18.7
铜	0.406	383.8	17.0
铝	0.921	203.5	23.8
铅	0.130	34.9	

（续）

物 质 名 称	比定压热容/[kJ/(kg·K)]	导热系数/[W/(m·K)]	线膨胀系数/(×10⁻⁶/K)
铸铁	0.502	62.8	
钢	0.46	45.3	13-15
金		300	
α-Fe			11.5
空气	1.009	0.0244	
氧化镁		0.07（85%氧化镁粉）	13.5
石英玻璃	0.67	0.74	1
冰	2.11	2.3	
水	1.000	0.6	
橡胶	1.38	0.13~0.16	~80
高压聚乙烯	2.2~2.6	0.26~0.29	160~180
聚氯乙烯	1.8~2.6	0.16	50~180
尼龙	1.59（尼龙6）	0.247（尼龙6）	60~90
聚甲基丙烯酸甲酯		0.168~0.251	45

2.3.2　摩尔热容（C_m）

一摩尔物质升高 1K 所需的热量称摩尔热容。金属的摩尔热容是一克原子金属升高 1K（度）所需的热量又称为金属的原子热容 $C\left(C = \dfrac{1}{n}\dfrac{dQ}{dT}\right)$[J/(mol·K)]。显然，数值上等于金属比热容和原子量 A 的乘积：

$$C_V = c_V A \quad 或 \quad C_p = c_P A$$

根据单原子理想气体的分子热容动力学原理，理想气体在运动时，只有平动的动能，属于一个自由度的平均动能为 $\dfrac{1}{2}kNT$，由于在三个自由度下，故动能等于 $\dfrac{3}{2}kNT$。在固体中确定热容，不仅要考虑动能，还要考虑振动着的原子位能。位能又等于动能，总的能量为 $3kNT$。

因此，1g 原子的内能应等于 $3kNT$，即

$$U = 3kNT$$

故，固体的原子热容为

$$C_V = \frac{\partial U}{\partial T} = 3kN = 3R$$

这表明，克原子的热容是常数，数值等于 24.9J/mol·K，这就是杜隆-珀替定律。

但是，固体的摩尔热容实验事实如下：

1）在室温范围内，几乎所有单原子固体（包括金属）热容的值接近于 $3R$ 即 24.9 J/mol·K，这与杜隆-珀替定律一致。

2）在低温下，固体的热容显著下降，对于绝缘体，依 T^3 趋于 0。对于金属按 T 趋于 0，

或更确切是 $C_V = \gamma T + AT^3$（γ、A 与材料有关的常数）。

显然在低温下，固体金属的原子热容并不是常数，而是与温度有关，温度越低，热容越低。

为了确定固体低温下的热容，费米提出了费米模型，推出金属的热容为

$$C_V = \frac{1}{2}\pi^2 kN \frac{T}{T_F}$$

式中　T_F——费米温度，与物质本性有关的常数。应当指出利用费米模型推导金属热容时，只考虑了自由电子对热容的贡献。

1912 年德拜提出德拜模型，推导出了晶体的热容公式：

$$C_V = 3kN\left[12\left(\frac{T}{\theta_D}\right)^3 \int_0^{\frac{\theta_D}{T}} \frac{x^3}{e^x - 1}\mathrm{d}x - \frac{\frac{3\theta_D}{T}}{e^{\frac{\theta_D}{T}} - 1} \right]$$

式中　θ_D——德拜特征温度，决定于晶体物质的本性。

当 $T \gg \theta_D$ 时：$C_V = \frac{12\pi^4}{5}kN\left(\frac{T}{\theta_D}\right)^3$，即温度很低时，晶体的热容与温度的三次方成正比，这就是德拜定理。

当 $T \gg \theta_D$ 时：$C_V = 3kN$，这与杜隆-珀替定律一致。

同样应当指出，在德拜模型中没有考虑电子对热容的贡献。在很低的温度下，电子的热容不像离子（或原子振动）热容急剧衰减。在温度比德拜温度和费米温度低得多的情况下，金属的热容是电子热容和离子热容的两者贡献之和，即

$$C_V = rT + AT^3$$

式中　r、A——标志材料特征的参数。

上式中，第一项为自由电子对热容的贡献，与 T 成线形关系，可由费米公式计算出来，并且在足够低的温度下占主要地位。第二项为金属离子（或原子振动）对热容的贡献，与 T^3 成正比，可由德拜公式计算出来。由于费米温度比德拜温度高约两个数量级，所以只有在极低的温度下，金属的比热容与 T 成线形关系。例如低温时：

$$C_{Cu} = 0.888 \times 10^{-4} RT + C'_V$$
$$C_{AL} = 1.742 \times 10^{-4} RT + C'_V$$

在很宽的温度范围内，金属摩尔热容随温度的变化基本可分为三个区域。当温度接近 0K 时，金属摩尔热容与温度呈正比；当温度较高时，金属摩尔热容与温度无关，近似等于 $3R$（见图 2-8）。

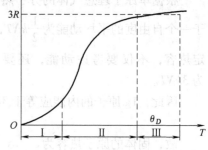

图 2-8　铜的摩尔热容随温度的变化曲线

2.3.3　导热性

导热性是金属材料的重要性能之一，其中纯金属的导热性最好。在纯金属中银、铜导热性最好，合金导热性差。

如果金属导热性差，在金属材料加热或冷却时，由于物体内外部分存在温度差，从而导致内外不同的膨胀和收缩，从而使金属内部产生内应力。温度差越大，金属材料

就越易破裂。

金属导热能力用热导率来表示，也称导热系数，其意义是指在稳定传热条件下，单位厚度的材料，两侧表面的温差为 1K，在单位时间内，通过单位面积传递的热量，单位为 W/(m·K)。

和热容一样，导热一是由于金属中自由电子与金属原子或离子不断碰撞传递热能；二是由于金属或金属离子在晶格附近作振动时来传递热量。其中第一项电子运动对导热的贡献是主要的。如果只考虑金属中自由电子传导热能，理论证明，热导率可表示为

$$k = \frac{1}{3}\lambda u C_1 n$$

式中　　λ ——电子自由行程的平均长度；

　　　　u ——电子无序运动的平均速度；

　　　　C_1 ——一个电子的热容；

　　　　n ——单位体积的电子数。

金属导电与导热本质相同，它们之间存在着相互关系。与金属的电导率 $\gamma = \dfrac{ne^2\tau}{2m}$ 相比较，并将 $u = \dfrac{\lambda}{\tau}$，有

$$\frac{k}{r} = \frac{\dfrac{1}{3}uC_1 n\lambda}{\dfrac{ne^2\tau}{2m}} = \frac{2}{3e^2}C_1\frac{mu\lambda}{\tau}$$

$$= \frac{2}{3e^2}C_1 mu^2 = \frac{4}{3e^2}C_1\frac{mu^2}{2}$$

式中，$\dfrac{1}{2}mu^2$ 是电子动能，根据经典自由电子理论（特鲁德模型），将电子运动等同于气体分子热运动，其动能 $\dfrac{1}{2}mu^2 = \dfrac{3}{2}kT$（气体温度公式），对于自由电子而言其内能就是动能，即 $u = \dfrac{3}{2}kT$，显然电子热容 $C_1 = \dfrac{\partial u}{\partial T} = \dfrac{3}{2}k$。

代入上式　　$\dfrac{k}{r} = \dfrac{4}{3e^2}\dfrac{3}{2}k\dfrac{3}{2}kT = \dfrac{3k^2}{e^2}T$

显然 k/r 是一个常数，称为普适常数，与金属的性质无关，与温度成正比。它反映了金属的热导率与电导率的相互关系。显然凡是影响金属导电的因素对金属热导率也都有影响。

一般气体材料导热性最差，其次是液体，固体材料最好。在各种固体材料中金属的导热性最好，其导热系数 2.3 ~ 4.20W/(m·K)，绝缘材料只有 0.025 ~ 0.25W/(m·K)，气体材料为 0.006 ~ 0.4W/(m·K)。

2.3.4 热膨胀

金属和大多数物质一样存在热胀冷缩现象，但是比橡胶和塑料小一些。在通常情况下，金属材料的伸长与温度关系可用经验公式来表示：

$$L_2 = L_1 \left[1 + \overline{\alpha} \left(T_2 - T_1 \right) \right] \quad 或 \quad \overline{\alpha} = \frac{1}{L_1} \frac{L_2 - L_1}{T_2 - T_1}$$

式中　L_2、L_1——分别为温度 T_2、T_1 时金属的长度；

　　　　$\overline{\alpha}$——在温度 T_2、T_1 之间平均线膨胀系数。

当温度与长度的变化趋于零时，

$$\alpha_T = \frac{1}{L_T} \frac{\mathrm{d}L}{\mathrm{d}T}$$

α_T 称为温度为 T 时真线膨胀系数。

对于给定的材料，只要得到 $L = f(T)$ 的曲线，便可在曲线上找出 L_T 及该点的微分，并算出 α_T 的数值。

对于某一材料，α 不是定值（常数），随温度略有变化，实际上应用的膨胀系数，多为某一温度范围内的平均值。

金属和合金的热膨胀，是由于原子间距增大的结果。这是由于当温度升高时，金属原子或金属离子，在整个金属的振动并非简谐振动，而具有不对称性。其距离在两个方向上并不相等，这就造成了整个金属的伸长。

以双原子模型为例进行定性分析：如图 2-9 所示，两个相邻原子，一个原子不动，另一个原子相对第一个原子振动。当振动的原子通过其平衡位置时，势能 W 为 0，这时原子只有动能。随着原子离开平衡位置越远，其势能越高动能越小。当温度为 T_1、T_2、… 时，对应的势能为 W_1、W_2、…，在每一温度下，两原子距离 r 存在两个临界值。W_5 对应 T_5 温度时的势能，r_1、r_2 分别表示在 T_5 时两原子接近及远离时的距离，a_5 为两个原子的平均距离。r_1、r_2、… 各中点的连线表示温度不同时两原子平均位置的变化。很明显，当温度升高时，原子振幅增加，势能增高，振动中心向右偏移。结果必然导致原子间距离增大。由于原子间距离的增大，宏观上表示金属长度的增加。

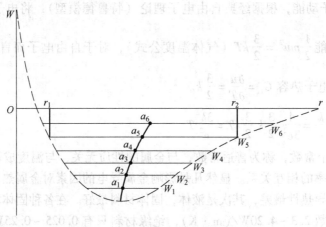

图 2-9　原子间相互作用的内能曲线

在一般情况下，金属的长度随温度升高的增大是呈线形的，但当金属出现相变时，膨胀系数发生剧变。与此同时，金属的比容（即单位质量的体积）也会发生相应变化。比容的变化规律与膨胀的变化规律是一样的。金属线膨胀系数比橡胶和塑料小，一般为 $10^{-5} \sim 10^{-6}/K$。

2.3.5　热电性

在金属组成的回路中，存在温差或通以电流时，会产生热能与电能相互转换效应，称为金属的热电性。金属的热电性也是一个重要的性能，利用热电性原理，可以制造成热电偶，用以测量和控制温度。也可以用热电性分析合金的成分。

金属的热电性概括为三个基本的热电效应。

1. 第一热电效应

第一热电效应又称塞贝克效应。1821 年塞贝克发现锑与铜两种金属导线组成的回路中，如果两个接点处的温度不同，则回路中将出现一个热电流，产生这种电流的电动势称热电动势，如图 2-10 所示。这种由于温差而产生的热电现象称为塞贝克效应。电流的方向与互相接触金属的性质有关。

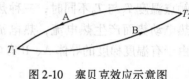

图 2-10　塞贝克效应示意图

由于两种金属的电子逸出功和电子密度不同，当两种金属接触时，金属中做不规则运动的电子，会从一种金属越过接触面，迁往另一金属，这样在接触点就形成了与温度有关的接触电动势，两接触电动势的代数和不等于零，接触电动势差就是热电动势。热电动势 E_{AB} 的大小不仅与 A、B 两种材料本性有关，而且与二个接触点温度差 $\Delta T(T_2 - T_1)$ 有关。即

$$E_{AB} = S_{AB}\Delta T$$

式中　S_{AB}——塞贝克系数。

金属和合金的热电动势极小，其数量级约为每度十万分之几伏特。

2. 第二热电效应

第二热电效应又称玻尔贴效应。

当电流通过两个不同的金属 A 和 B 组成的回路时，在金属导体 A 和 B 中，除产生焦耳热外，还要在接触点吸收或放出一定的热量 Q。由于存在玻尔贴效应，经过时间 τ，吸热的一端温度将上升 ΔT，而另一端下降 ΔT，如图 2-11 所示。

玻尔贴热 Q 与两个金属的特性有关，与通过的电流的时间 τ 和强度 I 成正比。

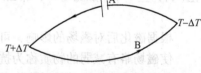

图 2-11　玻尔贴效应示意图

$$Q = \pi I \tau$$

式中　π——玻尔贴系数或玻尔贴电动势。

很显然，玻尔贴热是和焦耳热叠加在一起的，由于焦耳热与电流的方向无关，而玻尔贴热与方向有关，利用这一特点可以将这两种热分开。

为此先从一个方向通入电流，如果测得热量 $Q_1 + Q_2$，Q_1 为焦耳热，Q_2 为玻尔贴热，而后再从另一方向通入电流，则测得热量变为 $Q_1 - Q_2$，显然两种情况放出的热量差就是玻尔贴热的两倍。

$$(Q_1 + Q_2) - (Q_1 - Q_2) = 2Q_2 \quad \text{或} \quad Q_2 = \frac{1}{2}[(Q_1 + Q_2) - (Q_1 - Q_2)]$$

3. 第三热电效应

第三热电效应又称汤姆逊效应。

对于一个金属导线，如果使其两点间保持恒定的温度差 ΔT，在时间 τ 内，在导线中通过电流 I，则在两点之间，依电流的方向不同而放出或吸收一定的热量 Q_τ，称汤姆逊热。

$$Q_\tau = \sigma I \tau \Delta T$$

式中　σ——汤姆逊系数或汤姆逊电动势，它与导体的性质和温度有关。

汤姆逊效应也是可逆的，当电流方向与温度梯度方向一致时，要放出热量，σ 为正值；反之，要吸收热量。吸热使金属导线温度下降，放热使金属导线温度上升。

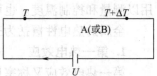

实际上，对于一个由 A、B 两种金属组成的回路，当两个接触点温度 T_1 与 T_2 不同时，三种热效应同时产生。首先由于产生热电动势而产生热电流，热电流通过接触点时产生玻尔贴热，由于有温度梯度的导体 A、B 有电流通过，而在导线的全长会吸收和放出汤姆逊热。

图 2-12　汤姆逊效应示意图

2.4　磁性

金属和合金的磁性在近代科学技术，特别是在电工技术及无线电技术中获得了广泛的应用。

2.4.1　磁化现象和磁性的基本量

如果在真空中造一个磁场，然后在磁场中放入一种物质，就会发现，任何一种物质都会使其所占的空间的磁场发生变化。

不同物质所引起的磁场变化是不同的。对于铁，会使磁场强度明显增强，对于铜则会使磁场有所减弱，对于空气会使磁场略有增强。这就是说，物质在磁场中由于受磁场的作用，都会呈现一定的磁性，这种现象称为磁化。

若真空时，某空间的磁场强度为 H_0，放入物质后，物质因磁化使它所在的空间磁场发生变化，即产生一个附加磁场 H'，那么该空间总的磁场强度 H 应为这两个磁场强度的矢量和，即

$$H = H_0 + H'$$

根据磁化后对磁场的影响，可以把物质分为三大类：

使磁场略有减弱的物质称为抗磁性物质，其 $B < B_0$，如铜、银、惰性气体等；

使磁场略有增强的物质称为顺磁性物质，其 $B > B_0$，如铝、锰、氧气、空气等；

使磁场明显增强的物质称为铁磁性物质，其 $B \gg B_0$，如铁、钴、镍等。

显然，物质的磁化是由外加磁场引起的，因此磁化强度 M 和外加磁场 H 之间存在下列关系：

$$M = \kappa H$$

比例系数 κ 称物质单位体积磁化率或称磁化系数。磁化率还有另外两种表示法，单位摩尔磁化率和单位质量磁化率。

根据物理学可知，磁感应强度 B 与磁化强度 M 及磁场强度 H 有如下关系：

$$B = H + M = H + \kappa H = (1 + \kappa) H = \mu H = \mu_0 \mu_r H$$

因此，磁导率 μ，相对磁导率 μ_r 与磁化率 κ 一样也是表示物质磁化的量。

抗磁性物质的磁化率为负值。抗磁性物质和顺磁性物质磁化率值均很小，铁磁性物质的磁化率很大而且与外加磁场有关。部分物质的磁化系数见表 2-3。

表 2-3　部分物质的磁化系数

抗磁性物质	磁化率	顺磁性物质	磁化率	铁磁性物质	磁化率
铜	-9.8×10^{-6}	铝	2.3×10^{-5}	纯铁	5×10^3（最大值）
金	-3.6×10^{-5}	钨	6.8×10^{-5}	硅钢	8×10^3（最大值）
银	-2.6×10^{-5}	镁	1.2×10^{-5}		
铅	-1.8×10^{-5}	钛	7.06×10^{-5}		
铋	-16.6×10^{-6}	空气	3.8×10^{-5}		

　　近代物理学证明：在金属结构中，每一个电子都在做循轨运动和自旋运动，磁性就是这些运动产生的。电子的循轨运动可以看成一个闭合的电流，由此产生一个轨道磁矩 μ_L：

$$\mu_L = m_L \mu_B$$

式中　m_L——磁量子数；

　　　μ_B——玻尔磁子，是轨道磁矩的最小单位 $\mu_B = \dfrac{eh}{4\pi m}$。

　　电子的自旋运动，是电子本身的一个特征，由此产生一个自旋磁矩 μ_s：

$$\mu_s = 2m_s \mu_B$$

式中　m_s——自旋量子数。

　　电子磁矩等于轨道磁矩和自旋磁矩的矢量和。

　　原子核也有磁性，但很小，约为电子磁矩的 $\dfrac{1}{2\,000}$，可忽略不计。

　　理论证明，当原子中的一个电子层已排满，这个电子层磁矩的总矢量和为 0。如果一个原子电子层未排满，这时总磁矩就不等于 0，原子就呈现磁性。当原子结合成分子时，它们的外层电子磁矩将发生变化，分子的磁矩并不等于各个原子磁矩总和。分子的磁矩是分子内所有的电子的轨道磁矩、自旋磁矩的矢量和。

　　如果没有外磁场作用，由于热振动，原子或分子的固有磁矩方向是杂乱无章的，所以宏观上物质表现不出磁性。但是如果对物体加上一个外加磁场，物体被磁化后就表现出一定的磁性。对于一个物体，物质被磁化的程度用物体磁矩来表示，它等于物体内部的自旋磁矩，轨道磁矩及附加磁矩的矢量总和（$\sum \mu$）。显然，物体的磁矩 $\sum \mu$ 与物体的大小、原子数量多少有关，即和物体的几何形状、尺寸有关。因此，宏观上衡量物体的磁性不用 $\sum \mu$，而是用单位体积的磁矩来表示，单位体积的磁矩即为磁化强度 M：

$$M = \frac{\sum \mu}{\Delta V}$$

2.4.2　物质的抗磁性

　　在外磁场作用下，物质中的每个电子都受到洛伦兹力作用，因而电子的运动状态要改变。可以证明，在这种情况下，除了电子的轨道运动和自旋运动，还要附加一个以外磁场方向为轴线的转动，称为电子的进动，不论电子原来的运动情况如何，电子进动产生的磁矩方向总和外加磁场的方向相反，这个磁矩称为附加磁矩通常记作 $\Delta\mu$，其大小等于：

$$\Delta\mu = -\frac{e^2 r^2}{6mc^2}H$$

式中　r——电子轨道半径。

对于一个原子，设有 n 个电子，这些电子分布在不同的壳层上，它们有不同的轨道半径 r_i，故一个原子的抗磁矩：

$$\Delta\mu = -\frac{e^2 H}{6mc^2}\sum_{i=1}^{n} r_i^2$$

以上两式中的负号表示附加磁矩 $\Delta\mu$ 的方向与外加磁场 H 的方向相反。还可以看到附加磁矩 $\Delta\mu$ 的大小和外加磁场强度 H 成正比。这说明抗磁物质是可逆的。当外加磁场去除后，抗磁矩即行消失。

对于一个克原子的磁矩等于 $\Delta\mu N_A$（N_A 为阿佛加德罗常数），显然磁化率：

$$\kappa = -\frac{N_A e^2}{6mc^2}\sum_{i=1}^{n} r_i^2$$

这种理论适合所有作轨道运动的电子，而所有物质中的原子都有这种电子，故所有物质都含有抗磁性。在抗磁性物质中，每个分子的分子磁矩为零，仅在外磁场作用下，才有附加磁矩，所以附加磁矩才是抗磁性物质产生磁效应的唯一原因。但不能讲任何物质都是抗磁性物质，对于顺磁性和铁磁性物质来说，抗磁性的磁化率相对很小，可以忽略不计。

2.4.3　顺磁性

能沿外磁场方向产生的磁化的物质，其磁化率为正值。如果不是铁磁性物质就是顺磁性物质。

顺磁性物质的单原子或分子是有永久磁矩的，原子或分子的磁矩在外磁场的作用下会顺着外加磁场方向排列，表现出顺磁性（见图 2-13）。

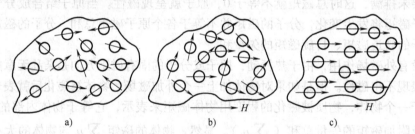

图 2-13　顺磁性物质磁化过程示意图

对于金属，当金属原子或离子的磁矩和自由电子的磁矩总和大于外加磁场下产生的抗磁性时，即表现为顺磁性物质。但是由于热振动，在不加外场时，其原子永久磁矩的取向是无规则的。因而，顺磁性物质中任一宏观小体积内，其总的磁矩应等于零，物质不显磁性。当有磁场作用时，各原子的磁矩受到磁场施加给它的一个力矩作用，使金属原子的磁矩趋向与磁场方向排列的几率增大，因此磁矩在磁场方向的分量的平均值就不会是零。在顺着磁场的方向，就有宏观的磁矩的产生。温度越低、磁场越强、排列越整齐。

可以认为顺磁性物质的磁矩，就是磁场克服原子或分子热运动的干扰，使原子磁矩排向磁场的结果。如图 2-13 中，显然热运动对原子磁矩沿外磁场方向排列有干扰，温度越高，干扰越严重，因此顺磁性物质的磁化率和温度有明显的关系，这种关系称居里定律：

$$\kappa = \frac{c}{T}$$

式中 c——居里常数。

有些顺磁性物质服从居里-外斯定律：

$$\kappa = \frac{c'}{T + \Delta}$$

式中 Δ——对于一定物质是常数。

2.4.4 铁磁性

如果一种物质具有自发磁矩，即在无外加磁场情况下，仍具有磁矩，则物质这种性质称为铁磁性。除了金属铁、钴、镍外，还有一系列合金和非金属化合物也是铁磁性物质。

铁磁性物质的基本磁矩为电子的自旋磁矩，轨道磁矩很小，基本无贡献。按照量子力学理论，电子的自旋磁矩沿平行方向排列时能量很低，所以即使没有外磁场，铁磁性物质中相邻原子间存在非常强的交换耦合作用，这个相互作用促使相邻原子间的磁矩平行排列起来，形成一个自发磁化达到饱和状态的区域。自发磁化关系发生在微小区域内这些区域称为磁畴。在没有外磁场作用时，在每一个磁畴中，原子的分子磁矩均取向于同一方位，但对于不同的磁畴，磁畴磁矩取向各不相同，因此对于整个物体，任何宏观的区域的平均磁矩为 0，物体不显磁性。

在外磁场的作用下，磁畴取向与外磁场同方向排列时，磁能将低于磁矩与外磁场反方向排列时的磁能，结果自发磁化磁矩和外磁场形成小角度的磁畴处于有利地位，这部分磁畴的体积逐渐扩大，而自发磁化磁矩与外磁场形成较大角度的磁畴，体积逐渐缩小，随外磁场的不断增强，取向与外磁场成较大角度的磁畴将消失。尚存的磁畴将向外磁场的方向旋转，以后再增加磁场，使所有的磁畴沿外磁场的方向整齐排列，这时磁化达到饱和，如图 2-14 所示。

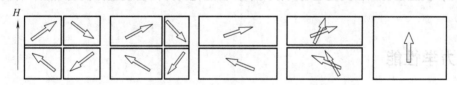

图 2-14 单晶铁磁性物质磁化过程示意图

在高温下，铁磁性物质的热运动对磁畴磁矩有规则排列有破坏作用。如果当温度升到某一温度 T_c 时磁畴将破坏，铁磁性物质就变成顺磁性物质了。

所以，铁磁性物质的磁性与温度有关，当温度升高时，磁化率逐渐减小，而且，存在一临界温度 T_c，当 $T > T_c$ 时，铁磁性消失，转变为顺磁性。T_c 称为居里温度。当 $T > T_c$，磁化率 κ 和温度有下列关系：

$$\kappa = \frac{c}{T - T_c}$$

铁磁性物质的 T_c 很高。例如钴：$T_c = 1100\text{℃}$，铁：$T_c = 767\text{℃}$。

铁磁性物质磁化与顺磁性物质和抗磁性物质有很大不同，具有下列特点：

① 很易磁化，不是很强的磁场下，就可以磁化达到饱和，并且得到的磁化强度也很大。

② 磁化强度和外磁场不呈线性关系，磁化率 κ 不是常数，而且很大。

③ 磁滞损耗，当反复磁化时，磁化强度与磁场强度关系是一闭合曲线，称为磁滞回线。

从图 2-15 中磁滞回线可以看出，磁感应强度 B 的变化总是落后于磁场强度 H 的变化，这种现象也称磁滞。

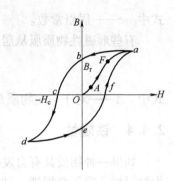

图 2-15　磁滞回线

对于铁磁性物质，在磁化开始时，磁感应强度 B 值，随磁场强度 H 的增加而急剧增加，当 H 达到一定的强度 H_S，B 值不再随 H 的增加而增加，这时磁化达到饱和。磁感应强度的饱和值用 B_s 表示。如果在达到饱和状态之后使 H 减小这时 B 值也要减小，但不是沿原来的曲线下降，而是沿另一曲线下降，对应的 B 值比原来大。说明铁磁性物质磁化过程是不可逆的过程。当 $H=0$ 时，磁感应强度并不等于 0，而是保持一定的大小 B_r，这就是铁磁性物质的剩磁现象。要使 B 继续减少，必须加一个反向磁场，H 值达到 H_c 时，B 才等于 0。这时的 H_c 称为矫顽力，矫顽力的大小反映铁磁性物质材料保存剩磁状态的能力，如果再增加反方向的磁场又可达到反向的磁饱和状态。以后再逐渐减少，反向磁场强度至 e 点（$H=0$）。这时再引入正向磁场，形成闭合回线。

当铁磁性物质在交变电场的作用下反复磁化时，由于磁畴反复翻转，引起材料内部摩擦发热，要消耗能量。这种反复磁化过程中的能量损失，叫磁滞损耗。理论和实践证明，磁滞回线所包围的面积越大，磁滞损耗越大。单位体积的磁滞损耗可利用下列经验公式计算：

$$W = k_1 B_m^{1.6} f$$

式中　k_1——与材料本身有关的系数；

　　　B_m——磁感应强度的最大值（T）；

　　　f——磁场频率（Hz）。

此外，铁磁性物质在交变电场的作用下，在磁化的方向会发生伸长或缩短，称为磁致伸缩效应。

2.5　力学性能

金属的力学性能是指金属材料在外力作用下发生变形和破坏的能力。力学性能包括强度、塑性、刚性、弹性、韧性及疲劳等。

2.5.1　金属的变形

金属材料在使用或加工中总是受外力作用的。材料单位截面积上所受的力称为应力：

$$\sigma = \frac{P}{F}$$

式中　P——外力；

　　　F——材料截面积。

材料在应力作用下，发生形状和尺寸的变化叫变形。变形分为弹性变形和塑性变形。

① 弹性变形：变形量与应力成正比，应力消失，变形也消失。

② 塑性变形：变形量与应力不成正比，应力消除，变形也不会消失。

在外力作用下，金属变形分为弹性变形、塑性变形和断裂三个阶段。例如，金属材料（油棒）在拉应力作用下发生形变，如图 2-16 所示。

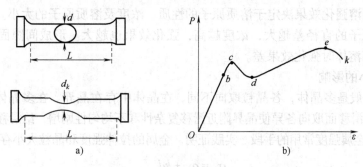

图 2-16　金属油棒拉伸实验示意图

d_k—油棒断裂处直径

由图 2-16 可以看出，在开始的 Ob 阶段，拉力与试样变形量成正比，材料处于弹性变形阶段。我们把材料能够承受最大弹性变形，尚未发生塑性变形的应力，称为弹性极限，通常记为 σ_E。

外力超过 b 点，金属材料除弹性变形外，还发生部分塑性变形，当外力增至 c 点后，外力不再增加，变形仍在继续，这种现象称为"屈服"。开始发生屈服现象的应力称为屈服极限，又叫屈服强度记作 σ_s，屈服现象发展到 d 点为止。

此后，外力增加，变形继续增加，但不成比例，当外力达到 e 点时，试样上出现局部变细现象，称为"颈缩"。此后外力不断降低，变形主要局限于颈缩部分，直到 k 点断裂为止。对应断裂时的应力称断裂强度记为 σ_k。断裂之前材料所承受的最大应力，称为强度极限或拉伸强度记为 σ_b。

2.5.2　机械强度

金属强度指金属材料在载荷作用下抵抗变形和破坏的能力。除了有拉伸强度外，还有抗弯强度、抗压强度、抗扭强度、抗剪强度共五种。工程上最常用的强度是拉伸强度。拉伸强度与其他强度之间有一定的换算关系，通过材料的拉伸强度值，可以近似计算出其他强度值。

金属材料的拉伸强度是通过拉伸试验测定的。在均匀的拉力下，金属在断裂前承受的最大应力为拉伸强度：

$$\sigma_b = \frac{P}{F}$$

式中　P——最大拉力；

　　　F——拉伸前的截面积。

影响金属拉伸强度的因素很多，包括内因和外因两方面。内因由金属组成和组织结构所决定的，如杂质、合金化、热处理、冷加工。外因由使用或实验条件决定的，如温度、拉伸速度。

1. 金属种类和晶格类型

金属的变形和破坏取决于原子间结合力和晶体点阵类型。如铜的拉伸强度为 220 ~ 240MN/m^2，铁为 250 ~ 330MN/m^2，而铅只有 10 ~ 30MN/m^2。

2. 合金化

把异类原子溶入基体金属得到的固溶体合金，可以有效地提高强度，这样的强化方法称为固溶强化。固溶强化效果决定于溶质原子的性质、浓度及溶质原子的大小。一般说来，溶质原子与溶剂原子的直径差越大，浓度越高，强化效果也越大。形成间隙固溶体强化效果大，形成置换固溶体时强化效果差。

3. 晶粒大小的影响

金属晶体一般是多晶体，各晶粒取向不同，在晶体中存在晶界。在多晶体塑性变形过程中，由于各晶粒滑移面取向各异使晶界附近滑移复杂性和不均匀性剧增，给滑移运动带来阻力。晶粒细化是提高金属强度常用的手段。实践证明，金属的拉伸强度和晶粒大小存在下列关系：

$$\sigma_b = \sigma_o + kd^{-\frac{1}{2}}$$

式中　σ_o、k——常数；

　　　　d——晶粒直径。

4. 冷加工和热处理

金属经过冷加工，随着塑性变形量增大，金属晶格畸变增大，所有的抗性指标（如拉伸强度、硬度）增加，塑性指标（如伸长率）下降，称加工硬化。加工硬化经常是提高强度的手段。

冷变形的金属，经过退火热处理，可使金属再结晶，金属组织结构恢复，故金属的所有的抗性指标，塑性指标重新回复到原来的水平。热处理使拉伸强度下降，伸长率提高。

5. 温度

由于温度升高，晶界对位错的滑移阻碍作用减弱，因此温度升高，宏观上表现为拉伸强度减少。

6. 拉伸速度

在室温下，拉伸速度对强度较高的材料拉伸强度影响不大；而对强度低、塑性好的材料有微小的影响，随拉伸速度增大，拉伸强度增大。

在高温下，拉伸速度对拉伸强度有显著影响。

7. 几何尺寸

用不同几何尺寸的光滑试样作拉伸实验，可以发现，同种金属材料，直径增大，拉伸强度下降。而且，还伴随塑性下降，这种效应称为"尺寸效应"。这是由于试样尺寸越大，其宏观及微观结构上较弱的部分出现的几率越多，导致强度下降。

金属表面如有裂纹、缺口，由于应力分布的改变，使应力集中，也会使拉伸强度下降。

2.5.3 弹性

当金属受力时发生变形，而当外力去除后，能完全恢复原来形状的性能称为弹性。变形越大，弹性越好。在弹性变形范围内，金属材料承受的最大应力称弹性极限，弹性极限表示金属材料可承受的最大弹性变形的能力。在弹性范围内，其变形量与应力的关系符合胡克定律：

$$EB = P \quad 或 \quad E = \frac{P}{B}$$

式中　P——金属变形时受到的应力；

　　　　B——弹性变形时的应变；

　　　　E——弹性模量。

弹性模量 E 是金属抵抗弹性变形能力的指标，反映材料产生弹性变形的难易程度。

弹性模量 E 与外力类型有关，若 P 为拉应力，则 B 代表伸长量，这时弹性模量为正弹性模量仍用 E 表示；若 P 为切应力，则 B 代表扭转角，这时弹性模量为切变弹性模量用 G 表示，它们之间关系为

$$G = \frac{E}{2(\mu + 1)}$$

式中　μ——泊松系数，它表示弹性变形时物体的体积的变化，数值在 $0 \sim 0.5$。

弹性模量是一个比较稳定的常数，很难通过合金化、晶粒大小大幅度调整。影响弹性模量大小主要因素：

1. 金属的本质、点阵间距、晶格类型

金属的弹性变形是外力作用引起的原子间距离发生可逆变化的结果，弹性模量本质上表征原子间结合力。弹性模量与原子间距离、熔点之间存在着下列近似关系：

$$E = \frac{K}{a^m} \quad 及 \quad E = k\frac{T_s^a}{V^b}$$

式中　a——原子之间距离；

　　　T_s——金属的熔点（K）；

　　K、m——均为常数；

　　　V——比热容；

k、a、b——常数（通常 $a \approx 1$，$b \approx 2$）。

2. 弹性模量与周期表的关系

金属的弹性模量与金属元素的价电子数以及原子半径大小有关。在常温下，弹性模量是原子序数的函数，因而发生周期性变化，同一主族从上到下，其弹性模量逐渐减小。过渡金属与其他金属相比，有较高的弹性模量，如图 2-17 所示。

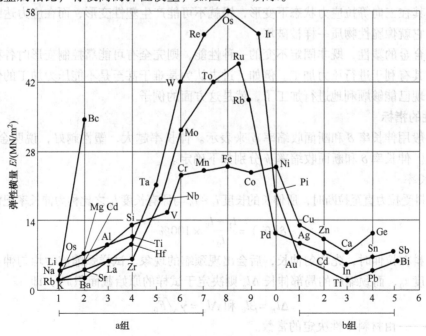

图 2-17　正弹性模量的周期变化

3. 冷变形的影响

塑性变形使弹性模量稍有降低，一般为 5% 左右。大量塑性变形，出现各向异性，沿变形的方向弹性模量加大。

4. 温度及载荷速度

在 $-50 \sim +50℃$，弹性模量变化很小，高温时每升高 $100℃$，弹性模量下降 4% 左右。加载速度对弹性模量也无多大影响。

金属发生相变时，弹性模量将发生异常变化。金属弹性变形很小，通常只有 0.5%，一般不大于 1%。

2.5.4 塑性

金属材料在外力的作用下产生变形而不破坏，当外力去除后，仍能使其变形保留下来的性能称塑性。电缆生产的铜铝线的拉丝就是利用了金属材料具有的塑性特性。大多数金属塑性较好，如铜、铝都可进行较大变形量的加工。

在这里我们不要把塑性和柔软性混为一谈，因为柔软性是表示金属的软硬程度（即变形抗力的大小），而塑性则表示金属能产生多大变形而不破坏。例如铅即柔软而塑性也很好（可在很大变形程度下变形而不破坏）。又如铜的塑性很好，但是它却很硬，具有很大的变形抗力，所以说它具有很小的柔软性。一般来说金属和合金在高温度区域变形抗力小，具有良好的柔软性，但不能同时具有良好的塑性。因为若过热、过烧，则变形时就要产生裂纹或破裂，表现塑性很差。

塑性不仅取决于金属的自然性质，而且也取决于压力加工过程中的外界条件。也就是说金属和合金的塑性，不是一种固定不变的性质，而是随着许多外界因素而变化。根据实验证明，压力加工外部条件比金属本身的性质对塑性影响更大。例如铅，一般来说是塑性很好的金属，但使其在三向等拉应力状态下变形，铅就不可能产生塑性变形，而在应力达到铅的强度极限时，它就像脆性物质一样被破坏。

金属和合金的塑性，既非固定不变的一种性能，则完全有可能靠控制变形时各种条件加以改变，使其有利于进行压力加工。例如，过去认为是难于甚至是不能压力加工的低塑性金属和合金，现已能够顺利地进行加工了，就是这方面的例子。

1. 塑性的指标

塑性一般用伸长率 δ 和断面收缩率 ψ 来表示。伸长率越大，塑性越好，说明金属柔软，富有延展性。伸长率 δ 和断面收缩率 ψ 分别如下确定。

1) 伸长率

金属材料受拉力直至拉断时，所伸长的长度 $l_1 - l_0$ 与原有长度 l_0 之比称为伸长率记作 $\delta(\%)$：

$$\delta(\%) = \frac{l_1 - l_0}{l_0} \times 100\%$$

金属材料在拉伸时，先均匀伸长，后会出现颈缩的现象。试样颈缩前的均匀伸长 Δl_B 决定于原标长度 l_0，而颈缩后的局部伸长 Δl_u 则决定于试样的原始截面积 F_0，即

$$\Delta l_B = \beta l_0 \quad \text{和} \quad \Delta l_u = \gamma \sqrt{F_0}$$

式中 β、γ——由材料本性决定的常数。

试样断裂时总伸长：

$$\Delta l_k = \Delta l_B + \Delta l_u = \beta l_0 + \gamma \sqrt{F_0}$$

伸长率：

$$\delta = \frac{\Delta l_k}{l_0} = \left(\beta + \gamma \frac{\sqrt{F}}{l_0} \right) 100\%$$

由此可见，伸长率 δ 除决定于 β 与 γ 之外，还受几何尺寸的影响，随 $\sqrt{F_0}/l_0$ 的增加而增加。对同一材料而言，伸长率 δ 应是确定值，故 $\sqrt{F}/l_0$ 必须是常数。即 $\sqrt{F_1}/l_1 = \sqrt{F_2}/l_2 = \cdots = \sqrt{F_0}/l_0 =$ 常数。为了使不同尺寸的试样（材料相同）得到一样的伸长率，必须取 $\sqrt{F_0}/l_0$ 为常数，即试样必须按比例的增长或缩小。为此，我国和大多数国家一样，选定 $\sqrt{F_0}/l_0 = 5.65$ 或 11.3，即试样的长度为其直径的 5 或 10 倍。

在电线电缆中常用标距长度为 200mm 的试样，记作 δ_{200}。

2）断面收缩率

断面收缩率是断裂后试样截面的相对收缩率，它等于截面的绝对收缩量 $\Delta F = F_0 - F_K$ 除以试样的原始截面积 F_0，也用百分数表示：

$$\psi = \frac{F_0 - F_K}{F_0} \times 100\%$$

式中　F_K——断裂后试样的最小截面积。

2. 影响金属塑性的因素

金属的塑性不是恒定不变的，它受许多内在因素和外部条件的影响。影响金属塑性的主要因素有化学成分、组织结构、变形温度、变形速度、受力状态、变形程度等。

1）化学成分的影响

金属的塑性随其纯度的提高而增加。例如纯度为 99.96% 的铝，伸长率为 45%，而纯度为 98% 的铝，伸长率只有 30% 左右。工业上用的金属大都含有一定的杂质，有时为了改善金属的使用性能也往往人为地加入一些合金元素。它们对金属的塑性均有影响。化学成分对金属塑性的影响是很复杂的。

2）组织结构的影响

多数金属单晶体在室温下有较高的塑性，多晶体塑性较低。单相组织（纯金属或固溶体）比多相组织的塑性好，固溶体比化合物的塑性好。晶粒细小而均匀比晶粒粗大塑性。显微组织和宏观组织越不均匀，塑性越低。金属和合金中，晶间脆性的和易熔的化合物存在，会对塑性有严重影响。

3）变形温度对塑性的影响

就大多数金属和合金而言，总的趋势是，随着温度的升高，塑性增加。但在升温过程中的某些温度区间，塑性会降低，出现脆性区。如铜的塑性在大约在 500 ~ 600℃ 骤然下降，出现"低塑性区"，铜在热加工时，必须避开这个温度范围。

4）变形速度对塑性的影响

变形速度对塑性有两个不同方面的影响。一方面，随变形速度的增大，要驱使更多的位错同时运动，使金属的真实流动应力提高，进而使断裂提早，所以使金属的塑性降低；另外在热变形条件下，变形速度大时，可能没有足够的时间发生回复和再结晶，使塑性降低；这使得随变形速度增加、塑性降低；但另一方面，随着变形速度的增大，温度效应显著，会提高金属的塑性；因此加工时，应选择合理的加工速度，保证成形时金属具有良好塑性。

5）应力状态对塑性的影响

金属变形时受力的状态不同，塑性也不同。主应力状态中的压应力个数越多，数值越大，金属的塑性越好；反之拉应力个数越多，数值越大，其塑性越低。原因是，压应力阻止或减小晶间变形；有利于抑制或消除晶体中由于塑性变形引起的各种微观破坏；能抵消由于不均匀变形所引起的附加应力。如挤压变形时比拉制变形时，金属的呈现塑性更好。

6）变形程度对塑性的影响

冷变形时，变形程度越大，加工硬化越严重，则金属的塑性降低；热变形时随变形程度的增加，晶粒细化且分散均匀，故金属的塑性提高。

2.5.5　耐冲击性（韧性）

为了表征金属材料在动载负荷条件下的机械强度，一般要研究材料的耐冲击性。动载负荷也是冲击负载，不仅有力的作用，而且还有作用时速度的问题，所以冲击载荷也是一个能量载荷。材料的耐冲击性一般用冲击值表示，记作 a_k，a_k 表示单位截面积上所消耗的功，是表征金属材料耐冲击性的宏观指标。

如图 2-18 所示，在进行冲击值测定的冲击实验时，用重锤冲击试样，冲断试样所消耗的总功 A_k 除以试样缺口处的截面积 F，其商值称即为冲击值：

$$a_k = \frac{A_k}{F}$$

式中　A_k——冲断试样所消耗的总功，即金属材料断裂前所吸收的（冲击）能量：

$$A_k = Q(H_0 - H_1)$$

式中　Q——重锤的质量；

H_1、H_0——分别为重锤冲击前所处的高度和冲断试样后上升的高度。

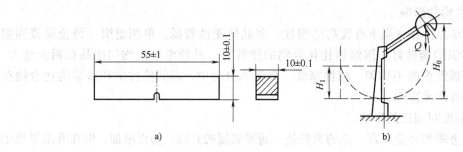

图 2-18　冲击实验示意图

a）冲击试样　b）冲击实验

a_k 或 A_k 值对材料一些缺陷很敏感，能很灵敏地反映出材料品质。宏观缺陷或显微组织方面的微小变化，会导致 A_k 或 a_k 值很大的变化。因而，在生产上它是检验冶炼、热加工、热处理工艺得到半成品或成品有效方法之一。一般情况下，冲断金属材料所消耗的功可分为三部分，即消耗于弹性变形的弹性功、消耗于塑性变形的塑性功，以及消耗于裂纹出现及断裂时撕裂功。对于不同的金属材料，A_k 值相同，但消耗于这三部分的分配比却可能相差很大。

2.5.6　疲劳

金属材料在变动应力长期作用下，所发生的破坏现象称为疲劳破坏，疲劳破坏有以下特点：

1）通常没有显著的塑性变形，与拉断时明显不同，在破坏之前没有显著的迹象，因此破坏发生较突然。

2）疲劳破坏应力较静载荷下的屈服强度，甚至比弹性极限小得多；对于有色金属，一般仅为屈服强度的 1/4。

3）对于应力集中特别敏感。工作环境，金属材料的形状、尺寸，表面状态微小变化，均有较大影响。

金属材料抵抗疲劳破坏的能力以疲劳极限（疲劳强度）表示，其意义为金属材料长期经受无限次（$10^7 \sim 10^8$）应力的反复作用而使材料不断裂时的最大应力。

金属材料的疲劳强度与其成分、表面状态、组织结构、杂质及分布、应力集中等均有关。

整个疲劳的过程包括裂纹的产生，裂纹的扩展及破坏。一般认为裂纹产生周次较短，仅为整个周次 10%～15%，75% 以上周次用于裂纹的扩展。因此疲劳过程主要是裂纹扩展的过程。抗疲劳能力决定于抗裂纹扩展的能力。

2.5.7　蠕变性

金属材料在一定温度和一定应力下，随着时间的增长，发生缓慢塑性变形的现象称为蠕变。像铅、锡等软金属即使在室温放置时，也会变形，特别容易发生蠕变。

金属导线在长期张力作用下，产生的蠕变伸长，是永久变形的一种形式。铜、铝绞线作为架空线在使用时，由于其自重和其他应力的影响，使其长期受到较大的应力作用，将产生蠕变现象。

金属蠕变变形的基本规律可用蠕变曲线来表示，如图 2-19 所示。

从图 2-19 可见，$0a$ 段是加载后产生瞬时伸长（应变）。如应力超过弹性极限，应包括弹性变形 $0a'$ 及塑性变形 aa'。这一变形不是蠕变，而是外载荷引起的瞬时变形过程。$abcd$ 曲线段表示蠕变。曲线上任一点的斜率表示该点的蠕变速度 $\left(\dfrac{\mathrm{d}\varepsilon}{\mathrm{d}t}\right)$，按照蠕变速度的变化情况可将蠕变过程分为三个阶段。

1）ab 段是减速蠕变阶段：开始时，蠕变速度很大，随着时间增长，蠕变速度减少。到 b 点蠕变速度达到最小值。

2）bc 段是恒速蠕变阶段：随时间的延长，蠕变速度几乎不变。

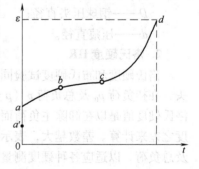

图 2-19　典型的金属蠕变曲线

3）cd 段是加速蠕变阶段：随时间的延长，蠕变速度加快直至 d 点断裂。

不同材料在不同条件下的蠕变曲线是不同的，相同材料的蠕变曲线也随应力大小和温度的高低而异。特别是温度对蠕变影响很大，在高温下，蠕变很明显。

纯金属的蠕变规律也可用下式近似表示：

$$l = l_0 (1 + \beta t^{1/3}) e^{kt}$$

式中 β、k、l_0——均为常数；

t——应力作用时间。

① 若 $k = 0$，则 $l = l_0(1 + \beta t^{1/3})$，故蠕变速度为

$$\frac{dl}{dt} = \frac{1}{3} \beta l_0 t^{-\frac{2}{3}}$$

从上式可见，随时间的延长，变形速度不断减少，对应减速蠕变，称 β 流变。

② 若 $\beta = 0$，则 $l = l_0 e^{kt}$，故蠕变速度为 $\frac{dl}{dt} = kl_0 e^{kt}$，对应加速蠕变，称 k 流变。

金属材料抗蠕变变形能力，用蠕变极限来表示，使蠕变速度等于规定值（接近 0）的最大应力，称为金属材料在某温度下的蠕变极限。

2.5.8　硬度

金属材料的软硬程度，用硬度来表示。硬度值的大小，不仅取决于金属的成分和组织结构，而且取决于测量的方法和条件。它是弹性、塑性、强度和韧性等一系列不同物理量的综合性指标。

硬度试验方法，应用最多的是采取压入试验方法，即布氏法、洛氏法和维氏法，其实质是标志金属局部表面抵抗外物压入时所产生塑性变形的能力。

1. 布氏硬度 HB

布氏硬度是用一定直径的钢球，以规定的负荷压入试样表面，经规定的保荷时间后卸除负荷，然后测量试样表面的压痕直径，据此计算压痕的球形表面积。单位表面积上所承受的力，称布氏硬度值，以 HB 表示：

$$HB = \frac{2p}{\pi D (D - \sqrt{D^2 - d^2})}$$

式中 p——施加的负荷；

D——钢球压头直径；

d——压痕直径。

2. 洛氏硬度 HR

洛氏硬度和布氏硬度试验同属静力压入试验。洛氏硬度试验用金刚石圆锥体或钢球作压头，在初负荷 p_0 及总负荷 p（$p = $ 初负荷 $p_0 + $ 主负荷 p_1）的先后作用下，将压头压入试件。洛氏硬度值是以在卸除主负荷而保留初负荷时，压入试件的深度与在初负荷作用下的压入深度之差来计算。差数越大，表示试样愈软，反之则试样愈硬。洛氏硬度试验采用不同的压头及总负荷，以适应各种硬度测量范围和软硬不同的材料。将洛氏硬度分为若干标尺，在符号 HR 之后加以注明，其常用的标尺有 A、B、C，其符号为 HRA、HRB、HRC。

3. 维氏硬度 HV

维氏硬度试验也属静力压入试验，它采用对面夹角为 136°的正四棱锥金刚石压头，其

特点是硬度值与负荷的选择无关，压痕轮廓清晰，压痕对角线测量准确度高，试验范围比布氏硬度广，测量压痕对角线较测量压痕的深度误差小。所以，维氏硬度不仅适应于软金属，也适应硬金属和硬质合金，特别适应于试验面很小、硬度值极高的金属材料。

这三种硬度值之间的转换关系为

$$HRC = HB/10$$
$$HRC = 100 - 37353/(HV + 200)$$

一般而言，金属越纯，其硬度越小，合金的硬度较大。

2.6　耐蚀性

金属受周围媒质的作用而引起的损坏现象，称为金属的腐蚀。金属耐受腐蚀破坏的能力称为抗蚀性或耐蚀性。

按腐蚀的机理可分为化学腐蚀和电化学腐蚀，在大多数情况下两种腐蚀均存在，尤以电化学腐蚀最常发生。

2.6.1　化学腐蚀

金属材料与介质发生单纯化学作用而引起的损坏称为化学腐蚀。金属在干燥气体和无导电性的非水溶液中的腐蚀都属于化学腐蚀。如金属与干燥气体氧气及硫化氢、二氧化硫、氯气接触，在金属表面生成相应的化合物（氧化物、硫化物、氯化物等）。

常见的化学腐蚀是金属的氧化。金属在干燥的大气中，表面总会产生不同程度的氧化，在金属表面生成相应的氧化物。温度越高，氧化越快。如铁在常温、干燥空气中不易氧化，但高温时就容易氧化。铜在室温下于干燥空气中几乎不氧化；当温度达到 100℃ 时，表面生成黑色 CuO 膜。在 260℃ 以下，氧化速度缓慢，温度再高，氧化速度增加，铜表面生成红色 Cu_2O 膜，高于 600℃ 时，铜将强烈的氧化。

金属氧化后生成相应的氧化物。如铜氧化后生成 CuO、Cu_2O；铝氧化后生成 Al_2O_3；铁氧化后生成 FeO 和 Fe_2O_3；不同金属表面上生成的氧化膜具有不同的结构和特征。如果生成的氧化膜完整致密，使金属与空气隔离，将避免进一步氧化；如果氧化膜疏松、多孔，或易于剥落、脱离，使大气中的氧不断向金属内渗入、扩散；外层氧化膜一层一层的剥落致使金属材料进一步破坏。

显然，如果氧化膜的体积等于或大于所消耗的金属体积，则膜的保护性好，但氧化膜的体积过大（超过金属体积 2.5 ~ 3 倍），则内应力大，膜易裂，保护性也差。表 2-4 列出了部分金属氧化膜的性质及氧化规律。

表 2-4　部分金属氧化膜的性质及氧化规律

金　　属	氧化膜性质	氧化膜生成规律
碱金属、碱土金属、钨、钼、钒、铌、钽、铱	多孔或不能形成	温度越高，氧化越快，与时间呈直线关系
锰、钴、镍、铜、铍、锆、钛和较高温度下的铁	较完整紧密	与膜厚成反比，与时间呈抛物线规律
铝、铬、锌、硅及铁在较低温度（<570℃）下的氧化	完整、紧密、粘着力强	更慢，与时间呈对数关系

当大气中含有易与金属起反应的有害气体如 SO_2、H_2S、Cl_2 或金属材料直接接触有害液体，如酸、碱等，金属与这些化合物特别是酸根反应，进行各种化学反应也会导致腐蚀，如

$$Cu + H_2S \rightarrow Cu_2S$$

$$Zn + HCl \rightarrow ZnCl_2$$

环境中酸碱的成分越多，这种化学腐蚀越快。部分金属耐大气腐蚀的情况见表2-5。

表2-5　部分金属耐大气腐蚀的情况

金属 气体介质	Ni	Al	Cu	Pb	Ti	W	Mo
Cl_2	耐蚀	耐蚀	耐蚀（干） 尚耐蚀（湿）	耐蚀	耐蚀（湿）	耐蚀	耐蚀
NH_4	耐蚀	耐蚀	不耐蚀	耐蚀	耐蚀（湿）	—	—
CO_2	耐蚀	耐蚀	耐蚀	耐蚀	耐蚀（温）	耐蚀	耐蚀
SO_2	不耐蚀	耐蚀	耐蚀	耐蚀	尚耐蚀	—	—
H_2S	不耐蚀	耐蚀	不耐蚀	耐蚀	尚耐蚀	耐蚀	耐蚀
H_2O（气）	不耐蚀	耐蚀	耐蚀	耐蚀	尚耐蚀	不耐蚀	不耐蚀

注：耐腐蚀，腐蚀深度（mm），$a < 0.1$；

　　尚耐蚀，腐蚀深度（mm）$a = (0.1 \sim 1.0)$；

　　不腐蚀，腐蚀深度（mm），$a > 1.0$。

2.6.2　电化学腐蚀

当金属与电解质溶液接触时，由电化学反应而引起的腐蚀叫电化学腐蚀。如金属在潮湿大气中，以及在土壤及海水中腐蚀都是电化学腐蚀。

电化学腐蚀的特点是形成了腐蚀电池或原电池。暴露在空气中的金属表面上将凝结空气中的水分，形成一层极薄的水膜，水膜或可能吸收空气中的二氧化碳或氧气形成电解液，这种情况下，相当于将两种金属放在电解液在形成腐蚀电池。电极电位较低部位作为阳极进行氧化过程，电位低的金属上电子移向电位高的地方发生腐蚀；电位较高的部位作为阴极，进行还原过程。

电化学腐蚀一般为析氢腐蚀、吸氧腐蚀。

1. 析氢腐蚀

在酸性介质中金属易发生析氢腐蚀。

在电极电位较低的部位，金属 M 作为阳极发生腐蚀：

$$M - ne \rightarrow M^{n+}$$

在电极电位较高的部位，作为阴极发生析出氢气的电极反应：

$$2H^+ + e \rightarrow H_2 \uparrow$$

2. 吸氧腐蚀

在碱性介质中（或中性）甚至微酸性介质中易发生吸氧腐蚀（故大气腐蚀一般是吸氧腐蚀）：

阳极：$M - ne \rightarrow M^{n+}$

阴极：$\frac{1}{2}O_2 + H_2O + 2e = 2OH^-$

如埋在地下金属，有的处于砂土部分与有的处于黏土部分。砂土部分氧气比较容易渗入，而黏土部分氧气不易渗入。这样，埋在砂土部分的金属接触氧气浓度（或分压）高，而埋在黏土部分金属接触氧气的浓度（或氧气的分压）低，导致该处金属电极电位较低被腐蚀，而砂土部分发生吸氧反应。这种腐蚀是由于金属表面因氧气分布不均匀而引起腐蚀，因此也称差异气体腐蚀，

影响电化学腐蚀速度主要是极化和钝化。极化是电流通过电极时，电极电动势偏离平衡电位的现象。对于阳极（腐蚀金属），极化作用使金属电极电位变大，而对应阴极电极电位变小，结果使腐蚀速度减慢。电位较负的金属由易腐蚀状态转变耐腐蚀的钝性状态称为钝化。由钝化状态转变为易腐蚀状态称去极化。一般来讲，当电解质中存在的卤离子，H^+ 常破坏钝态；在温度高时，钝化困难，或易破坏钝化；在中性或碱性时，易发生钝化，但对于两性金属 Al、Zn 在碱性时易破坏钝化。

2.6.3 影响腐蚀的因素

金属的腐蚀主要由金属本性和组织结构决定的。除此以外，环境条件也影响金属的腐蚀。

1. 金属的化学稳定性

活泼金属如碱金属、碱土金属电极电位较负，都易腐蚀，而电极电位较正的金属如铜等，化学稳定性高，较耐腐蚀。但一些活泼金属如铝由于其表面易生成保护膜，而具有较高的耐蚀性。一些易钝化金属如铬、镍、钛、锌、锡也耐腐蚀。

2. 合金成分与杂质

合金与杂质对金属的耐腐性影响很大，有些元素使金属的耐腐性明显提高，如铁中加入铬制成不锈钢。有些元素使金属耐蚀性下降。活泼金属中杂质存在对其耐蚀性影响尤为严重，如铝含有杂质会使铝耐蚀性明显下降。

3. 变形和机械应力

由于机械加工、冷变形、焊接等原因，在金属中形成相当大的内应力，使晶格畸变，原子能量升高，电极电位降低，从而降低了金属的稳定性，加快了金属的腐蚀。

通常，材料是在应力和腐蚀介质的共同作用下工作的，腐蚀介质和机械应力的共同作用并不是简单的叠加作用，而是一个相互促进的过程。这两个因素的共同作用远远超过单个因素作用后简单加和作用。机械应力和环境介质共同作用可造成金属材料不同的腐蚀形态，如应力腐蚀开裂、氢致开裂、腐蚀疲劳、腐蚀磨损以及磨振腐蚀等。

4. 金属的表面状态

粗糙金属表面比光滑金属表面腐蚀速度快。粗加工表面深凹部分氧气进入较少，容易造成氧的浓差电池，而且粗糙表面比光滑表面积大，腐蚀极化小。在金属表面擦伤处和凹的地方通常是开始腐蚀的地方。

5. 杂散电流

接地的直流电源如电焊机、电解槽、阴极保护系统以及电气机车、有轨电车等电路中漏失电流对埋地的金属如电缆金属套（铅套、铝套等）有严重的腐蚀作用。

6. 电解质溶液

金属接触的电解质溶液的酸碱性和盐的浓度对腐蚀速度有明显影响。对锌、铝、铅、铜，它们在中性溶液中腐蚀速度很小，随酸碱度增加腐蚀加快，而铁、镍在碱性溶液中出现钝化，腐蚀速度很低。

盐溶液浓度增加，使溶液的电导率增加，腐蚀速度增加，但当盐浓度进一步增加时，由于氧气溶解度下降，通常腐蚀速度也下降。

7. 温度与压力

温度升高，电解质溶液电导率增加，化学反应速度加快，因此腐蚀一般随温度升高而加快，但当温度升高到约70℃时，由于氧气在溶液中溶解度随温度升高而明显下降，腐蚀速度又下降了。

压力增加，氧气在电解液溶解度增大，吸氧腐蚀加速。

8. 微生物

微生物腐蚀并非微生物自身对金属有侵蚀作用，而是其生命活动的结果间接地对金属腐蚀过程产生影响。这种影响主要表现在以下几方面：

1）直接影响金属腐蚀的阴极和阳极反应，如在缺氧土壤和不通气的地下水中，金属的腐蚀速度很低，但在这种环境下适于厌氧细菌的生长，硫酸盐还原菌对腐蚀有去极化作用。

2）影响金属所处的腐蚀环境，微生物的新陈代谢和繁殖产生有机酸、硫化物和氨，也可能改变金属周围的氧浓度、酸度和含盐度，使腐蚀加快。

3）影响金属表面的状况和性质。如产生沉淀物，破坏金属表面或金属表面保护层。

2.6.4　金属的防腐蚀

减少金属的腐蚀可以从以下三方面入手：

1）耐腐蚀金属材料的研究，提高金属材料热力学稳定性。如提高金属的钝度，添加合金元素或进行适当处理都可以提高金属的耐腐性。

2）金属表面处理的方法研究。包括各种表面钝化处理如钢铁的发黑处理、金属的磷化处理；以及采取油漆、电镀、喷镀技术，提高金属的耐腐性。

3）环境方面，包括去除介质中的有害成分（如调整锅炉水的 pH 值、除去氧气），和在腐蚀介质中添加缓蚀剂，消除或减轻金属表面机械作用和生物作用，改善环境条件等。

第3章 电线电缆用金属材料

金属材料在电线电缆工业中应用非常广泛，是电线电缆的主要材料。根据金属的颜色和性质等特征，将金属分为黑色金属和有色金属。黑色金属主要指铁、锰、铬及其合金，如钢、生铁、铁合金、铸铁等。黑色金属以外的金属称为有色金属。有色金属在电线电缆用作的导电线芯、屏蔽层、护层中的金属套和加强层，黑色金属用作电缆的铠装层，架空线的加强芯。电缆使用的金属及合金材料，除我们比较熟悉的铜、铝和铁外，还有铅、银和金等十几种。

一般情况下，作为电线电缆导体和屏蔽层的金属材料，都采用单一金属，最常用的是铝及铜。为了适应特殊用途的导体，也发展了铝合金、铜合金及双金属材料。

表3-1 中列出了电线电缆用金属材料的基本特性。

表 3-1　电线电缆用金属及其基本特性

金属名称	元素符号	原子量	密度（20℃）/(10^3kg/m^3)	熔解热/(kJ/kg)	熔点/℃	电阻率（20℃）/(Ω·mm^2/m)	电阻温度系数/(10^{-3}℃$^{-1}$)
银	Ag	107.88	10.5	0.102	961.93	0.0159	4.1
铜	Cu	63.54	8.89	0.212	1084.5	0.0168	4.03
金	Au	197.2	19.3	0.067	1064.43	0.0225	3.98
铝	Al	26.98	2.7	0.389	660.37	0.0265	4.23
钠	Na	22.997	0.97	0.115	97.8	0.0465	4.34
镁	Mg	24.32	1.7	0.293	650.3	0.047	3.9
钨	W	183.92	19.3	0.184	3387	0.055	4.64
钼	Mo	95.95	10.2	0.209	2620	0.057	4.35
锌	Zn	65.38	7.1	0.118	419.58	0.059	4.17
镍	Ni	58.69	8.9	0.309	1455	0.0724	5.21
铁	Fe	55.85	7.9	0.272	1541	0.097	6.57
铂	Pt	195.23	21.5	0.113	1772	0.105	3.92
锡	Sn	118.7	7.3	0.060	231.96	0.115	4.47
铅	Pb	207.21	11.3	0.026	327.5	0.2065	4.22

金属名称	元素符号	热导率（20℃）/[cal/(cm·s·K)]①	比热容（20℃）/[cal/(g·K)]②	线膨胀系数/(10^{-6}℃$^{-1}$)	拉伸强度/(N/mm^2)	伸长率（%）	布氏硬度 HB
银	Ag	0.974	0.0558	18.9	176	50	25
铜	Cu	0.94	0.0918	16.42	216	60	35
金	Au	0.745	0.0308	14.4	137	30～50	18
铝	Al	0.52	0.215	24	69～88	40	20～35

（续）

金属名称	元素符号	热导率 (20℃)/[cal/ (cm·s·K)][1]	比热容 (20℃)/[cal/ (g·K)][2]	线膨胀系数 /(10⁻⁶℃⁻¹)	拉伸强度 (N/mm²)	伸长率 (%)	布氏硬度 HB
钠	Na	0.32	0.295	71	—	—	—
镁	Mg	0.38	0.249	25.7	167~196	15	25
钨	W	0.476	0.032	4	980~1176	0	350
钼	Mo	0.35	0.061	5.49	686~980	30	125
锌	Zn	0.268	0.0915	32.5	108~147	5~20	30~42
镍	Ni	0.22	0.105	13.7	392~490	40	60~80
铁	Fe	0.174	0.11	11.9	245~324	25~55	50
铂	Pt	0.1664	0.0319	8.8	147	50	25
锡	Sn	0.156	0.0540	22.4	15~26	40	5
铅	Pb	0.084	0.031	29.5	10~30	50	4~6

① 1cal/(cm·s·K) =418.68W/(m·K)。

② 1cal/(g·k) =4.1868J/(g·K)。

3.1　铜及铜的合金

铜是人类发现和使用最早的金属之一，铜器的发现在世界文明史上具有划时代意义。它标志着石器时代的结束和青铜时代的开始。

我国早在两千多年前就开始使用青铜。青铜是铜锡合金，呈青白色；此外，常用的还有黄铜是铜锌合金。常说的紫铜是纯铜。另外还有白铜是铜镍合金。

作为电线电缆导电线芯，目前铜是最好的导电材料。

3.1.1　铜的结构和基本特性

铜属于重金属。密度为 $8.89 \times 10^3 kg/m^3$，熔点为1084℃。具有紫红色的金属光泽。铜属于面心立方晶体结构，配位数12；晶格常数 $a = 0.36nm$，原子间距为0.256nm，原子半径为0.128nm。

铜与其他金属相比具有下列特性：

1）导电导热性好

铜的导电性仅次于银，居第二位，其电导率为银的93%。铜的导热性也仅次于银，居第二位，热导率为银的73%。

2）化学稳定性高、抗腐蚀性好

铜的电极电位较高（$E^{\ominus}_{Cu^{2+}/Cu} = +0.34V$），不易发生电化学腐蚀。此外，铜氧化后形成的氧化膜也较完整、紧密，可以防止内部金属进一步氧化。铜在干燥的空气中是比较稳定的，在水中几乎无变化。但接触腐蚀性气体，也会发生腐蚀，如铜线长期在海洋性气氛中，表面会出现溃伤斑点。

3）基本无磁性，又是反磁性物质，磁化率极低，仅有 -9.8×10^{-6}。

4）力学性能较好

有较高机械强度，拉伸强度为 $200 \sim 240 MN/m^2$，布氏硬度 35，可以满足电线电缆的需要。

5）塑性好，易加工

铜具有很高的塑性变形能力，其断裂伸长率可达 60%，首次加工量可达 30%～40%，在退火状态，不经中间退火，可压缩 85%～95% 而不出现裂纹。可以用压延、挤压、拉伸等加工方法，制成各种形状和尺寸的成品和半成品。

6）易于焊接

铜即使在高温下氧化速度相对也比较慢，在大气中其焊接性比较好。

作为电线电缆材料，通常要求含铜量在 99.9% 上的工业纯铜，如一号铜为 99.95%，在特殊情况下使用无磁性高纯铜，为了提高电导率和改进柔软性，广泛使用无氧铜，正在发展使用单晶铜。

电线电缆用铜线的成分见表 3-2。

表 3-2 导电用铜的品种、成分和主要用途

品种		符号	含铜量（%）≥	杂质（%）≤											主要用途
				Bi	Sb	As	Fe	Ni	Pb	Sn	S	P	Zn	O	总和	
普通纯铜	一号铜	T_1	99.95	0.002	0.002	0.002	0.005	0.002	0.005	0.002	0.005	0.001	0.005	0.02	0.05	各种电线电缆用导体
	二号铜	T_2	99.90	0.002	0.002	0.002	0.005	0.006	0.005	0.002	0.005		0.005	0.06	0.10	开关和一般导电零件
无氧铜	一号无氧铜	Tu_1	99.97	0.002	0.002	0.002	0.005	0.002	0.005	0.002	0.005	0.003	0.003	0.003	0.03	电真空器件，电子管和电子仪器零件；耐高温导体，超导线的复合基体和微细丝等；真空开关触头
	二号无氧铜	Tu_2	99.95	0.002	0.002	0.002	0.005	0.002	0.005	0.002	0.005	0.003	0.003	0.003	0.05	
无磁性高纯铜			99.95	0.002	0.002	0.002	0.0002	0.002	0.005	0.002	0.005	0.001	0.005	0.02	0.05	作无磁性漆包线的导体，用于制造高精密电器仪表的动圈

表 3-3 给出导电用铜的性能和主要工艺参数，我们在今后实践中逐渐认识这些性能及参数。

表 3-3 导电用铜的性能和主要工艺参数

项 目	单 位	状 态	参 数
熔点	℃		1084.5
密度（20℃）	$g \cdot cm^{-3}$		8.89
比热容（20℃）	$J \cdot (kg \cdot K)^{-1}$		385

（续）

项　目	单　位	状　态	参　数
比能	$J \cdot kg^{-1}$		212000
热导率（20℃）	$W(m \cdot K)^{-1}$		386
线膨胀系数（20~100℃）	$10^{-6} \cdot K^{-1}$		16.6
电阻率（20℃）	$10^{-2}\Omega \cdot mm^2 \cdot m^{-1}$	软态	1.7241
		硬态	1.777
电阻温度系数（20℃）	$10^{-3} \cdot ℃^{-1}$	软态	3.93
		硬态	3.81
弹性模量（20℃）	$N \cdot mm^{-2}$		112770
屈服强度	$N \cdot mm^{-2}$	软态	59~79
		硬态	294~372
拉伸强度	$N \cdot mm^{-2}$	软态	196~235
		硬态	343~441
疲劳极限	$N \cdot mm^{-2}$	软态	56~69
		硬态	108~118
蠕变极限	$N \cdot mm^{-2}$	20℃	68
		200℃	49
		400℃	14
伸长率	%	软态	30~50
		硬态	>0.5
硬度	HB	软态	<48
		硬态	90~136

3.1.2　影响铜性能的因素

1. 导电性

铜的导电性可以用电导率或电阻率来表示，也可以用相对电导率（% IACS）来表示（$\rho = 0.017241\Omega \cdot mm^2/m$ 或 $58m/\Omega \cdot mm^2$ 时相对电导率 IACS% 为 100%），极纯的电解铜的电导率很高，无氧铜的电导率可达 102% 。

许多因素影响铜的导电性：

1）杂质

杂质对铜的电导率的影响是很大的，一切杂质元素或有意加入的合金元素都影响铜的电导率，使铜的电导率下降。杂质对铜的电导率的影响如图 3-1 所示。

从图 3-1 中可见，对铜的电导率影响最大的杂质元素有磷、砷、铝、铁和氧等。因此，在铜中应尽量减少这些杂质。微量的银、镉、锆对电导率影响不大，可作为铜的合金元素加入，提高铜的机械强度和耐蚀性。

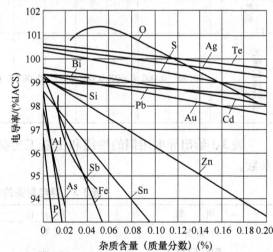

图 3-1　杂质对铜电导率的影响

　　如果在铜中加入两种以上杂质，只要它们的浓度不超过其溶解度，则电阻率与其浓度成线性关系，并且几种杂质的影响是线性叠加的。

　　值得关注的是氧的影响。当含有少量的氧时，铜的电导率略有提高（无氧铜可达102%），但随氧含量的增加，铜的电导率迅速下降。

　　2）冷加工和热处理

　　铜导线一般经拉伸后使用（硬铜线），也可以经退火后使用（软铜线），铜经过冷拉伸（冷加工）后，拉伸强度和硬度增加，但电导率和伸长率下降，当变形量不大时，对电导率影响不大，一般不超过2%；但当变形量增大时，电导率下降可达6.2%。

　　为了消除铜的冷作硬化，可以将铜退火（600～700℃以上），恢复铜的导电性，提高电导率和伸长率，但同时降低了拉伸强度和硬度（见图3-2、图3-3）。

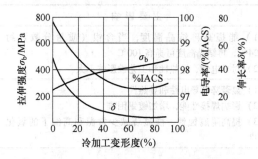

图3-2　冷加工变形程度对铜的性能影响

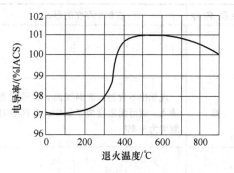

图3-3　退火温度对硬铜线电导率的影响

　　3）温度

　　铜在熔点以下时，其电阻率随温度升高呈线性增加，从固态过渡到液态，出现电阻率突然升高。

2. 力学性能

　　铜的力学性能属于中等水平，经过拉伸，铜的强度可提高到 $450MN/m^2$，但经过退火后，又可恢复到拉伸前的水平。铜的力学性能与温度的关系如图3-4所示。在500～600℃附近伸长率和断面收缩率骤然下降，出现"低塑性区"，这一现象与铜中的杂质有关，尤以铅和铋影响最大。

　　在铜中含有杂质元素时，可使铜的力学性能提高，如铍、银、钙、镍和锌等，但也有一些杂质如氧，可以使力学性能显著下降。

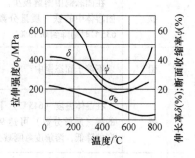

图3-4　温度对铜的力学性能影响

3. 铜的塑性变形能力

　　铜是面心立方结构，具有很好的塑性变形能力。

　　杂质元素对铜的塑性变形能力的影响，主要决定于铜与杂质组成的结构。当杂质元素溶于铜时，影响一般不大；如果杂质与铜形成低熔点共晶时，则产生热脆性，也就是金属在共晶熔点以上温度变形容易开裂；如铋和铅对铜的热变形能力有严重影响，因为这两种元素与铜形成低熔点共晶（Cu-Pb 共晶熔点：326℃；Cu-Bi 共晶熔点：270℃）。这些低熔点的共晶体冷却时最后结晶，在晶界面上形成极薄的膜，热加工（约800℃）时，这些膜会熔化，使金属晶粒之间结合力下降而发生晶间破裂，因此对铜中杂质铋与铅必须严格控制。

相反，如果杂质与铜形成熔点较高的脆性化合物分布于晶界时，则产生冷脆性，金属在冷作变形时容易破裂。铜中杂质氧、硫能与铜形成共晶体 $Cu-Cu_2O$，$Cu-CuS$，它们的共晶熔点高达1060℃，不会引起热脆性，但这些化合物硬而脆，致使金属"冷脆"，使冷加工困难，因此也应严格控制。

根据铜的含氧量和生产方法，纯铜可分为工业纯铜（含氧0.02%～0.1%）、脱氧铜（含氧量<0.01%）和无氧铜（含氧量<0.003%），电线电缆最好采用无氧铜。

一些杂质对铜性能影响见表3-4。

表3-4　杂质对铜性能影响

杂质名称	在铜中存在的形态	主要影响
银		1）能提高再结晶温度，当含银（质量分数）约0.24%，再结晶温度可提高100℃ 2）对导电性、导热性和工艺性影响不大
铝	纯铜中不含铝；废铜线回炉时可能有铝掺入。铝可无限度溶于铜中，在固态时溶解度为9.8%	1）显著降低导电性和导热性 2）影响焊接性能，增加镀锡困难 3）提高耐腐蚀性，能显著减少常温和高温下的氧化程度
铍		1）导电性稍有降低 2）提高力学强度和耐磨性能 3）提高耐腐蚀性，显著减少高温氧化程度
铋	不溶于固态铜中	1）对导电性无显著影响 2）当含铋量很少（质量分数小于0.005%）时，热加工易破裂；当含铋量较高时，产生冷脆性
铁	在固态铜中溶解极少。在1050℃时溶于固溶体中的铁（质量分数）达3.5%，在635℃时则降到0.15%	1）严重影响铜的导电性和导热性，显著影响耐腐蚀性 2）使铜具有磁性 3）使晶体结构细化而提高力学强度
铅	不溶于固态铜中	1）对导电性、导热性无明显影响 2）产生热脆性，增加热加工的困难
锑	在晶体温度（645℃）下，溶于固态铜中的锑（质量分数）可达9.5%；但随着温度的降低，溶解度急剧减少	1）严重影响热加工，易使铜杆脆裂 2）显著降低导电性和导热性
硫	以 Cu_2S 状态存在	1）对导电性、导热性影响不大 2）降低冷态及热态加工时的塑性
硒	在固态铜中溶解很少（<0.1%）。当硒含量为2.2%时，与铜形成熔点为1063℃的共晶	1）对导电性、导热性影响极小 2）急剧降低塑性，影响压力加工
砷	在固态铜中溶解度达7.5%	1）显著降低导电性和导热性 2）能显著提高热稳定性；能消除铋、锑和氧等杂质的有害作用，显著提高铜的再结晶温度

（续）

杂质名称	在铜中存在的形态	主要影响
磷	在固态铜中溶解有限 700℃时，磷在固溶体时的最大溶解度为1.3%	1）严重降低导电性和导热性 2）能提高力学性能；有利焊接
镍	固溶体	1）降低导电性 2）影响焊接性能 3）提高力学强度、耐磨性和耐腐蚀性

3.1.3　铜合金

为了改善铜的力学性能，提高铜的耐腐蚀、耐磨性、耐热性，研究制造了各种合金。电线电缆中使用较多有如下几种：

1. 银铜合金

铜中加入少量的银，可以显著提高软化温度和耐蠕变能力而导电性下降不多。电线电缆中通常用含银量为（0.1～0.2）%的合金，其硬化的效果不显著，一般采用冷作硬化来提高强度。银铜合金的拉伸强度为350～450MN/m^2，延伸率（2～4）%，硬度HB为95～110，电导率为95% IACS，软化温度为280℃，高温（290℃）下拉伸强度为250～270MN/m^2。

银铜合金具有很好的耐磨性、电接触性和耐蚀性。制成电车线寿命比硬铜线高2～4倍，除电车线外，还可以用于通信线和其他高耐腐性导线。

含银量增加，拉伸强度增高，而电导率下降，如含银量为（3.5～4）%的银铜合金经冷加工后，拉伸强度可达850MN/m^2，电导率为80% IACS。在银铜合金中加入少量的Cr、Al、Cd、Mg可进一步提高强度。

2. 镉铜合金

铜中加入1%镉的合金，通过冷拉，具有较高拉伸强度（600MN/m^2），电导率（85% IACS）、耐磨性和硬度（HB=100～115）。镉铜合金中加入铬能提高时效硬化效果，显著提高耐热性。加入少量的锆、银、锌和铁可进一步提高强度。镉铜合金可用以制造大跨距架空导线、高强度绝缘线、通信线和滑接导线等。

3. 稀土铜合金

在铜中加入镧或混合稀土金属的合金可以与银铜合金媲美。铜中加入稀土元素，不仅可使晶粒细化，改善工艺性能，还可以提高铜的耐热性，同时具有较高的导电性。稀土铜合金的拉伸强度为350～450MN/m^2，延伸率为（2～4）%，电导率为96% IACS，硬度HB为95～110，软化温度为280℃，可用于制造高耐磨、耐热、高导电的电线。

4. 铍钴铜合金

铍钴铜合金是时效硬化效果很大的一种铜合金。它具有高的强度、硬度和弹性极限，并且弹性滞后小，弹性稳定性好；同时，还具有良好的耐腐蚀、耐磨、耐疲劳、无磁性以及受冲击不产生火花等特点。

铍钴铜合金的拉伸强度为1300～1470MN/m^2，延伸率为（1～2）%，电导率为（22～25）% IACS，硬度HB为350～420，可用于大跨度的通信线和煤烟多的架空线。

含铍量大于1%的铍铜合金为高强度铍铜合金；含铍量小于1%的铍铜合金称为高导电

性铍铜合金。铍铜在淬火状态下有极高的塑性，易加工成各种型材及复杂元件。

5. 锆铜合金

铜中加入锆可显著提高软化温度。锆铜合金也是一种时效硬化合金；淬火和时效处理并不能获得高的室温强度，必须在淬火后进行较大的冷变形，再时效处理，才能获得高的强度和导电性。它的主要特点是在很高的温度下（比其他高导电金属都高）还能保持冷作硬化的强化效果，并且在淬火的状态，具有普通纯铜那样的塑性，可用于制造耐热、耐磨导线。

各种铜合金成分、性能和用途见表 3-5。

表 3-5　导体用铜合金的种类、成分、性能和用途

类　别	合金名称	添加元素含量（质量分数）（%）	室温性能				高温性能		用　途
			拉伸强度/（N/mm²）	伸长率（%）	硬度HB	电导率/（%IACS）	退火温度/℃	高温强度/（N/mm²）	
中强度高导电	银铜	银 0.2	350~450	2~4	95~110	96	280	250~270（290℃）	电机换向器用梯形排
	稀土铜	混合稀土 0.1	350~450	2~4	95~110	96	300		电机换向器用梯形排
	镉铜	镉 1	600	2~6	100~115	85	300		高强度导线、接触线
	锆铜	锆 0.2	400~450	10	120~130	90	500	350（400℃）	电机换向器用梯形排
	铬镉铜	铬 0.9、镉 0.3	300（软）600（硬）	30 9	85~90 110~120	87~90 85	380		特种电缆、架空线、接触线
	锆铪铜	锆 0.1、铪 0.6	520~550	12	150~180	70~80	550	430（400℃）	电机换向器用梯形排
高强度中导电	镍硅铜	镍 1.9、硅 0.5	600~700	6	150~180	40~45	540		通信电线、架空线、接触线
	铁铜	铁 10~15	800~1100			60~70			高强度电线
特高强度低导电	铍钴铜	铍 1.9、钴 0.25	1300~1470	1~2	350~420	22~25			潮湿地区用电话线及多煤烟地区用架空线
	钛铜	钛 4.5 钛 3.0	900~1100 700~900	2 5~15	300~350 250~300	10 10~15			

3.1.4　铜包金属线、铜基双金属线

铜包铝线是由铝芯线和紧密包覆其外的铜层构成的双金属线，如具有 0.5mm 厚的铜包层的 φ20mm 铝杆可拉制成不同直径（可至 φ0.2mm）的铜包铝线。使铜的优良导电性和铝的重量轻的特点结合在一起，克服了铝导线的缺点，从而发展成为新的金属导电材料。铜层的体积比为 5%~10%，用于同轴通信电缆内导体和其他电缆导电材料。

铜包钢线集铜的导电性和钢的强度于一身，广泛用于需要提高电缆强度但允许降低电导

率的场合。用于接地电缆、电话接入线，也可用于同轴通信电缆，铜包钢线近年来迅速发展的另一项用途是埋地塑料管路的示踪线。

另外，为了提高铜的性能，提高耐腐蚀性和抗氧化能力，可以制成铜基双金属线。铜基双金属线多采用电镀法，即在一种铜表面连续被覆以一种保护金属。最常用的是镀锡铜线、镀银铜线。镀锡铜线耐腐蚀性好、焊接性好，常用于橡皮绝缘电线电缆、仪器仪表连接线、编织线及软接线等。镀银铜线电导率高、抗氧化性强、易焊接可用于耐高温导线。双金属线除了有提高铜耐腐蚀性外，还可防止铜导体与绝缘层直接接触时，铜对绝缘材料老化促进作用。

3.1.5　铜箔、铜带

铜箔厚度为 0.008 ~ 0.05mm，常用作电缆的屏蔽层；铜带厚度为 0.05 ~ 1.5mm，还分硬态和软态两种，软态铜带拉伸强度大于 205N/mm²，伸长率大于 30%，硬态铜带拉伸强度大于 294N/mm²，伸长率大于 3%，不但可以用作电缆的屏蔽层，一定规格的铜带还可以用作同轴通信电缆外导体。铜带、铜箔的化学成分应不低于一号铜。对铜带（铜箔）外观均有较高的要求，要光滑、整洁及无毛刺、折弯等。

3.2　铝及铝合金

在有色金属中，铝和铝合金的产量占第一位，是应用最广泛的一种材料，从日用产品到航空航天器材，在电线电缆技术中，广泛用于制造架空输电线用的钢芯铝绞线、铝合金绞线以及电线电缆线芯和护套材料。

3.2.1　铝的结构及基本特性

铝是银白色金属，熔点 660℃、铝有很高的熔化潜热，约为 388J/g，比热容约为 1.289J/(g·K)，密度为 $2.7 \times 10^3 kg/m^3$，属于面心立方体晶格，晶格常数 $a = 0.405nm$，原子半径为 0.143nm。

电线电缆用导线线芯，应采用含铝量 > 99.5% 以上的电工用铝，其化学成分应符合标准，重熔用铝锭 Al99.50，重熔用电工铝锭 Al99.65E，重熔用铝稀土合金锭 Al-RE-1 化学成分见表 3-6 ~ 表 3-8。

表 3-6　重熔用铝锭的化学成分

牌号	铝 ≥	化学成分（质量分数）（%）						
		杂质含量 ≤						
		铁	硅	铜	镓	镁	其他每种	总　　和
Al99.85	99.85	0.12	0.08	0.005	0.030	0.030	0.015	0.15
Al99.80	99.80	0.15	0.10	0.01	0.03	0.03	0.02	0.20
Al99.70	99.70	0.20	0.13	0.01	0.03	0.03	0.03	0.30
Al99.60	99.60	0.25	0.18	0.01	0.03	0.03	0.03	0.40
Al99.50	99.50	0.30	0.25	0.02	0.03	0.05	0.03	0.50
Al99.00	99.00	0.50	0.45	0.02	0.05	0.05	0.05	1.00

注：铝含量（质量分数）以 100.00% 减杂质总和来确定。

表 3-7　重熔用电工铝锭的化学成分

牌　号	铝	化学成分（质量分数）（%）				
		杂质含量≤				
	≥	硅	铁	铜	钒＋铬＋锰＋钛	总　和
Al99.70E	99.70	0.08	0.20	0.005	0.01	0.30
Al99.65E	99.65	0.10	0.25	0.01	0.01	0.35

注：1. 铝含量（质量分数）以 100.00% 减杂质总和来确定。

2. 浇铸铝锭前应对铝液进行精炼、过滤处理。

3. 铁、硅比应不小于 1.3，如用户对铁含量（质量分数）另有要求，可由供需双方协商。

表 3-8　重熔用铝稀土合金锭的化学成分

牌　号	稀土总量 ∑RE	化学成分（质量分数）（%）						Al
		杂质含量≤						
		Si	Fe	Cu	Ga	Mg	总和	
Al-RE-1	0.05～0.12	0.13	0.20	0.01	0.03	0.03	0.30	余量
Al-RE-2	0.13～0.20	0.13	0.20	0.01	0.03	0.03	0.30	余量
Al-RE-3	0.21～0.30	0.13	0.20	0.01	0.03	0.03	0.30	余量

注：1. 稀土总量系指以铈为主的混合轻稀土。

2. 表中未列的其他杂质元素，如 Mn、Zn、Ti、Cr 等，供方可不做常规分析，但应定期分析。

3. 表中未规定的其他单项杂质元素等于或大于 0.01% 时，应计入杂质总和，但供方可不做常规分析。

4. 如对稀土总量有特殊要求，由供需双方另行协商。

导电用铝的主要特点如下：

1. 导电性、导热性好

铝的导电性、导热性仅次于银、铜，金，居第四位；铝的电导率为（60～62）% IACS。

2. 耐腐蚀性良好

铝虽然化学活泼性高，标准电极电位低（$E^{\ominus}_{Al^{3+}/Al} = -1.68V$），但在大气中极易氧化生成一种牢固的致密膜，厚度为 5～10nm，可防止铝继续氧化。因此，铝在大气中具有较好的耐腐蚀性。

3. 纯铝的机械强度一般

纯铝的力学性能较低，因纯度不同，波动范围较大。一般是纯度愈低，拉伸强度和硬度愈高而塑性愈低。软态铝拉伸强度为 70～95MN/m²，硬态拉伸强度（150～180）MN/m²。

4. 塑性好

可用压力的加工方法如轧制、拉伸等，制成形状复杂的产品。工业纯铝中，经常含有铁和硅等杂质，这些杂质会降低铝的塑性。

纯铝的浇铸温度为 700～750℃，流动性不好，铝的线收缩率是 1.7%～1.8%，体积收缩率是 6.4%～6.6%，都较大，因此纯铝的铸造性能差，容易产生热裂等铸造缺陷，很少直接用来浇铸各种铸件。纯铝的线胀系数也较其他常用金属大。

5. 比重轻

密度约为铜的 1/3，价格便宜，来源可靠。

在传送相同功率，传送相等距离、不考虑线路损耗时，按体积计算铜的用量为铝的 60%~65%，但按重量计算铜的用量约为铝的用量两倍。这可以看出铜、铝用作导体在不同的应用领域各有优势。

铝作为导电材料主要缺点是拉伸强度低，即使硬态铝仅 100MN/m² 左右；另外不易焊接，对焊接设备要求较高。表 3-9 给出导电铝的主要性能及主要工艺参数。

表 3-9　导电铝的主要性能及主要工艺参数

项　　目	单　　位	状　　态	参　　数
熔点	℃		658
密度（20℃）	g·cm⁻³		2.703
比热容（20℃）	J·(kg·K)⁻¹		921
比能量	J·kg⁻¹		389000
热导率（20℃）	W·(m·K)⁻¹		218
线膨胀系数（20~100℃）	10⁻⁶·K⁻¹		23
电阻率（20℃）	10⁻²Ω·mm²·m⁻¹	软态	2.80
		硬态	2.8264
电阻温度系数（20℃）	10⁻³·℃⁻¹	软态	4.07
		硬态	4.03
弹性模量（20℃）	N·mm⁻²	硬态	67000
屈服强度	N·mm⁻²	软态	30~40
拉伸强度	N·mm⁻²	软态	70~95
		半硬态	95~125
		硬态	160~200
疲劳极限	N·mm⁻²	硬态	60
蠕变极限[①]	N·mm⁻²	20℃	50
		150℃	24
		250℃	10
伸长率	%	软态	20~40

[①]　99.5% Al 软线，1000h 的断裂韧度。

3.2.2　影响铝性能的因素

1. 导电性

1）杂质

研究表明，铝的纯度对电导率的影响较为显著，如 99.5% 的铝的电导率为 61% IACS，而 99.996% 高纯铝的电导率为 65% IACS，铝中所含杂质对铝的电导率的影响如图 3-5 所示。可见，镍、砷、锑、镉、铋对电导率的影响不大。而杂质银、金、镁对电导率影响较大，而钛、钒、铬、锰将使电导率显著下降，应严加控制。一般其杂质总含量应低于 0.01%（质量分数）。

对电工用铝，铁硅是主要杂质，其含量虽对电导率影响不大，但其含量和比例对铝的物理力学性能、工艺性能都有较大影响，因此应严格控制。

2）冷变形

铝在冷变形时，电导率下降不多，当压缩率达到

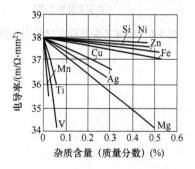

图 3-5　杂质对铝电导率的影响

95%~98%时，铝的电导率仅下降1.2%。硬态铝经退火后，其电导率得到恢复；但过高的退火温度又可使电阻略为升高。

3）温度

温度升高时，铝的电阻随温度升高而增加。铝在熔点以下，电阻和温度基本呈线性关系。

2. 力学性能

1）杂质

常见杂质Fe、Si都使铝拉伸强度增大、塑性降低。不同杂质对铝性能影响见表3-10。

表3-10　不同杂质对铝性能的影响

杂　质	在铝中存在的形态	主　要　影　响
铁	硬脆针状的独立相 Al₃Fe	降低导电性、导热性、塑性，影响耐腐蚀性，提高拉伸强度
硅	含量少时存在于α固溶体中，当含量（质量分数）大于1.65%时进入共晶体成分	降低导电性和塑性，拉伸强度稍有提高
铁＋硅	三元化合物或三元共溶体	硅含量高于铁时，使铝变脆，压力加工困难，性能降低。铁硅比在一定范围内时，影响较小
铜	固溶体	严重影响导电性，影响导热性、耐腐蚀性和铸锭质量，强度增加

2）冷变形和热处理

对铝进行加工硬化可极大的提高铝的拉伸强度，当冷变形为90%时，拉伸强度可提高到180MN/m²，甚至更大，退火可使拉伸强度下降。控制冷变形及退火温度可以制成软、半硬、硬，具有不同力学性能的铝线。图3-6～图3-8所示为冷加工和热处理对铝的力学性能的影响。

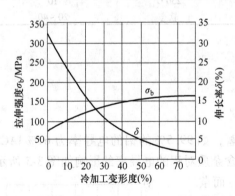

图3-6　冷加工变形程度对铝力学性能的影响

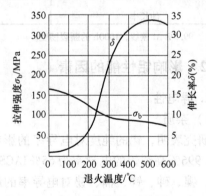

图3-7　铝经不同温度退火后的力学性能

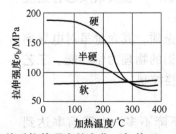

图3-8　铝加热后拉伸强度的变化（加热1h，室温时测定）

经过激烈变形后的硬态铝，正常退火温度为 300～350℃，温度过高，会引起晶粒粗大，力学性能变坏。半硬铝线的退火温度更低，一般为 240～260℃.

3）温度

铝在低温时，拉伸强度、疲劳强度、硬度、弹性模量增高，而且延伸率和冲击值增高，无低温脆性，适合作低温导体。

由于铝的蠕变极限和拉伸强度与温度有关，铝长期使用温度不宜超过 90℃，短时使用不宜超过 120℃。

3. 耐蚀性

铝和氧的亲和力很大，在室温下即能同空气中的氧结合生成极薄的 Al_2O_3 膜，膜厚约为 2×10^{-4}mm，膜极致密，没有空隙，与铝基体的结合力很强，能阻止氧气向金属内部扩散而起保护作用。保护膜一旦破损后，能迅速生成新的薄膜，恢复其保护作用，因而在空气中有足够的抗蚀能力。

1）杂质

铝的抗蚀能力随杂质含量的增加而降低，特别是镁能严重破坏致密的 Al_2O_3 膜。铝的电极电位较负，因此铝的纯度对耐蚀性影响极大。

如纯度为 99% 的铝在稀盐酸中腐蚀比 99.5% 的铝要高 50 倍。导电金属铝中的常见杂质，除铁、硅外，还有少量的铜对铝的腐蚀性影响显著。从表 3-11 中可看到，杂质铜、铁无论在哪种电解质（海水、HCl 等）中都有明显腐蚀。此外，在含 Cl^- 的电解液中各种杂质造成腐蚀都比较严重。

当铝中含铁量大于 0.1% 时，其腐蚀速度比 99.998% 高纯铝大 160 倍，硅对铝的耐腐蚀性影响与铝中的铁含量有关，当铝中不含铁时，影响不大，当铁、硅同时存在时，则显著降低铝的耐腐蚀性（见表 3-11）。铜对铝的耐腐蚀性影响比铁严重，当铝中含 0.1% 铜比含 0.1% 铁其腐蚀速度快 10 倍。

表 3-11　在电解液中杂质对铝的耐蚀性的影响

杂　　质	海　　水	HCl（10%）	H_2SO_4（20%）	HNO_3（25%）	NaOH（稀）
Cu	2	4	3	3	3
Fe	2	4	2	2	3
Si	2	2	1	1	2
Zn	2	3	1	1	1
Mg	1	1	1	1	1
Mn	2	2	2	1	1

注：1—耐蚀性好；2—稍有腐蚀；3—明显腐蚀；4—严重腐蚀。

2）周围媒质的条件

铝在空气中与氧气反应，很快在其表面生成一层致密的氧化膜，因此铝在一般的大气中，具有良好的耐腐蚀性，即使在高温或铝呈熔化状态时，氧化膜同样具有极好的保护作用，因而铝在退火或在熔炼时可在空气中直接进行。但如果大气中含有大量 SO_2、H_2S 或酸、碱等气体，或在潮湿的气候条件下铝表面形成电解液易引起电化学腐蚀，另外大气中尘埃及非金属夹杂物沉积在铝的表面，也易引起腐蚀。

纯铝在冷的醋酸、硝酸和有机酸中，具有很高的抗蚀性能。酸的浓度愈高、温度愈低，其抗蚀性能愈好。浓的和稀的硫酸在低温中与铝的反应很慢，但热的浓硫酸却能与铝起剧烈的反应，产生 SO_2 气体。

碱类、盐酸、碳酸盐、食盐等能破坏氧化膜，引起铝的强烈腐蚀。因此，烧碱（NaOH）往往用作铝或铝合金的宏观组织腐蚀剂。

在沿海地区，大气中盐雾所含的氯离子凝集在铝表面，易在表面的杂质和缺陷周围引起局部腐蚀，形成孔洞、沟洼和裂纹，因此必须采用高纯度铝，或采取特殊防腐蚀措施。

3.2.3 铝合金

为了克服纯铝的缺点，扩大铝导体的应用，研究发展了铝合金，电缆线芯使用的铝合金就是在尽量不降低或少降低铝电导率的前提下，提高铝的拉伸强度和耐热性。电工铝合金主要靠固熔强化和沉淀硬化来提高机械强度。晶粒细化、加工硬化、及过相强化也有一定效果。

1. 铝镁硅合金（热处理型）

铝中加镁和硅，通过淬火时效处理，析出起强化作用的 Mg_2Si，可使铝的强度显著提高，制成高强度合金线，可使拉伸强度达 $300MN/m^2$ 以上，伸长率为 4%，电导率为 53% IACS，耐腐蚀性良好。适用于架空导线。

2. 铝镁合金

铝镁合金中镁含量在 1% 以下，镁可固溶于铝，起固熔强化作用，再结合冷加工硬化可使铝的强度提高。铝镁合金成分简单、加工方便，提高了焊接性，耐腐蚀性较好，是用得较广泛的中强度铝合金，硬态铝镁合金适用于架空导线，软态铝镁合金适用于制造导电线芯。一般硬态铝镁合金拉伸强度为 $260MN/m^2$，伸长率为 2%，电导率为 53% IACS。

3. 铝锆合金

在铝中加入少量的锆，可显著提高耐热性，如添加 0.1% 锆时，铝的再结晶温度可提高到 320℃ 以上，电导率可达 58% IACS，电导率仅比铝下降 (3.5~4)% IACS。

铝锆合金使铝的耐热性大大提高，因此铝锆合金的长期使用工作温度为 150℃，短时可达 180~200℃。可提高导线的载流量，大量用于架空输电线。

4. 其他合金

在上述合金中加入其他元素还可以进一步提高铝合金的性能，见表 3-12、表 3-13。

表 3-12　合金中其他元素作用

铝、铝合金	添加元素	作　　用
铝	铁	电导率几乎不变，可稍提高拉伸强度
铝	硅	提高强度，加工性。可拉成细丝
铝-镁-硅或铝-镁	铁	可使合金电导率提高 (3~5)% IACS，同时提高耐热性
铝-镁-铁	铜	可以提高合金软态拉伸强度
铝合金	稀土元素	拉伸强度、耐热性、耐腐性均有一定程度的提高

表 3-13　导电用铝合金的主要性能和用途

类别	合金系列	特征	状态	性能指标					用　途
				拉伸强度/(N/mm²) ≥	伸长率/(%) ≥	弯曲次数/次 ≥	屈服极限/(N/mm²) ≥	电导百分率/%IACS ≥	
热处理	铝-镁-硅	高强度	硬	300	4			52.5	架空输电线
非热处理	含镁0.6%~0.8%	中强度	硬	260	2	4		52.6	架空输电线
	含镁0.8%~1.2%		半硬	<180	3	3		49.3	接触线（电车线）
	铝-锆	耐热	硬	180	2			60	架空输电线。耐热性好，可提高导线使用温度和载流量；高强度耐热铝合金可满足电力系统的特殊需要
		高耐热	硬	160	2			58	
		高强度	耐热	230	1.4			55	
	铝-镁含镁 0.65%~0.85%		软	<110	16	14		56	电线电缆的导电线芯、电机、电器绕组用电磁线等
			半硬	<150	5	13		56	
	铝-镁-硅-铁		柔软	<115	17		50	52.6	
	铝-镁-铁		软	<115	15		52	58.5	
	铝-镁-铁-铜			<115	15		52	58.5	
	铝-铁			<90	30			61	

注：1. 表中电导百分率栏的 IACS，是软铜的国际标准电导率。
　　2. 铝合金的加工工艺对其性能有直接影响。
　　3. 含量均为质量分数。

3.2.4　铝双金属线

铝双金属线主要是铝包钢线。铝包钢线不仅具有铝的良好导电和耐腐性；又具有钢丝强度高、耐振动、抗疲劳性能好的优点。铝包钢线是用康仿（Conform）挤铝机将铝紧密地包覆在钢线上，常用的铝包钢线的铝包层厚度为 14%（电导率为 20.3%IACS）。因其耐腐蚀、拉伸强度高，使用寿命长等良好性能，广泛应用于恶劣环境和工业废气污染较严重地区的架空电力线路，千米级大跨越输电导线和光纤复合架空地线的加强芯及电气化铁路的承力索等。

3.2.5　铝套、铝带、铝塑复合带

1. 铝套

铝套比铅套应用较晚。由于铝的熔点高达 660℃，约为铅的两倍，所以像压铅那样用熔铝来压制铝套，势必烫伤电缆绝缘层。并且由于铝活泼，在高温下与铁反应将导致挤出机内部的零件很快被侵蚀。这个难题直至 20 世纪 50 年代才解决。人们将纯铝坯预热至 500℃ 的非熔融状态，并且用很大的压力（5 万 MN/m²），直接把铝坯挤包在电缆线芯上，制成了电缆密封套。这就是压铝机挤出成型的热压铝护套。其加工要求铝的纯度非常高（通常 >

99.7%），而且设备昂贵。

与铅套一样，铝套也具有完全的密封性，因此也可以作为电缆护套用。不仅如此，在其他方面，铝套比铅套更优越。例如，耐蠕变性和耐振动疲劳特性，铝都比铅高，因此在高落差或振动的场合使用，无需采用特殊措施。铝的机械强度比铅高，因此在自容式充油电缆和地下电缆直接埋设场合，无需用金属铠装来加强；铝的电导率为铅的 7 倍，因此有良好的屏蔽性，而且可以作为接地保护的第四芯；铝比铅轻，且铝套可以比铅套薄，因此铝套电缆重量只有铅套电缆的 30% ~ 70%，便于运输和施工，价格也便宜，所以铝套应用有相当优势，只是由于设备投资大，再加上困难，应用受到一定限制。

2. 铝带

由于铝套制作难，一般中、小电缆厂都不具备条件，而且随着铝焊接技术提高，一般采用铝带纵包在电缆线芯上，通过焊接来制作铝套。并通过轧纹来提高其柔软性，称焊接皱纹铝套，而且铝带的材料无需高纯度的要求，因此应用十分广泛。用以制作焊接铝套的铝带厚度在 1.1 ~ 1.4mm 之间，再厚时，焊接就有困难了。

3. 铝塑复合带

随着电缆绝缘的塑料化，对电缆的护套密封要求已不像纸绝缘那么严格，在一般情况下，塑料护套也能满足使用要求。但在石油、化工等环境以及如对湿度敏感的通信电缆，单纯地使用塑料护套不符合要求，因此又发展了铝-塑复合带。它以铝带为基材，单面或双面层合塑料薄膜制成。常用塑料为聚烯烃，如聚乙烯（PE）、乙烯 - 甲基丙烯酸共聚物（EMA）、乙烯 - 丙烯酸共聚物（EAA）等。

铝塑复合带采用绕包的方法，然后依靠挤出聚乙烯外护套时较高的压力和温度，使聚乙烯护套与复合铝带，以及铝塑复合带的搭接缝紧密地粘接成一体。

3.3 铅与铅合金和铁与钢

3.3.1 铅及铅合金

铅密度高（$11.3 \times 10^3 \mathrm{kg/m}^3$），熔点较低（327℃），质地柔软，由于它具有熔炼方便，宜于成型加工和具有较高的化学稳定性，密闭性以及不透潮、不透气的特性，因此早在 1830 年英国就采用铅来制作电缆的护套。直至今日，铅套在电缆金属护套中仍占有很重要的地位。

铅的主要特点：

① 耐腐蚀性好：能抗酸、碱、氨、氢氟酸，以及一些有机物腐蚀。

② 熔点低：易于挤包无缝管状的电缆护套。

③ 柔软：适合电缆使用。

④ 作为电缆护套：不透气、不透潮，密封性好。

但铅密度大、有毒、机械强度低、拉伸强度只有 10 ~ 13MN/m²，而且易蠕变和龟裂。

铅的主要物理力学性能见表 3-14。

表 3-14 铅的主要物理力学性能

项　目	状　态	数　值
密度（20℃）/（g/cm³）		11.34
熔点/℃		327.3
比热容（20℃）/[J/（g·K）]		0.126
热导率（20℃）/[W/（m·K）]		34.8
线膨胀系数（20~100℃）/℃⁻¹		29.5×10^{-6}
电阻率（20℃）/（Ω·mm²/m）		0.2065
电阻温度系数（20~100℃）/℃⁻¹		-0.0042
标准电极电位/V		-0.12
弹性系数/（N/mm²）		15000~17000
弹性极限/（N/mm²）		2.45
屈服点/（N/mm²）	铸造铅	4.9
疲劳极限（10⁷循环振动时）/（N/mm²）	变形铅	4.1
蠕变极限（荷重1N/mm²的蠕变速度为10⁻⁴%/h时）/（N/mm²）		0.98
拉伸强度/（N/mm²）	铸造铅	11~13
	变形铅	15
布氏硬度HB	铸造铅	3.2~4.5
	变形铅	3~4.8
伸长率（%）	铸造铅	30~40
	变形铅	60~70

　　最早用电缆铅套是用纯铅（99.9%）制作的。尽管纯铅的耐蚀性好，加工方便，但是由于它的强度很低，特别是有较大的蠕变性和龟裂性。因此，在桥梁、高速公路或铁路敷设的场合，甚至在长距离运输过程中，也很容易产生龟裂破坏。现在已经几乎无人采用纯铅，而是采用铅合金来制作。

　　目前铅合金主要是以铅锑合金为基础，锑含量为0.4%~0.8%（质量分数），锑的加入使铅的晶粒细化，可以显著提高铅的拉伸强度、延展性、硬度和耐腐性，再加入铜、锡等，有 Pb-Sb-Cu、Pb-Sb-Sn-Cu、Pb-Te-As 合金。电线电缆用铅合金的种类和化学成分见表3-15。

表 3-15 电线电缆用铅合金的种类和化学成分

铅合金种类	化学成分（质量分数）（%）							使用场合
	锑	铜	碲	砷	锡	铋	铅	
铅锑合金	0.85	—	—	—	—	—	余	电力电缆、通信电缆
铅锡锑铜合金	0.4~0.6	0.02~0.06	—	—	0.2~0.4	—	余	电力电缆、通信电缆
铅锑铜合金	0.5~0.8	0.02~0.06	—	—	—	—	余	电力电缆、通信电缆
铅碲砷合金	—	—	0.04~0.10	0.12~0.20	0.10~0.18	0.06~0.14	余	电力电缆

　　如 Pb-Sb-Cu 合金是一种固溶体型合金，因为铅锑中加入微量的铜（0.02%~0.06%），使其再结晶温度提高，增加耐振疲劳性。例如在相同应力作用下，铅锑铜合金的耐振动疲劳次数比纯铅高2.7倍。铅锑铜中加入锡可以降低因锑加入增加的脆性，而且提高合金的加工性能。

　　又如，1973年开始使用的铅碲砷合金，其耐振动疲劳寿命比铅锑铜提高两倍。因砷有毒，故应用不广。

3.3.2 铁

铁属于黑色金属，密度为 $7.87 \times 10^3 \text{kg/m}^3$，熔点为 $1534℃$，$\alpha-\text{Fe}$ 属于体心立方，r-Fe 属于面心立方。

铁的电导率在各种金属中占第十六位，为 17% IACS。拉伸强度软态时为 250 ~ 330MN/m²，硬态时为 400 ~ 560MN/m²。

铁的导电性并不好，但它的机械强度远比铜与铝好，且价格便宜。耐蚀性与柔软性虽差，可以采用镀锌、镀锡或退火、表面处理等方法解决。因此铁作为导体在某种情况下仍有一定的使用价值。铁导体常用于电流密度不大的弱电路上，如广播线，农村的电话线、爆破线等。也用于小容量的农村或者山区电力架空线，因输送的电流很小，导线截面的选择决定于导线的机械强度，在这方面，采用铁线也较经济实用。因为铁为铁磁性材料，导磁系数高，故在交流输电时，其趋肤效应大，并伴随有磁滞损耗，使有效电阻比直流电阻高 5 ~ 6 倍，所以通常不用纯铁作为导体。而是用含碳在 0.1% ~ 0.15% 的软钢作导体材料。

3.3.3 钢管、钢带、钢丝

纯铁具有较好的塑性，但强度低，通常使用铁和碳的合金-钢。而且，一定碳含量的钢可以消除铁磁性。钢是最著名的黑色金属，其产量高和价格便宜居其他金属之首。钢的机械强度高，所以是用来作为防止电缆遭受破坏的铠装的好材料。架空输电的避雷线也是采用钢的绞线制成的。对于广泛使用的钢芯铝绞线，铜包钢线、铝包钢线，钢铝电车线等，均采用强度 1200MN/m² 以上钢，作为绞合导体的加强材料。

电缆中主要使用的钢材有钢管、钢带和钢丝。

1. 钢管

1879 年，美国发明家爱迪生在铜棒上绕包黄麻穿入钢管内，并充填以沥青混合物，而制得所谓的电缆。这是第一个用钢管作电缆护层的创举，不过钢管真正用作电缆的护层是在 1931 年之后。如今用钢管作电缆护层也较为普遍。

与铅套、铝套比较，钢管作护层有以下优点：

1）结构简单，损耗小。例如，额定电压在 110kV 及以上的自容式充油电缆，一般采用单芯电缆，护层金属材料的回路损耗和涡流损耗相当大；钢管电缆则能很方便将三芯成缆后，或分相铅包后直接拉入钢管内，再充油充气，因此结构简单、损耗小。

2）大大提高电缆电气性能。因为钢管机械强度高，可承受较高的油压和气压，使绝缘等级提高。

3）机械保护完善，运行十分可靠。钢管抗压、抗冲击、抗振动等力学性能是铝、铅套无法比拟的。

4）安装方便，不用采取很多措施减少护层损耗。

钢管作为护套使用缺点也很严重，它使电缆外径较大，现场施工工作量大，以及不耐腐蚀。

2. 钢带

1）普通钢带

　　在电缆保护中一般是用纵包焊接轧纹的方法制成焊接皱纹钢套，也可采用绕包的方式。用作铠装的钢带是冷轧低碳钢带，要求拉伸强度大于 $300N/mm^2$，伸长率不小于 20%，钢带厚度根据敷设条件（承载机械作用不同）从 0.20mm 到 1.0mm。以 0.5mm 厚应用最为广泛。为了防止腐蚀，钢带必须电镀或化学镀锌、热镀锡，或涂漆后使用。

　　如果钢带作同轴电缆的外屏蔽，则用优质碳素结构钢（杂质含量少）或普通碳素钢制成，并采用热镀方法镀锡。

　　2）钢塑复合带

　　钢塑复合带以镀锡钢带或镀铬钢带为基材，单面或双面层合聚烯烃，如聚乙烯、乙烯-丙烯酸共聚物（EAA）薄膜而构成。钢塑复合带采用纵包方法并与挤包聚乙烯护套构成电缆或光缆的整体粘护层，起防潮、屏蔽和铠装机械保护作用，为改善弯曲性能可轧纹。

　　钢塑复合带厚度有 0.15mm、0.2mm 两种，塑膜的厚度为 0.058mm，钢带拉伸强度 > 300MPa，伸长率 >15%。

3. 钢丝

　　钢丝在电缆中主要作铠装材料使用，以承受电缆所受的张力。在垂直敷设的竖井和横跨江河湖海的水中电缆都要用到它。除此之外，还用作导体的加强材料。

　　电缆铠装用钢丝，一般都用低碳钢丝，其拉伸强度为 343 ~ 490N/mm²，伸长率：$\phi 1.8 ~ 2.4mm$ 的伸长率大于等于 8%，$\phi 2.5 ~ 6.0mm$ 的伸长率大于等于 12%。要求镀层完整。

　　电缆中用钢丝可分为镀锌钢丝、镀锡钢丝、涂塑钢丝、不锈耐酸钢丝四种。

　　1）镀锌钢丝：是用途最广一类。$\phi 1.25 ~ 5.5mm$ 作绞线用，用于架空输电线，加强用或结构用的绞线，又分为普通钢丝、高强度钢丝、特高强度钢丝。此外，还用作电力电缆、探测电缆、光缆等的钢丝铠装。

　　2）镀锡钢丝：主要用于地质勘探用电线电缆控制线芯和电力电缆线芯中，以提高线芯的机械强度。

　　3）涂塑钢丝：在普通的低碳钢丝外涂覆一层高密度聚乙烯，其耐腐性能比镀锌钢丝优越，适合制作海底电缆的钢丝铠装层。

　　4）不锈耐酸钢丝：有铬钢、铬镍钢、铬镍钛钢丝作特殊电线电缆中的线芯和编织层。

3.4　电线电缆用其他金属材料

　　除了铝、铜及铁、铅外，还有许多金属在电线电缆中有广泛使用。

3.4.1　银

　　银是贵重金属，在所有金属中银对白色的反射性最好，导电、导热性最高，而且在贵重金属中，银的密度相对较小为 $10.9g/cm^3$，熔点低为 961℃，但产量大，价格相对便宜。

　　银在电线电缆技术中，主要作为镀层或包覆层，如银包导线、镀银导线，也是制造耐高温导体的优选材料。

　　银的晶格结构是面心立方，晶格常数 0.408nm，配位数 12，原子间距 0.289nm。

　　银的基本性能如下：

1）优异的导电性

银的电导率很高，相对电导率为 108% IACS（电导为 62.2S）。但银中含少量杂质（砷、锑、镓等）时，电导率明显下降。

2）良好的机械强度

银的拉伸强度加工态为 $380MN/m^2$，退火态为 $150MN/m^2$；延伸率加工态为 3.5%，退火态 30% ~ 50%。有较好的力学性能和加工性能。

3）化学稳定性高

银具有较好的耐蚀性。在 200℃ 以下几乎不氧化，具有良好的耐氧化性。

在常温下，银在空气中不氧化，但有臭氧存在时易被空气氧化，在 200℃ 以下，银能与氧作用生成 Ag_2O，超过 200℃，Ag_2O 就会分解，温度越高，分解越快，到 400℃ 时，明显分解。因此，在高温下银的氧化物不可能存在。

在潮湿的空气中，银易被硫磺蒸气、硫化氢腐蚀生成黑色的硫化银 Ag_2S，使银表面变黑。

4）银具有良好的塑性，极易加工成极细的银丝，很易焊接。

3.4.2 金

金具有美观的金黄色光泽，它属于重金属，相对密度为 $19.3g/cm^3$，熔点 1064℃。晶格结构属于面心立方，晶格常数为 0.408nm，配为数 12，原子间距为 0.228nm，金用于特殊导体，一般不用金线，因价格较贵。

金在电缆中作为高温导体使用，有很多优点：

1）导电性良好

金的导电性和导热性都比较好，在金属中居第三位，金的相对电导率为 72% IACS。

2）化学稳定性好、耐蚀性高

金在任何温度下均不与氧化合，具有非常好耐氧化性，在酸、碱中，在大气及水中均极其稳定。

3）塑性好、易加工

金具有极好的加工性能，塑性大；在冷加工过程中，不经中间退火，可拉成极细的金丝，金在熔点以下，广泛的温度范围内均能加工，头道拉伸加工率为 20%，总加工率可达 95% 以上。退火温度为 400 ~ 500℃。

4）足够的机械强度

金的拉伸强度在冷加工态时为 $230MN/m^2$，退火态时为 $126MN/m^2$，属于中等水平，延伸率冷加工态时为 4%，退火态时为 39% ~ 45%，弹性模量在室温时达 $80000MN/m^2$。

5）熔点高、耐热性好

金的熔点较高，加热时不变色、不氧化，金线的长期使用温度可达 500℃。

3.4.3 镍

镍是一种用途广泛的金属，在电线电缆中主要用于高温导线，或作为镀镍或镍包铜线的防氧化保护层。

镍是一种银白色金属，镍的密度为 $8.9g/cm^3$ 与铜相同，熔点与铁接近为 1453℃，其晶体结构也是面心立方晶格。相对电导率为 25%，处于金属的第十三位。

纯镍具有较高的强度（400～500MN/m^2）和塑性，具有较好的延展性。镍的熔点较高，在空气中不会氧化，加热到500℃时，仅在其表面生成氧化薄层，镍的标准电极电位是 -0.25V，有显著的钝化性能。

镍的耐蚀性能有以下特点：

1）镍具有耐碱性，镍不论在高温或熔融的碱中，都比较稳定，只有在高温（300～500℃）且高浓度（75%～98%）的苛性碱中，没有退火的镍，容易发生晶间腐蚀。

2）常温下镍在酸溶液中稳定，当温度升高时，腐蚀速度大为增加，但镍不耐稀硝酸。

3）在常温下，镍在空气中迅速形成一层极薄钝化膜。表面有氧化物保护层，因而在水、海水和许多盐类溶液及有机介质（如脂肪酸、醇、酚）中极为稳定。

4）镍在大气中具有很好的稳定性，在温度为600℃以上时，才可以氧化。

3.4.4　锌

锌是电线电缆常用的金属之一，主要用于钢丝、钢带的镀层，用于防止钢铁材料的腐蚀。

锌是蓝白色金属，属于立方晶格，熔点为419℃，密度为7.14g/cm^3，相对电导率为29%，在金属中排第十二位。

锌具有相当好的耐蚀性和力学性能，易于加工，但有较大的蠕变性，性能和尺寸在自然存放时，会发生显著变化。锌的拉伸强度冷加工时为120～170MN/m^2，退火时为70～100MN/m^2，延伸率冷加工时为10%～20%，退火时为40%～50%。

锌的防腐蚀性是电线电缆中最需要的一种性能，在干燥情况下的大气中或者露天情况下，锌的腐蚀极微。在潮湿的空气中容易生成白色的碱式碳酸锌，这层薄膜有一定的防腐能力。在工业区大气中，锌腐蚀的较强烈，因为水汽经常具有酸性作用，使锌表面难于形成保护膜层。锌不耐氯离子腐蚀，在海水中不稳定。锌在淡水中比较稳定。当锌与有机物作用时会形成有毒的盐类。当锌中铅、钙、锡、镁含量高时，锌的腐蚀速度显著增加。锌与电位较高的金属接触时，腐蚀速度急剧增加。因此，在工业上，锌作为电位较正的金属的保护层。

3.4.5　锡

锡是银白色而略带蓝色的金属，我国的锡储量居世界第一位。锡的密度为7.30g/cm^3。熔点为232℃，α-锡属于面心立方结构。

锡的电导率为15% IACS，居金属第十八位。锡的拉伸强度较低，只有17MN/m^2，延伸率为80%～90%，$E^\circ = -0.136V$。

在电线电缆中，锡多用于铜线和钢丝的保护镀层，其基本作用是防止腐蚀。锡在大气条件下极其稳定。在软水、淡水和蒸馏水中不受腐蚀。但在酸中将迅速腐蚀，特别是在有氧存在或高温下。但氰氢酸和氟氰酸对锡的腐蚀缓慢。

油酸、硬脂酸对锡的作用极为强烈，常温下氯或高温下氟对锡能强烈腐蚀。锡是中性金属，在强碱和强酸性溶液中迅速腐蚀，而在稀碱溶液中腐蚀极微。

第4章　高聚物的结构

高分子化合物简称高分子，又称高聚物。高分子与低分子的区别在于前者相对分子质量很高，通常将相对分子质量高于 1 万的称为高分子（polymer），相对分子质量低于约 1000 的称为低分子，相对分子质量介于高分子和低分子之间的称为低聚物（oligomer），又称齐聚物。一般高聚物的相对分子质量为 $10^4 \sim 10^6$；相对分子质量超过 10^6 的又称为超高相对分子质量的聚合物。

通常，高聚物容易成型，力学性能、电绝缘性能和耐热性均较好，因此广泛用于各种电气设备的电介质和电缆保护材料。

高分子化合物中常用的名词如下：

1）主链：构成高分子的骨架结构，以共价键结合的原子集合。最常见的是碳，偶尔有非碳原子的杂入如氧、硫、氮等。如聚乙烯 $\text{+CH}_2\text{—CH}_2\text{+}_n$、聚丙烯 $\text{+CH}_2\text{—CH+}_n$ 是碳骨架，
$$\quad\quad\quad\quad\quad\quad\quad\quad\quad\quad\quad\quad\quad\quad\quad\quad\quad\quad\quad\quad \text{CH}_3$$

聚对苯二甲酸乙二醇酯 是杂入氧原子的碳骨架。

2）侧基或侧链：连接在主链原子上的原子或原子团（原子集合），又称为支链。支链可以较小，习惯称为侧基；也可以较大，习惯称为侧链。如乙烯-丙烯酸乙酯共聚物 $\text{+(CH}_2\text{—CH}_2\text{)}_x\text{+(CH—CH}_2\text{)}_n\text{+}$ 中 $-\text{COOC}_2\text{H}_5$ 侧基。

3）单体：通常将合成高聚物的原料称为单体。

4）结构单元：组成高分子链的基本结构单元，通常与形成高分子的原料相联系。如聚丙烯腈 $\text{+CH}_2\text{—CH+}_n$ 的结构单元是 $-\text{CH}_2\text{—CH}-$；而聚对苯二甲酰对苯二胺结构单元是

5）聚合度：结构单元的数目，记作 X 或 P。聚丙烯腈 $\text{+CH}_2\text{-CH+}_n$ 聚合度是 n；而聚对苯二甲酰对苯二胺聚合度是 $2n$。

6）重复单元（又称链节）：在高分子中重复出现的部分。n 为链节的数目。另外，对于聚乙烯和聚四氯乙烯，习惯上把 $-\text{CH}_2\text{—CH}_2-$ 和 $-\text{CF}_2\text{—CF}_2-$ 看作链节或重复单元，而不是以 $-\text{CH}_2-$ 和 $-\text{CF}_2-$ 做为它们的重复单元或链节。但有些高聚物如共聚物的没有明确的重复单元。

例如，聚己二酰己二胺

单体是己二胺 $H-\overset{\underset{|}{H}}{N}-(CH_2)_6-\overset{\underset{|}{H}}{N}-H$ 和己二酸 $HO-\overset{\overset{O}{\parallel}}{C}-(CH_2)_4-\overset{\overset{O}{\parallel}}{C}-OH$

$$-[\overset{\underset{|}{H}}{N}-(CH_2)_4-\overset{\underset{|}{H}}{N}-\overset{\overset{O}{\parallel}}{C}-(CH_2)_4-\overset{\overset{O}{\parallel}}{C}]_n-$$

$$\underset{\text{结构单元}}{\longleftarrow\!\!\ast\!\!\longrightarrow}\ \underset{\text{结构单元}}{\longleftarrow\!\!\ast\!\!\longrightarrow}$$

$$\underset{\text{重复单元}}{\longleftarrow\qquad\qquad\longrightarrow}$$

4.1　高分子的结构

4.1.1　高分子链的化学结构

1. 高分子链结构单元的化学组成

按高聚物结构单元的组成，高聚物可分为三类：

1）均聚物：由一种单体分子聚合而成，即由一种结构单元组成的。如聚乙烯 $-(CH_2-CH_2)_n-$；聚氯乙烯 $-(CH_2-\underset{\underset{Cl}{|}}{CH})_n-$。

2）共聚物：由两种或两种以上单体分子聚合而成。例如，丙烯腈与丁二烯、苯乙烯的共聚物（ABS）：

$$-[(CH_2-\underset{\underset{CN}{|}}{CH})_x\ (CH_2-CH=CH-CH_2)_y\ (CH_2-\underset{\underset{\bigcirc}{|}}{CH})_z]_n-$$

3）缩聚物：由含两种或两种以上的多官能团的低分子化合物（单体）相互反应，在反应时，结合部位的原子或原子团以简单的形式分离出来，而留下一部分结合生成的物质。如聚对苯二甲酸乙二（醇）酯：

$$-[\overset{\overset{O}{\parallel}}{C}-\bigcirc-\overset{\overset{O}{\parallel}}{C}-O-CH_2-CH_2-O]_n-$$

2. 高分子链的结构单元的连接方式

高分子链中的许多结构单元通过共价键连接起来的。但结构单元在分子链中的连接方式是不同的。以聚氯乙烯为例，有头-头结构：$\sim CH_2-\underset{\underset{Cl}{|}}{CH}-\underset{\underset{Cl}{|}}{CH}-CH_2\sim$；头-尾结构：$\sim CH_2-\underset{\underset{Cl}{|}}{CH}-CH_2-\underset{\underset{Cl}{|}}{CH}\sim$；尾-尾结构：$\sim \underset{\underset{Cl}{|}}{CH}-CH_2-CH_2-\underset{\underset{Cl}{|}}{CH}\sim$。一般大多数以头-尾相接。

对于共聚物，其连接方式就更复杂了，如交替、无规、嵌段等。不同的连接方式导致高聚物的性能差别很大。

3. 高分子链的构型

当高聚物结构单元含有手性碳原子时，那就有结构单元的空间排列问题。通常把原子在空间排列的方式叫"构型"。空间排列方式不同性能差别也很大。以聚丙烯为例，它含有不对称碳原子在结构单元连接上就有三种不同的构型，如图4-1所示。

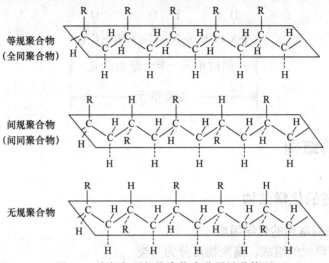

图4-1　有规与无规聚合物大分子链节构型

1）等规立构：如果将主链 C 原子放在一个平面上，取代基 R 如甲基在碳主链一侧的称为全同立构或等规立构。实际上由于取代基距离很近，因其排斥实际上往往使主链扭曲成螺旋状的结构。

2）间同立构：取代基处于交替位置。

3）无规立构：取代基在两侧的分布是任意的。

全同立构和间同立构高聚物结构比较规整，都易结晶，具有比较高的密度和热稳定性。而无规立构则不能结晶，往往具有无定形态结构，具有较大的柔顺性和弹性。在聚合时，因催化剂和聚合条件不同，可以制成立体构型各不相同，规整性不等的结构。例如无规立构的聚丙烯熔点为75℃，是无定型态结构；而定向聚合的等规聚丙烯是结晶的，熔点可达160℃，可以制成性能很好的聚丙烯塑料或丙纶。

含有双键的高聚物还有顺式和反式之分。顺式高聚物和反式高聚物的性能也有很大的不同。如天然橡胶是顺-1，4-聚异戊二烯结构，是弹性很好的高聚物材料，而古塔波胶是反-1，4-聚异戊二烯结构，弹性很差，易于结晶，如图4-2所示。

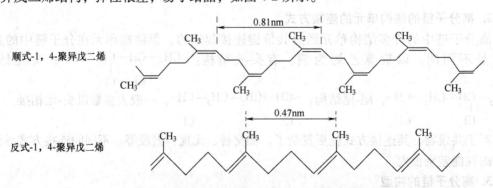

图4-2　顺式、反式的-1，4-聚异戊二烯结构

4. 高分子链的几何形状

按高分子的几何形状（见图 4-3），高分子可分为线型高分子、支化型高分子和交联型（体型、网状）高分子，此外还可能具有星型、接枝共聚物和梯型等。

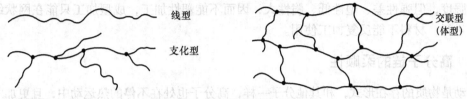

图 4-3　高分子链的几种几何形状

1）线型高分子：通常加成聚合反应得到的高分子是一条线型长链，柔顺性好，可以卷曲成团，受力后可以拉成直线。其分子直径和长度之比可达 1∶1000 以上。

由于线型高分子之间没有化学键结合，在受热和受力的情况下分子之间可以相对移动，因此在适当的溶剂中它们的绝大部分可以溶解；受热时能熔化。所以，线型高分子大多是热塑性的，易于加工成型。

2）支化型高分子：是指高分子主链上带有长短不一的侧链（主链上有一些侧链还可进一步形成分支）。支化型高分子性能与线型高分子相似，只是由于支链的存在，分子间的距离增大，分子之间的作用力减小，分子链容易卷曲，因而提高了高聚物的弹性和塑性，但机械强度下降。例如，高密度聚乙烯与低密度聚乙烯的性能差别，由于低密度聚乙烯不像高密度聚乙烯那样呈单纯的线型，而具有许多支链，这些支链的存在，使低密度聚乙烯不易规整排列，致使结晶度和密度降低，拉伸强度和耐溶剂性下降。链的支化对橡胶性能也有很大影响，支链可使硫化橡胶的网状结构不完全，在外力的作用下，可以产生裂纹，导致拉伸强度下降。支链的存在，也会增大分子链的内旋转阻力，影响主链的柔顺性，使耐寒性下降。

支链又分为长支链和短支链。短支链将使高聚物分子链的规整程度及分子间堆砌密度降低，因而含有短支链的高聚物玻璃化温度降低，且难于结晶。长支链分子与短支链分子相反，对结晶性影响不明显，但对高分子溶液和熔体的流动性影响很大。

3）交联型高分子或称体型高分子：高分子之间通过化学键连接成一个三维空间的网状大分子时，形成交联型高分子。

例如，天然橡胶在没有硫化时，顺式聚异戊二烯属于线型高聚物（$+CH_2-\underset{\underset{CH_3}{|}}{C}=CH-CH_2+_n$），当在天然橡胶中加入硫化剂（如硫磺），将在分子之间架成 S 桥形成下列结构：

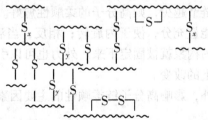

在制造合成树脂漆包线时，漆的成膜就是由线型高聚物转变为网型高聚物的典型反应。

网状高聚物都呈固体，可以认为整块固体就是一个巨分子。硫化橡胶、交联聚乙烯等热固性塑料都是属于网状高聚物。网状高聚物结构和性能与线型、支化型高聚物有显著的差别，它既不能溶解，也不能熔化，具有不熔不溶性，但交联度不高的高聚物在某些溶剂中有溶胀现象，受热时也会变软。

因此，一般情况下，网状高聚物其性能特点是具有较好的耐热性、难溶性、尺寸稳定性和机械强度，但弹性差、塑性低、脆性大，因而不能塑性加工，成型加工只能在网状结构形成之前进行，材料不能反复加工使用。

4.1.2　高分子链的柔顺性

运动是物质的存在形式，和其他分子一样，高分子也处在不停的热运动中，且更加复杂。

1. 单键的内旋及高分子的构象

大部分高聚物如聚乙烯、聚丙烯、聚苯乙烯等的主链完全是由 C—C 单键组成的，每个单键都有一定的键长和键角，并且能在保持键长和键角不变的情况下任意旋转，这就是单键的内旋转（见图 4-4）。

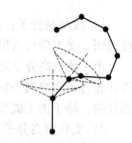

图 4-4　键角固定的高分子链的内旋转

由于单键内旋转的结果，导致了原子空间排布方式不断变换。一个高分子链中含有成千上万个单键，而且每个单键都可以内旋转，热运动就可以引起单键的内旋转，使旋转的频率又高，这样必然造成高分子形态的瞬息万变。这种由于单键的内旋转引起的原子在空间占据不同位置的空间形象称构象。

2. 高分子链的柔顺性及其影响因素

由于高分子的空间构象不断变换，整个分子链时而伸长，时而卷曲，显得十分柔顺。这种由于主链上单键的内旋转性，而改变其构象，引起长分子链的不同卷曲程度称高分子的柔性，或柔顺性。由统计规律可知，分子链伸直的几率是很小的，而呈卷曲的构象的几率较大。这是高聚物材料具有高弹性的根本原因。

显然，高分子链的柔顺性与链中单键内旋转的难易程度有关。单键为纯 C—C 单键时，内旋转完全自由，但实际上高分子链是很复杂的。C—C 单键上总是带有其他的原子和基团，在相邻链节中，这类非直接键合的原子或基团之间存在有一定相互作用，使内旋转因此受到牵制，一个键的运动往往牵连到邻近键的运动，所以高分子链的运动不会以单键进行简单运动，而是以一些相联系的链节组成的链段为运动单元，依靠链段的协同运动实现高分子构象的变化，所以高分子链中能够独立运动的最小单元是链段。链段通常包括几个、十几个、甚至几十个链节，其长度也是一个统计的平均值，一般通过试验测定。链段的长度可以表明大分子链的柔顺性，它包含的链节越少，则高分子的柔顺性愈好。

温度升高，分子热运动能量充分，便于内旋转；相反，当温度逐渐冷却到一定程度时，内旋转就被冻结，高分子链的构象就被固定下来。外力也可以引起高分子链构象的改象，并引起整个高分子材料在外形上的改变。

除了温度、外力等因素外，影响高分子链柔顺性的主要因素是高分子的结构和分子间作用力等。

1）主链的结构

① 主链全由单键组成时，分子链的柔顺性较好。在常见的三大类主链结构中，以—Si—O—最好，而—C—O—C—次之，C—C—C 最差。这是因为以 C—O、Si—O 为主链的

高分子化合物，氧原子两侧没有取代基。因此，这种主链上内旋转阻力最小，分子链柔顺性也好。例如由 Si—O 组成硅橡胶柔性最好，由 C—O 键组成的聚己二酰己二酯次之，而由 C—C 键组成聚乙烯柔顺性最差。

② 主链含有孤立双键时，虽双键本身不能内旋转，但因连接双键的两碳原子各减少一个侧基，非键合原子间的距离增大，而使它们之间的排斥力减少，柔顺性增大。例如聚氯丁二烯 $+CH_2—C=CH—CH_2+_n$ 分子中含有孤立双键，它的柔顺性比聚氯乙烯好，后者是塑料，
（Cl）
前者是橡胶。

③ 主链上含有芳苯环时，由于它不能内旋转，所以柔顺性很低，但刚性好，能耐高温，如

聚酰亚胺

聚酰亚胺、聚碳酸酯 等。

2）取代基的特性

① 取代基的极性：取代基的极性越大，使分子链间的作用力增大，内旋转受到阻碍，柔顺性下降。如聚乙烯、聚氯乙烯、聚丙烯腈，它的取代基—H、—Cl、—CN 的极性依次递增，它们的柔顺性依次递减。

② 取代基的体积：一方面，取代基越大，对内旋转的阻碍越大，因而分子链的柔顺性越差。如聚苯乙烯柔顺性比聚乙烯差；另一方面，若是非极性取代基，取代基存在撑开了主链，使分子间力减少，也会使柔顺性增加，最后结果取决于那种作用占主导。

③ 取代基的对称性：取代基的对称性对链的柔顺性影响也很显著。取代基的对称分布，

有利于单键的内旋转，所以柔性好。例如聚异丁烯 $+\overset{CH_3}{\underset{CH_3}{C}}—CH_2+_n$ 与聚丙烯 $+\overset{}{\underset{CH_3}{CH}}—CH_2+_n$ ；聚偏

二氯乙烯 $+CH_2—\overset{Cl}{\underset{Cl}{C}}+_n$ 与聚氯乙烯 $+CH_2—\overset{Cl}{\underset{H}{C}}+_n$ ，前者侧基对称，柔顺性比后者好。

3）链的长短

链越长，可以内旋转的单键越多，构象数目越多，而且分子间距离稍远的链段互相牵制效应越弱，分子链的柔性越大。

4）交联度

当高分子链间交联度较低时，交联点间的分子链远大于链段长度时，这时链段能运动，分子链柔性几乎不受影响，但随交联度增加，柔性减低，直至失去柔性。

5）分子间作用力

各分子间作用力越少，相互牵制越少，分子链柔顺性越好，极性主链及含极性主链中有氢键（如聚酰胺）比没有氢键的分子作用力差、柔顺性差。

4.1.3 高分子链的链端

合成高分子的端基取决于聚合过程中链的引发和终止机理，其组成与主链不同。端基在

高分子链中所占的量虽少，但不容忽视。

不同端基的存在直接影响高聚物的性能，尤其对热稳定性和老化性能。如聚碳酸酯中羟基端和酰氯端基都是造成其在高温下热降解的因素。

4.1.4 高聚物的相对分子质量和分布

对纯净的低分子化合物来说，化学组成确定后，其相对分子质量也是确定的。而高分子化合物则不同，即使它非常纯净，但它们分子之间的分子量可以相差很多。如聚乙烯 $+CH_2 - CH_2\frac{}{n}$，由于聚合过程比较复杂，所以聚乙烯分子的聚合度 n 不可能完全一致，分子量也就不同。通常称为纯净高聚物是指其不含其他杂质，化学组成相同，而分子量不同的同系混合物，高聚物的这种特性称分子量多分散性。

一般来讲，高聚物的分子量是指许多高分子链的平均分子量而言。而高聚物中分子大小的多分散性是用分子量分布的宽窄来表示的。分子量分布宽，说明高分子链的分子量相差很大；分子量分布窄则表示每个分子大小接近。由此可知，平均分子量相同的两个高聚物，其性能可能相差很大。例如平均分子量相同的两种聚乙烯（见图4-5），其中一种分子量分布比较窄，那么耐热性比较高；一种分布宽，那么低分子量部分比较多，到某一较低温度时，这部分分子量的聚合物就要流动，使耐热性下降。

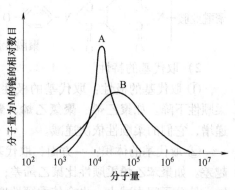

图 4-5　两种聚合物的分子量分布曲线

4.2　高聚物固体的结构

所谓的高聚物的固体结构就是高分子的聚集态结构，是分子间结构，即物理结构，又称高次结构。高聚物的聚集态结构，直接影响材料的性能，特别是物理性能，实践证明，即使具有同样的化学结构的高聚物，如果成型加工条件不同，其聚集态结构的不同也会使其性能差别很大。

高聚物的聚集态结构和小分子物质一样有晶态和非晶态（无定形态）两种基本聚集态，除此之外，由于高分子长链的结构和高聚物中的两种运动单元（链段和大分子），还有单向有序的取向态。以晶态结构为主高聚物称结晶高聚物材料；以非晶态为主或占绝对优势的高分子材料称无定性或非晶高分子材料。

结合电线电缆材料的要求，从现实需要出发，主要介绍无定形态和晶态，此外也简单介绍共混态结构。

4.2.1 无定形态高聚物的结构

无规立构的聚苯乙烯、有机玻璃、未拉伸的橡胶等都是属于非晶态，此外高聚物处于熔融态时，也是呈现无定形态结构的。

高分子链如何堆砌一起组成为非晶态结构一直是高分子科学界不断争论和探讨的课题，由于研究比较困难，因而人们的认识还比较粗浅。1949 年 Flory 运用推理的方法，提出了无定形态高聚物的无规线团模型（高斯线团）如图 4-6 所示。该模型认为，在非晶体本体中，分子链的构象与在溶液中一样完全是无规线团状，线团之间的分子无规缠结，这种模型也得到了一些实验的支持。

但这种结构不能解释，无规共聚物可以瞬间结晶实验事实。在 1972 年，Yeh 提出了"折叠链缨状胶束粒子模型"，简称两相球粒模型如图 4-7 所示。该模型认为无定型高聚物并不完全无序，而是一种"近程有序、远程无序"的两相结构。非晶态聚合物中存在一定程度的有序、主要包括两个部分，一是由高分子链折叠而成的链束（大部分的有序结合成链球）有序的颗粒；另一是完全无序过渡区。

图 4-6　无规线团模型

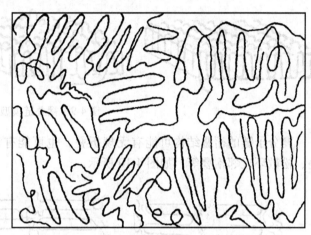

图 4-7　两相球粒模型

这两种模型争论的焦点在于结构是否有序，可以说至今尚未有定论。

4.2.2　晶态的结构模型

高聚物结晶态的结构比金属晶态的结构复杂得多。最早流行的是两相结构模型（也称缨状微胞模型），以后又发展形成了褶叠结构模型及 Hosemann 模型。

1. 两相结构模型

这种模型曾为很多人接受，至今仍得到一些人的认可。根据结晶高聚物是由很多大小在 10nm 左右的微小晶粒实验事实，考虑到高分子本身的特点，例如线性分子伸长可达几百纳米以上，其中有些分子长，有些分子短，长链的分子有柔性，倾向于卷曲起来，相互缠结等提出两相结构模型，如图 4-8 所示。

在这个模型里设想：高聚物只有部分结晶，有晶区，也有非晶区。也就是两相共存的结晶。在结晶过程中，各晶区之间既相互联系，又相互

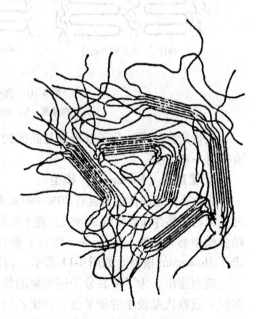

图 4-8　缨状微胞模型

干扰，这样就不可避免的产生内应力，特别是晶区与非晶区邻近内应力大。

按照这个模型，晶区与非晶区是不可分的，但是借助于显微镜测试技术，已经证明，高聚物可以制成单晶、结晶与非结晶部分可以独立存在，从而又提出了褶叠链结构学说。

2. 褶叠链结构模型

1957 年凯勒（Keller）提出了长链分子在晶体内具有褶叠结构，如图 4-9 所示。实验也普遍证实了这一结构。甚至那些侧基较大，或分子相当刚性的高聚物，如纤维素的衍生物，在结晶时，也具有褶叠链的结构。就是在通常的情况下，从高聚物溶液或熔体中冷却结晶而成的球晶中的基本单元，也是具有褶叠结构的晶片。厚度也是 10nm 左右。

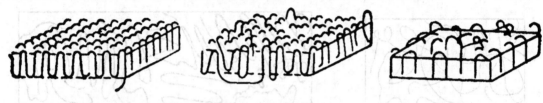

图 4-9　褶叠链模型

高分子链的褶叠结构可能有无规折叠，也可能有等规折叠如：规整褶叠、插线板式褶叠、松散环近邻褶叠等，如图 4-10 所示。

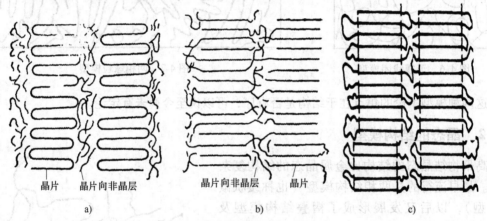

| 晶片 | 晶片向非晶层 | | 晶片向非晶层 | 晶片 | |
| a) | | | b) | | c) |

图 4-10　高分子链褶叠的可能方式

a）规整褶叠　b）插线板式褶叠　c）松散环近邻褶叠

大量研究证明，分子链折叠是晶区的主要现象，但分子链褶叠方式至今仍有很多争论，有待进一步研究。

3. 霍斯曼（Hosemann）模型

因为高聚物晶体通常含有 30% ~ 40% 无定形区，而且高聚物分子链结构具有多分散性，因此高聚物结晶存在非常复杂形式。鉴于实际高聚物结晶大多数是晶相与非晶相共存的，而各种结晶模型都有缺陷，Hosemann 综合了聚合物中可能存在的晶体形态，对部分结晶的高聚提出了 Hosemann 模型。如图 4-11 所示，特别适合于描述半结晶高聚物中复杂的结晶形态。

应当指出，为了使高分子链构象的位能最低，以利于在晶体中作紧密而规整的排列，一些没有或取代基较小的碳氢链，如聚乙烯、聚乙烯醇、聚酰胺、聚酯等均采用平面锯齿构象如图 4-12 所示；而具有较大侧基的高分子链如全同立构聚丙烯、等规聚苯乙烯等采用螺旋型构象如图 4-13 所示。随着侧基增大，空间阻碍增大，将采取更大的螺旋半径来增加侧基之间的距离，减少它们之间的相互作用力，以获得更稳定的构象。

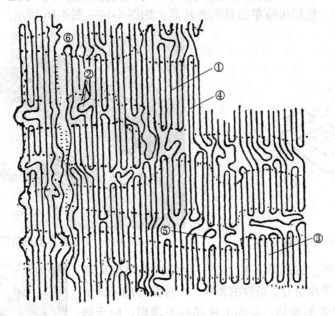

图 4-11　Hosemann 模型

①—晶区　②—非晶区　③—褶叠链　④—伸直链　⑤—链末端　⑥—空穴

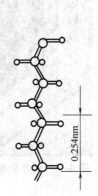

图 4-12　聚乙烯分子链锯齿构象

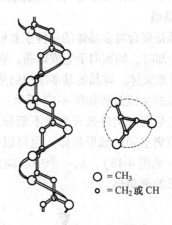

○ = CH₃
○ = CH₂ 或 CH

图 4-13　聚丙烯分子链螺旋构象

在晶体中，高分子链无论是采取锯齿形构象还是螺旋型构象，在晶体中作紧密堆砌时，分子链都只能采取主链中心轴相互平行的排列方式。

4.2.3　高聚物结晶体的形态

高聚物在不同的条件下结晶时，可以生成单晶、树枝晶、球晶及串晶等不同形态，但通常都是具有褶叠链片晶结构的多晶堆集体。

1. 单晶

高聚物的单晶一般只能从极稀高聚物溶液（<0.1%）缓慢结晶得到，是具有一定规则

几何形状的薄片状晶体。在一般情况下，高聚物大分子链以褶叠的形式排入晶格。单晶的形状一般呈菱形和六角形，如聚乙烯单晶是菱形片晶，聚甲醛是六角形片晶，聚 4-甲基 1-戊烯单晶是四方片晶，线形聚酯单晶是六方片晶，如图 4-14 ~ 图 4-16 所示。

图 4-14　聚乙烯单晶体模型

图 4-15　聚乙烯单晶电镜照片

除单层片晶以外，有的单晶相当于一层层片晶堆砌而成的。由结晶的热力学和动力学条件的影响，一片整齐的晶面上再堆砌一层晶体是很困难的，实际上片晶并不理想，由于缺陷，使片晶表面凹凸不平，在结晶时，分子链排入新晶层时就沿着凹凸不平晶体表面排列，形成螺旋状的生长的阶梯。

2. 球晶

球晶是聚合物多晶体的一种主要形式。从高聚物浓溶液或熔体中冷却时，均倾向于生成球晶，它是比单晶更复杂的呈球形的多晶聚集体。球晶的基本结构仍是褶叠链片晶。

球晶的生成过程如图 4-17 所示：成核初期先形成一多层片晶，然后逐渐向外张开生成不断分叉形成捆束状形态，最后形成填满空间的球形晶体。也可以说，球晶是由许多扭曲的片晶（见图 4-18），从一个中心向四面八方生成发展形成一个球形的聚集体。

图 4-16　线性聚酯单晶电镜照片

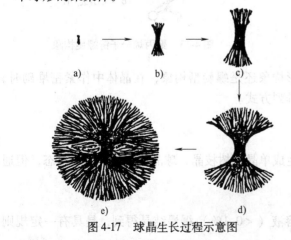

a)　　b)　　c)

e)　　d)

图 4-17　球晶生长过程示意图

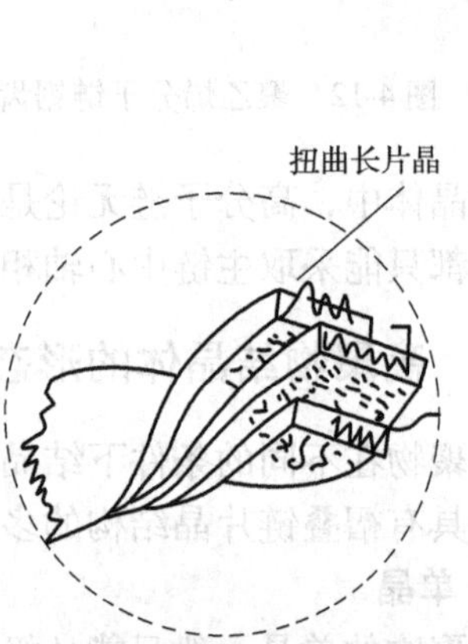

扭曲长片晶

图 4-18　球晶中扭曲的晶片

球晶中扭曲的晶片并不是孤立的，在片晶之间有许多微丝状分子链相连接，可以想象，即一个分子链并不完全在一个片晶中褶叠而伸入另一个片晶褶叠，同一分子在不同片晶之间联系链，致使高聚物具有一定的强度和韧性。

3. 伸直链晶体与纤维状晶体

高聚物在几千乃至几万大气压下结晶时，可以得到完全伸直链的晶体。如聚乙烯在226℃，压力为 4800 大气压（约 480MPa），经过 8h 结晶可以得到聚乙烯的伸直链晶体。晶体中分子链平行于晶面方向，晶片的厚度基本上等于伸直了的分子链长度，其大小与高聚物的分子量有关系，晶体中晶片的厚度是不均一的，其大小分布相当于该高聚物分子量的分布。

纤维状晶体也是由完全伸展的分子链组成，在剪切力作用下晶体形成纤维状，其长度可大大超过高分子链的长度，这是由于伸展的高分子链犬牙交错连接的原因。

4. 串晶

纯粹的褶叠链晶片和伸直链晶片高聚物分别在常压和高温高压两种极端的条件下形成的。在实际的加工成型过程中，如挤出、拉丝等，高聚物受到一定应力场作用，但这种应力又远不足以使高聚物形成伸直链晶体，结果常常得到既有伸直链又有褶叠链晶片的串晶或柱晶，如图 4-19 所示。

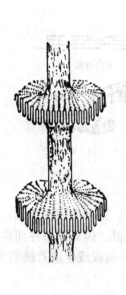
a)

b)

图 4-19 串晶或柱晶

a) 串晶的结构模型 b) 聚乙烯串晶的电镜照片

例如 5% 的聚乙烯-二甲苯溶液，在搅拌下于 100℃ 结晶，就得到聚乙烯串晶。搅拌的速度越快，高聚物在结晶过程中受到的切应力越大，形成串晶中伸直链晶体的比例越大。

实际上，高聚物的聚集态是很复杂的。呈多种多样的形态，有时也可以认为高聚物的晶体形态，就是由上述几种基本形态的聚集体，如图 4-20 所示。

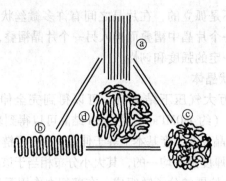

图 4-20　高聚物链的聚集态示意图
ⓐ—伸直链结构　ⓑ—褶叠链结构　ⓒ—无规结构　ⓓ—中间态（半结晶）

4.2.4　高聚物的结晶过程及影响因素

1. 结晶过程

高聚物的结晶过程与低分子相似，包括一系列有序化的过程，中间经历着各种有序的结晶单元，最后生成晶体（见图4-21）。

图 4-21　聚乙烯单晶片形成过程示意图

1）大分子链首先平行的排列起来，生成链束，链束结晶是一种相变；

2）已结晶的链束表面能很大，呈不稳定性，链束褶叠成带，带再堆积成片晶；

3）晶片相互堆砌可形成单晶，也可形成球晶，生成各种微晶，因具体条件而异。

高聚物的结晶过程往往因为某种原因，可能停止在中间某一阶段或生成有缺陷的晶体。

2. 高分子结构对高聚物结晶能力的影响

1）高分子链的对称性和规整性

组成简单，结构对称的大分子结晶能力强。高分子链越简单越对称越易结晶，如聚乙烯即使在骤冷条件下，也不能得到非晶高聚物。高密度聚乙烯、聚四氟乙烯、聚偏二氯乙烯均具有很高的结晶能力；低密度聚乙烯的结晶度为 55%～65%，若氯化聚乙烯，当含氯为25%～48%的聚乙烯就丧失了结晶能力变成了弹性体。

如果大分子主链上含有不对称性原子，但因取代基很小（如—F，—OH），体积小，所以这种大分子仍能结晶。如聚四氟乙烯的结晶度为95%与聚乙烯相同。间同立构、全同立构的大分子含有许多不对称原子，但因它们能形成具有一定对称性的螺旋构象，所以也易结晶。二烯类聚合物，反式的对称性比顺式好，反式聚合物更易结晶。共聚破坏了高分子链的规整性，所以通常无规共聚物不能结晶。例如聚乙烯和聚丙烯都是塑料，但乙烯和丙烯共聚物却是橡胶。

2）柔顺性

大分子柔顺性过低，构象不易调整，难以规整堆积，不易结晶，如聚氯乙烯、有机玻璃。但大分子柔顺性过高，构象不稳定，晶格极易被分子热运动所破坏，也难于结晶，如丁基橡胶、二甲基硅橡胶。所以，只有大分子柔顺性适当才易结晶，又如室温下天然橡胶不能结晶，尼龙66与聚乙烯却极易结晶。

一般说来，线型、支化型结构高聚物才能结晶。交联度大的体型高聚物不能结晶，如酚醛树脂、硬橡皮。

3）大分子的极性

当大分子存在极性时，分子之间作用力增大，有利于结晶。特别是分子之间能形成氢键时，更易结晶，如聚酰胺、聚酯、聚乙烯醇均具有较高的结晶能力。

3. 影响高聚物结晶的因素

1）温度

温度对结晶影响很大。首先，结晶必须在一个合适的温度范围内进行，这个范围就是 $T_g \sim T_m$（T_g 指玻璃化转变温度，T_m 指熔点）。因为聚合物结晶过程与低分子相同，分为晶核生成和晶粒生长两个阶段。首先通过分子链的规整排列生成足够大而热力学稳定的晶核，然后高分子链进一步凝集在晶核表面，使晶粒生成。这两个过程均与温度有关，链段必须有游动性才能排入晶格，因此只有在 T_g 以上，否则链段被冻结，不可能进行规整排列。但若温度超过 T_m，分子的热运动剧烈，晶核则不能形成。

温度是影响结晶速度最主要的因素。温度相差1℃，结晶速度可相差约一千倍，变化之大实在惊人。当温度较低，接近玻璃化转变温度时，分子链活动能力低，晶核容易生成，但物料的黏度大，晶粒生长速度慢，因此总的结晶速度不快。温度较高，接近熔化温度时，分子链活动能力强，不易成核，生成的晶核不稳定，结晶速度也不高。要获得较高结晶速度，必须兼顾成核速度和晶粒生长速度。图4-22表明，达到最大结晶速度的温度出现在成核速度和晶粒生长速度均较高的区域，按经验，该温度是指对应结晶速度最快时的温度（与其对应的天然橡胶的结晶速度与温度的关系如图4-23所示）

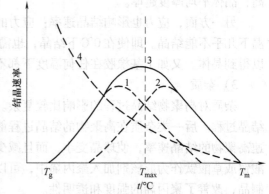

图4-22　高聚物的结晶速度与温度的关系
1—晶核生成速度　2—晶体成长速度
3—结晶总速度　4—黏度

$$T_{max} = (0.8 \sim 0.85)T_m$$

温度不仅影响结晶速度，而且对晶体结构、性能也有影响。实践证明，在低温下进行结晶时，则晶核生成速率较快，成核较多，众多的晶核长大时链段重排干扰大，加之晶体长大速率较慢，不易结晶完整，结果低温下得到的晶体数目多，晶粒小，完整性差，表面能大，内应力大，稳定性差，形成晶体在远低于熔点就可能熔化。

相反，在稍低于熔点的温度下结晶，则晶核数目少，晶核长大重排干扰少，故晶核一经形成便很快长大,结晶容易完整,结果所得晶体为数目比较少,晶粒比较大的晶体组成。因而形成的晶粒尺寸较大,表面能小,晶体结构稳定,形成的晶体熔化温度也高。

高聚物的结晶过程是链段重排,跳入晶格的过程。因此有结晶能力的高聚物能否实现结晶或结晶的完整程度,还受到熔体冷却速率的影响。因为冷却过程中,溶体的黏度逐渐增加,而使链段活动性降低。如果冷却

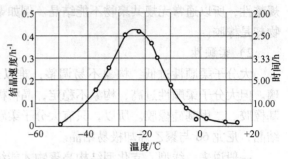

图 4-23　天然橡胶的结晶速度与温度的关系

过快,则会出现此时由于热运动不足以保证链段位移重排,而黏度增加过快,致使链段重新跳入晶格重排的可能性极小,这时结晶作用受到限制,则高聚物硬化为玻璃态而不能结晶,如果慢速冷却,使链段有时间跳入晶格实现结晶,则结晶伴随硬化、冷却越慢,结晶越完整。所以能结晶的高聚物是否实现结晶或结晶的完整程度,还取决于结晶的速度与硬化速度的相对值。

应当指出晶体趋于完整的过程,既然是有序度不断增加的过程,所以它不仅取决于温度,也取决于结晶时间的长短。如果微晶体在适当的温度下长时间的放置(退火),提供链段重排的足够时间,有序度将不断地增加,结果提高了结晶的完整性程度和晶体的稳定性。

2) 应力

应力一方面影响高聚物的结晶形态,高聚物熔体在无应力作用下冷却结晶时,形成对称的球晶,在应力作用下,形成扁球晶、柱晶、伸直链晶体,应力越大,伸直链晶体含量越高,晶体平均厚度越厚。

另一方面,应力也影响结晶速率:应力的作用总是加速结晶过程。例如,天然橡胶在常温下几乎不能结晶。即使在0℃下结晶,也需要数百小时,而在高度拉伸下,只要几秒就可以得到晶体。又如丁基橡胶在任何温度下都不能结晶,只有拉伸才能结晶。

3) 杂质

杂质对高聚物结晶过程的影响比较复杂。有些杂质会阻碍结晶的进行;有些杂质能加速结晶过程。后一类杂质在高聚物的结晶过程能起到晶核的作用称为成核剂。成核剂可大大加速高聚物的结晶速率,使球晶变小,而且减少了温度对结晶过程的影响。如苯甲酸镉、水杨酸铋或草酸钛作为成核剂加入聚丙烯中,可以形成大量小球晶。得到结构均匀,尺寸稳定的制品,改善了聚丙烯的强度和透明性。

除此之外,高分子链结构对结晶速率的影响,从本质上主要是影响分子链进入晶格的速率。虽然目前还不能够从理论上完全地比较不同高聚物的结晶速率,但大量试验事实表明,分子链的结构愈简单,对称性愈高,取代基的空间位阻愈小,分子链的立体规整度愈高,则结晶速度越快。也可以说,一切影响高聚物结晶能力的因素都将影响结晶速度。

总之,结晶高聚物与低分子的晶体有很大的不同:

① 结晶高聚物通常结晶度很难达到100%,通常在结晶高聚物中有晶区也有非晶区;

② 结晶不完善,晶体对称性低;

③ 没有精确熔点,熔化温度范围称熔限;高温慢速结晶时高聚物熔限窄、熔点高;而低温快速结晶时高聚物熔限宽、熔点低。

4.2.5　结晶对高聚物性能的影响

为了描写部分结晶高聚物结晶的完善程度，引进了结晶度的概念。结晶度定义为试样中，结晶部分在整个高聚物试样中所占的质量百分数或体积百分数，即

$$X_c^m = \frac{m_c}{m_c + m_a} \times 100\% \quad \text{或} \quad X_c^v = \frac{V_c}{V_c + V_a} \times 100\%$$

式中　X——结晶度；

　　　m——质量；

　　　V——体积；

下标 c 和 a 分别代表结晶部分（crystal）和非晶部分（amorphous）。

测定结晶度常用于的方法是密度法，计算公式如下：

$$X_c^m = \frac{\rho_c(\rho - \rho_a)}{\rho(\rho_c - \rho_a)} \quad \text{或} \quad X_c^v = \frac{\rho - \rho_a}{\rho_c - \rho_a}$$

式中　ρ、ρ_c、ρ_a——分别为待测试样、完全结晶试样和完全非结晶试样的密度。

几种高聚物的密度见表 4-1。

表 4-1　几种高聚物的密度

高　聚　物	晶区密度/（g/cm³）	非晶区密度/（g/cm³）
聚乙烯	1.014	0.854
聚丙烯（全同）	0.936	0.854
聚苯乙烯（全同）	1.120	1.052
聚甲醛	1.506	1.215
天然橡胶	1.00	0.91
尼龙 66	1.220	1.069
聚对苯二甲酸乙二酯	1.455	1.336

1）结晶对密度、渗透性、耐热性的影响

结晶使高聚物大分子链排列整齐、致密，密度增大。所以低分子向高聚物扩散很难，甚至不能进行。因此，结晶后高聚物抗透气、透湿性，耐酸碱腐蚀，耐氧化老化性均提高。又因为密度大，分子间力增大，解结晶需要吸收大量的热量，因此结晶也提高了耐热性。

2）对力学性能的影响

结晶增大分子之间的作用力，使大分子链运动困难，增加了高分子链的刚性，降低了柔性，使高聚物冲击强度、伸长率降低，而拉伸强度和硬度增加，结晶对拉伸强度影响尤为明显。不同品种橡胶在拉伸过程中能否结晶使其强度相差很大。拉伸结晶后的橡胶中总有高分子链总是贯穿着晶区和非晶区，在拉伸时，晶区承受拉应力，非晶区的链段运动和分子构象的改变分散应力，宏观上表现出较高的拉伸强度。所以称拉伸过程中能结晶的橡胶称为自补强性橡胶。结晶度越高、越好，其自补强性越好。如氯丁橡胶和天然橡胶都是自补强性橡胶，纯胶拉伸强度比较高，而且氯丁橡胶高于天然橡胶。

3）对光学性能的影响

结晶高聚物为二相共存的非均相体系，可见光照射后发生折射和散射，使透光率大大降低。结晶度越高、晶粒尺寸越大，透光率就越低。

无定型高聚物一般是透明的，如聚氯乙烯、聚苯乙烯、聚甲基丙烯酸甲酯。结晶高聚物

聚乙烯半透明。

4.2.6　高聚物多组分混合体系的结构

1. 高聚物多组分混合体系的分类

根据混合的组分不同，高聚物多组分混合体系可分为两大类：

1) 高分子-高分子体系：共混高聚物。有时也把嵌段共聚物、接枝共聚物、互穿和半互穿网络也包括在内。又称高聚物合金。

2) 高分子－配合剂体系，此类又可分两种：

　① 高分子－增塑剂体系：增塑高聚物。

　② 高分子与填充体系：复合材料。如炭黑补强的橡胶、长（短）纤维增强的塑料、泡沫塑料等。

高聚物的多组分混合体系，对高聚物材料的改性和应用至关重要。如增塑是开发高聚物新材料中十分重要的领域。聚氯乙烯被合成以后，曾经长时期没有进行工业化生产，原因是聚氯乙烯加工温度太接近于它的分解温度。直到人们发现增塑剂能降低其加工温度之后才开始在工业上大量生产，并且通过调节增塑剂的类型与用量获得一系列由软到硬的塑料。

虽然，人们在古代就知道应用复合材料，例如在泥土中混入稻草以获得增强的土坯。但直到人们成功地以炭黑补强天然橡胶才真正标志着复合材料学的开始。此后出现了许多复合材料，如玻璃纤维、碳和石墨纤维、硼纤维等为填充剂，以树脂、金属和碳为基体的材料。

天然橡胶与聚苯乙烯塑料共混可以改善聚苯乙烯的脆性，而不降低使用温度的上限。丁苯橡胶与聚氯乙烯共混可以改善后者的耐油、耐磨、耐热、耐老化和耐冲击性。氯丁橡胶与天然橡胶共混可提高天然橡胶的耐臭氧性。

2. 高聚物合金的结构

又称为高分子合金，它是将两种或两种以上性质不同的高聚物复合形成的多组分材料，兼具有两种（或多种）高聚物的共有特性，并且赋予材料新的性能。共混高聚物性能决定区域结构。如果两种高聚物完全互不相容，则形成两个完全分离两相结构，或者如果两种高聚物完全相容，则形成均匀一相结构，这两种情况共混高聚物的性能均不好，只有在半互溶下形成分相又不分离的区域结构时，共混态高聚物性能最好。

两相高聚物共混体系的分散形态主要有两种类型：

1) 海-岛结构

两相中一相为连续相，称海相；另一相为分散相称岛相。分散相以不同大小、形状散布在连续相中。而究竟哪一相为连续相，那一相为分散相，即取决于两相的体积比、黏度比、弹性比及界面张力，还取决于共混条件（设备、温度、时间、剪切速度等）。一般两种高聚物混溶性越好。分散相相畴越小，分散越均匀，两相界面越模糊，两相的结合力越好。

2) 两相互锁结构

共混态中两相均为连续相，形成交错性网状结构。此时两相互相贯穿，均连续的充满全部试样，分不出那是连续相，那是分散相。形成互穿聚合物网络（Interpenetrating Polymer Networks，IPN）。互相贯穿的程度取决于两相的混溶性，一般混溶性越好，两相互锁结构的相畴越小。

共混高聚物各组分的混溶情况，形态及其精细结构均可通过电子显微镜来进行观察。实际的高聚物共混态结构非常复杂，形形色色，并不与上述结构完全相符，如图 4-24 和图 4-25 所示。

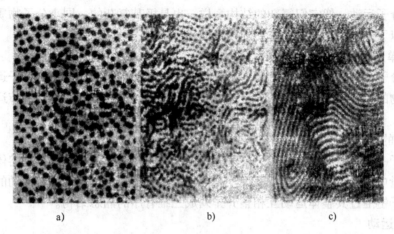

图 4-24　苯乙烯-丁二烯-苯乙烯嵌段共聚物的电镜照片/苯乙烯与丁二烯的含量比

a）80∶20　b）60∶40　c）50∶50

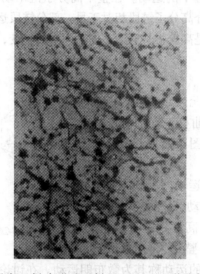

图 4-25　聚氯乙烯-氯化聚乙烯（100∶10）共聚物的电镜照片

4.3　固体内高分子的运动

结构是材料物理力学性能的物质基础，不同的物质其结构不同，当然性能也不同。同一种物质，即使它的结构相同，也会由于其运动方式的不同，而显示不同的物理力学性能。如天然橡胶，在室温时，是弹性体，但冷却到零下 40℃，则变成一个坚硬固体。天然橡胶处于不同温度时，其结构并没有变化均处于无定形态；但温度改变了高聚物分子运动对外力作用的响应，使它的物理性能有了很大的差异。因此，在了解了高聚物的结构以后，必须通过对高分子运动的了解，才能建立结构与性能的内在联系。

4.3.1 高聚物分子的运动特点

高聚物分子运动，像它们复杂的结构一样，也是极其复杂的，同小分子物质的分子运动相比，它有以下三个特点，运动单元的多重性和对温度、时间的依赖性。

1. 运动单元的多重性

由于高分子分子链很长，还有侧基，并且高分子链具有柔性，使得高分子运动单元有多重性。高聚物的运动单元有，整个分子链的运动、链段运动、侧基运动、链节运动、晶区运动等。

1）整链的运动

像小分子一样，高分子链作为一个整体，也能作质量中心移动，高聚物熔体的流动即是高分子链质量中心移动结果的宏观表现。高聚物的结晶过程也是高分子链运动的结果，在此运动中，分子链通过其整体运动互相整齐排列成三维有序的晶态结构。

2）链段运动

链段作为独立运动单元，可以不断地进行构象改变，使大分子链卷曲、伸展、再卷曲，即主要发生在可逆的高弹形变过程中的运动。在整个高分子链不动（即分子链质心不动）情况下，由于高分子的柔性，一部分高分子链段相对于另一部分链段运动。高分子的链段运动是极其重要的，它反映在性能上，是高聚物从玻璃态向高弹态的转变，宏观性能变化很大。

3）侧基等运动

侧基、链节、支链、端基、键长、键角等是高聚物分子中比链段还小的运动单元。如主链上$\{CH_2\}_n$链节，当 $n \geqslant 4$ 时，可能存在有曲柄运动。侧基运动如，与主链相连的甲基的运动，如图 4-26 所示。

4）晶区运动

如晶型转变，晶区缺陷的运动。晶区中局部松弛，晶区褶叠链的"手风琴"式运动等。

与小分子相比，习惯上将高聚物的分子运动大致可分为两种尺寸的运动单元；整个大分子链的运动称

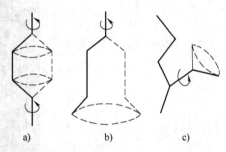

a)   b)   c)

图 4-26 高聚物分子运动的几种形式

大布朗运动。链段或链段以下的运动称其为微布朗运动。在讨论高聚物分子运动时，必须分清是哪种运动单元的运动。

2. 分子运动对时间的依赖性

在外场作用下，材料从一种平衡状态通过分子运动，过渡到与外场相适应的新的平衡状态的这个过程称为松弛过程。松弛过程是需要时间的。设材料在初始平衡态的某物理量的值为 x_0，在外场作用下，到时刻 t 该物理量变为 $x(t)$，通常，$x(t)$ 与 x_0 满足下列关系：

$$x(t) = x_0 \exp\left(-\frac{t}{\tau}\right)$$

式中，τ 为松弛时间，当 $t = \tau$ 时，$x(\tau) = x_0/\tau$，可见，松弛时间相当于 x_0 变化到 x_0/e 时所需的时间。

小分子物质运动也是有松弛时间的，如小分子液体在外力作用下，室温时的松弛时间只有$10^{-8} \sim 10^{-10}$s，几乎是瞬间的。因此，通常情况下对小分子物质可以不考虑运动时间。但

对于高聚物，情况就不一样了，由于高聚物分子很大，且具有明显的不对称性，分子间相互作用很强，本体黏度很大，从而使得高聚物分子运动不能瞬间完成，这个松弛过程可能很长，几天甚至几年。而且，不同的运动单元对时间依赖的程度不同。运动单元越大，运动中所受阻力越大，松弛时间越长。

例如，将一橡胶条拉伸，保持变形量不变，但可以测出橡胶条的回缩力随时间变化，经过一段时间，回缩力才趋于稳定，橡胶条达到新的平衡。这是因为在拉伸时，橡胶分子从卷曲状态被拉伸成伸展状态，分子链要通过各种运动单元的热运动来实现。

3. 分子运动对温度的依赖性

温度对高分子运动影响很大，高分子运动对温度的依赖性表现在两个方面：一方面，温度升高（分子间距增大，提供了运动单元的活动空间）分子热运动能量增加，当能量增加到足以克服某一运动单元以一定的方式运动的势垒时，该运动单元就从原来的冻结状态变为活化状态，从而开始进行热运动；另一方面，温度升高，高聚物体积膨胀，分子间距加大，运动单元运动时，粘滞阻力减少使运动单元加快运动，即松弛过程加快，松弛时间缩短。根据试验，松弛时间 τ 与温度 T 的关系是

$$\tau = \tau_0 \exp\left(\frac{\Delta H}{RT}\right)$$

式中　τ_0——常数；

ΔH——松弛过程所需的活化能；

R——气体常数。

4.3.2　无定形态聚合物的分子运动

1. 线型（支化型）高分子运动

线型（支化型）高分子高聚物在不同的温度下，其主要的运动单元不同，导致无定态高聚物宏观上其力学性能有很大的不同。

1）玻璃态

无定型高聚物在很低的温度下，在如低于 150K，分子热运动能量很低，已不能克服主链内旋转的势能，不仅整链分子不能运动，而且不足以激发链段运动，链段也处于被冻结状态，只有那些较小的运动单元如侧基、支链和较小的链节等可能运动，这时高分子主链不能实现从一种构象到另一种构象的转变，也就是链段运动的松弛时间为无穷大。这时聚合物所表现出来的力学性能和小分子玻璃差不多，为弹性模量很大的坚硬的固体，只有主链的键长和键角有很少的改变，形变与外力的大小成正比，当外力除去时，形变立即恢复。这时其力学性能和玻璃一样，故称玻璃态。

2）高弹态（橡胶态）

随着温度的升高，分子热运动的能量增加，当达到某一温度时，分子的热运动能量足以克服主链内旋转的位能时，这时链段的运动被激发，链段可以通过主链的单键内旋转，不断地改变构象，甚至部分链段可以产生滑移，但是整个分子仍然处于冻结状态。即链段运动的松弛时间可以减少到很小，我们可以观察到由于链段的运动引起的各种物理性质的变化。

当高聚物受外力拉伸时，分子链可以通过主链上的单键内旋转和链段的运动改变构象，以适应外力的作用，这时分子链被拉直了，当外力除去后，被拉直的分子链又通过内旋转和

链段运动恢复到原来卷曲的状态。高分子从卷曲状态到拉直形变是很大的。我们称这种受力后形变很大又能恢复的力学性质称为高弹性。当无定形高聚物具有高弹性的状态时，称为高弹态。显然，这是高聚物特有的一种状态。

3）黏流态

当温度继续升高时，不仅链段能够运动，而且整个分子都能运动，或者说不仅链段运动的松弛时间很短，而且整个分子链运动的松弛时间也很短，这时聚合物呈黏流态，即受外力时，整个分子与整个分子之间将发生相对位移，它和小分子的液体相似，这种流动形变是不可逆的，当外力解除后，形变不能恢复。当无定形态高聚物具有黏性流动的状态时，称为黏流态。

以上三种状态是根据力学特性不同区分的，有明显的差别，如图 4-27 中所指出的，这三种状态的转变不是一个骤变的过程，而是在一定的温度范围内完成的，因此其划分不是绝对的。

显然，同一高聚物，在这三种状态时的运动单元是不同的，在玻璃态，运动单元只有侧基、很小的链节等；在高弹态，运动单元发展到链段的运动；当温度达到黏流态时，运动单元就发展到整个大分子运动，也就是大布朗运动起主要的作用。

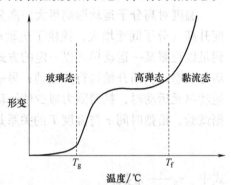

图 4-27　线性非晶态高聚物的温度-形变曲线

在这三态的变化中，出现了两个转变：

① 玻璃化转变：高聚物从高弹态向玻璃态的转变称为玻璃化转变，其对应的温度称为玻璃化转变温度，记作 T_g，在这一温度下，高聚物的许多性能发生了急剧变化，如比热、介电常数、膨胀系数等。该温度具有重要的实际意义。高聚物的玻璃化温度比室温或常温下高时，它在室温的条件处于玻璃态，是坚硬的固体，我们称为塑料，T_g 是其使用温度的上限。高聚物的 T_g 低于常温时，通常它处于高弹态，我们称为橡胶，T_g 是其使用温度的下限，温度再低就变成坚硬的固体而失去了弹性。

T_g 是高聚物的特征温度之一。影响高聚物的 T_g 因素有很多。T_g 是链段从冻结到运动的转变温度，而链段的运动是通过主链的单键内旋转来实现的，所以凡是影响高分子柔性的结构因素（如主链结构、侧基极性的大小、对称性）都对 T_g 有影响。总之柔顺性越好，T_g 越低。这里指出分子量的影响，处于链末端的链段比中间的链段受牵制的要少些，因此运动比较剧烈，分子量越高，链末端越少，从而予期 T_g 升高。

另外，增塑剂有屏蔽高分子极性基团，降低高分子间作用力的作用，因而提高了链段的运动能力，使 T_g 降低。如纯聚氯乙烯，T_g 为 87℃，在室温下是硬塑料。当加入 40% 的增塑剂后，T_g 降至 −16℃，常温下为柔性的塑料可以作为橡胶的替代品（见表 4-2）。结晶作用与此相反，对结晶高聚物是晶区和非晶区两相共存的体系。晶区链段在其熔点（T_m）以下是不能运动的，而非晶区的链段在 $T_g \sim T_m$ 之间仍可运动，不过由于晶区链段对非晶区链段的牵制作用，非晶区链段运动的阻力大，使得同类高聚物以结晶态的玻璃化温度高，无定型态的玻璃化温度低。例如聚对苯二甲酸乙二酯（涤纶），处于无定形态时 T_g 为 69℃，而处于结晶态（结晶度 50%）时 T_g 为 81℃，而且随结晶度提高，T_g 也相应提高，当结晶度过高时，T_g 也就不存在了。

表 4-2　增塑剂对 T_g 的影响

增塑剂（邻苯二甲酸二辛酯）含量（%）	0	10	20	30	40	50
聚氯乙烯 T_g/℃	80	50	29	3	-16	-30

　　② 流变转变：高聚物从橡胶态过渡到黏流态现象称为流变转变，发生流变转变温度称为黏流温度，记作 T_f，热塑性塑料和橡胶的成型以及合成纤维的熔融纺丝都是在聚合物的黏流态下进行的，故黏流温度 T_f 是聚合物进行加工温度的下限。一般来讲，凡能提高高分子链柔性的因素使 T_f 下降；分子量越低，黏流态温度越低。同时增加外力及外力作用时间，也可降低流动温度。

2. 体型高分子运动

　　体型高分子与线型高分子的主要差别是其分子链间有化学键，这种交联键限制了分子链的运动。显然，只要不发生分子链交联键的断裂，是不会发生黏性流动，因此体型高聚物是没有黏流态的。当交联密度不高时，链段的运动不受限制，可存在较大温度范围的弹性变形。随着交联密度的增加，网链长度的减少，链段运动越来越困难，玻璃化温度越来越高，也就是高弹的温度范围越来越小，在交联度很大时，玻璃化温度相当高，而高弹态范围变得很少，甚至消失，如图 4-28 所示。

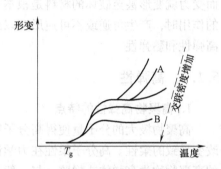

图 4-28　体型高聚物的形变-温度曲线
A—交联度低的高聚物　B—交联度高的高聚物

4.3.3　结晶态高聚物的分子运动

　　对于小分子材料，晶态的分子运动顶多是组成晶格的结构单元在其平衡位置的振动。但对于高聚物由于它们的有序程度比小分子晶体差得多，通常还包括晶区和非晶区（无定形区）。无定形区的分子运动与无定形态线型高聚物的分子运动相同，而结晶区的分子运动则受到一定的限制。

　　在晶区也存在的各种运动。例如晶型转变。因为许多晶态高聚物是多晶型的，即它们可形成好几种结晶结构，其中有一些是由于热力学不稳定造成的，在一定温度和压力下处于固态的高聚物会发生从一种晶型向另一种晶型的转变。又如晶区缺陷的运动。

　　高聚物结晶后，由于晶区的链段很难运动，故在其熔点温度以下为结晶态，有类似玻璃态的力学性质（见图 4-29），随温度升高形变不大，形变曲线平缓。如果分子量不是很大，当温度升高的到 T_m 以上结晶熔化，链段和整个高分子可以充分运动，其形变突然增加，此时高聚物进入熔融状态（可见，分子量不很大时，只有两种状态：结晶态和黏流态）。对分子量有很大聚合物，结晶熔化后，链段可以运动，但由于分子量大，黏流温度高，可能还有高弹态。

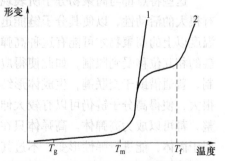

图 4-29　结晶高聚物的温度-形变曲线
1—分子量一般　2—分子量很大

第5章 高聚物的性能

5.1 力学性能

高聚物作为电线电缆材料使用时,在其加工和产品运行中都要受到各种力的作用,高聚物在这些应力作用下,具有足够的稳定性并且不发生破坏的材料,才具有真正的使用价值;而受力就变形甚至破坏的材料是根本不能使用的。材料的力学性能就是表征材料受到各种力的作用时,产生可逆或不可逆形变以及抵抗破坏的性能。高聚物最大的力学性能特点是它的高弹性和黏弹性。

5.1.1 高弹性

1. 高聚物高弹性的特点

高聚物极大的分子量使得高分子链出现一般小分子所不具备的特点,即高分子链的构象改变导致的柔性。高分子柔性在力学性能上的表现,就是高聚物独有的高弹性。具有高弹性的高聚物称为高弹体或橡胶。与一般材料普弹性的实质区别就在于高聚物的高弹性主要起因是由于构象的改变引起的,如图5-1所示。

高弹性与一般普弹性相比,高弹体具有以下特点:

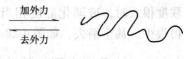

图5-1　高聚物分子高弹形变示意图

1)弹性形变很大,可达1000%,而一般材料的弹性变形不超过1%。

2)弹性模量很低,只有$10^5\,\text{N/m}^2$,而一般金属弹性模量高达$10^{10} \sim 10^{11}\,\text{N/m}^2$。而且,高弹性模量随温度升高而正比的增加(温度升高,高弹体变硬),而金属材料的弹性模量随温度升高而降低。

3)橡胶快速拉伸时发热(高聚物放热);而金属材料为吸热(变冷),形变过程有明显的热效应。

这些特点都与高聚物分子所表现的柔性有关。高弹体的大分子具有长链结构,分子链具有很大的活动性,以使其分子链能迅速伸长或蜷曲。显然,只有无定型态高聚物且在玻璃化温度以上的高聚物才可能有这种高弹性。而且,高弹体的整个分子链的活动性应很低,使整链的相互位移受到限制,如此使得应力消除以后,可以回复到原始的状态,这种活动性的限制,普通借助于交联键,生成体形结构来实现,当然交联键的数量很小,而且彼此间的距离很大,使得高分子链仍可以有较大伸长而不使化学键断裂,所以任何高聚物只要通过结构调整,都可以成为高弹体。高弹体只在一定温度范围内($T_g - T_f$ 或 $T_g - T_d$)出现。高弹体类似于固体,能进行弹性形变,不过其形变的数值远比普通固体大的多;高弹体又似液体,对变动体积阻力很大,但对变动形状的阻力很小。它的压缩性远比拉伸性小得多。

2. 平衡高弹形变的热力学分析

对于橡胶的高弹行为进行热力学分析，有助于对高弹体本质的理解。

当对于某一橡胶试样进行等温拉伸，假定过程进行十分缓慢，以至于分子链的舒展完全与形变情况相适应，而形变的情况又完全与当时受力情况相适应，那么这在热力学上又称可逆过程，可将热力学第一、第二定律应用到该体系上。

假设，试样的长度为 L，在外力 f 的作用下伸长了 $\mathrm{d}l$，由热力学第一定律得知，内能的变化 $\mathrm{d}U$ 等于体系所吸收的热量 $\mathrm{d}Q$，减去体系对外做的功 $\mathrm{d}W$，即

$$\mathrm{d}U = \mathrm{d}Q - \mathrm{d}W$$

橡胶被拉伸时，它对外做的功包括两部分，① 拉伸过程橡胶体积变化所做的膨胀功 $p\mathrm{d}v$，（试样所处的压力为 p，体积变化为 $\mathrm{d}V$）；② 拉伸过程橡胶试样长度变化所做的拉伸功为 $f\mathrm{d}l$，由于该功为外界对该体系所做的功故取负值。而膨胀功是对外做功取正值，显然体系对外做功为

$$\mathrm{d}W = p\mathrm{d}V - f\mathrm{d}l$$

橡胶在拉伸过程中体积几乎不变，即 $\mathrm{d}V = 0$，故

$$\mathrm{d}W = -f\mathrm{d}l$$

根据热力学第二定律，对于等温可逆过程，体系的熵变 $\mathrm{d}S$ 为

$$\mathrm{d}S = \frac{\mathrm{d}Q}{T} \quad \text{或} \quad \mathrm{d}Q = T\mathrm{d}S$$

则：

$$\mathrm{d}U = T\mathrm{d}S + f\mathrm{d}l$$

$$f\mathrm{d}l = \mathrm{d}U - T\mathrm{d}S$$

$$f = \frac{\partial U}{\partial l}\bigg|_{T,V} - T\frac{\partial S}{\partial l}\bigg|_{T,V}$$

上式表明，在等温拉伸，不考虑体积变化时，外力的作用可分为两部分，一部分用于内能的变化，另一部分用于熵的变化。

根据吉布斯自由能的定义：

$$G = H - TS = U + pV - TS$$

$$\mathrm{d}G = \mathrm{d}U + (p\mathrm{d}V + V\mathrm{d}p) - (T\mathrm{d}S + S\mathrm{d}T)$$

对于等温等压可逆过程，并不考虑橡胶体积变化则：

$$\mathrm{d}G = \mathrm{d}U - T\mathrm{d}S$$

$$\mathrm{d}G = (T\mathrm{d}S + f\mathrm{d}l) - T\mathrm{d}S$$

$$\mathrm{d}G = f\mathrm{d}l \quad \text{或} \quad \frac{\partial G}{\partial l}\bigg|_{T,V} = f$$

对于等拉伸等压可逆过程，并不考虑橡胶体积变化则：

$$\mathrm{d}G = \mathrm{d}U - T\mathrm{d}S + S\mathrm{d}T$$

$$\mathrm{d}G = (T\mathrm{d}S + f\mathrm{d}l) - T\mathrm{d}S + S\mathrm{d}T$$

$$\mathrm{d}G = -S\mathrm{d}T \quad \text{或} \quad \frac{\partial G}{\partial T}\bigg|_{l,V} = -S$$

$$\frac{\partial S}{\partial l}\bigg|_{T,V} = -\frac{\partial}{\partial l}\left(\frac{\partial G}{\partial T}\right)_{l,V}\bigg|_{T,V} = -\frac{\partial}{\partial T}\left(\frac{\partial G}{\partial l}\right)_{T,V}\bigg|_{l,V} = -\frac{\partial f}{\partial T}\bigg|_{l,V}$$

$$\text{而：} f = \left.\frac{\partial U}{\partial l}\right|_{T,V} - T\left.\frac{\partial S}{\partial l}\right|_{T,V}$$

$$\text{则：} f = \left.\frac{\partial U}{\partial l}\right|_{T,V} + T\left.\frac{\partial f}{\partial T}\right|_{l,V}$$

这就是橡胶热力学方程式。这里 $\left.\frac{\partial f}{\partial T}\right|_{l,V}$ 的物理意义是，在试样长度为 L 和体积 V 维持不变的情况下，试样的张力 f 随温度 T 的变化，它可以直接从实验中测定。实验时，将橡皮在等温下拉伸到一定长度 L，然后测定不同温度下的张力 f。因为上式是按平衡态热力学处理得到的，实验改变温度时，必须等待足够的时间，使张力达到平衡值为止。为了验证是否达到平衡态，一般还分别做升温或降温的测量对照。以张力 f 对绝对温度 T 作图，当伸长率不太大时，可得到一直线。由橡胶热力学方程式可知直线的斜率为 $\left.\frac{\partial f}{\partial T}\right|_{l,V}$；截距为 $\left.\frac{\partial U}{\partial l}\right|_{T,V}$。以不同的拉伸长度做实验，可得到一系列直线（见图5-2）。

实验结果表明，各直线外推到 $T=0$ 时，几乎都通过坐标的原点，即截距 $\left.\frac{\partial U}{\partial l}\right|_{T,V}$ 为零，即 $\left.\frac{\partial U}{\partial l}\right|_{T,V}=0$。这说明橡胶在等温拉伸时，内能几乎不变，而主要是引起熵的变化。

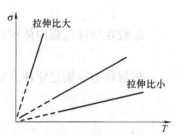

图 5-2　橡胶不同拉伸比 λ 的张力-温度曲线

换言之，橡胶弹性是由熵变引起的，这种弹性称为熵弹性，是由橡胶高分子链的可逆拉伸引起的（与此相对应的，普弹性是键长和键角的微小变化引起的内能变化，所以普弹性的本质是属于"能弹性"）。这也就是说，在外力作用下，橡胶的分子链由原来的卷曲状态变为拉伸状态，体系的熵值由大变小，终态是一种不稳定的体系，当外力除去后，就会自发地回复到原来的卷曲状态，体系的熵值增大。这说明了为什么橡胶高弹形变是可回复的。当橡胶在拉伸状态时，温度升高，热运动加剧，分子链回弹力增大，这时要保持形变必须要施加更大应力，故温度升高，橡胶弹性模量增大。

又根据恒温可逆过程 $dQ = TdS$，既然拉伸时 dS 是负值，那么 dQ 也应是负值，这又解释了橡皮在拉伸过程中会放出热量的原理。

斜率 $\left.\frac{\partial f}{\partial T}\right|_{l,V}$ 随拉伸比的改变，在拉伸比较大时，单位长度的增加所需的拉伸力将增加。这是由于拉伸比越大，分子链舒展或取向越甚，进一步的舒展和取向越来越困难所致，另外拉伸促进结晶化，更使分子链的柔性被束缚起来。

从上面的分析可知，高弹体形变的特点是熵变有变化，内能无变化，这一特点与理想气体形变的性质是一样，而与金属、晶体弹性形变等不同。这是由于两种形变机理不同。对于橡胶和气体，形变所需要的力主要用于克服大分子链或气体分子热运动上。热运动使体系趋于无序化。拉伸或压缩气体，则是减少无序程度，所以熵减少。温度越高，分子的热运动越剧烈，对抗这种热运动所需的力也就越大，表现为橡胶弹性模量随温度的升高而增大。对气体而言，温度越高，所需的压缩力越大。

根据理想气体状态方程式，类似地，对理想高弹体如果用统计方法对大分子链的拉伸过程中熵的变化进行处理，可以得出与气体状态方程式相似的方程：

$$\sigma = nRT(\lambda - \frac{1}{\lambda^2})$$

式中　σ——橡胶单位面积的回缩力，$\sigma = f/A$；

　　　n——单位体积试样中大分子的数目；对于体型高聚物，为单位体积的交联点间的网链的数目；

　　　λ——拉伸比，$\lambda = l/l_0$（拉伸后与拉伸前长度之比）。

上式也称为橡胶状态方程式。与理想气体状态方程式 $p = nRT\frac{1}{V}$ 相比，二者相似，这一相似显然由于两者机理相似。从橡胶状态方程式可以看出：

① 回缩力与绝对温度成正比，温度越高，回缩力越大，弹性模量越高；

② 回缩力与试样单位体积的分子数成正比（对网状分子分子链按两交联点间链段分子量计算）；

③ 回缩力与拉伸比（或伸长率）为非线性关系；

④ 弹性模量随伸长率增长而减少，最后达到一个最低值为起始弹性模量的 1/3。

3. 影响高弹性的因素

高聚物之所以呈现高弹性，是由于高分子链运动能够比较迅速地适应所受外力，而改变分子链的构象，这就要求分子链在常温下能够充分地显示出柔性，因此凡是影响高分子链柔性的因素，都会影响高聚物的高弹性。

1）分子量

高聚物分子分子量越高，分子链越长，则分子链可能出现的构象越多，分子链越柔顺；同时分子量越高，链与链之间作用力越大，大分子间越不容易滑动，因此弹性越高，极限伸长率也越大，弹性就越好，因而一般橡胶高聚物其分子量都比较大，顺丁橡胶的分子量在 30 万到 40 万，丁苯橡胶在 50 万，异戊橡胶的分子量在百万以上。

同时，随分子量增加，黏流温度升高，高弹态的温度范围也随之扩大。图 5-3 中为不同聚合度 n 的聚异丁烯的形变与温度的关系。聚合度越低，曲线的平坦区越短，而黏性流动出现越早，聚合度 $n = 200$ 以下，根本就不会出现高弹态。

例如，异戊橡胶分子量为 3600 时，高弹的温度范围只有 30℃左右，而分子量为 7 ~ 8 万时，高弹态的温度范围为 90℃左右（异戊橡胶 T_g = −70 ~ −60℃左右，这样在室温 20 ~ 30℃以上为黏稠的液体，也即室温时无高弹性。因此，异戊橡胶的分子量很高，通常在百万以上。

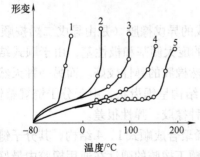

图 5-3　聚异丁烯不同聚合度的形变-温度曲线

聚合度：1—107　2—1270　3—10400

4—28600　5—62500

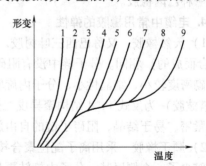

图 5-4　同种高聚物不同聚合度的形变-温度曲线

聚合度：从 1 到 9 逐级增大

故在合成橡胶中要严格控制聚合条件，以得到理想而适用的橡胶。

2）橡胶大分子的柔顺性

大分子的柔性越强，橡胶的弹性越好，同时其 T_g 越低，橡胶的耐寒性越好。

一般来讲，聚烯烃分子的柔性均较好，但引入极性基团后，柔性下降。因此对于橡胶制品，既要耐寒和耐油，又要有高弹态，但从结构观点上看，耐油和耐寒是有一定矛盾的，因为要耐寒，T_g 应低，分子柔性就大，分子的构象就多，混合熵大，溶解的可能性就大。

为了提高耐油性，在主链或侧基上引入极性基，使高聚物增加极性，从而提高耐油性。极性基的引入导致主链刚性增加，分子间作用力加大，使橡胶的耐寒性变差，弹性下降。如天然橡胶伸长率可达 750% ~ 850%，可以在 - 50℃下使用，丁腈橡胶的伸长率只有 400%，只能耐寒到 - 35℃。只有醚键结构的橡胶，能兼故耐油和耐寒性。因为醚键既能赋予分子以柔顺性，使它具有橡胶状的高弹性，同时它又是极性基也能赋予橡胶耐油性。

应当指出，作为绝缘使用的硅橡胶并不耐油，原因是 Si-O 键已被烃基作螺旋状包围。

3）橡胶的硫化（交联）

为了使橡胶在使用过程中不发生永久性塑性形变（分子间滑动）并提高强度，在橡胶加工中，都要经过硫化，使分子间轻度交联，形成连续的空间网状结构。适当的交联可使高弹态的温度范围加宽，强度增大，防止使用中的流动蠕变，但交联键太密，分子链的活动性就要受到阻碍，橡胶的弹性也会大大降低。当 100 份橡胶中含硫量超过 5 ~ 10 份（以质量计）时，橡胶就变成了硬质橡胶，不再具有高弹性，橡胶的其他性能也与硫化程度、硫化条件密切相关。

4）分子链的规整性

柔性很好的高分子，是否必定会形成高弹性材料呢？事实证明，不然。例如聚乙烯大分子由 C-C 键组成，内旋转相当自由的，然而聚乙烯在常温下并不显示高弹性，而是一种常用塑料。显然，这是由于聚乙烯在室温下结晶，所以它们呈现出半结晶聚合物的行为。高聚物的结晶作用，使高弹性丧失。因而破坏高聚物的结晶和降低分子间排列的规整性，均有利于提高弹性。例如，将聚乙烯通过适度氯化而得的氯化聚乙烯，在常温下丧失了结晶的能力而处于高弹态，又如将乙烯与适量的醋酸乙烯共聚，所得共聚物（简称 EVA）分子链中由于含有醋酸乙烯而破坏了它的结晶能力，因而 EVA 是一种类橡胶的物质。类似的还有乙烯-丙烯共聚物，由于在分子链中引入了丙烯链节，打破了聚乙烯的规整性，丧失了结晶能力而成为一种乙丙橡胶。

4. 电缆中常用橡胶的弹性

1）天然橡胶：又称巴西三叶树胶。其结构与合成的异戊橡胶（是由异戊二烯按顺式 1，4 聚合而成的）相同。分子链中没有阻碍分子内旋转的庞大侧基和极性基，由于顺式结构链的堆砌密度较小、结晶性小、分子内旋转好，所以天然橡胶的弹性较好。而另一种天然橡胶（古塔波胶）为反式 1，4 结构聚异戊二烯，其分子链结构呈锯齿状，由于分子链规整性好、堆砌紧密、易于结晶，阻碍了链的自由旋转，因此这种橡胶，弹性很差。

2）顺丁橡胶：采用离子配位聚合技术，使丁二烯聚合成顺式 1，4 结构，其分子链比天然橡胶少了一个侧甲基，分子内旋转更易进行，因此顺丁橡胶的弹性在通用橡胶中最好。而丁二烯的以 1，4 反式结构为主的聚合物丁钠橡胶，由于与古塔波橡胶具有相似的分子链结构，其弹性也不好。

3）丁苯橡胶：它是丁二烯与苯乙烯的共聚物，但共聚物破坏了链的规整性，阻止了结晶，这种橡胶也有较好弹性。并且由于含有苯侧基，耐磨性得到改善，成为现代合成橡胶中用量最大的品种之一。但是，由于含有较大的苯基，弹性不太好。

4）丁基橡胶：为异丁烯与少量异戊二烯共聚物，由于异丁烯分子中含有二个甲基，阻碍内旋转，所以丁基橡胶的弹性不好。

5）丁腈橡胶和氯丁橡胶：分子链中存在氯（—Cl）、腈基（—CN）等极性基，相互吸引较强，有碍大分子的内旋转，因此它们的弹性都不好，玻璃化温度也较高，但它们因含有极性基而具有耐油和耐燃性，可以用来制造耐油、耐燃制品。

6）硅橡胶：因含有 Si—O 键，分子链很柔顺，所以弹性很好，低温可达 −100℃ 仍有较好的弹性。

5.1.2 黏弹性

以上讨论的高弹性，限于形变能跟上外力作用的速度，即应力与应变瞬时达到平衡，这种情况称为"平衡高弹"，表现出理想高弹性。大多数橡胶制品在正常使用情况下，大体属于这种情况。如对一橡皮筋施加外力，橡皮筋立即拉长，外力消除，立即弹回，其应力应变如图 5-5a 所示。

与上述情况不同，有些高弹形变滞后于作用力。如低温下或老化了的橡胶，它们在拉伸和回缩时，对应力变化如图 5-5b 所示。

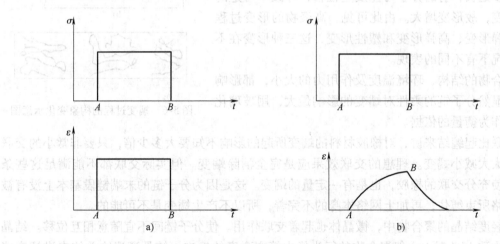

图 5-5　两种高弹体的应力应变与时间的对应关系
a）平衡高弹　b）推迟高弹

当外力作用于物体上时，形变缓慢地由 A 发展到 B，到 B 点撤去外力，形变也不立即消除，而是经过一定时间，逐渐回复。总之，伸长和回复都表现形变不随作用力即时建立平衡，而是有所滞后，这一现象叫做"非平衡高弹"或"推迟高弹"，这种形变性质介于弹性材料和黏性材料之间，应力可以同时依赖于应变和应变作用的速度；这种行为组合了固体的弹性和液体的黏性两者的特征，故这种行为也称为黏弹性，在力学性质上有突出的力学松弛现象。

发生推迟高弹的原因，在于链段运动的困难。适应外力要求，其构象变化的速度缓慢，这与链的柔性、温度、力作用速度等因素有关。显然，链越僵硬，温度越低（体系黏度越大）形变推迟越严重。通常 $T_g \sim T_g + 30℃$ 温度范围为推迟高弹区，$T_g + 30℃$ 以上为平衡高弹区，橡胶的正常使用应在平衡高弹区内。关于力作用的速度的影响，显然速度越快，即力的作用时间越短，高弹形变的推迟越严重。当力的作用速度快到链段完全来不及作出反应时，物体实际表现为玻璃态。如有些塑料破裂时显得很脆，反之若力的作用速度很慢，作用时间很长，则塑料可能像流体，表现出较大的缓慢变形，如聚乙烯在长期使用中表现出的冷流性。高聚物的黏弹性问题，在日常使用中表现为蠕变、应力松弛、滞后和内耗。这些都关系到材料的性能及使用。

1. 蠕变

物体在一外力作用下发生形变，随着时间的增长，形变继续缓慢发展的现象称蠕变。如硬的聚氯乙烯电缆套管在架空的情况下，会越来越弯曲。蠕变的机理是高聚物分子在外力长期作用下，逐渐发生构象变化和位移，如图5-6所示。

高聚物受力初期，物体内部内摩擦力大，分子链不能随外力而伸展，只发生链内原子间键长和键角的改变（普弹形变），故形变量很小，随着时间长了，分子链克服分子间的内摩擦力，通过链段的运动由卷曲状态逐渐改变构象而伸展（即高弹形变），分子链解缠，随着时间进一步延长，有的分子可能发生位移，导致不可逆的塑性形变，故形变增大。由此可见，高聚物的形变过程包括普弹形变、高弹形变和塑性形变，这三种形变在不同的情况下有不同的表现。

聚合物的结构、环境温度及作用力的大小，都影响蠕变，显然分子链的柔性对蠕变的影响最大，用玻璃化温度可作为衡量的依据。

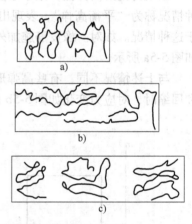

图5-6　蠕变过程的构象变化示意图

交联比起缠结来讲，对橡胶材料的蠕变所起的影响不知要大多少倍，只要非常小的交联度就能大大减小蠕变。理想的交联效果应是完全消除蠕变。但实际交联都不能满足这些条件。即使充分交联的橡胶，也是有一定量的蠕变。这是因为分子链的末端链段基本上没有被交联网络所束缚住，再加上网络本身的不完善，所以不产生蠕变是不可能的。

在轻度结晶的聚合物中，微晶体也起着交联作用。使分子链间不宜随意相互位移。结晶度达到大致15%时，一般聚合物的行为像中等交联度的橡皮。结晶高聚物总体来讲蠕变能力较小，且与结晶度有关。

蠕变性对高聚物的使用有很大影响，轻则导致产品尺寸稳定性差，大则导致部件损坏、造成事故。

2. 应力松弛

对于一个高聚物使之迅速产生一形变，物体内则产生一应力，此应力随时间延长而逐渐衰减，这一现象称为应力松弛。如用橡皮筋箍住一物体，刚箍上时很紧，即其中张应力很大，时间越久越松，张应力逐渐衰减，如图5-7所示。

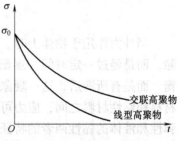

图5-7　高聚物的应力松弛曲线

应力松弛的机理与蠕变现象一样，也是在应力长时间作用下，大分子构象逐渐变化及分子位移的结果如图 5-8 所示。

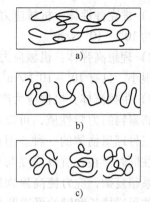

从图 5-8 中可见，图 a 中，分子链被拉直了一些，但仍有较多交缠，由于这一形变，物体产生内应力。图 b 中，随着时间延长，通过构象变化，交缠点逐渐解缠，应力逐渐减少。图 c 中，经过相当长时间，分子链经过链段运动，调整构象，缠结点被松开，分子链回复到比较自然的状态，应力消失。

3. 滞后及内耗

橡胶制品在很多情况下处于动态使用，这时橡胶所受的力是周期性变化着，应力每变化一次，橡胶分子就经受一次拉伸回缩的循环。当大分子构象改变的速度跟不上应力变化的速度时，形变将出现滞后；这种形变比外力的变化慢一点的现象称为滞后。图 5-9 所示为橡胶一次拉伸回缩过

图 5-8 应力松弛过程的构象变化示意图

程中应力应变的变化。当拉伸时，应力应变沿 ACB 变化，回缩时则沿 BDA 线进行，而不是沿原来路线。这是由于拉伸时形变落后于应力，没有达到平衡位置，而回缩基本按平衡进行的。因此，对应于同一应力，拉伸时形变比回缩时变形量要小。

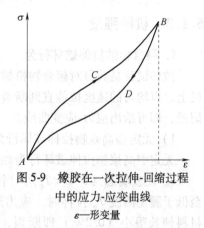

由于拉伸回缩不是沿同一曲线，物体在一次循环中，能量吸放不能抵消。物体被拉伸时，外力对它做功，其做功值为 ACB 曲线下面所包围的面积。回缩时物体对环境做功，其值为 BDA 下面的面积。显然，拉伸时所包围的面积大于回缩时所包围的面积，大出的量

图 5-9 橡胶在一次拉伸-回缩过程中的应力-应变曲线
ε—形变量

正是 ACBDA 所包围的面积，称为滞后圈。它代表橡胶在一次循环中所净接收的能量。这一能量消耗于分子内摩擦，转变为热能，称为内耗。这一热量会导致橡胶老化，但对减振却是所希望的，因为内耗越大，吸收振动的能力越大。

需要说明，内耗损失与作用力频率的关系密切。当作用力频率很高时，即力的作用时间很短，小于大分子链段的松弛时间，这时大分子的链段可能来不及动作，而力的作用已经过去，这时内耗就很小。另一种情况，作用力的频率很低，即力的作用速度甚慢，这时大分子的链段运动跟得上力的变化而无滞后，或滞后的比例甚小，则内耗也很小。显然，当作用力的频率与大分子链段的松弛时间相近时，滞后的影响最大，内耗也达到最大。根据这个道理，在动态力学实验中，变化作用力的频率，测定物体的内耗，即可求得大分子的松弛时间。

通常条件下，在一些常用的橡胶中，顺丁橡胶的内耗较小，和它结构简单，没有侧基和链段运动的内摩擦较小有关。丁腈橡胶与丁苯橡胶的内耗较大，这是因为丁苯橡胶含有较大的刚性侧基，丁腈胶含有极性较强的侧基，使得链段运动摩擦较剧烈。丁基橡胶的侧基体积虽不大，极性也微弱，但由于侧基数目多，所以它的内耗比其他几种橡胶都大。

总之，典型高聚物材料受力而产生的形变，可由下列三种理想物体受力产生形变组合：

1）虎克弹性体：机械应力产生很小的可逆形变，形变与应力成正比，其弹性模量很大，约 $10^{10} \sim 10^{11} N/m^2$。

2）理想高弹体：机械应力产生百分之几百的可逆形变，形变不与应力成正比，其弹性模量很小，只有 $10^5 \sim 10^6 N/m^2$。

3）牛顿流体：机械应力产生不可逆形变，流动与应力成正比，黏度与切变速度无关。

高聚物的力学性质，可以在不同温度范围内，近似于三种理想物体的一种。但通常情况下，这三种形变往往同时存在，所以应变与应力以及与时间、温度的关系很复杂，应力使高聚物所产生的形变实质上是由键的可逆拉长和键的可逆形变引起的瞬时弹性形变，由于高聚物大分子链的可逆拉伸引起的高弹形变，以及高聚物大分子链间不可逆的滑动引起的黏性流动形变组成的，如图 5-10 所示。

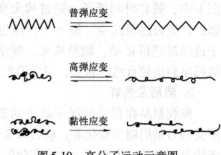

图 5-10　高分子运动示意图

5.1.3　机械强度

1. 聚合物的拉伸破坏行为

拉伸试验是获得对聚合物机械强度印象的最简捷的办法。它是以将聚合物试样夹在拉伸机上，以均匀的速度拉伸直到断裂为止，将拉伸过程中，试样所受应力及相应产生形变作一记录，即可给出应力-应变曲线。

1）无定型高聚物拉伸破坏行为

无定型高聚物拉伸破坏行为如图 5-11 所示。

① 硬玻璃态（$T < < T_g$）：当温度远低于 T_g，甚至低于脆化温度 T_b 拉伸时，应力迅速上升至较大值，材料伸长很小（0.2%）即断裂，这是硬而脆聚合物破坏行为，如聚苯乙烯就属于该类，如图 5-11 中曲线①。

② 软玻璃态（处于脆化温度 T_b 与 T_g 之间）：这类物质如常温下的有机玻璃、硬聚氯乙烯、韧性聚苯乙烯，断裂时伸长率已达到 2%，如图 5-11 中曲线②。

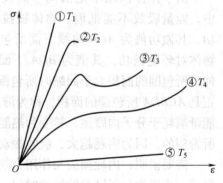

图 5-11　无定型态高聚物在不同温度下的应力-应变曲线

③ 皮革态（处于 $T_g \sim T_g + 30℃$ 之间）：其拉伸有较大的变形，可达 100%，这时物体已有链段运动。如图 5-11 中曲线③，如软的聚氯乙烯，橡胶共混物。

④ 高弹态（$T > T_g + 30℃$）：如图 5-11 中曲线④，各种橡胶在室温拉伸，人体属于这种情况，伸长率可达 1000%。

⑤ 接近黏流态 T_f 时：物体是半固体状，如柔软的凝胶。其拉伸如图 5-11 中曲线⑤。

2）结晶聚合物拉伸破坏行为

在高于 T_g 时，结晶聚合物拉伸典型曲线如图 5-12 所示。Oy 为试样均匀伸长，继之经过一个最高应力—屈服点，试样在某一处突然变细，出现细颈段。出现细颈的本质是分子在该处发生了取向，取向后，该处的强度增加，继续拉伸，细径不再变细拉断，而是向两端扩展，即较粗部分的分子继续取向，直至粗的部分全部变细，此后细颈部可进一步拉细。而分子进一步取向，应力迅速提高，最后试样拉断。

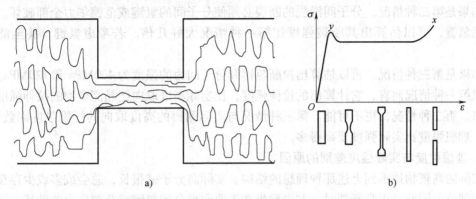

图 5-12　结晶高聚物的拉伸

a）高分子拉伸取向示意图　b）结晶高聚物的拉伸曲线

2. 聚合物的理论强度

从分子结构的角度来看，高聚物之所以具有抵抗外力的能力，主要靠分子内的化学键合力和分子间的范德华力和氢键。摒去其他各种复杂的影响，可以从微观的角度计算出高聚物的理论强度。

为了简化问题，可以把高聚物的断裂过程归纳为三种（见图 5-13）：a）化学键破坏；b）分子间滑脱；c）范德华力和氢键破坏。

如果高分子链的排列方式是平行于受力方向的，则断裂时，可能是化学键的断裂或分子间的滑脱，如图 5-13a、b 所示。如果高分子链的排列方向垂直于受力方向的，则断裂时可能是范德华力和氢键的破坏，如图 5-13c 所示。

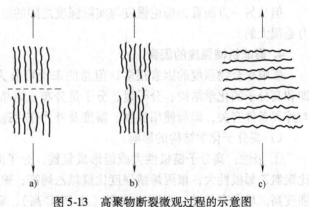

图 5-13　高聚物断裂微观过程的示意图

a）化学键破坏　b）分子间滑脱　c）范德华力或氢键破

如果是第一种情况，高聚物的断链必须是破坏所有的分子链。先计算破坏一根分子链（一个化学键）所需的力，较严格的计算化学键的强度应从共价键的位能曲线出发进行计算。为了简单起见，下面只从键能的数据出发进行粗略的估算。大多数主链共价键键能一般约为 350kJ/mol，或 5.8×10^{-19} 焦耳/键。在这里键能 E 可以看做是将成键的原子从平衡位置移开一段距离 d，克服其相互吸引力与所需要做的功。对于共价键来说，d 不超过 0.15nm，超过了 0.15nm，共价键就遭到破坏。因此可根据 $E = fd$ 算出破坏一根分子链所需要的力为

$$f = \frac{E}{d} = \frac{5.8 \times 10^{-19}}{0.15 \times 10^{-9}} N/键 \approx 3.9 \times 10^{-9} \, N/键$$

每根大分子链的截面积约 $0.2nm^2$，则每平方米的截面上将有 5×10^{18} 根高分子链，因此理论的拉伸强度为

$$\sigma = (3.9 \times 10^{-9}) \times (5 \times 10^{18}) N/m^2 \approx 2 \times 10^{10} N/m^2 = 20000MPa$$

如果是第二种情况，分子间滑脱的断裂必须使分子间的氢键或范德华力全部破坏。即使不考虑氢键，可以估算出其断裂强度比第一种情况大好几倍。若考虑氢键，甚至能大十多倍。

如果是第三种情况，可以估算出拉断氢键和分子间力的强度为400MPa 和 120MPa。

以第一种情况而言，它计算出的拉伸强度，比实际高度取向结晶高聚物的拉伸强度要大几十倍。第二种情况，更不可能。第三种情况与实际测得的高度取向的纤维强度同数量级。显然，理想强度比实际强度要高得多。

3. 理想强度与实际强度差别的原因

实际的高聚物达不到上述那种理想的结构。实际高分子链很长，总会或多或少存在着未取向的部分。因此，正常断裂时，首先发生在未取向部分的氢键或范德华力的破坏，随后应力集中到取向的主链上，尽管共价键的强度比分子间作用力大 10~20 倍，但由于直接承受外力的取向主链数目小，在外力远低于理论强度，就会发生断裂。

实际的物体破坏，往往是先从某些薄弱的部位开始，然后应力向该处集中，使破坏进一步发展，最后整个材料在远远不到它应有的平均强度时已被损坏。材料的薄弱处，主要是杂质、填料、裂隙及气泡等。它严重降低了材料的强度，是造成高聚物实际强度与理想强度之间巨大差别的主要原因之一。

但从另一方面看，理论强度与实际强度之间的巨大差别说明，提高聚合物实际强度的潜力是很大的。

4. 影响机械强度的因素

影响聚合物强度的因素很多，但总的来说可分为两类：一类与材料本身有关（内因），即和高分子的化学结构、分子量、分子量分布、结晶、交联、填料、增塑剂等有关，另一类与外界条件有关，即与使用温度、湿度及外力作用速度等环境有关。

1）高分子化学结构的影响

① 极性：高分子链极性大或能形成氢键，分子间力大，则强度高。如聚丙烯腈的极性比聚氯乙烯极性大，聚丙烯腈强度比聚氯乙烯高；聚氯乙烯极性比聚乙烯极性大，聚氯乙烯强度高。尼龙有氢键，强度比较高（比 PVC 高），而且氢键密度越高，强度越高，如尼龙66 比尼龙610 拉伸强度高。但极性增加，一方面往往导致介质损耗增大，电性能下降；另一方面，由于分子间力大，松弛时间延长。在交变应力作用下，分子链段运动的滞后严重，因而可能引起内耗增加，使动态疲劳性能恶化。

② 支化：分子链的支化程度增加，使分子链间的距离增大，削弱分子间的作用力，则会使拉伸强度下降，但冲击强度能够提高。例如高压聚乙烯的拉伸强度比低压聚乙烯低，但冲击强度反而比低压聚乙烯高。

③ 分子链的规整性：分子链的规整性越好，分子间堆砌的越紧密。分子间作用力越大，有的更容易结晶，强度就高。如等规立构的高聚物分子排列紧密，结晶度高、力学性能也好。

分子链的规整性好，拉伸时易于结晶。天然橡胶和氯丁橡胶在不受外力时是无定形态

的。拉伸时生成结晶相。因此这两种橡胶比不结晶的橡胶，拉伸强度要高。

④ 交联：交联可增加高聚物抗蠕变性。当高聚物中有适当交联时，分子链间的滑动被阻止，增加了分子间作用力，但链段能运动，在外力作用下多数分子链段能取向。这两个因素都使材料的强度增加。例如，聚乙烯交联后拉伸强度可以提高一倍，冲击强度可以提高3～4倍。但交联过多，使大分子链不易取向，反而使强度降低，材料变脆。因此，应根据需要控制交联度，才能达到预期的目的。

⑤ 分子量和分子量分布：就分子量而言，在分子量较低时断裂强度随分子量增加而增加，在分子量较高时，强度对分子量的依赖性逐渐减弱，分子量足够高时，强度实际与分子量无关。其原因如下，在分子量较低时，主链化学键力比分子间的作用力大得多，这时材料强度取决于分子间的作用力。分子量越高，分子间作用力越大，因而强度越高。但是当分子量足够大时，分子间的作用力可能接近或超过主链化学键能。分子间还能发生纠缠形成物理交联点，这时材料的强度就由分子间的作用力与化学键力共同承担了。因而对分子量的依赖性变得不明显了。

冲击强度对分子量依赖性与拉伸强度大致相同，但拉伸强度在分子量达到一定值后，拉伸强度趋于一极限值，但冲击强度则继续增大。如制造超高分子量聚乙烯的目的之一就是提高冲击强度。

分子量分布对力学性能也有影响，当聚合物中低分子量部分占约10%～15%时，分子量较低的成分在聚合物中形成了薄弱环节，力学性能将显著下降。否则，影响较小些。

2）高聚物聚集态结构

① 结晶：部分结晶高聚物按其非晶区在使用条件下处于橡胶态还是玻璃态，可以分为韧性塑料和刚性塑料。对于电缆常用的韧性塑料，如聚乙烯，随结晶度的提高，其刚度（硬度）、拉伸强度提高，但冲击强度、伸长率下降（韧性下降）。

除了结晶以外，球晶大小也是影响聚合物强度和韧性的重要因素。特别是对韧性影响。大球晶会使高聚物冲击强度下降。

② 取向：取向使高分子材料产生各向异性。在拉伸方向或冲击方向与分子取向方向平行时，则拉伸强度和冲击强度都比未取向的高。但如果拉伸或冲击方向与分子取向方向相垂直则其强度和韧性更低。

3）缺陷的影响

各种缺陷在高聚物的加工成型过程中是普遍存在的。这些缺陷可以是空隙（气泡）、裂缝和缺口。由于缺陷的存在，使聚合物受到外力作用时，能使其周围局部的应力高于平均应力，可以是几倍、几十甚至几百倍，这就是应力集中。

最简单缺陷是圆球形空隙（气泡），它可以使局部的应力比平均值大3倍，如图5-14a所示。如果气泡不是圆的，而是一个椭圆形的（见图5-14b），当所加应力和椭圆长轴垂直时，椭圆边上的抗张应力为

$$\sigma = \sigma_0 \left(1 + \frac{2a}{b}\right)$$

式中　σ_0——加在试样上的平均抗张应力；

　　　a——椭圆中与应力方向垂直的半长轴的长度；

　　　b——椭圆中与应力方向平行的半长轴的长度。

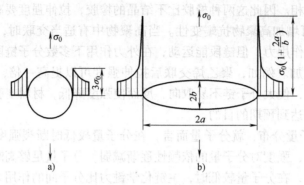

图 5-14 应力集中情况

a) 球形空隙 b) 椭圆形空隙

如在椭圆中，a 比 b 大得多，在椭圆的端点应力将非常集中，反之应力集中较少。因此，可以看出与应力方向垂直的裂痕是最危险的缺陷。同样，缺陷存在于外表面就更危险了。而且，应力集中的原理表明，锐口的缺陷的应力集中比钝口的应力集中大得多。因此，锐口的裂缝尽管可能很小，但它的危害却很大。根据这个原理，一般制品的设计总是尽量避免有尖锐的转角，而将制品转弯处做成圆弧形的。

显然，若能消除裂缝或钝化裂缝的锐度，就会使材料的强度大大提高。如用氢氟酸处理玻璃纤维，其强度能显著提高，就是很好的例证。

4) 添加剂与杂质的影响

添加剂与杂质的影响比较复杂，即与添加剂与杂质性质有关，也与取决于它们与高聚物的结合。

① 填料：埋入材料内部的填料与杂质，也会使应力起变化，变化的情况与填料和杂质点与材料主体的粘着力及两者模量有关。假定杂质与主体有很好的粘着力，如果主体材料比填料和杂质材料的模量大得多，就有应力集中。若质点材料的模量比主体材料的模量大得多，那么质点周围材料的应力就会减少。在极端的情况下，甚至会产生小的压缩应力，如果用这种材料作为添加剂，还会增强材料的强度。只要其模量比高聚物的模量大，而且两者有很好粘合力，一般都能提高材料拉伸强度；但对冲击强度影响较复杂。如玻璃纤维加到环氧树脂中可以提高冲击强度，但添加到聚碳酸酯中却降低了冲击强度。

② 增塑剂：增塑剂的加入对高聚物起了稀释作用，减少了高分子链之间的作用力，因而使拉伸强度降低。另一方面，增塑剂使链段运动容易进行，故材料冲击强度得到提高。

③ 共混：如人们利用橡胶改善聚苯乙烯的脆性。把少量的橡胶混在聚苯乙烯中，由于聚苯乙烯对橡胶的溶解能力很差，于是橡胶便成颗粒状分布在聚苯乙烯中，成为两相结构，这种聚苯乙烯就有较高的强度。在受外力破坏时，首先产生裂缝，然后是裂缝发展，当裂缝发展到橡胶质点时，橡胶被拉长。同时产生较大的弹性形变。当橡胶产生弹性形变时，要吸收能量。橡胶在变形时吸收的能量比聚苯乙烯大得多，所以在共混物中，橡胶吸收了断裂共混物的大部分能量，这个能量以热的形式散发出去，因此断裂共混高聚物需要比断裂单纯的硬性高聚物需要更大的能量，这就是共混高聚物具有高冲击强度的原因（见图 5-15）。

应当指出，如果橡胶与树脂之间互溶性很好，不成为两相结构。也就是说，在共混高聚物中，没有橡胶颗粒存在，在破坏时就不会产生较大变形，也就起不到提高冲击强度作用。

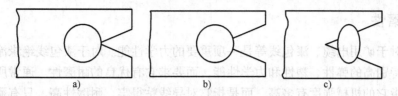

图 5-15　共混高聚物的破坏

所以，在制造高冲击强度的共混高聚物时，必须满足三个条件：① 橡胶的 T_g 必须低于使用温度即处于高弹态；② 橡胶不溶于硬质高聚物中，它必须成为第二相；③ 两相高聚物在溶解行为上必须相似，以保证橡胶与硬质高聚物有很好粘接力，即橡胶与高聚物形成了分相又不分离的状态。

5）内应力

制品在成型过程中，如果材料冷却太快，由于制件表里的冷却速度不同，有的部分快，有的部分慢，这样链段被冻结的状态不同，就有内应力的产生。这种内应力也会导致高聚物材料机械强度的下降。

6）外界条件影响

由于高聚物是黏弹性材料，其破坏过程也是一个松弛的过程。因此温度、应力作用速率等外界条件对其强度和韧性都有显著影响。

① 温度：当高聚物处于脆性状态下（$T \ll T_g$ 或 $T < T_b$）时，其断裂强度受温度影响不大。温度下降，强度略有提高。高聚物处于其他状态时，随温度升高，拉伸强度下降，但冲击强度上升。对于非结晶高聚物，当温度升高到 T_g 附近时，冲击强度急剧增加（见图5-16）。

② 应变速率（外力作用速率）：应变速率对高聚物断裂强度和韧性的影响，简单地说，应变速率提高，相当于温度下降（见图5-17）。当聚合物受力变形时，链状分子要克服相互间的吸引力进行重排，这样的重排需要一定的时间。如果形变的速度很快，使得全部的重排来得及在形变的时间内完成，则弹性可以充分地表现出来。如果形变进行地很慢，聚合物的分子只能部分地改变形状，或者完全来不及改变形状，此时聚合物的弹性只能部分地表现出来，或完全表现不出来。因此弹性模量是外力作用速度的函数，即外力作用速度大，弹性模量大，因此拉断力随之增加。飞机上，韧性有机玻璃座舱罩因飞行中受到外冲击而发生脆性爆破的事故就是这个原因。

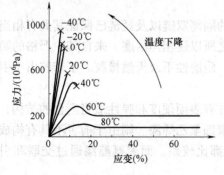

图 5-16　不同温度下 PMMA 的应力-应变曲线
（拉伸速度：5mm/min）

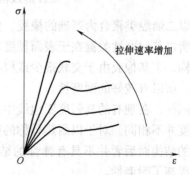

图 5-17　不同拉伸速度下对高聚物
应力-应变曲线

5.1.4　耐磨性

耐磨性对于矿用电缆、漆包线等是一项重要的力学性能。对于漆包线绝缘涂层来讲，并不要求它有特别高的弹性、塑性和力学性能，而要求它有优良的耐磨性。通常所说高强度漆包线并不是指它的机械强度有多高，而是指它对导线粘得牢、耐磨性高。只有耐磨的漆包线才可在其外面不必包纱线，以减少电机尺寸。

所谓的耐磨性是指材料抵抗磨损的能力，或者在摩擦过程中尺寸和重量不易改变的性能。造成材料磨损的主要原因是由于外界摩擦力所引起的应力的局部集中，造成表面材料以小颗粒的形式断裂下来。对低分子固体，对抗应力集中的只有表面硬度。而对于高分子化合物则尚可调整其弹性，以控制其应力的局部集中。高聚物材料耐磨性主要通过其表面硬度和弹性适当的配合获得。

硬度和弹性这两个因素都和分子结构有着密切关系。表面硬度一般来自于结构排列的高度对称和高度有序。例如硬度最大的金刚石，便是整个物体构成一个高度对称和高度有序的立方晶系的晶体。但对于高分子化合物，特别是高弹体的橡胶，非但得不到对称性、规整性非常好的结构，而且甚至不可能具有明显的结晶相。对于高聚物，这个表面硬度一般来源于① 极性基团；② 坚硬的环；③ 严格的几何异构或立体异构；④ 交联（体型结构）；⑤ 分子量大。

聚氨酯橡胶便是在这一思想下取得的成就。它的原理是先制成线性的聚酯或聚醚，作为供应弹性和相当程度的极性结构的橡胶基本单元，然后借助聚酯或聚醚端基上的活性氢和二元异氰酸酯的作用，把它们联成更长的链，并可利用异氰酸酯的反应能力使线性大分子交联。于是异氰酸酯就成为供应表面硬性的结构，结果聚氨酯橡胶就成了耐磨性非常大的橡胶。它作为轮胎，其寿命可以和汽车的寿命相当，不至于因磨损而报废。

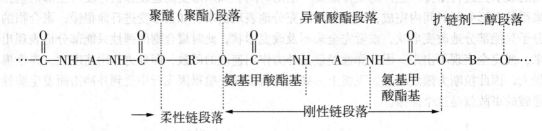

以二烯烃类聚合为基础的橡胶，由于主链中的隔离双链以及烃链已保证其具有相当的弹性，所以其耐磨性关键在于表面硬度。天然橡胶之所以还相当耐磨，来自其中严格的顺式几何异构，丁基橡胶由于交联很少或根本就不交联，耐磨性不及天然橡胶。丁苯胶由于引进了苯环，所以有较好的耐磨性。

同样，在现有的高强度漆包线中，几乎都存在有表面硬度和弹性适当配合的结构，当然其程度并不相同。对于以耐热著称的硅有机漆和聚四氟乙烯漆。则由于前者不具有构成表面硬度的结构而后者并不具有弹性的结构，耐磨性都比较差。而聚氨酯漆通过交联和引入苯环，提高了耐磨性。

5.2　耐热性

电线电缆和各种用电电气设备在运行过程中，高聚物材料总处于一定温度下的。或者因为导体发热传到高聚物材料上，或者因高聚物材料本身的介质损耗，使高聚物承受一定的温度。电气设备短路过载时，或者意外情况可能使材料承受短时高温，会导致材料软化、变形、甚至分解。在塑料和橡胶的加工过程中（挤塑、挤橡、硫化）也要受到热的作用，所以高分子材料如果不具备一定的耐热性，其电性能等再优越也不能应用。因此，提高高聚物电介质工作温度，对于提高电工产品的容量、缩小体积、减轻重量、延长寿命、降低成本都有非常重要的意义。

高聚物材料在短期或长时间承受高温或温度剧变时，能保持基本性能而维持正常使用的能力称耐热性。有机高分子材料，它们的共同特点是耐热性不高，与金属材料相比，远低得多，至少还是远远低于理想中所预期的那样高。因此高分子材料开发的一个重要领域就是提高其耐热性。

5.2.1　耐热性的表征

高聚物受热过程将会发生两类变化：

① 物理变化：指材料在高温下是否出现软化、变形、熔融等现象，或者材料在热态下的性能指标的变化，即通常所说的热变形性。

② 化学变化：环化、交联、降解分解、氧化、水解等。这些变化，由于高聚物用途不同，表征这些变化的指标也不同，材料耐热性指标，名目繁多，甚至差异很大，如软化温度、热变形温度、分解温度、工作温度、热稳定时间、耐热等级等。尽管名目繁多，但是都说明高聚物材料在短期或长时间承受高温或温度剧变时，能保持基本性能而且维持正常使用的能力。

T_g（玻璃化温度）、T_f（黏流温度）、T_d（分解温度）、T_m（熔化温度）（见表5-1），这些参数有明确的物理意义。但工业上更常用高聚物承受一定的应力后，达到一定的变形时所对应的温度作为热变形的指标，如马丁耐热温度、维卡软化点、热变形温度等。

表 5-1　部分高聚物的玻璃化温度 T_g 和熔化温度 T_m

高聚物	T_g（玻璃化温度）/℃	T_m（熔化温度)℃
线型聚乙烯	−80	137
聚丙烯	−18	176
聚氯乙烯	87	212
聚苯乙烯	100	112
聚甲基丙烯酸甲酯	105	
聚四氟乙烯	126	327
乙烯-乙酸乙酯共聚物		60～110
聚对苯二甲酸乙二醇酯	70	265
聚碳酸酯	145～150	215～213
尼龙 6	50	215

　　1）塑料维卡软化点：热塑性塑料在液体传热介质中，在规定的负荷和等速升温的条件下，试样被1mm²压针头压入1mm深时所对应的温度。

　　2）热变形温度：将塑料浸没在等速升温液体传热介质中，在简支梁式的静弯曲负荷作用下，测量弯曲变形达到规定值时的温度。

　　长期耐热性是指高分子材料处于一定温度下，能否获得预期寿命。通常用绝缘材料的耐热等级（见表5-2、表5-3）、温度指数、长期最高工作温度、耐热概貌来表示。它反映了高聚物的热稳定性，常指抵抗热氧老化性能。电线电缆使用的橡胶和塑料的耐热性，一般来说是指高温下的热变形能力和抗氧化能力。

表5-2　耐热等级（国际）

耐热等级	Y	A	E	B	F	H	C
工作温度	90℃	105℃	120℃	130℃	155℃	180℃	>180℃

表5-3　耐热等级（国内）

耐热等级	O	A	B	F	H	220	C
工作温度	90℃	105℃	130℃	155℃	180℃	220℃	>220℃

5.2.2　高温下材料耐热变形能力

　　了解热变形能力或高聚物受热不易变形，保持尺寸稳定性的能力，必须了解软化前后的高聚物状态。对于热塑性塑料，在软化点之前高聚物基本处于玻璃态，其受力产生很小的弹性形变和塑性形变，表现出很高的强度、硬度。随着温度升高，热运动加剧，表现为宏观力学性能的明显改变，如塑性增大、弹性降低、硬度降低。当温度升至软化点时，很容易产生塑性变形，并很快转变为黏流态。我们要研究软化点前后力学性能随温度变化的规律，实际上常用拉伸强度和伸长率，硬度随温度变化来表示。

1. 高聚物的拉伸强度

　　对于橡胶，由于分子结构不同，在热的作用下，力学性能的变化可以大体分为三类（见图5-18）：第一类如天然橡胶、氯丁橡胶、丁苯橡胶，它们在室温下均有较高的拉伸强度，随温度升高，拉伸强度随温度急剧下降；第二大类如丁基橡胶和硅橡胶，它们在室温下拉伸强度不高，但是温度对其影响也不大；第三类是氟橡胶、氯磺化聚乙烯、聚三氟氯乙烯，它们的拉伸强度在一定温度前急剧下降，但继续升温时变化不大。而塑料拉伸强度一般是随温度升高而逐渐降低，直至熔化（见图5-19）。

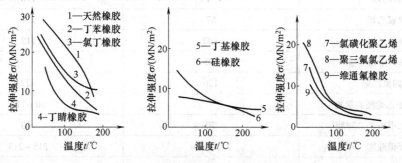

图5-18　橡皮拉伸强度与温度的关系

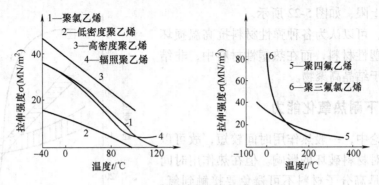

图 5-19　塑料拉伸强度与温度的关系

2. 高聚物的伸长率

对于橡胶，随温度上升，伸长率逐渐变小，而对于塑料，其伸长率随温度的变化较复杂，一般先有所上升再很快下降，如图 5-20、图 5-21 所示。

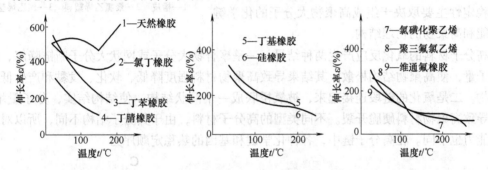

图 5-20　橡皮伸长率与温度的关系

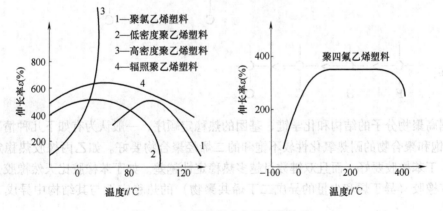

图 5-21　塑料伸长率与温度的关系

3. 高聚物硬度

提高温度，对于弹性材料橡胶的硬度危害并不严重，随着温度升高，弹性材料硬度变化是缓慢的，但是仍然保持一定数值。对于热塑性材料，特别是结晶聚合物如聚乙烯，当温度升高到某一数值时，硬度急剧下降，以致完全软化或融化。电线电缆在使用过程中不可避免会发生短时过载和短路的现象，使绝缘温度上升很高，为保持使其达不到软化温度，就要限制工作温度的上限，如图 5-22 所示。

总的来说，可以认为各种弹性材料抗高温损坏的能力优于热塑性材料，而在热塑性材料中，非结晶高聚物又优于结晶高聚物。

5.2.3　高温下耐热氧化能力

在上面讨论中，一般热作用时间较短，故可以不考虑热氧化对材料破坏的影响。但在热作用时间较长时，特别是高分子材料不可避免要接触到氧，在氧和热的共同作用下，高聚物结构中存在易受热氧化裂解的部分、如双键旁的 α-氢原子、叔碳原子、脂肪酸的侧链，即使一般所说对氧比较稳定的结构，随温度的升高难免受到氧的袭击。因此，材料热稳定性主要取决于组成高聚物大分子的化学键的键能和高聚物的物理结构。

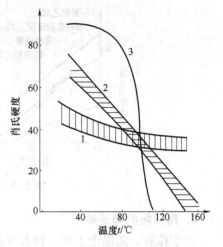

图 5-22　硬度与温度关系

1—橡皮　2—聚氯乙烯塑料　3—聚乙烯塑料

高分子材料的氧化反应产生两种结果，一是聚合物大分子或网状大分子断链降解，降低了分子量，使高聚物结构松散，其结果导致高聚物材料强度降低、软化、发黏和产生低分子挥发物。二是氧化的链段连接起来，被氧桥联成一个网状结构，使结构结实，分子量增大，结果导致高聚物材料硬脆开裂。不同类型的高分子材料，由于其分子结构不同，所以对氧的反应能力也不同。在高分子链中，各种化学键和基因的热稳定顺序为

主链：　—Si—O— ＞ —C—C—C— ＞ —C—C—C— ＞ —C—C—C— ＞ —C＝C—
（下方有 C 侧基和上方 C 侧基的结构）

侧基：　—C— ＞ —C— ＞ —C— ＞ —C—
　　　　　 F　　　 H　　　 C　　　 Cl

根据高聚物分子的结构和化学键、基团的热稳定顺序，一般认为有如下几种情况：

1）饱和聚合物的耐热氧化性较不饱和的二烯烃聚合物要好。如乙丙橡胶热稳定性比天然橡胶、丁苯橡胶要好。而且双键数目越多热稳定性越差。如丁苯橡胶比天然橡胶热稳定性好。丁基橡胶（异丁烯和少量的异戊二丁烯共聚物）的热稳定性与其结构中异戊二烯结构含量有关。

在饱和橡胶中，硅橡胶的耐热性又远远高于碳链结构组成的高聚物，就是因为其中 Si-O 键能远远大于 C-C 键，因此硅橡胶热稳定性远高于其他橡胶，特别是在高温下。

2）线性聚合物比支链聚合物有更高的耐氧化能力。如聚丙烯比聚乙烯更易氧化。值得注意是聚丙烯的触媒效应（特别是铜对聚丙烯氧化速度的增大效应）极为有害，如果残留较多聚丙烯热氧化可能更快。又如高密度聚乙烯比低密度聚乙烯含有较少的支化结构，因此热稳定性更高（但注意高密度聚乙烯在聚合过程中所采用的催化剂的金属残渣对氧化有促

进作用)。虽然洁净的高密度聚乙烯在抵抗氧化方面比低密度聚乙烯有改进，但氧化作用引起的聚合物结构中的物理化学变化对高密度聚乙烯的力学性能影响有更大效应。

3) 体型高聚物的耐热性比线性、支链聚合物高。

4) 结晶聚合物在熔点以下比非结晶聚合物较耐热氧老化。

5) 取代基的存在，能改变高聚物的热稳定性，例如聚氯乙烯树脂在降解的过程中，热的作用有一个感应期，一旦老化会迅速老化。丁腈橡胶由于本身氧化过程中，所形成的产物减缓氧化，因此即使在高温下丁腈橡胶的氧化也比较缓慢。在含氟的聚合物中，聚四氟乙烯是稳定性最好的一个。这是由于 C-F 键的稳定性大于其他任何 C-C、C-H、C-Cl 键。而且由于氟原子的尺寸足够大，且均匀的围绕碳链排列，它们形成一个保护性屏障，有效地阻碍了外界因素对较弱的 C-C 键的氧化作用。任何以 H 或 Cl 原子代替氟原子，都导致对称性的破坏和稳定性的降低。但氟橡胶耐热性也比一般 C-H 聚合物高。

氯丁橡胶由于 Cl 原子上孤对电子与双键的 π 键形成共轭体系，其热稳定性比一般的二烯类橡胶热稳定性好，但是当温度超过 100℃ 时，开始变得不稳定，这是由于在这种条件下相应的过氧化物不稳定的缘故。

6) 主链是 Si-O 的硅橡胶热稳定性好，主要是由于 Si-O 键能大，稳定性高的原因。同时 Si-O 键有 50% 离子性，分子内的偶极能减弱外部电场的作用，可对烃基 (只限于甲基，苯基) 起保护作用使得这种大分子不易受物理和化学因素的影响。

表 5-4 中给出了电缆常用材料长期最高允许工作温度。

表 5-4　电缆常用材料长期最高允许工作温度

材 料 名 称	允许工作温度/℃	材 料 名 称	允许工作温度/℃
氟橡胶	180～200	聚四氟乙烯	250
硅橡胶	150～180	聚丙烯	80～90
丁腈橡胶	100～120	聚乙烯	60～70
丁基橡胶	80～90	化学交联聚乙烯	80～90
氯丁橡胶	80～90	辐射交联聚乙烯	90～100
丁苯橡胶	60～75	氯磺化聚乙烯	80～90
天然橡胶	60～75	聚氯乙烯塑料	65～70
乙丙橡胶	80～90	耐热聚氯乙烯塑料	80～105
丁腈-聚氯乙烯复合物	80	聚全氟乙丙烯塑料	150～200

5.2.4　提高聚合物耐热性的途径

提高热变形性，对于橡胶来说，提高耐热性就是提高 T_d，对其他高分子材料来说，提高耐热性就是提高黏流温度 T_f、玻璃化温度 T_g、熔点 T_m、分解温度 T_d 和其他耐热指标，所以凡是能提高这些指标的结构因素都可以作为提高聚合物耐热性的方法。但是归纳起来，提高耐热性的结构因素主要是结晶、交联、刚性。

1) 结晶：如等规聚丙烯，尼龙若提高聚合物的结晶相含量，相应提高了耐热性。原因是结晶相排列紧密使等规聚丙烯、尼龙熔点 T_m 提高，使耐热性提高；同时结晶相能阻碍氧气的扩散，从而提高了聚合物的热稳定性。

2) 交联：交联是以化学键的形式将高分子连接起来，一般来讲，交联高聚物不溶不熔，只有加热到分解温度以上才遭到破坏。聚合物交联阻碍了分子链的运动，提高聚合物的

T_f和T_g，不仅改善了热变形性，而且由于交联首先消耗了聚合物分子上的活性点，使聚合物的热稳定性增加，如各种热固性树脂（环氧树脂、酚醛树脂）。

3）刚性：增加主链的刚性，能提高聚合物的T_f和T_g。如在主链中引进芳香环，如联苯。

结晶、交联、刚性链三方面仅仅适合于塑料，而不适合于橡胶，对于橡胶既要高弹性又要耐热性，这在结构上如何反映，目前尚缺少一致的看法，但比较成功的例子是硅橡胶和氟橡胶。如氟橡胶的耐热性主要由于 C-F 键的键能大原因，例如氟橡胶 246

$$-\left[\left(CH_2-CF_2\right)_x\left(CF_2-CF_2\right)_y\left(CF_2-\underset{\underset{CF_3}{|}}{CF}\right)_z\right]_n-$$ 由三种结构单元组成，其作用：

$2F-\left(CH_2-CF_2\right)_x-$ 提供最低数量的 CH_2 以维持大分子链的柔顺性和提供交联反应点；

$4F-\left(CF_2-CF_2\right)_y-$的作用是提高耐热性和耐化学性；$6F-\left(CF_2-\underset{\underset{CF_3}{|}}{CF}\right)_z-$的作用是使大分子链上引入较大的侧基以破坏大分子的规整性，形成无定形结构，以适应橡胶的弹性要求。

就提高热稳定性而言，尽管途径很少，但也找到一些有效途径：

① 尽量提高分子链中键的强度，避免弱键的存在。如聚乙烯热稳定性比氯化聚乙烯（含氯量23%~46%）高。而氯化聚乙烯又比聚氯乙烯高。比如聚四氟乙烯、元素有机高聚物（硅橡胶）、无机聚合物、螯合物等耐热性都较高。

② 在主链中引进较多的芳杂环，减少-CH_2-结构，如：

$$-\left[\underset{\underset{O}{\|}}{C}-\bigcirc-\underset{\underset{O}{\|}}{C}-O-\bigcirc-O\right]_n-; \quad -\left[NH-\bigcirc-NH-CO-\bigcirc-CO\right]_n-$$

聚芳酯（U 聚合物）　　　　　　　聚芳酰胺（芳胺1414）

③ 加入热稳定剂、抗氧剂等提高聚合物的耐热性。

④ 合成梯形、螺形、片状结构的聚合物。

5.2.5　耐寒性

耐寒性是指高分子材料在低温下仍能保持电线电缆较好的物理力学性能，以满足使用要求的能力。当材料冷至低温时，其变形能力逐步消失，变为硬脆，温度降到一定程度，材料即使受到很小的变形也会断裂，这个温度称为脆化温度。不同材料有不同的脆化温度。脆化温度可以作为材料耐寒性的指标。材料冷却至低温时，因分子被冻结而产生较大的收缩，使内部变形，不产生松弛，伸长率降低。当电缆弯曲时，将因变形增大，而导致机械开裂，给电线绝缘造成大的缺陷。故要了解高聚物的耐寒性是很重要的。

对无定形态高聚物来讲，从高弹态过渡到玻璃态，本来有一个临界温度T_g，因此耐寒性的问题，就是影响高聚物T_g的问题。

一般来讲，T_g主要取决于大分子链段的活动性，凡是分子间力小，分子链柔性大的高聚物它的T_g就应该越低。通常，聚烯烃的T_g很低，但引进极性基后，增加分子间作用，T_g提高；非极性的无规侧基由于阻碍了链段的活动，也会提高T_g，但是为了满足各种要求，有时不得不引入这些基团。但如果要求耐寒性，这些有助于分子或链段容易冻结因素都应除去。因此，一般 T_g 较低的高聚物，如聚乙烯、顺丁橡胶、硅橡胶耐寒性都比较好。

对橡胶来讲，T_g 是橡胶具有弹性的最低温度，使用上最为重要。从分子结构出发，可以按下列结构方向使橡胶结构尽量满足耐寒性的要求：

1）饱和的烃链有一定的支链或侧基：如乙丙橡胶是具有一定支链的饱和高分子，虽然聚乙烯分子柔性很好、玻璃化温度低（-68℃）、耐寒性很好。但是，因为没有侧基或很少有侧基，并没有橡胶态。同样，等规聚丙烯由于侧基规律的排列，导致聚丙烯链螺旋结构的规整结构也使它无橡胶态。但乙烯与丙烯共聚物乙丙橡胶就既有橡胶态，T_g 又低，耐寒性可达 -100℃。

2）含双键的二烯烃的烃链没有侧基或尽量少的支链：反式的二烯烃如反式 1，4-丁二烯与反式 1，4-聚异戊二烯由于分子规整性高，都呈现结晶态。但是顺式的结构由于规整性差都具有高弹态，有一侧甲基异戊二烯其 T_g = -73℃，而无侧基顺丁橡胶 T_g = -100℃。

3）主链中含有醚键：引入醚键，使大分子主链柔顺性增加，T_g 下降。如硅橡胶 T_g 可达 -100℃。甲基环氧乙烷与烯烃或二烯烃共聚后，适当配合共聚物组分，耐寒性可达 -140℃。

5.2.6　热膨胀

热膨胀是由于温度变化而引起材料尺寸和外形的变化。材料受热时都会膨胀。特别是高聚物的热膨胀比金属材料和无机材料都要大，因此在复合电缆中与导体或光纤相配合是很重要的。

温度升高使原子在其平衡位置的振幅增加。因此，材料的线膨胀系数取决于组分原子间相互作用的强弱。对于分子晶体，其分子间力是与范德华力相关联的，因此分子晶体热膨胀系数很大，线膨胀系数约 $10^{-4} K^{-1}$。而原子晶体如金刚石原子间是由共价键键合的，相互作用极强，线膨胀系数约 $10^{-6} K^{-1}$。对高聚物来说，长链中的原子沿链的方向是共价键相连的，而在垂直链的方向近邻的分子间是弱的范德华力，因此结晶或取向的高聚物的热膨胀有很大的各向异性。在各向同性高聚物中，分子链是杂乱无章取向的，其热膨胀在很大程度上取决于较小的链间相互作用，因此与金属相比，高聚物的热膨胀较大，几种高聚物的线膨胀系数见表 5-5。

表 5-5　几种高聚物的线胀系数

高　聚　物	线胀系数/ $\times 10^{-5} K^{-1}$	高　聚　物	线胀系数/ $\times 10^{-5} K^{-1}$
低密度聚乙烯	20 ~ 22	聚四氟乙烯	10
高密度聚乙烯	11 ~ 15	聚对苯二甲酸乙二醇酯	2.5
聚丙烯	11	聚对苯二甲酸丁二醇酯	2.0 ~ 2.5
聚氯乙烯	6.6	聚碳酸酯	5
聚苯乙烯	6 ~ 8	尼龙 6	6
聚甲基丙烯酸甲酯	7.6	天然橡胶	22

5.3　耐燃性

电线电缆用的橡胶、塑料大多数是易燃性材料，如聚乙烯、聚丙烯、聚苯乙烯、天然橡胶、丁苯橡胶、顺丁橡胶、乙丙橡胶、丁基橡胶、丁腈橡胶等。只有少数高聚物如氟塑料、氟橡胶才有较高的耐燃性。

5.3.1　高聚物的燃烧

高聚物都具有热的不稳定性，当加热时，发生化学破坏并伴随产生挥发物，从而留下多孔的残渣，这将使空气中的氧容易渗入，并在固体基体中引起进一步氧化反应。残渣通常是由碳渣组成，它增加了从周围的辐射中吸收热量，进一步使材料热裂解。这样就产生累计的升温，最后挥发物起燃，形成火焰，起燃可以由外部火焰引起（骤燃），也可以自发的产生。若燃烧产生的热量能连续的为基体热裂解提供必需的热量而维持燃烧，这样的材料称为可燃性材料；反之，如果燃烧产生的热量不足以提供的热量来引起材料的热裂解，并且不能以足够速率产生挥发物来起燃时，则火焰要熄灭，这样的材料称为自熄性材料。高聚物燃烧过程如图 5-23 所示。

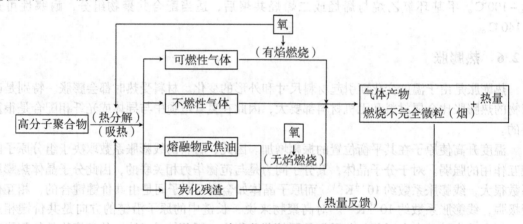

图 5-23　高聚物燃烧机理示意图

燃烧是剧烈的自由基型的热裂解反应，从图 5-23 中可见，在持续燃烧时必需有热量、氧气、可燃物，称为燃烧三要素。

5.3.2　高聚物的燃烧特性

聚合物的燃烧特性由下列一些参数来表征：

1）比热容：单位质量物质每升高 1℃ 所需的热量称为比热容（J/kg·K）。比热容大的，在燃烧时加热阶段需要吸收较多的热量。

2）燃烧热：它是使 1kg 聚合物充分燃烧时所产生的热量。聚合物热分解反应都是放热反应，燃烧热是维持燃烧和延燃的重要因素。

3）闪燃点和自燃点：当聚合物受热分解放出可燃气体，刚刚能被外界小的火焰点燃，这时试样周围空气的最低温度称为材料的闪燃温度，简称闪点。聚合物受热达到一定温度后，不用外界点火源点燃而自行发生的有焰燃烧、无焰燃烧或爆炸，此时周围空气的最低温度称该材料的自燃温度，简称自燃点。

4）分解温度：聚合物燃烧为分解燃烧，只有在分解温度以上才可能燃烧。若分解温度低，燃烧可能性大。

5）氧指数：在氮气和氧气（$N_2 + O_2$）的混合物中，维持蜡烛状试样稳定燃烧所需的最低氧含量。氧指数越高，材料越不易燃烧。通常将氧指数 OI 小于 22 材料称为易燃物。

$$OI = \frac{C_{O2}}{C_{O2} + C_{N2}} \times 100\%$$

由于空气中含 21% 左右的氧，所以氧指数在 22 以下的属于易燃材料，在 22~27 的为难燃材料，具有自熄性；27 以上为高难燃材料。然而这种划分只是相对的，因为聚合物的燃烧还与比热容、热导率等有关。表 5-6 中列出了部分聚合物的氧指数。

表 5-6 部分聚合物的氧指数

聚 合 物	氧 指 数	聚 合 物	氧 指 数
聚乙烯	18	聚对苯二甲酸乙二醇酯	21
聚丙烯	17.4	聚碳酸酯	26
聚氯乙烯	45~49	尼龙 6	21
聚氯乙烯塑料	23~40	环氧树脂	19.8
聚苯乙烯	18	氯化聚乙烯	21.1
聚甲基丙烯酸甲酯	17	氯丁橡胶	26.3
聚四氟乙烯	95	硅橡胶	26~39

6）热导率：固体两面间有温差 dT，固体两面间距离 dx，面积为 A，热导率为 λ（$W/m \cdot k$），即

$$\frac{1}{A} \frac{dQ}{dt} = \lambda \frac{dT}{dx}$$

式中　dQ/dt——热流，是单位时间传导的热量；

dT/dx——温度梯度。

热导率越高，一方面有利散热；另一方面，也使燃烧过程进行的更为剧烈。

7）燃烧速度：燃烧速度是聚合物燃烧特性的一个重要指标。聚合物种类不同，它们的燃烧速度也不同；但燃烧速度也与聚合物表面状态、和氧扩散速度等有关。

随着人们的环保意识的增强和人们对二次危害的认识，目前还有以下三个经常使用的指标。

① 毒性指数：毒性指数为 1 时，人体在其内 30min 死亡。

② 透光率 T：透过透明或半透明体的光通量与其入射光通量的百分率。设入射光强度为 I_0，透过烟以后的光强度为 I，透光率为 T，$T = \frac{I}{I_0} \times 100$。

在一个密闭的空间中用火燃烧电线电缆，待火焰熄灭后测试最终的室内烟密度，要求在有烟的情况下，透光能力能够达到 60%，可视度 5~7m，这样就确保人们在烟雾中能够看见道路。当透光率 <5%，伸手不见五指。

③ 烟密度 D：烟密度是试样在规定的试验条件下发烟量的量度，它是用透过烟的光强度衰减量来描述的。则，定义 $D = \log 10 \ (100/T)$。

燃烧速度一般是指在有外部辐射热源存在下水平方向火焰的传播速度。表 5-7 中列出了

部分聚合物的燃烧速度。

在表 5-8 中还列出了部分高聚物的燃烧特性参数。

表 5-7　部分聚合物的表面燃烧速度

聚　合　物	燃烧速度/(mm/s)	聚　合　物	燃烧速度
聚乙烯	7. 6 ~ 30. 5	聚氯乙烯	自熄
聚丙烯	17. 8 ~ 40. 6	聚四氟乙烯	不燃
聚苯乙烯	12. 7 ~ 63. 5	聚酰胺	自熄
聚甲基丙烯酸甲酯	15. 2 ~ 40. 6	氯化聚乙烯	自熄

表 5-8　部分高聚物的燃烧特性参数

高　聚　物	比热容/ kJ · kg^{-1} · K^{-1}	热导率 /W · m^{-1} · K^{-1}	燃烧热/kJ · g^{-1}	自燃点 /℃	分解温度/℃
聚乙烯	2. 3	0. 335 ~ 0. 519	46	345	335 ~ 450
聚丙烯	1. 92	0. 172	46	570	328 ~ 410
聚氯乙烯			18 ~ 28	454	160 ~ 170
聚氯乙烯塑料	0. 84 ~ 1. 1	0. 126 ~ 0. 293	45 ~ 47		200 ~ 230
聚苯乙烯	1. 34	0. 08 ~ 0. 138	40	488 ~ 496	285 ~ 440
聚甲基丙烯酸甲酯		0. 168 ~ 0. 251	27	450 ~ 462	170 ~ 300
聚四氟乙烯	1. 05	0. 252	7. 58	530	
聚对苯二甲酸乙二醇酯		0. 218			283 ~ 306
聚碳酸酯	1. 26	0. 129	31. 2	477 ~ 580	420 ~ 620
尼龙 6	1. 59	0. 247		424	310 ~ 318
环氧树脂		0. 180			

5.3.3　燃烧特性与分子结构的关系

聚合物的燃烧特性主要依赖于它的结构。按聚合物的结构和氧指数的关系，可将聚合物分为三类：

第一类主要是脂肪族、脂环族和含少量芳基的脂肪族化合物。由于这些聚合物中含氢量高，热分解时，生成大量挥发性，可燃性的物质，包括单体和低分子量的碳氢化合物，而剩焦量很少。甚至无剩焦，这类聚合物氧指数 OI 小于 22，是易燃聚合物。如聚乙烯、聚丙烯等。

第二类是对高温聚合物，它们的结构特征是主链上几乎全部为芳环或芳杂环。这不仅降低了热活性，同时增加了链的刚性，可以阻止热振动，因此需要较高的温度才能热分解。这类材料在高温时，不仅发生降解，同时也会发生交联和环化反应，因此它们热分解时，生成高含碳量的炭（如在氮气氛中于 700 ~ 850℃，聚酰亚胺成炭率高达 49. 2%），剩焦量增加、氧指数增加，材料的可燃性降低。

第三类为含卤聚合物材料，其中有些能生成少量的炭；另一些完全不能生成炭。这些聚合物固有的耐燃性是由于它们分解释放出不燃气体，如 HCL、HF、C_4F_4，这些不燃气体浮于聚合物表面，隔开了可燃气体，同时还可捕获 OH 自由基。因此这些因素对聚合物之间的相互作用都有影响，使聚合物难以燃烧。如聚氯乙烯、氟塑料等。

硅橡胶也是难燃的高聚物，而且燃烧后的产物除 H_2O，CO_2，还剩下固体 SiO_2 绝缘体，可以在电缆燃烧后，维持绝缘状态。

燃烧时烟的形成与分子结构也有关系。结构中脂肪烃骨架通常不大产生烟雾，也不能自熄；常有苯环侧基的聚合物，如聚苯乙烯，有显著的生烟倾向；在主链上有芳香基团的聚合物，如聚碳酸酯、聚苯醚，生烟倾向中等，可能因为它们具有显著结焦倾向；将聚氯乙烯部分卤化后，烟密度出乎意外地降低，这也同样归结为结焦。有人认为烟的发生量随聚合物主链中芳香烃的增加而下降；随含卤含磷添加剂的增加和交联密度的提高而下降。

5.3.4　提高聚合物耐燃性的途径

由聚合物的燃烧过程可知，材料燃烧必须具备三个条件：① 可燃物存在；② 氧气的供给；③ 温度的保持。材料的阻燃就是控制上述条件中的任意一个或多个，促使燃烧的停止。

虽然通过化学改性可以降低聚合物的可燃性，对电缆工业而言，具有实用意义还是要添加阻燃剂。阻燃剂之所以具有阻燃作用，是因其在材料的燃烧过程中，能改变其物理或化学的变化模式，从而抑制或降低其氧化反应速度。阻燃剂的这种特性称为阻燃效应。不同的阻燃剂的阻燃效应不同，使用时须给予充分发挥，阻燃剂阻燃效应如下：

1. 吸热效应

吸收热量使高聚物材料温度上升困难。如 $AL(OH)_3$、$Mg(OH)_2$ 吸热脱去水，同时继续吸热生成的水蒸气，还可以稀释可燃气体。

$$2AL(OH)_3 \rightarrow AL_2O_3 + 3H_2O + 热量 \qquad AL(OH)_3 吸热量:1.97kJ/g$$

2. 覆盖效应

在较高的温度下生成覆盖层，使材料与空气隔绝。例如锑系阻燃剂用于含卤材料，或与含卤阻燃剂共用，燃烧时生成卤化锑和水：

$$Sb_2O_3 + 6HCL \rightarrow 2SbCL_3 + 3H_2O$$

卤化锑因密度大覆盖于材料表面。另外，卤系、磷系等阻燃剂能促进有机化合物炭化而生成炭化层；含硼、含硅阻燃剂可促进材料表面生成陶瓷膜，也起阻燃作用。

3. 稀释反应

阻燃剂受热分解时生成大量的不燃气体，使材料因燃烧生成的可燃气体稀释而达不到可燃的浓度范围。能受热分解出 Cl_2、NH_3、HCL 和 H_2O 等不燃性气体的阻燃剂如碳酸钙、磷酸铵、卤系等阻燃剂以及各种含有结合水的无机阻燃剂。

4. 转移效应

改变材料热分解的模式，抑制可燃气体的产生。例如利用酸或碱使纤维素起脱水反应生成碳和水而不产生可燃性的炭化氢气体。另外如氯化铵、碳酸铵等阻燃剂也具有转移效应。

5. 抑制效应

捕捉热分解过程中活性极大的羟基自由基，切断燃烧过程的连锁反应。例如含卤阻燃剂具有这种抑制效应：

$$HO^{\cdot} + HBr \rightarrow H_2O + Br^{\cdot}$$

$$Br^{\cdot} + RH \rightarrow HBr + R^{\cdot}$$

结果活性小的 $R^{\cdot}$ 取代了活性极大的 $HO^{\cdot}$ 使燃烧的连锁反应减慢，同时卤化氢再生。

6. 增强效应

有些阻燃剂单独使用效果不显著，但与合适材料并用时，则效果大大增加。例如三氧化二锑与含卤等阻燃剂并用，不但提高阻燃剂的效率，而且阻燃剂用量也减少。氢氧化铝和氢氧化镁并用也起增强效应，因其分解出的结晶水的温度不同，可以在不同阶段起吸热反应，从而抑制材料热分解。

值得说明的是，一种阻燃剂也可以通过多种阻燃效应起到阻燃目的。如含硼阻燃剂有吸热效应、稀释效应和覆盖效应。

因为发生火灾时，毒气和烟尘的产生也有很大危害性。所以高聚物除使用阻燃剂外，还有发烟抑制剂和有毒气体捕捉剂。

目前在电线电缆中，大量使用的是有机卤素阻燃剂，其中溴类阻燃剂产生热分解后的腐蚀性和毒性比其他卤类要小，且少量有机卤素阻燃剂就可以达到相同的阻燃效果，是优先选用的对象。但是无论如何，卤锑并用的结果不仅导致发烟量的增大，而且其产生的酸性气体的腐蚀性和毒性也不容忽视，为此欲制得低烟低酸的产品，必须采用消烟剂和抑制剂。

5.4 电学性能

高聚物的电学性质是指聚合物在外加电压或电场作用下的行为，及其所表现出来的各种物理现象。包括交变电场中的介电性质、在弱电场中的导电性质、在强电场中的击穿现象，以及发生在高聚物表面的静电现象。电性能是电绝缘材料的最基本、最重要的性能，研究高聚物的电学性质，特别是对电缆来说是非常有意义的。

电缆的不同使用场合，所需要电性能也不相同，如通信电缆的绝缘要求介电常数非常小，而对耐电强度要求不高。直流电缆与交流电缆相比，对介质损耗要求要低得多。因此，在这里我们分别介绍介电性能和导电性能、击穿性能以及静电现象。

5.4.1 高聚物的极化及介电常数

1. 高聚物的极化

电介质在外加电场下发生极化的现象，是其内部分子和原子的电荷在电场中运动的宏观表现。要深入了解极化现象的本质，必须在分子级的水平上去考察极化作用。

1）分子的极性

高分子内原子间主要是由共价键结合的，成键电子对的电子云偏离两个成键原子的中间位置程度，决定键的极性。分子中的核电荷和电子云也有一定分布，正负电荷中心重合的分子是非极性分子，而不相重合的是极性分子。键的极性和分子的极性大小，分别用键距和分子偶极距 μ 来表示，定义为正负电荷中心的距离 d 和其电荷 q 的乘积：

$$\mu = qd$$

偶极距 μ 是一个矢量，与物理学上规定相反，化学上习惯规定其方向从正到负。偶极距的单位在国际制单位中是库仑·米（C·m）。但是这个单位太大了，习惯上用德拜（D）来表示：

$$1D = 3.33 \times 10^{-30} C \cdot m$$

　　分子的偶极距显然是分子中的所有键距的矢量和。对于聚合物的分子偶极距，特别是柔性的分子，其构象时刻在变化，整个分子链的偶极距只能是统计性平均值。显然，高分子偶极距，不仅决定于结构单元或链节的键的形式和结构，还决定于高分子链的构象。

　　高聚物分子极性大小，也能够用偶极距来衡量。在这里，同样可以由全部键距的矢量和来确定整个高分子的偶极距，但比之低分子，情况要复杂得多。好在各种高分子都有各自的重复单元。于是通常用重复单元的偶极距来作为高分子极性的一种指标。

　　对于无外加电场时，高聚物分子的偶极距 μ，与链节的偶极距 μ_0 有如下关系：

$$\overline{\mu^2} = ng\mu_0^2$$

式中　μ_0——链节的偶极距；

　　　　n——聚合度；

　　　　g——小于 1 的常数。

　　例如，对于 $\{CH_2—CR_2\}_n$ 型高分子链，$\overline{\mu^2} = \dfrac{3}{4}n\mu_0^2$。因此，可以用链节的有效偶极距 $\overline{\mu^2}_{\text{有效}} = g\mu_0^2$ 来反映高聚物的极性大小。

　　根据极性的大小，高聚物可分为以下四类：

　　① 非极性高聚物：$\mu_{\text{有效}} = 0$，如聚乙烯、聚丁二烯、聚四氟乙烯。

　　② 弱极性高聚物：$\mu_{\text{有效}} < 0.5D$，如聚苯乙烯、天然橡胶、聚丙烯、乙丙橡胶、聚全氟乙丙烯、丁基橡胶、聚偏氟乙烯。

　　③ 极性高聚物：$\mu_{\text{有效}} > 0.5D$，如聚氯乙烯、氯丁橡胶、氯化聚乙烯、氯磺化聚乙烯、丁腈橡胶、氟橡胶。

　　④ 强极性高聚物：$\mu_{\text{有效}} > 0.7D$，如酚醛树脂、聚酯、聚乙烯醇、聚酰胺。

　　2）分子极化

　　不管是极性高分子聚合物或是非极性高分子聚合物，在正常不加电场情况下，分子偶极取向是杂乱无章的，宏观上都呈现电中性。

　　在外加电场作用下，其分子受外电场作用，分子内电荷分布发生相应的改变，导致分子的偶极距增大，这种现象称为极化。

　　通常分子极化主要包括以下三种：

　　① 电子极化：电子极化是分子中各原子的价电子云在外电场作用下，向正极偏移，发生了电子云相对分子骨架的移动，使分子正负电荷中心的位置发生变化引起的，电子云的这种移动是很小的，因为外电场比之原子核作用在电子上的原子内电场来一般是相当弱的。另外，由于电子运动速度很快，电子极化过程所需的时间极短，约只有 $10^{-15} \sim 10^{-13}$ s。外电场消失即刻恢复原状，基本没有能量的损耗。

　　② 原子极化：原子极化是分子骨架在外电场作用下发生变化造成的。即组成分子各原子核之间发生的相对位移。如 CO_2 分子，本来是 $O = C = O$ 直线结构，在外电场中，电负性较大的氧原子略偏向正极，发生了各原子核之间的相对位移，结果键角 $\angle OCO$ 小于 $180°$，使分子正负电荷中心位置发生变化。原子极化一般相当小，只有电子极化的 1/10。因为原子核的质量较大，运动速度比电子慢，这种极化所需要的时间约在 10^{-13} s 以上，极化的同时也伴随着微量的能量损耗。

　　原子极化和电子极化都是分子变形产生的，都与温度无关，也与频率几乎无关，在外加

电场作用下产生的偶极可表示为

$$\mu_e = \alpha_e E_e$$

$$\mu_a = \alpha_a E_e$$

式中　μ_e、μ_a——电子极化、原子极化产生的诱导偶极；

　　　α_e、α_a——电子极化率或原子极化率；

　　　　　E_e——由电场引起的作用在分子上局部电场。

③ 偶极极化：具有永久偶极的极性分子，在没有外电场时，由于分子的热运动，偶极矩指向各个方向的机会相等，所以大量分子的总平均偶极矩为0，介质表现为电中性。在外电场作用下，极性分子沿电场排列，产生了分子的取向。同样，在外电场作用下，极性高分子链内偶极基团沿外电场方向排列取向，这种现象称为偶极极化。偶极基团沿外电场方向的转动需要克服本身的惯性和旋转阻力，所以完成这种极化过程需要比上述两种极化长的多的时间，一般约10^{-9}s以上，也需要消耗一定能量。这种由取向极化或偶极极化产生的偶极矩 μ_3 为

$$\mu_3 = \alpha_u E_e$$

式中　α_u——极化率，$\alpha_u = \dfrac{{\mu_0}^2}{3kT}$。

偶极极化时间长短，强烈地依赖分子-分子间的相互作用。尽管取向极化发展很慢，但只要时间足够，它对介质在外电场中的总极化贡献总是最大的。

偶极极化还与温度有关。温度高时，分子热运动的能量高，偶极子不容易沿电场方向整齐排列，产生的偶极极化小；反之，温度低，分子热运动的能量低，偶极子沿电场方向取向受到的干扰较小，产生的偶极极化大（见图5-24）。

上述三类极化对极性分子来说，都能发生，对非极性分子则不发生偶极极化。即

极性分子：$\mu = \mu_e + \mu_a + \mu_3 = (\alpha_e + \alpha_a + \alpha_u) E_e$

非极分子：$\mu = \mu_e + \mu_a = (\alpha_e + \alpha_a) E_e$

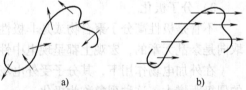

图 5-24　高分子长链偶极子在外电场中取向
a) 无电场时　b) 有电场时

除了上面讨论的三类极化之外，还有一种产生于非均相介质界面处的极化，它是由于在外电场的作用下，带电粒子如离子在界面处堆集的结果，称为界面极化；这种极化涉及比偶极子更大的质量移动，因此所需的时间更长，从几分之一秒到几分钟，甚至更长。常发生在共混高聚物处且在低频区域。

2. 高聚物的介电常数

从普通物理学中我们知道，如果在真空平行板电容器加上直流电压 U，在两个极板上将产生一定量的电荷 Q_0，这个真空电容器的电容 C_0 为

$$C_0 = \frac{Q_0}{U}$$

电容与所加电压的大小无关，而决定于电容器的几何尺寸。如果电容器极板面积为 S，而两极板间的距离为 d，则

$$C_0 = \varepsilon_0 \frac{S}{d}$$

比例系数 ε_0 为真空电容率，在国际单位制中：$\varepsilon_0 = 8.85 \times 10^{-12} \text{F/m}$。

如果在上述电容器的两极板间充满高聚物电介质，这时极板上的电荷将增加到 Q（$Q = Q_0 + Q'$），电容器里的电容 C 比真空电容器增加了 ε_r 倍：

$$\varepsilon_r = \frac{C}{C_0} \text{ 或 } C = \frac{Q}{U} = \varepsilon_r C_0 = \varepsilon_r \varepsilon_0 \frac{S}{d} = \varepsilon \frac{S}{d}$$

式中　ε——电介质的电容率，表示单位面积和单位厚度电介质的电容值；

　　　ε_r——相对介电常数（以下简称介电常数），也称相对电容率。

ε_r 是无因次的常数，表示高聚物电介质储存电能能力的大小。

把电介质引入真空电容器里，引起极板上的电荷增加、电容增大，这是由于在电场作用下，电介质中的电荷发生了再分布，靠近极板的介质表面上将产生束缚电荷，结果使介质出现宏观的偶极，这一现象是电介质极化的结果。束缚电荷 Q' 产生的附加电场，其方向与外加电场方向相反，将使电介质内部电场强度减少，但平行板电容器的电场强度只与板间距离 d 和外加电压 U 有关（$E = U/d$），与极板间有无电介质和电介质种类无关。这就要求电源给极板上补充和极化电荷 Q' 相等的电量，即使 $Q - Q_0 = Q'$，极化产生的反电场被抵消，以维持原来的电场强度（见图 5-25）。因此，束缚电荷 Q' 是由于电介质的极化引起的，介电常数 ε_r 是反映电介质极化的宏观物理量。

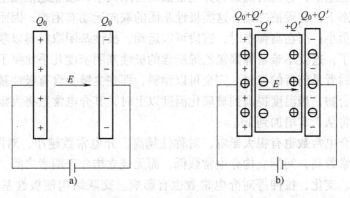

图 5-25　平板电容器的电荷分布

a）电容器极板间是真空　b）电容器极板充满高聚物

为了描述电介质极化的程度，引入物理量——极化强度 P。对于平行极板间各向同性的电介质，极化强度等于极化电荷密度，即

$$P = \frac{Q'}{S}$$

由以上各式可得

$$P = (\varepsilon_r - 1) \varepsilon_0 E$$

这是各向同性均匀电介质中，极化强度 P，电介质的介电常数 ε_r 与电场强度 E 之间的普通关系式。它将微观的极化强度 P 与宏观的介电常数 ε_r 联系起来。

为了表征高聚物极化的宏观物理量 ε_r（介电常数）与另一个微观物理量 α（极化率）之间的关系，可用克-莫（克劳修斯-莫索缔）方程给出：

$$P_M = \frac{\varepsilon_r - 1}{\varepsilon_r + 2} \frac{M}{\rho} = \frac{4}{3}\pi N_0 \alpha$$

式中　　P_M——克分子极化度；

　　　　M——偶极子分子量；

　　　　ρ——密度。

3. 介电常数与高聚物结构的关系

介质极化决定于介电常数的大小，而介质极化与介质的分子结构及所处的物理状态有关。

从前面的讨论可知，介质的极化按其机理至少可分为电子极化、原子极化、偶极取向极化，其中以偶极取向极化的贡献最大，而取向极化只有极性分子才能发生。因此碳氢化合物类的非极性高聚物，如天然橡胶、聚苯乙烯、聚乙烯、聚四氟乙烯只有电子极化、原子极化，其介电常数较小，ε_r 在 2~3 左右。极性高聚物如聚氯乙烯、有机玻璃、聚酯等，ε_r 在 3~7 范围。而且极性基团在分子链中的位置不同，对介电常数的影响也不同。一般说来，主链上的极性基团活动性小，它的取向需要随主链的构象改变，因而这种极性基团对介电常数影响较小；而侧基上的极性基团，特别是柔性的极性侧基，因其活动性较大，对介电常数影响较大。

显然，发生偶极取向运动时需要改变主链构象的极性基团，包括在主链上的和与主链硬性连接的那些极性基因，它们对高聚物介电常数的贡献大小，强烈地依赖于高聚物所处的物理状态。在玻璃态下，链段被冻结，这类极性基团的取向运动有困难，因而它们对高聚物的介电常数的贡献很小；而在高弹态时，链段可以运动，极性基团取向得以顺利进行，对介电常数贡献也就大了，这就不难解释聚氯乙烯所含的极性基团密度几乎比氯丁橡胶多一倍，而室温下介电常数后者是前者的三倍。完全可以预料，那些主链上含有极性基因或极性基团与主链硬连接的聚合物，当温度提高到玻璃化温度以上时，其介电常数将大幅度提高，如聚氯乙烯的介电常数将从 3.5 增加到 15。

分子结构对介电常数也有很大影响，对称性越高，介电常数越小，对同一高聚物来说，全同立构的介电常数高，间同立构介电常数低，而无规立构介于两者之间。

此外，交联、支化、拉伸等对介电常数也有影响。交联结构使极性基因活动取向有困难，因而降低了介电常数，如酚醛塑料，虽然极性很大，但介电常数并不太高。拉伸使分子整齐排列，从而增加分子间相互作用力，但降低了极性基团的活动性，而使介电常数减少，相反支化则使分子间的相互作用减弱，因而使得介电常数升高。

绝缘材料的介电常数是决定通信电缆传输信号衰减的一个重要因素，所以通信电缆的绝缘材料其介电常数越小越好，通常采用介电常数小的聚乙烯、聚苯乙烯、聚丙烯。而在电容器中，则宜采用介电常数大的绝缘材料，以提高电容量。

除此之外，温度、频率对介电常数影响也大。表 5-9 中给出了部分高聚物的介电常数。

表 5-9　部分高聚物的介电常数

高　聚　物	聚乙烯	聚丙烯	聚四氟乙烯	聚氯乙烯	尼龙 66	天然橡胶	三元乙丙橡胶	氯丁橡胶
介电常数	2.25~2.35	2.2	1.9~2.2	3.2~3.6	4.0	2.3~3.0	3.0~3.5	7.5~9.0

注：橡胶为 10^3 Hz 时的测定值，其余为 50Hz 时的测定值。

5.4.2 介质损耗

电介质在交变电场作用下，一部分电能转化为热能的消耗称为介质损耗。

产生介质损耗的原因有，① 聚合物中所含的引发剂、增塑剂、水分等杂质产生漏导电流，使部分电能转化为热能，称为欧姆损耗，这是引起非极性聚合物介质损耗的主要因素；② 由于内摩擦阻力，偶极子转动取向滞后于交变电场的变化，偶极子受迫转动，吸收部分电能转化为热能，这是偶极损耗，它的大小决定于偶极极化的松弛特性，它是极性聚合物介质损耗的主要原因。

1. 介质损耗表征

在一个没有介质损耗的理想真空电容器里（电容为 C_0），电流 I 比电压 U 超前90°；在这样电容器里，电压升高，电容器充电，积累电能；当电压下降，电容器便将充入的电能全部释放出来。

如果将电介质引入这个电容器的两极板之间，当电介质有能量损耗，这时 I 与 U 之间相角差就为 φ，低于90°，与理想状态时超前90°相差 δ 角，如图 5-26 所示。

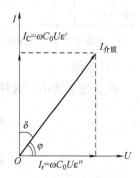

图 5-26 交变电场中电流与电压的向量图

将流过有电介质的电容电流 $I_{介质}$ 分成两部分：一部分电流与电压同相位，相当于流过纯电阻的电流，用 I_r 表示；一部分电流与电压相位超前90°，相当于流过纯电容的电流，用 I_C 表示：

$$\vec{I}_{介质} = \vec{I}_r + \vec{I}_C$$

设有介质时电容 $C = \varepsilon^* C_0$，其中，ε^* 为复介电常数，在交变电场下，则流过有介质电容的电流：

$$\vec{I}_{介质} = i\omega\varepsilon^* C_0 U$$

定义 $\varepsilon^* = \varepsilon' - i\varepsilon''$，$\varepsilon'$ 为复介电常数的实数部分，等于试验测得介电常数，ε'' 为复介电常数的虚数部分，则

$$\vec{I}_{介质} = i\omega\ (\varepsilon' - i\varepsilon'')\ C_0 U$$
$$= i\varepsilon'\omega C_0 U + \varepsilon''\omega C_0 U$$

与 $\vec{I}_{介质} = \vec{I}_r + \vec{I}_C$ 比较得

$$\vec{I}_C = i\omega\varepsilon' C_0 U$$
$$\vec{I}_r = \omega\varepsilon'' C_0 U$$

显然，I_C 电流用于电容充电，能量储存在电容器内，I_r 用于流过电容产生损耗。这表明有介质的电容器在电压升高时所积累的能量不能在电压降低时全部释放出来。有一部分被损耗掉了，这种损耗可用 $\mathrm{tg}\delta$ 来表示。

$$\mathrm{tg}\delta = \frac{每个周期介质损耗的能量}{每个周期介质积累的能量}$$

δ 称介质损耗角，也可用 ε'' 来表示介质损耗的大小，称为介质损耗因数。且：

$$\mathrm{tg}\delta = \frac{P_r}{P_C} = \frac{I_r U}{I_C U} = \frac{I_r}{I_C} = \frac{\varepsilon''}{\varepsilon'}$$

2. 影响介质损耗的因素

1）分子结构的影响

决定高聚物介质损耗大小的内在原因，一个是高聚物极性的大小和极性基团的密度；另一个是极性基团的可动性。

高聚物分子极性越大，极性基团的密度越大，则介质损耗越大。非极性高聚物 tgδ 一般在 10^{-4} 数量级，而极性高聚物的 tgδ 一般在 10^{-2} 数量级。极性基团在分子链中位置不同影响也不同，一般在侧链上的极性基团上较主链上的极性基团活动性大，影响也大些。部分高聚物的介质损耗见表 5-10。

表 5-10　部分高聚物的介质损耗

高 聚 物	聚乙烯	聚 丙 烯	聚四氟乙烯	聚 氯 乙 烯	尼龙 66	天然橡胶	三元乙丙橡胶	氯丁橡胶
介质损耗，tgδ/ $\times 10^{-4}$	2	2 ~ 3	2	70 ~ 200	140 ~ 600	23 ~ 30	40	300

注：橡胶为 10^3 Hz 时的测定值，其余为 50Hz 时的测定值。

2）频率

在交变电场中，这种极化产生的介质损耗与频率关系相当复杂，理论分析得

$$\varepsilon^* = \varepsilon_\infty + \frac{\varepsilon_0 - \varepsilon_\infty}{1 + i\omega\tau} \qquad \varepsilon_0——当 \omega \to 0 \text{ 时 } \varepsilon \text{ 值}$$

$$\varepsilon' = \varepsilon_\infty + \frac{\varepsilon_0 - \varepsilon_\infty}{1 + \omega^2\tau^2} \qquad \varepsilon_\infty——当 \omega \to \infty \text{ 时 } \varepsilon \text{ 值}$$

$$\varepsilon'' = (\varepsilon_0 - \varepsilon_\infty) \frac{\omega\tau}{1 + \omega^2\tau^2} \qquad \tau——偶极子的松弛时间$$

从上式可见：

当 $\omega \to 0$ 时，也就是低频区域，$\varepsilon' \to \varepsilon_0$（$\varepsilon_0$：直流电场中的介电常数），$\varepsilon'' \to 0$。即一切极化都有充分时间，都跟得上电场的变化。因而介电常数达到最大值，介质损耗最小，几乎无损耗。

当 $\omega \to \infty$，也就是在光频区域，则 $\varepsilon' \to \varepsilon_\infty$，$\varepsilon'' \to 0$，由于频率太高，偶极子由于惯性，来不及随电场变化，只有电子极化和原子极化，因而 ε' 不大，损耗也很小。

在介电常数变化较快的频率范围区域，也称反常色散区域，对应 ε' 变化最快的一点（$\omega\tau = 1$），ε'' 出现极大值：

$$\varepsilon' = \frac{\varepsilon_0 + \varepsilon_\infty}{2}$$

$$\varepsilon''_{max} = \frac{\varepsilon_0 - \varepsilon_\infty}{2}$$

温度升高时，ε'' 极大值移向高频，如图 5-27 所示。

关于介质在电场中极化讨论知道，不同的极化所需要的时间长短不同。随电场频率的增加，各种极化过程将在不同的频率范围内先后出现跟不上电场变化的情况，因而使 ε'' 出现一个极值；相应地，由于各种极化过程先后不能完全进行而对介电常数不再有贡献，因而

ε' 出现一个阶梯形的降落（见图 5-28）。

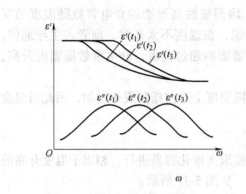

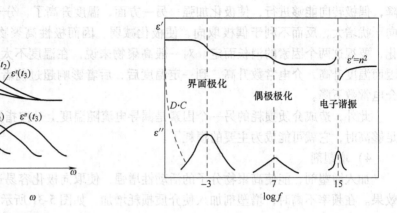

图 5-27 频率对介电性能的影响 $t_1 < t_2 < t_3$

图 5-28 $\varepsilon'(t)$，$\varepsilon''(t)$ 与 ω 的关系

3）温度

对于非极性高聚物，介电常数随温度上升，略有下降，如图 5-29 所示。由于电子极化和原子极化均不受温度的影响。由于热膨胀，单位体积的极化减少。因此，随温度上升，介电常数 ε 略有下降。

对于极性高聚物，温度升高，高聚物的黏度随之改变，因而介质极化建立过程所需要的时间也起变化。对于一个固定频率，温度太低时，介质黏度过大，极化过程建立太慢，甚至偶极转向完全跟不上电场的变化，因此 ε' 小，ε'' 也小。随着温度的升高，介质的黏度减少，偶极可以随电场变化而转向，但又不完全跟得上，因此 ε' 增大，ε'' 也增大；当温度升高到足够高后，偶极已完全取向，因此 ε' 增至最大，而 ε'' 变得小了。从图 5-30 可以看出，ε'' 在固定频率上与温度的关系，类似与在一定温度下 ε'' 与频率的关系。

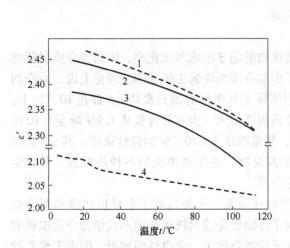

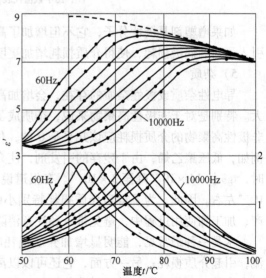

图 5-29 非极性高聚物的 $\varepsilon'(t)$ 与 t 的关系

1—聚丙烯 2—高密度聚乙烯

3—低密度聚乙烯 4—聚四氟乙烯

图 5-30 EVA 的 $\varepsilon'(t)$、$\varepsilon''(t)$ 与 t 的关系

温度对取向极化有两种相反的作用，一方面温度升高，分子间相互作用减弱，黏度下降，偶极转向能够进行，使极化加强；另一方面，温度升高了，分子热运动加剧，对偶级取向干扰增大，反而不利于偶极取向，使极化减弱。因而极性高聚物的介电常数随温度的变化，要视这两个因素的消长而定。对一般高聚物来说，在温度不太高时，前者占主导地位，因而温度升高，介电常数升高，到一定温度后，后者影响超过前者，介电常数随温度升高，介电常数下降。

此外，造成介质损耗的另一个因素是漏导电流随温度上升按指数规律增加，因此当温度足够高时，它就可能成为主要的损耗了。

4）增塑剂

加入增塑剂，能使高聚物分子的活动性增强，使取向极化容易进行，相当于温度升高的效果。在频率不高时，增塑剂加入使介质损耗增加，如图5-31所示。

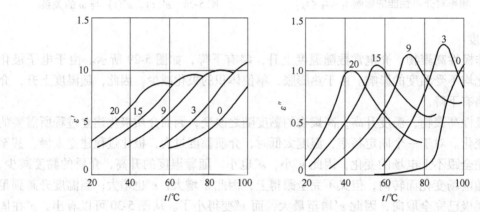

图5-31 增塑剂含量对PVC的 ε'，ε'' 的影响

注：图中数值代表PVC中增塑剂的含量。

如果增塑剂是极性分子，它不但增加了高分子链的活动性，使原来取向速度加快，同时引入了新的偶极损耗，使得介质损耗增加更明显。

5）杂质

导电性杂质或极性杂质的存在，会增加高聚物的漏导电流和极化率，因而使介质损耗增大。特别是对于非极性高聚物来说，杂质成了引起介质损耗的主要原因。理论上说，纯净的非极性高聚物的介质损耗应该几乎是0的，但实际上几乎所有的高聚物 $tg\delta$ 都在 10^{-4} 以上。例如，低压聚乙烯，由于残存的引发剂，使介质损耗增大，当灰分含量从1.9%降至0.03%时，$tg\delta$ 从 14×10^{-4} 降至 3×10^{-4}。有报道说，质量浓度 $1 \times 10^{-3}\%$ 的极性杂质，其 $tg\delta$ 已在 10^{-4} 左右。因此，为了得到介质损耗特别小的高聚物，必须谨慎选用各种添加剂，并在生产、加工和使用过程中，避免带入和注意消除杂质。

水是一种最常见，能明显增加介质损耗的极性杂质。它能以离子电导形式增加漏导电流，引起介质损耗；另一方面，它还可以以离子界面极化或偶极极化的形式增加介质损耗和介电常数。例如，聚乙酸乙烯酯与聚氯乙烯在干燥的条件下，介电性能相近，但由于聚乙酸乙烯酯吸湿性强，介质损耗增加，因此它不像聚氯乙烯那样广泛应用于电气工业。

在电力电缆的绝缘材料中，往往要求介质损耗尽量小，否则一方面会消耗较高的电能，另一方面还会引起材料发热，加速绝缘材料的老化，降低电缆使用寿命，所以在电力电缆中都使用介质损耗小的聚乙烯、聚氯乙烯、天然橡胶、丁苯橡胶、乙丙橡胶做绝缘材料。

但在高频焊接、高频加热方面，介质损耗就非常有意义了。

5.4.3 导电性

材料的导电性是一个跨越很宽范围的性质。按电导率大小，可分为导体、半导体、绝缘体。导体的电导率从 $10^2 \sim \infty\,\Omega^{-1} \cdot m^{-1}$，其数值随温度上升而下降。绝缘体的电导率在 $10^{-10} \sim 10^{-22}\,\Omega^{-1} \cdot m^{-1}$，其大小随温度增加。而半导体介于两者之间。

1. 材料导电性的表征

材料的导电性是用电阻率 ρ 和电导率 γ 来表示的，两者互为倒数关系。在国际单位制中，ρ 的单位是 $(\Omega \cdot m)$；r 单位是 $(\Omega^{-1} \cdot m^{-1})$。它是材料导电性的特征物理量，决定于物质的本质，而电阻 R 和电导 G 的大小都于材料几何尺寸有关，不是材料的特征物理量。

实际上，流过高聚物的电流包括流过高聚物表面电流 I_S 和高聚物内部电流 I_V 两部分电流，分别对应于高聚物的表面电阻 R_S 和体积电阻 R_V，即

$$I = I_S + I_V \quad 及 \quad R = \frac{R_S R_V}{R_S + R_V}$$

因此，在高聚物的导电性表征中，需要分别表示高聚物表面和体内的不同导电性。常分别以表面电阻率 ρ_s 和体积电阻率 ρ_v 来表示。

表面电阻率 ρ_s 规定为单位正方形表面上刀形电极之间电阻。在图 5-32 中，如果刀形电极的长度 l 和两极间距离 b 不相等，则

$$\rho_S = R_S \frac{l}{b} \qquad \rho_S = \frac{u}{I_S} \frac{l}{b} = \frac{\dfrac{u}{b}}{\dfrac{I_S}{l}} = \frac{E}{\dfrac{I_S}{l}}$$

因而，也可以说，表面电阻率是沿试样表面电流方向的直流场强与该处单位长度的表面电流之比。ρ_s 单位是 (Ω)，它与材料的表面状态有关。

类似地，图 5-33 中所示，对体积电阻率 $\rho_V(\Omega \cdot m)$ 有

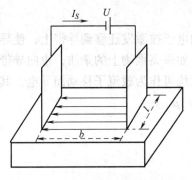

图 5-32 高聚物的表面电阻

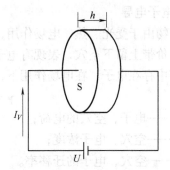

图 5-33 高聚物的体积电阻

$$\rho_V = R_V \frac{S}{h} = \frac{\frac{u}{h}}{\frac{I_V}{S}} = \frac{E}{\frac{I_V}{S}}$$

式中　h——试样的厚度（即两电极之间的距离）；

　　　S——电极的面积；

　　　u——外加电压；

R_V 和 I_V——测得的体积电阻和体积电流。

因此，体积电阻率（ρ_V）是体积电流方向的直流电场强度与该处体积电流密度之比。在提到电阻率通常没有特别指的地方通常就是指体积电阻率 ρ_V，它取决于材料的本性。

2. 高聚物导电机理

材料的导电性是由于物质内部存在传递电流的自由电荷，这些自由电荷通常称为载流子，它们可以是电子、空穴、也可以是正、负离子。这些载流子在外加电场的作用下，在物质内部作定向运动，便形成电流。其电流密度 j 为

$$j = nqv$$

式中　n——单位体积载流子的浓度；

　　　q——载流子所带电量；

　　　v——载流子迁移的速度。

而载流子迁移速度通常与外加电场强度 E 成正比：

$$v = \mu E$$

式中，μ 为载流子迁移率，是单位电场下载流子迁移的速率，则

$$j = nq\mu E$$

与欧姆定律微分公式 $j = \gamma E$ 比较得

$$\gamma = nq\mu$$

因此，材料导电性的优劣，应该与其所含载流子的多少以及这些载流子运动速度有关。

对于高聚物一般认为电导可大致归纳为两种基本的形式，一种是电子电导；另一种是离子电导。对增塑的聚氯乙烯除了电子电导、离子电导外，还有电泳电导，这三种形式同时存在与高聚物电介质中。

1）电子电导

高聚物由于受光、热、电场作用，价电子带的电子被激发迁移到导带上，使导带带有电子，并在价带上留下空穴，表现有电子电导现象，如果高聚物上的杂质，也向导带上放出电子或导带中存在电子，在电场作用下，电子和空穴均可作为载流子移动而导电，其电导率为

$$\gamma = e(N_+\mu_+ + N_-\mu_-)$$

式中　e——电子、空穴的电荷；

N_+、N_-——空穴、电子浓度；

μ_+、μ_-——空穴、电子的迁移率。

研究表明，共轭聚合物、聚合物的电荷转移聚合物和有机金属聚合物等聚合物导体、半导体具有强的电子电导。对一般高聚物电介质，在弱电场上，高聚物的电子电导可能是在外界光、热、辐射作用下，高聚物或杂质发生电离引起的。在强电场作用下，高聚物的电子电

导由于电子碰撞电离，引起电子电导强烈增大。以致高聚物可能丧失绝缘能力而击穿。

2）离子电导

一般地说，大多数高聚物都存在离子电导，首先是那些带有强极性原子或基团的高聚物，由于本征解离，可以产生导电离子。此外，在合成、加工和使用过程中进入聚合物材料的引发剂、各种添加剂、水分和其他杂质的解离，都可以提供导电离子。在电导率很低的聚合物中，其主要导电机理就是离子导电。

关于离子电导机理，目前存在两种模型：离子传导模型与自由体积模型。

① 离子传导模型：

如图 5-34 所示，在没有电场时，处于平衡位置的 i 离子，在 A、B、C 之间的迁移位垒是 w_0，那么在 A、B、C 之间（x 或 $-x$ 方向）的离子迁移的次数为

$$p_j = \frac{\nu}{6}\exp\left(-\frac{w_0}{kT}\right)$$

式中　ν——离子在平衡位置的振动频率。

离子从 B 点向 A 点或 A 向 B 点迁移的几率相同，宏观上离子是不导电的。

加上电场以后，离子在 ABC 三点的能量将发生变化，使离子移动的次数产生变化，从而导致宏观离子移动并产生电流。

如果离子从 B 向 A 的迁移为 p_{i-}，从 B 向 C 的迁移率为 p_{i+} 则

$$p_{i+} = \frac{\nu}{6}\exp\left[-\frac{w_0 - \frac{1}{2}qE\lambda}{kT}\right]$$

$$p_{i-} = \frac{\nu}{6}\exp\left[-\frac{w_0 + \frac{1}{2}qE\lambda}{kT}\right]$$

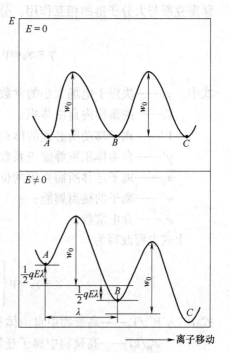

图 5-34　离子传导模型

式中　q——i 离子所带的电荷；

　　　λ——AB 或 BC 间距离；

　　　E——电场强度。

则离子迁移的平均速度：

$$\bar{v} = \lambda p_i = \lambda(p_{i+} - p_{i-}) = \frac{\lambda\nu}{3}\exp\left(-\frac{w_0}{kT}\right)\sinh\left(\frac{qE\lambda}{2kT}\right)$$

电流密度：

$$j_i = \frac{1}{3}\lambda\nu qn\exp\left(-\frac{w_0}{kT}\right)\sinh\left(\frac{qE\lambda}{2kT}\right)$$

当 $\frac{qE\lambda}{2kT} \ll 1$ 时，则

$$j_i = \frac{nq^2\lambda^2\nu}{6kT}E\exp\left(-\frac{w_0}{kT}\right)$$

上式表示，在低电场下，离子电导电流与电场关系为线形关系，符合欧姆定律。

当 $\dfrac{qE\lambda}{2kT} \gg 1$ 时，p_{i-} 趋于很小，则

$$j_i = \frac{1}{6}qn\lambda\nu\exp\left(-\frac{w_0}{kT}\right)\exp\left(\frac{qE\lambda}{2kT}\right)$$

不难看出，在较高的电场中，离子电流和电场不是线性关系。

② 自由体积模型：

自由体积模型认为，① 高聚物中有自由体积，存在离子迁移所必须的空隙；② 离子迁移需克服与大分子链的相互作用。分析得到电导率表达式为

$$\gamma = \gamma_0\exp\left\{-\left[\left(\frac{\gamma'V^*}{V_f}\right)+\left(\frac{w_0+\dfrac{w'}{2\varepsilon}}{kT}\right)\right]\right\}$$

式中　γ_0——决定于电场大小的常数；

　　　V_f——高聚物内自由体积；

　　　V^*——离子移动所必须的体积；

　　　γ'——自由体积重叠修正系数；

　　　w_0——离子迁移所需克服的位垒；

　　　w'——离子的热离解能；

　　　ε——介电常数。

上式也可改写为

$$\gamma = \gamma_0\exp\left\{-\left[\left(\frac{\gamma'V^*}{V_f}\right)+\left(\frac{w_0}{kT}\right)+\left(\frac{w'}{2\varepsilon}\right)\right]\right\}$$

式中　$\gamma'V^*/V_f$——高聚物中自由体积对离子迁移的贡献；

　　　w_0/kT——高聚物中离子迁移活化能对离子迁移的贡献；

　　　$w'/2\varepsilon/kT$——高聚物中离解的离子数目对导电的贡献。

高聚物的离子性电导，往往以玻璃化转变温度为分界，并随温度而变化。在玻璃化温度以下，虽然大分子链和链段冻结，但是仍存在自由体积，载流子（离子）可以移动，这时，$\gamma'V^*/V_f$ 成为不随温度而改变的常数，在此温度以下，离子是在稳定位置间以活性跳跃迁移，电导率 γ 与温度的关系符合阿累尼乌斯公式：

$$\gamma = \gamma_0\exp\left(-\frac{w_0+\dfrac{w'}{2\varepsilon}}{kT}\right)$$

在玻璃化转变温度 T_g 以下，其表观活化能 ΔH_b

$$\Delta H_b = w_0 + \frac{w'}{2\varepsilon}$$

在玻璃化转变温度 T_g 以上，高聚物处于高弹态，由于大分子的链段运动，自由体积 V_f 随温度而变化，结果 $\gamma'V^*/V_f$ 成为变数。

若令 $\dfrac{E_h}{kT} = \dfrac{zV^*}{V_f}$

式中 z——同 γ' 一样的修正系数。

因此，在玻璃化温度 T_g 以上的较窄温度范围内，可得到离子电导的表现活化能 ΔH_a 为

$$\Delta H_a = E_h + w_0 + \frac{w'}{2\varepsilon}$$

有此可得

$$E_h = \Delta H_a - \Delta H_b$$

这表明形成 $V*$ 空隙所需的能量 E_h，为玻璃化温度前后电导的表观活化能之差。

实践证明，在弱电场中，在正常条件下，高聚物中以离子电导占优势，而且离子电导容易发生在结构不紧实的高聚物材料中。

3. 影响导电性的因素

高聚物电介质的导电性决定于许多因素，从本质上看，这些因素都是通过对载流子浓度和迁移率大小的影响而显现出来，其中影响最为显著的有高聚物的化学结构、高聚物中所含配合剂、杂质，以及温度、电场强度、湿度等。

高聚物绝缘体的体积电阻率在 $10^{10} \sim 10^{20}\,\Omega\cdot m$ 之间。在直流电场下，流经高聚物的体积电流有三种。一种是瞬时充电电流，它是在加上电场瞬间，电子极化和原子极化引起的电流；第二种称为吸收电流，它随电场作用时间的增加而减少，存在时间大约几秒到几十分钟，可能是偶极极化，界面极化，空间电荷效应等引起的；第三种称为漏导电流，是通过高聚物的恒稳电流，其特点是不随时间变化（见图 5-35）。

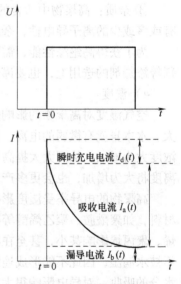

图 5-35 流经高聚物的电流

高聚物的电导性只取决于漏导电流，因此在测量高聚物的电导率或电阻率时，必须除去其他电流。工业上规定，测定电流时，需读取 1min 的数值。

从导电机理我们知道，影响电导的因素应从载流子数量和载流子的迁移率来考虑。载流子可以是杂质引起离子，也可能是在高电场中，从电极中发射出电子注入高聚物。对于迁移率，研究表明：离子迁移率与高聚物内部自由体积的大小有关，自由体积越大，离子迁移率越大。电子和空穴的迁移率则相反，分子间堆砌越密，越有利于电子的跃迁。下面就这两方面进行分析。

1) 化学结构

纯净的非极性高聚物具有最好的电绝缘性，如聚四氟乙烯、聚乙烯、聚苯乙烯，电阻率在 $10^{15} \sim 10^{18}\,\Omega\cdot m$。极性高聚物电绝缘性次之，电阻率在 $10^{12} \sim 10^{16}\,\Omega\cdot m$，如聚氯乙烯、聚酰胺、聚丙烯腈；这可能是因为极性高聚物的介电常数较高，在其中，杂质离子间的库仑力将降低，产生解离，从而增加了载流子的浓度。

交联使高聚物分子链段活动性下降，自由体积减少，因而离子电导下降。电子电导则可能因为分子间键桥为电子提供分子间的通道而增加。

2) 物理结构

结晶和取向使绝缘高聚物的电导率下降。因为，在这些高聚物中，主要是离子电导，结晶和取向使分子紧密堆砌，自由体积减少，因而离子迁移率下降。如聚三氟氯乙烯的结晶度

从 10% 增加到 50% 时，电导率下降 10 ~ 1000 倍。但对电子电导的高聚物正好相反，结晶中分子的紧密堆砌，有利于分子间电子的传递，电导率将随结晶度的增加而升高。

3）配合剂及杂质

各种配合剂及杂质，一般来说都会由于或多或少地引入了载流子，而使得高聚物的导电性提高了，引起电阻率明显下降。其中特别是极性的增塑剂和稳定剂、离子型的引发剂、水分、导电填料，对导电性的影响更大。

① 增塑剂：增塑剂在聚氯乙烯中大量使用。加入增塑剂，使链段的活动性增加，自由体积增加，因而提高离子载流子的迁移率。如果是极性增塑剂，增塑剂也会电离而增加了离子的浓度，使导电率显著增加。

② 导电填料：导电填料的加入，会显著提高高聚物导电性。与炭黑、金属细粉或导电纤维等混合高聚物，可根据导电组分的种类、粒度、表面接触电阻及含量等因素变化，可得到适合不同需要的导电等级的高分子材料。例如为了提高聚乙烯的耐紫外光老化性能，加入3% 炭黑，就可能使导电率提高几个数量级。

③ 杂质：高聚物中所含的杂质种类、特性和数量对导电性影响很大。因为杂质一般都有或多或少的离子导电性，杂质的加入，无疑使导电性增大。

为了获得高绝缘性能，需要仔细的消除残留的催化剂，或努力选用高效催化剂。在配合剂等添加剂的选用上，也要谨慎选用。

4）湿度

空气湿度对高聚物的影响是普遍存在的问题，而水分使高聚物的电导率升高作用又特别大。水本身就有微弱的电离，加上空气中的 CO_2 或其他盐类杂质的溶解，将使离子载流子的浓度大为增加，从而大大提高导电率。而且，有些本来电离度不大的杂质，在水存在时，电离度将大为增加，也会更多产生离子载流子使高聚物电导率增加。

高聚物的电导率受湿度影响的程度，还与高聚物本身的吸湿性有关。湿度对极性高聚物材料，如聚酰胺、聚乙烯醇等的电导影响非常显著。而对非极性材料，如聚乙烯、聚四氟乙烯、聚丙烯影响甚小，甚至在浸水 24h 后，其体积电阻也并没有显著变化；而且它们的表面不被水润湿，因此不能形成连续的湿水膜，因此也不会影响表面电阻。多孔性材料，将增大水分的吸收，对导电影响很大。在高聚物中加入某些有吸湿性的配合剂也会影响其吸湿性，并使电导增大。

5）温度

高聚物中不管是正、负离子或电子、空穴的载流子的浓度和迁移率均随温度的升高呈指数增加。因此温度对大多数高聚物导电性的影响可用下式表示：

$$\rho = A e^{\frac{E}{kT}} \quad 或 \quad \lg\rho = \frac{E}{k} \cdot \frac{1}{T} + \lg A$$

式中　A——常数；

　　　E——活化能。

在高聚物的玻璃化转变温度区和黏流转变温度区，电阻率随温度的变化会出现突变。因此，在广泛温度范围内，有三种物理状态变化，使电导率与温度具有更复杂的关系。

无定形态高聚物在对应玻璃态、高弹态、黏流态的温度范围内，lgρ-t 曲线以明显地分为三个区域（见图 5-36、图 5-37），在这三个区域分布着两个特殊的"Z 字型"。第一个

"Z" 字形转折对应玻璃化转变温度 T_g，与高聚物从玻璃态转变为高弹态有关，因高聚物分子链段 "未被冻结" 而产生链段运动，导致自由电荷活动性增加，自由电荷浓度增加，从而使载流子移动的阻力减少，因而宏观电导增加。第二个 "Z" 字形转折对应流动温度 T_f，与高聚物由高弹态转变为黏流态有关。这种转变会使电导进一步增大。

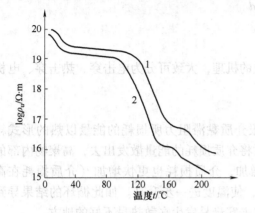

图 5-36　两种聚丙烯的体积电阻率与温度的关系　　图 5-37　体积电阻与温度的关系

6）电场强度

高聚物的电流-电压特性如图 5-38 所示。从图中曲线可见，随电压升高，电流将增大。在低电场区（Ⅰ），电压与电流成正比，基本符合欧姆定律，呈线性关系。高电场区域（Ⅱ），电流已不再与电压呈线性关系，而呈双曲正弦关系，电流随电压升高；在更高的场强区（Ⅲ），电压升高，电流增加更快，直至产生绝缘击穿。

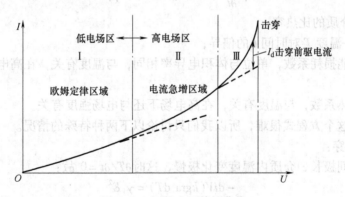

图 5-38　电流-电压特性曲线

5.4.4　耐电性

在高电场中，通过高聚物的电流随电场呈非线性增加，当电场继续升高时，电流剧增，这时高聚物由绝缘状态转变为非绝缘状态，这种现象称为绝缘击穿。击穿是不可逆的物理过程。

绝缘击穿决定材料使用的最终性能，在实际应用中至关重要。从现象上看，击穿与作为击穿的先导过程——高电场的电导有密切关系。

电介质抵抗电击穿的能力称为耐电性。耐电性以击穿电压和耐电强度来表示。导致绝缘击穿的最低电压称为击穿电压 U_b。电介质单位厚度上所承受的击穿电压称为耐电强度 E_b，也称击穿强度、介电强度。因此，耐电强度是电介质耐受电压作用而维持绝缘性能的能力。

$$E_b = \frac{U_b}{d}$$

式中　d——绝缘体的厚度。

1. 击穿类型

高聚物击穿时，可能有多种形式，按其形成的机理，大致可分为电击穿、热击穿、电机械击穿、电化学击穿等形式。

1）热击穿

在强电场作用下高聚物偶极取向时，为克服介质黏滞阻力所损耗的能量以热的形式耗散。如果高聚物材料传导热量的速度不足以及时将介质损耗的能量散发出去，高聚物内部的温度就逐渐升高。随着温度升高，电导率迅速增加，介质损耗也更快增加（介质损耗在高温下与温度是指数关系），从而放出更多的热量，使温度进一步升高。如此循环的结果导致高聚物氧化、熔化和焦化，以致击穿。显然，热击穿最易发生在散热最不好的地方。

热击穿时的耐电强度 E_b 不仅与高聚物的化学和物理结构有关，而且与外加电场的频率、试样形状、环境温度和散热条件等因素有关。显然，外加电场频率增加、环境温度升高、热击穿耐电强度下降。试样厚度增加、散热条件恶化、热击穿强度下降。

在电场 E 中，电介质中产生的热量除一部分散失掉外，其余的热量使介质温度升高。此时，电介质的热平衡的基本方程式为

$$c_V \frac{\partial T}{\partial t} - \mathrm{di}V(k\mathrm{gra}\,\mathrm{d}T) = \gamma_V E^2$$

式中　c_V——电介质的比热容；

　　　$\partial T/\partial t$——温度 T 对时间 t 的偏导；

　　　γ_V——电能损耗系数，单位与体积电导率相同，与温度有关，在高电场下还与电场强度有关；

　　　k——传热系数，与温度有关，在高电场下还与电场强度有关。

因此，要解这个方程式很难，所以我们只讨论以下两种特殊的情况。

① 稳态热击穿：

电场作用时间极长，介质内温度变化极慢，这时 $\partial T/\partial t = 0$ 故：

$$-\mathrm{di}V(k\mathrm{gra}\,\mathrm{d}T) = \gamma_V E^2$$

对应热击穿场强 E_m，相当于 $t \to \infty$ 时，击穿场强 E_m，这是最低的热击穿场强。一般就把它作为热击穿场强。

② 脉冲热击穿：

电压作用时间很短，散热来不及进行，$\mathrm{gra}\,\mathrm{d}T = 0$，故：

$$c_V \frac{\partial T}{\partial t} = \gamma_V E^2$$

设电介质在加上电场 E_b 时，最高温度达到 T_m 时发生击穿，则

$$t_b = \int_0^{t_b} \mathrm{d}t = \int_{T_c}^{T_m} \frac{c_V}{\gamma_V E^2} \mathrm{d}T$$

显然，热击穿易发生于散热最难的地方。概括来说，热击穿有下列特点：

ⅰ）热击穿通常发生在高温区域；

ⅱ）击穿电压随环境温度升高而迅速下降；

ⅲ）热击穿的耐电强度与所加电压的波形、频率、加压时间、升压速度有关；

ⅳ）热击穿与媒质的电性能无关；

ⅴ）试样厚度增加，由于散热条件变坏，击穿场强降低。

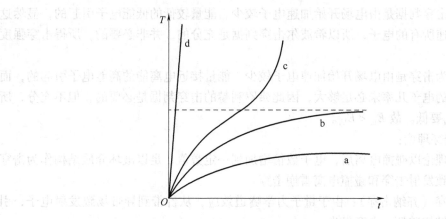

图 5-39　热击穿稳态条件示意图

a—不击穿　b—t→∞ 时发生热击穿　c—在有限时间内热击穿　d—脉冲热击穿

2）电击穿

高聚物中总有载流子的存在。在弱电场中，载流子从电场中得到的能量在与周围的其他载流子、分子、原子的碰撞中大部分损耗了，然后再从电场获得到能量，再开始运动，因此高聚物有稳定的电导。但当电场强度达到某一临界值（对不同的高聚物，其值不同），载流子从外加电场获得足够的能量，它们与高分子碰撞，使高分子链发生电离，可以激发出新的电子或离子，这些新生的载流子又再碰撞高分子，而产生更多的载流子，这一过程反复进行，载流子雪崩似的产生，以致电流急剧上升，最终导致高聚物材料击穿，这种击穿称为电击穿。高聚物中的杂质，在高电场作用下，也会电离成离子，并撞击高分子，发生类似现象。

均匀电场中电击穿场强，反映了高聚物耐电场作用的最大能力，它仅与高聚物的化学组成及性质有关，是材料的特征参数之一，即通常称之的耐电强度或电气强度。

与热击穿不同，电击穿通常发生在温度较低条件，而且电压作用时间也较短。它受环境温度影响较少，不像热击穿会受到电压种类、频率、绝缘结构、散热条件等的影响。

关于电击穿理论，以希波尔和弗罗利赫为代表。其基本思想是，在强电场作用下，固体导带中可能因场致发射和热发射，而存在一些导电电子，这些电子在外电场作用下被加速获得动能，同时在其运动中又与晶格振动相互作用而激发晶格振动，把电场能量传递给晶格，当这两个过程在一定的场强下平衡时，电介质有稳定电导。当电子从电场中获得到的能量大于损失给晶格振动的能量时，电子的动能越来越大，到电子能量大到一定值后，电子与晶格振动的相互作用便导致电离产生新的电子，自由电子数迅速增加，电导进入不稳定阶段，击穿开始发生。

根据击穿发生的判定条件不同，电击穿理论分为两大类：本征电击穿理论和电子崩击穿理论。按是否考虑电子间作用又分为单电子近似（忽略导电电子间作用，低温条件适用）和集合电子近似（考虑导电电子间作用，高温条件适用）。

① 本征电击穿理论：

本征电击穿理论以碰撞电离作为击穿的判据，又分为希波尔低能击穿判据 E_{bh} 和弗罗利赫高能击穿判据 E_{bf}。

希波尔低能击穿判据是由电场开始加速电子较少、能量较低的低能电子引起的，显然这一电场几乎能加速所有的电子，所以希波尔击穿判据是充分的，并非必要的，所得击穿强度 E_{bh} 要高。

弗罗利赫认为击穿是由电场开始加速电子较少，能量接近电离能的高能电子引起的，而能量接近电离能的电子几率未必足够大，因此弗罗利赫的击穿判据是必要的，但不充分，所得的击穿场强 E_{bf} 要低。故 $E_{bf} < E_{bh}$。

② 电子崩击穿理论：

电子崩击穿理论以碰撞电离后，电子数倍增加到一定数值，足以破坏介质结构作为击穿判据，又分为场致发射击穿和碰撞电离雪崩击穿。

场致发射击穿（齐纳击穿）：由于量子力学隧道效应，从价带到导带场致发射电子，引起电子崩。晶体结构破坏，击穿发生。

碰撞电离雪崩击穿（电子崩击穿）：导电中电子被外施电场加速到足够的动能后，发生碰撞电离。这一过程，在电场作用下，接连不断由阴极向阳极发展，形成电子崩，当这一区域达到某一临界值时，晶体结构破坏，击穿发生。

总之，电击穿易发生在电场集中处或较强处。在非均匀电场下，击穿点往往发生在边沿处，击穿只留下小小的斑点，一般还有辐射性的裂痕。其击穿特点如下：

ⅰ）电击穿与温度关系不大；

ⅱ）通常发生在低温区域；

ⅲ）与所加电压的时间、波形、材料本身的介质损耗对击穿场强影响不大；

ⅲ）与周围媒质的电性能有关。因为媒质直接影响电场边缘处的电场分布，电击穿与电场分布有关。

3）电化学击穿

电化学击穿是高聚物电介质在高压下长期作用后出现的。高电压的作用能在高聚物表面或缺陷、小孔处引起局部的空气碰撞电离，从而生成臭氧或氮的氧化物等，这些化合物都能使高聚物老化，引起电导的增加，直至击穿发生。

在高电压作用下，高聚物表面或内部缺陷小孔、气泡中的气体，因其介电强度（~3MV/m）比高聚物的介电强度（>20MV/m）低得多，首先发生击穿放电。放电时被电场加速的电子和离子轰击高聚物表面，可以直接破坏高分子结构，放电产生的热量也可能引起高分子的热降解，放电生成的臭氧和氮的氧化物将使高聚物氧化老化。特别是当高压电场是交变电场时，这种放电过程的频率成倍地随电场频率而增加，反复放电使高聚物所受的侵蚀不断加深，最后导致材料击穿。这种击穿造成的击穿通道的特征呈树枝状，又称树枝击穿。

4）电机械击穿

所谓电机械击穿，就是当电压升高，材料的厚度因电应力（麦克斯威尔力）的机械压缩作用而减少，致使高聚物绝缘电介质遭受机械破坏的过程。图 5-40 所示为电-机械击穿示意图。

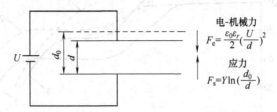

图 5-40　电-机械击穿示意图

通常，电极间的应力只能使试样受到一些压缩，其压力与高聚物产生抗力处于平衡状态。但当电压升高到一定程度使电应力达到一定值时，平衡状态被破坏，并因此发生电机械击穿，这时加在高聚物上的极限电压就是击穿电压。

设外加电压为 U，高聚物电介质的介电常数 ε，d_0 为高聚物的初始厚度，d 为压缩后的厚度，Y 为杨式模量。这时：

电应力：$F_e = \dfrac{1}{2}\varepsilon\left(\dfrac{U}{d}\right)^2$

形变产生的应力：$F_s = Y\ln\dfrac{d_0}{d}$

平衡时两力相等：$\dfrac{1}{2}\varepsilon\left(\dfrac{U}{d}\right)^2 = Y\ln\dfrac{d_0}{d}$

$$U^2 = \dfrac{2Y}{\varepsilon}d^2\ln\dfrac{d_0}{d}$$

对上式对 d 求导再令其等于 0，可求得最大的 U_b，可得击穿场强：

$$E_b = \dfrac{U_b}{d} = \left(\dfrac{Y}{\varepsilon}\right)^{\frac{1}{2}}\exp\left(-\dfrac{1}{2}\right)$$

由于杨氏模量 Y 随温度上升而下降$\left(\text{即}\dfrac{\partial Y}{\partial T} < 0\right)$，所以 E_b 也随温度上升而下降。所以，对高聚物介质，当温度处于较高及特别是接近软化点时，此时杨氏模量 Y 很小，最易发生电机械击穿。而当高聚物电介质处于一般温度时，因其较紧实，弹性模量较大，其他形式的击穿可能先于电机械击穿发生。

应当指出，高聚物的实际击穿，通常不是一种机理，可能是多种机理综合作用的结果。

2. 影响耐电性的因素

高聚物的击穿过程是一个很复杂的过程。它受高聚物材料的缺陷、杂质、成型加工的历史，以及试样的几何形状、环境条件、测试条件等多种因素的影响。

1）高聚物的化学和物理结构

由于高聚物击穿是一个很复杂过程，还存在许多未知因素，因此击穿与聚合物结构之间的关系至今还知道甚少。一般认为聚合物极性越大，可增加处于玻璃态高聚物的击穿场强。

例如在 – 195℃，聚乙烯的击穿场强为 680kV/mm，聚甲基丙烯酸甲酯的击穿强度为 1340kV/mm。如图 5-41 中，聚乙烯在不同物理状态其击穿场强明显不同。

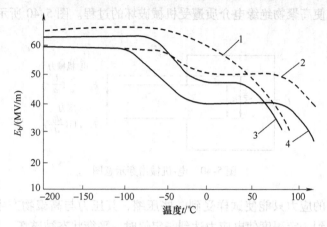

图 5-41　聚乙烯在玻璃化转化区域的 E_b 值
1—低密度聚乙烯的脉冲击穿场强　2—高密度聚乙烯的脉冲击穿场强
3—低密度聚乙烯的直流击穿场强　4—高密度聚乙烯的直流击穿场强

此外，高聚物的分子量、交联度、结晶度的增加也可增加击穿场强。但高聚物内部存在缺陷会随缺陷的增大而击穿场强明显下降。

高聚物中有目的加入的配合剂和杂质也影响高聚物的耐电性。一般来说，高聚物中加入增塑剂或吸潮（内增塑），会使 E_b 降低。固体填料，有些使耐电性提高，如在 PVC 树脂中加入煅烧陶土，在 30 份以下时，随填料加入量的增多，E_b 值因配方不同，可分别增加 23%～26%。但一些带有导电性填料如聚乙烯中即使加入不到 1 份的微粒石英粉，也会使聚乙烯的击穿场强下降 18%。一般来讲加入固体填料，对力学性能影响较大，对耐电强度影响不大，除非是导电性的填料。

2）温度的影响

一般来说，当高聚物处于较低温度时，击穿的主要形式是电击穿。随温度的升高，尽管电子的浓度增加，但是电子受到的散射作用加强，电子不易积聚能量，所以随温度的升高，击穿强度增加，即 $\partial E_b / \partial T > 0$。极性高聚物由于结构紧密，对电子的散射作用强，其击穿强度反而高于非极性高聚物。

当高聚物处于较高温度时，导电电子增加，电子间作用加强，使电击穿电压下降，同时其他形式的击穿如热击穿作用等也会凸现，温度越高，散热条件越差，热击穿电压就越低。因此，随温度的升高，击穿强度下降，即 $\partial E_b / \partial T < 0$。当温度高于高聚物黏流温度 T_f 时，击穿强度随温度的升高，迅速下降，这时击穿机理主要是热击穿和电-机械击穿，如图 5-42～图 5-44 所示。

3）电压作用时间

若外加电压作用时间很短（如 0.1s 以下）高聚物介质就被击穿，则这种击穿很可能是电击穿。如果电压作用时间较长，（几分钟到数十小时）才引起击穿，则热击穿往往是重要因素，有时两者很难分清。例如交流 1min 耐压试验中的试品击穿，则常常是电和热的双重作用。电压作用时间长达几十小时或几年才击穿，则大多属于电化学击穿。

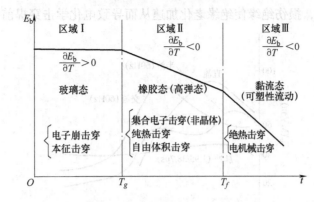

图 5-42　高聚物的结构与击穿

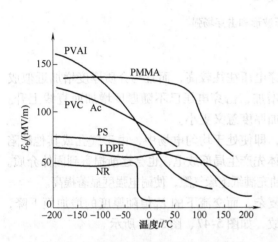

图 5-43　几种高聚物的 E_b 与温度的关系

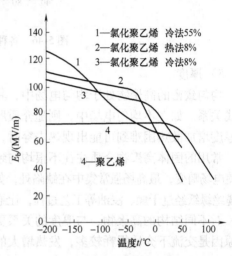

图 5-44　几种高聚物的 E_b 与温度的关系

随着加压时间延长，击穿场强降低。常用固体介质的工频电气强度与加压时间的关系如图 5-45 所示。

这种特性通常是由于局部放电引起的。如果施加电压到击穿为止所经历时间为 L，称耐电寿命，则 L 与外施电压 U 的关系可用下式为

$$L = k \sqrt[n]{U}$$

式中　n——电压老化系数；

　　　k——常数。

4）电压的种类

同一电介质（高聚物），在交流、直流或冲击电压下击穿电压往往不相同，E_b 有较复杂的变化，如图 5-46 所示。一般冲击击穿电压、直流击穿电压大于工频击穿电压。电频率越高、介损更大、局放更严重，致使介质更容易发生热击穿；或者由于局部放电引起

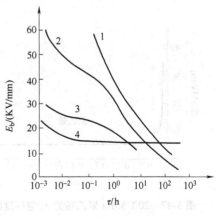

图 5-45　几种固体介质的工频电气强
度与加压时间的关系
1—聚乙烯　2—聚四氟乙烯
3—黄蜡布　4—硅有机玻璃云母带

的化学变化、发热等，损伤绝缘使绝缘老化加速从而导致电化学击穿提前到来。

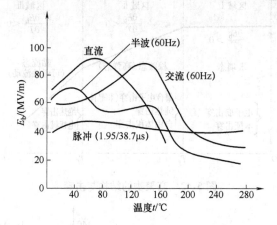

图 5-46　各种电压波形和击穿场强

5）厚度

均匀致密的高聚物处于均匀电场中，其击穿电压往往较高，而且与介质厚度增加近似成直线关系。如在不均匀电场中，则随介质厚度增加，击穿电压已不随厚度增加而直线上升。当厚度增加散热困难到可能出现热击穿时，增加厚度意义更小。

常用的固体高聚物介质往往不很均匀致密，即使处于均匀电场中，由于气孔或其他缺陷将使电场畸变，最高场强常集中在缺陷处，如气体先产生局部放电，也会逐渐损害到固体介质。电缆绝缘纸经过干燥、浸油等工艺过程，让绝缘油充满纸绝缘气隙，使耐电强度显著提高。

对不同结构的高聚物，与厚度的关系更为复杂。而交流下的 E_b 值随厚度的增加而下降，其原因是交流下介质损耗较多，发热增大的缘故，如图 5-47、图 5-48 所示。

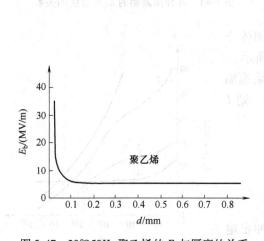

图 5-47　20℃ 50Hz 聚乙烯的 E_b 与厚度的关系

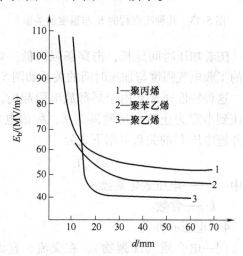

图 5-48　脉冲电压下塑料的 E_b 与厚度的关系

聚氯乙烯在直流、交流、脉冲电压下的 E_b 均随厚度增加而下降。当厚度为 1.5mm 时，E_b 下降特别显著。聚氯乙烯在交流和直流下 E_b 与厚度 d（0.25~1mm）有下列近似关系：

$$E_b = Ad^{-0.4}$$

式中 *A*——常数。

在均匀电场中，橡皮的 E_b 与厚度无关，而在不均匀的电场下，E_b 随厚度增加而降低。

实际上，大多数的高聚物的耐电强度在 $15 \sim 20 \text{kV/mm}$ 之间。总的来说，要使高聚物的击穿强度高，最重要的条件是结构紧密、高度均匀、没有杂质和气泡。结构紧密主要取决于高聚物的分子结构，而高聚物均匀性及没有杂质和气泡则取决于加工的情况。

5.4.5 静电现象

1. 高聚物的静电现象

当两种电性不同的物体相互接触和摩擦时，将会有电子的转移，并使一个物体带正电荷，另一个物体带负电荷，这种现象，称为静电现象。

对于具有优良导电性的金属，电荷极易漏失，不易有静电荷的积蓄；对于导电性极小的高聚物，不论任何原因产生的电荷，由于其漏导的速度小于产生电荷的速度，就引起电荷相当多的积蓄，故可以明显地看到静电现象。

高聚物的静电现象，在材料加工中，产品试验和使用过程中都有显现。因此研究高聚物的静电现象，具有重要的意义。

由试验得知，当两种物体相互接触和摩擦时，介电常数大的高聚物带正电，介电常数小的高聚物带负电。例如聚酰胺、纤维素等极性基较多的高聚物容易带正电，而聚四氟乙烯、聚乙烯等非极性高聚物容易带负电。

当两种物质摩擦时，总是排在表 5-11 中前面的物质带正电荷，排在后面的物质带负电荷。相同条件下，由摩擦产生的电量与物质在表中序列的差距有关，差距越大，摩擦产生的电荷越多，静电现象越显著。

表 5-11 高聚物的起电顺序

+																	−
聚氨酯	尼龙66	羊毛	蚕丝	粘纤	皮肤	纤维素（棉）	乙酸纤维素	聚甲基丙烯酸甲酯	聚乙烯醇缩甲醛	聚对苯二甲酸乙二酯	聚丙烯腈	聚氯乙烯	聚碳酸酯	聚氯醚	聚偏三氯乙烯	聚苯醚	聚苯乙烯　聚丙烯　聚四氟乙烯

高聚物的吸水性对静电荷的积蓄有很大的影响，这是因为水是导体。如果高聚物表面吸附一层水分子后，将容易使电荷漏失，积蓄的电荷明显减少。

2. 静电荷的危害及防止

一般说来，静电作用在高聚物的加工和使用过程中是一个不利因素，也就是危害。其表现如下：

① 表面电荷能引起材料某一部分相互排斥或吸引作用，给一些加工工艺带来困难，影响生产和质量。

② 静电作用容易使高聚物材料表面因吸尘而污染，难于擦洗干净，这就会影响产品的质量和外观。

③ 严重时，可能影响人或设备的安全。

可见，清除静电现象，确实是高聚物加工和使用中一个重要的实际问题。

防止静电，除了采用静电清除器，接地和调整环境湿度等方法外，主要使用简单方便且有效的抗静电剂。抗静电剂多是亲水的表面活性剂。其结构特点是分子的一端带有亲水性基团，另一端带有疏水基团，当其处于高聚物表面时，其疏水基团朝向高聚物内，亲水基团朝向高聚物的表面，所以抗静剂的作用原理是在高聚物材料表面形成一层导电膜，使高聚物的导电性提高，以便静电荷迅速的流失，避免积蓄，因而起到防止静电作用。抗静电剂按结构可分为阳离子型、阴离子型、两性离子型和高分子型，按使用方法可分为外用和内用型两种。

外用型抗静电剂涂覆于高聚物表面，而内用型高聚物混于高聚物之中，后者效果好、时间长，具有一定的永久性，一般高聚物多采用内用型抗静电剂。

对抗静电剂的要求有如下几点：

① 亲水性强，能吸附空气中的水分，迅速在高聚物表面形成导电膜，清除静电效果好，但不应过多影响高聚物的导电性；

② 与高聚物有良好的相容性；

③ 稳定性好；

④ 无毒、无害、无臭；

⑤ 不影响高聚物的基本使用性能。

在聚乙烯、聚丙烯、聚四氟乙烯中加入抗静电剂其静电荷将急剧下降。

此外，有些高聚物会呈现压电效应，主要是结晶型高聚物或高聚物驻极体。常见如聚偏二氯乙烯、聚四氟乙烯、聚氟乙烯、聚乙烯。高聚物在力场作用下，因发生变形而发生极化，或在高聚物上加电场，试样发生相应变化，同时产生应力的压电性，前者称正压电性，后者称负电压电性。所谓驻极体，就是高聚物介质置于高电场中极化，随即冻结极化电荷，可获得静电持久极化。如果再升高温度，高聚物中已极化的偶极子和杂质离子会由于热运动趋于杂乱无章，而表现出所谓热释电性。而且，高聚物也会表现塞贝克效应。

5.5　耐油耐湿性

高分子材料在与矿物油和各种溶剂接触时，由于热运动的原因，在溶剂分子和高分子间力的作用下，使高分子受到溶胀和部分溶解，从而降低了高分子材料的性能。高分子材料抵抗油和溶剂分子的溶胀和溶解，而保持其使用性能的能力称为耐油性，有时也称耐溶剂性。

耐油性对于飞机、汽车、舰船及石油探测、油矿电缆、电机引接线等都是非常重要的。

5.5.1　无定形态高聚物的溶解性

高聚物分子链很长，分子间力大，而溶剂（或油）分子的分子量小，分子间力小，因此溶剂分子的运动性远比高聚物的运动性发达。当高聚物放入溶剂中时，溶剂分子进入高聚物的速度大于高分子向溶剂扩散的速度，因此总是溶剂分子先向高聚物内部扩散渗入高聚物内，而高聚物由于高分子链段的运动性，通过链段运动，挪出空位给溶剂分子，高聚物发生变形，这样的结果使高聚物的体积增大，这一现象称为溶胀。由于溶胀的发生，溶剂分子占据了高分子链间的空隙，高分子之间距离增大，作用力减少，溶剂分子不断渗入高聚物，高聚物的体积不断增大，最后大分子被分散成单相的溶液，高分子呈自由分子溶解在溶剂中。如天然橡胶溶在汽油中。但若溶剂量小，则所有溶剂均被吸入高聚物而保持着膨胀状态。因此溶胀是溶解的中间阶段。

对交联高聚物在溶剂中溶解，只能停留在中间阶段，即只发生有限溶胀，因由溶剂分子渗入高聚物，使网型结构网链逐渐拉长，发生高弹变形，同时产生内应力（回弹力）阻止溶剂分子的渗入。当渗透的压力等于网的应力时，达到溶胀平衡。显然，平衡时高聚物的溶胀体积与网型结构的交联密度有关。因此，可以根据测定溶胀的体积，来判断交联程度。

5.5.2　晶态高聚物的溶解性

由于晶态高聚物分子排列规整，堆砌紧密，分子间作用力大，使溶剂分子的渗入比较困难，因此只有当温度接近他们的熔点时，待晶相熔融后，才容易溶解。如结晶的聚乙烯在室温下不溶于一切溶剂，只有加热才行。

应当指出，高聚物往往存在结晶不完全的现象，其结构中常有无定形区，因此在结晶区溶解之前，可能有非晶区的溶胀，但在未破坏晶格之前只能溶胀不能溶解。

5.5.3　高聚物的溶解热力学

高分子材料在油或溶剂中的溶胀和溶解过程，可以看作是两种物体的简单混合过程，但时间较长。高聚物在溶剂中溶解与溶胀理论，不仅可以解决耐油性、耐溶剂性的问题，而且对于研究高分子的形态、分子量、分子量分布，研究某些高聚物的加工如漆包线漆、绝缘漆、粘结剂以及高聚物的增塑、共混、化学改性等都具有指导意义。

溶解过程是溶质分子与溶剂分子相互混合的过程，在恒温恒压下，这种过程自发进行的必要条件是 Gibbs（吉布斯）函数的变化 $\Delta G < 0$ 即

$$\Delta G = \Delta H - T\Delta S < 0$$

式中　T——溶解时的温度；

　　　ΔS——混合熵，即高聚物和溶剂混合时熵的变化。

在溶解过程中，分子的排列趋于混乱，熵的增加，即 $\Delta S > 0$，因此 ΔG 的正负取决于混合热 ΔH 的正负和大小。

对于极性高聚物在极性溶剂中，由于高分子与溶剂分子的强烈相互作用，溶解时放热（$\Delta H < 0$），使体系的自由能降低（$\Delta G < 0$），所以溶解过程是自发进行的。

对于非极性高聚物，溶解过程一般是吸热的（$\Delta H > 0$），故只有在 $\Delta H < T\Delta S$ 时，才能满足 $\Delta G < 0$ 的溶解条件。也就是说升高温度或减少混合热 ΔH 才能使体系溶解。

对于非极性高聚物与溶剂互相混合时的混合热 ΔH 可采用下列公式计算：

$$\Delta H = V_{\mathrm{m}} \left[\left(\frac{\Delta E_1}{V_1} \right)^{\frac{1}{2}} - \left(\frac{\Delta E_2}{V_2} \right)^{\frac{1}{2}} \right]^2 \alpha_1 \alpha_2$$

式中　V_{m}——混合体系的总体积；

ΔE_1、ΔE_2——高聚物与溶剂的蒸发热能；

　V_1、V_2——高聚物与溶剂的摩尔体积；

　α_1、α_2——高聚物与溶剂的体积分数。

$\Delta E/V$ 是在零压力下单位体积的液体变为气体的汽化能，称为内聚能密度。如果将内聚能密度的平方根用一符号 δ 来表示，即

$$\delta = \left(\frac{\Delta E}{V}\right)^{1/2}$$

则上式可写成：

$$\Delta H = V_{\mathrm{m}}\,[\delta - \delta]^2\,\alpha_1\alpha_2$$

如果 δ 愈接近，则 ΔH 愈小，两种物质愈能相互溶解，因此 δ 称作溶度参数。

根据各种溶剂的蒸发热和沸点，可得到各种溶剂的内聚能密度和溶度参数。聚合物的溶度参数，是根据各种溶剂造成的溶胀比较获得的。通常把聚合物的溶度参数近似的当做与造成最大溶胀的那个溶剂的溶度参数相同。对于各种聚合物，有一系列溶剂可以造成溶胀、完全溶解，这可以当作是聚合物的内聚能密度范围。

5.5.4　耐油性

利用溶度参数的概念，可以分析各种橡胶对矿物油的稳定性。如脂肪族化合物（油）具有非极性的结构，溶度参数 δ 较低（见表5-12），而具有极性结构的丁晴橡胶、氯丁橡胶具有较高的 δ 值，橡胶与油的 δ 相差较大，所以丁腈橡胶、氯丁橡胶耐油性很好。而且，对丁腈橡胶随着丙烯腈含量的增加，δ 值增大，与油的 δ 相差更大，因而其耐油性随丙烯腈含量的增加有更大的耐油性。芳香族溶剂的 δ 值，与很多橡胶的 δ 值接近，因此要选用耐芳香族溶剂的橡胶材料就比较困难。

表 5-12　溶剂和聚合物的溶度参数

溶　剂	$\delta/(\mathrm{J/cm^3})^{1/2}$	聚　合　物	$\delta/(\mathrm{J/cm^3})^{1/2}$
碳氟化合物（脂肪族的）	11.5 ~ 12.5	聚四氟乙烯	12.5
碳氢化合物（脂肪族的）	12.1 ~ 16.2	丁基橡胶	15.2
异辛烷	13.7	聚乙烯	15.8-17.1
三氯甲烷	19.0	聚丙烯	16.8-18.8
芳族汽油	16.6	聚氯乙烯	19.2-22.1
酯	16.6 ~ 19.8	丁苯橡胶	16.4
苯	18.4	硅橡胶	16.6
甲苯	18.0	天然橡胶	16.8
乙醇	26.1	丁腈橡胶（21%丙烯腈）	19.2
水	48.3	氯丁橡胶	18.6
二氧杂环已烷	20.2	氟橡胶	18.6
丙烯腈	21.2	丁腈橡胶（35%丙烯腈）	19.8
吡啶	21.6	尼龙-66	27.8
丙酮	19.8	聚对苯＝甲酸乙＝酯	19.9 ~ 21.9

弹性材料在芳香汽油中浸24h后的溶胀数据如图5-49所示。由图5-49可知，天然橡胶比氯丁橡胶和丁腈橡胶有大得多的溶胀百分数，因此其耐油性更差。而硅橡胶较天然橡胶在耐油及耐溶剂方面更为优良，这是由于它们的化学结构不同所决定的。图中也说明氟橡胶在耐油和耐酯等某些溶剂中比天然橡胶和硅橡胶更为优良。

综上所述，为了限制高分子材料的溶胀，提高耐油性和耐溶剂性，就要求高分子材料与油及溶剂的 δ 值有较大的差距。对于一个耐油、耐溶剂的材料，可以有以下几种选择。

① 选择高聚物比溶剂更大的溶度参数 $\delta_1 \gg \delta_2$；

② 选择比溶剂有更小溶度参数 $\delta_1 \ll \delta_2$；

③ 高度交联。

从上分析可见，材料的耐油性，如果不是针对一定的油而言，则是毫无意义的。一个耐油性的材料，可能在一种双酯类的溶剂中大大溶胀。

电缆生产中用浸油后力学性能的变化来确定耐油性的大小。即在规定的油中，在一定的温度下，高分子绝缘和护套材料浸入一定的时间后，测出其浸油前后的拉伸强度或断裂伸长率的比值，称耐油系数。

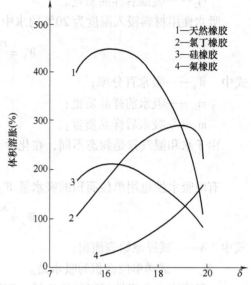

图 5-49　橡胶在不同溶剂中的溶胀曲线

$$\text{耐油系数：} Y_1 = \frac{\text{浸油后的拉伸强度}}{\text{浸油前的拉伸强度}} = \frac{\sigma_2}{\sigma_1}$$

$$\text{耐油系数：} Y_2 = \frac{\text{浸油后的伸长率}}{\text{浸油前的伸长率}} = \frac{\delta_2}{\delta_1}$$

5.5.5　耐湿性

空气中含有湿气，是不可避免的自然现象，即使在寒冷干燥的北方，空气中还是有相当湿度的，至于南方的潮湿地带，其情形就更严重。电线电缆不论埋在地下，敷设水中，或在空气中，都会接触到潮气或水，水可看做一种最常见的溶剂。

水或潮气，可使某些高分子材料发生水解，不仅降低材料强度和硬度，而且水分被高分子材料吸附、吸收和扩散，可使电性能严重恶化；表面电阻、体积电阻和击穿场强下降，使介电常数、介质损耗增加，导致材料寿命缩短。对于在湿度较大和水下工作的电缆，以往都是采用金属护套来防潮，如铅护套，具有完全不透湿性，但如果护套的连续性受到破坏，潮气就会进入，同时由于金属护套重量大，易产生电化学腐蚀，耐振性差及经济方面等原因。因此，在一些耐湿性要求不十分苛刻领域，较多采用高分子材料作绝缘和护套材料，研究其耐湿性是十分必要的。

耐湿性是材料在相对湿度很高或浸水的情况下，保持使用性能的能力。它与材料的吸湿性和透湿性相关。

1. 吸湿性、吸水性

吸湿性用材料在相对湿度为 100%，温度为 20℃ 的环境中，材料吸湿达到平衡时的吸湿百分率 W_a，即

$$W_a = \frac{m_2 - m_1}{m_1} \times 100\%$$

式中　W_a——吸湿百分率；

m_1——吸湿前样品质量；

m_2——吸湿后样品质量。

吸水性用材料浸入温度为20℃的水中，吸水达到平衡时的吸湿百分率 W_b，即

$$W_b = \frac{m_2 - m_1}{m_1} \times 100\%$$

式中　W_b——吸水百分率；

m_1——吸水前样品质量；

m_2——吸水后样品质量。

由于水和湿气只是物态不同，在化学上两者是相同的，在吸湿达到平衡时：

$$W_a = W_b$$

有时吸水性也用单位面积的吸水量 W_s 来表示：

$$W_s = \frac{m_2 - m_1}{A} \times 100\%$$

式中　A——试样原始表面积；

W_s——试样单位面积的吸水量。

一般来讲，非极性材料如聚乙烯、石蜡的吸湿性很低，而多孔和具有毛细管结构的亲水性材料如纸，吸湿性较强。

图 5-50 中的曲线为典型的动力学吸收曲线，它表示 1cm³ 材料吸水量与时间的关系。按照吸水性，可以把材料分成以下 4 种：

1）非极性或弱极性材料的吸收：如聚乙烯、聚苯乙烯、聚四氟乙烯的吸水特性符合亨利定律：

$$C = hp$$

式中　C——吸水量（g/cm³）；

p——水的蒸汽压（Pa）；

h——溶解系数（g/cm³·Pa）。

溶解系数 h 也称溶水系数，表示高分子材料吸收水分的过程，它是在单位压力时，溶解在单位体积材料中的水量。它即与高聚物结构紧密程度有关，也与高聚物分子是否有亲水性有关。

2）极性材料的吸收：如纤维素酯的吸水特性可表示为

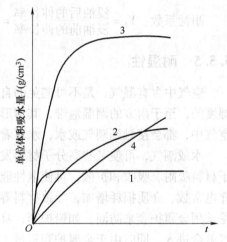

图 5-50　典型的吸收曲线
1—非极性及弱极性材料　2—极性材料
3—极性的多孔材料　4—具有渗透吸湿作用的材料

$$C = hp^n$$

式中　n——小于 1 的常数，与材料本性有关。

3）纤维材料的吸收：如纸一类，分子内含 OH^-、NH^{2-} 吸湿量大；

4）某些聚氯乙烯塑料和某些橡皮的吸收类型，因其含有各种配合剂，配合剂中含有水溶性盐类。

应当指出，材料吸湿后，对性能的影响，不仅与吸水量有关，而且与水在材料表面或内部的分布有关。若水分子不是连成一片或连成一条通道，则影响较轻。反之，则性能特别是

电性能严重恶化。因而，不同材料，若含水量相同，但其后果可不大相同，如纸与橡胶，同样吸水量性能差别特别大。水分在材料中能否连成一片，取决于水在材料表面水滴的润湿角，若润湿角越小，则润湿现象越严重，对性能的恶化越严重。

2. 透湿性、透水性

透湿性是指潮气透过材料的性能；透水性是水分透过材料的性能。二者实质是一致的。材料的透湿性在某些场合往往比吸湿性更为重要，如护层材料。因为若要保证绝缘材料不受潮气的侵入，就要有不透气的护层材料，所以对护层材料透湿性更为重要。

当高聚物材料两侧湿气压力（或水的浓度）不同时，水分子会穿过高分子材料，从压力大（或浓度高）的一侧，向压力小（或浓度小）的一侧扩散，最后水分子逸出，为湿气（或水）透过的过程（见图 5-51）。

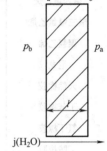

图 5-51　透湿过程

水或湿气要透过高聚物，水分子首先溶解在由于链段热运动所形成的空隙中，而后发生扩散与透过，因此可以说，水在高聚物的透过性，主要取决于水分子在高聚物中的溶解能力和扩散能力。

水在高聚物内稳定扩散时，扩散速度 q 与浓度梯度成正比，即菲克定律，可表示为

$$q = D \frac{C_a - C_b}{l}$$

D 为扩散系数，它表示水分子在高分子材料中扩散过程中，它是在单位面积，单位时间，在单位浓度梯度下，扩散的水量，单位（m^2/s）。它与高聚物结构紧密程度有关。

如图 5-51 所示，当高聚物内水的浓度很低且稳定，水的扩散系数 D 不依赖浓度而变化时，水分子在时间 t 内稳定透过面积为 A，厚度为 l 的水量 Q，符合菲克定律：

水分子的透过量 Q：

$$Q = D \frac{C_a - C_b}{l} At \qquad C_a、C_b——高聚物两侧水浓度。$$

根据亨利定律 $C = hP$，高聚物侧面内水分子浓度 C 与相应水气平衡压力 p 成正比：

$$Q = D \frac{hp_a - hp_b}{l} At = Dh \frac{\Delta p}{l} At$$

式中　$p_a、p_b$——高聚物两侧的水的蒸气压。

令 $Dh = P$，P 称为透湿系数，则

$$P = \frac{Ql}{At\Delta p}$$

显然，透湿系数是在单位面积、单位时间，在单位蒸汽压差作用下，透过单位厚度的水量。单位（$g/m \cdot s \cdot Pa$），它表示水分子透过材料的过程，与水的溶解和扩散都有关的参数。

溶解系数 h、扩散系数 D、透湿系数 P 均称为高分子材料耐湿的特征系数，它们可以用来表示材料的耐湿特性。

部分高聚物的耐湿特征系数见表 5-13。从表中可见，非极性的高聚物比极性的高聚物耐湿性好；塑料比橡胶的耐湿性好；但更重要的是要结构紧密，耐湿性才好。如从聚三氟氯乙烯的特征指标看，尽管聚三氟氯乙烯是极性高聚物，但其 D、h 都小，这与实验结果：水分

对其电性能影响极小是一致的。

表 5-13　部分高聚物的耐湿特征系数

聚 合 物	耐 湿 特 征 系 数		
	$P/(\mathrm{g \cdot m \cdot s \cdot Pa} \times 10^{-8})$	$D/(\mathrm{m^2/s} \times 10^{-13})$	$h/(\mathrm{g/m^3 \cdot Pa})$
聚乙烯	6.3	6.4	0.98
聚苯乙烯	42	340	0.13
聚四氟乙烯	0.97	8.4	0.12
聚三氟氯乙烯	0.13	1.7	0.075
聚氯乙烯	27	6.2	4.2
尼龙	4.2	8.4	0.47
天然橡胶	25	11	2.3
丁苯橡胶	63	5.9	11
氯丁橡胶	55	3.6	15
丁腈橡胶	84	28	3
硅橡胶	420	84	6

耐湿特性参数对高聚物性能的影响比较复杂。如溶解常数 h 对高聚物电性能的影响，有时其吸重和电性能并不存在一定的比例关系。如表 5-13 所示，聚苯乙烯的溶解常数远小于聚乙烯，但从吸湿后的 $\mathrm{tg}\delta$ 看，聚乙烯为 0.0009 反而远小于聚苯乙烯（0.0062）。如果从扩散系数看，则聚苯乙烯远大于聚乙烯，这是由于聚苯乙烯中有大的苯基存在，使结构松散、分子间距大，所以水分子在其中扩散容易，但吸收的很少。由于水分子在扩散过程中参与了聚苯乙烯的松弛过程，所以 $\mathrm{tg}\delta$ 大大增加。由此可见判断绝缘高聚物的耐湿性除了溶水系数外，还要考虑扩散系数。

用作电缆护套使用的高分子材料，评定其耐湿性也应是指其抗拒水分或湿气透过的能力的透湿系数 P，而非溶水系数 h。

综上所述，任何一种材料的耐湿性指标，根据不同的场合，都可用透湿系数 P，扩散系数 D，溶水系数 h 三个特征常数表示。而它们之间存在着 $P = h \times D$ 关系。三个特征系数大小取决于高聚物的紧密程度和化学结构。随着温度上升，P、D 的值都增大，而且对于高聚物，它们增大的程度也不同。但 h 的值，对于不同的高聚物可能增加，也可能减少。它与高聚物结构紧密程度、高聚物分子是否有亲水性有关。

必须指出，增加护套厚度只能减缓透水速度，而不能对电缆内部绝缘防潮有长期效果，既不能改变该聚合物护套的基本防潮特性。增加浸水温度可加快透水速率，延长浸水时间，可使透水量增多。目前可作护套的橡皮和塑料尚不能做到完全不透水，为此对防潮要求较高的电缆采用了综合护套。

5.6　熔体性能

聚合物的加工成型一般都是在黏流态下进行的。常用的聚合物在 100～300℃ 之间就可转变为黏流态，这比一般金属、无机材料需要上千度才能熔融流动，无疑给加工带来很多方便。为了正确、有效地进行聚合物的成型加工，就必须了解聚合物在不同温度和压力下黏流行为，从而根据不同的材料，选择不同的加工方法和加工温度。本节讨论高聚物熔体的黏流性。

工艺性能和材料的其他性能一样重要，一种优良的材料如无法加工成型或者加工困难，都将影响材料的应用。

5.6.1　流体的流动性

流体的流动性常用黏度来表征，黏度是液体分子间的内摩擦力的宏观量度。如图 5-52、图 5-53 所示，为面积为 A，相距 R 的平行板，板间充以某液体，在上板施加一个推力 F，使其产生一个速度 V，由于液体的黏性，将此力层层传递，层层液体也相应流动，形成一速度梯度 dv/dr，称为剪切速率用 $\dot{\gamma}$ 表示；而 F/A 称为剪切应力，用 τ 表示。剪切应力越大，剪切速率越大。剪切应力与剪切速度关系可用下式表示：

$$\frac{F}{A} = \eta \frac{dv}{dr} \text{ 或 } \tau = \eta \dot{\gamma}$$

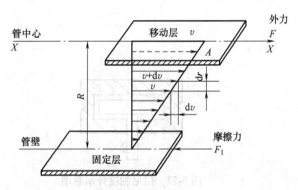

图 5-52　黏度的定义

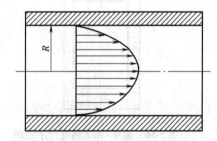

图 5-53　圆管中流动液体的速度分布

式中的比例系数 η（$\eta = \dfrac{\tau}{\dot{\gamma}}$）称为液体的剪切黏度（简称黏度），在国际单位制中是牛顿·秒/米²，即帕斯卡·秒。对于大多数低分子液体或高分子稀溶液，比例系数 η 是与 $\dot{\gamma}$ 无关的常数，这类液体，称为牛顿流体，上式也称为牛顿流体公式。

测定黏度有各种方法和仪器，适用于不同性质的流体和黏度范围。黏度计的结构和几何形状应便于计算剪切应力和剪切速度。现简单介绍以下三种。

1. 落球黏度计

落球黏度计是最简单的黏度计，可测量极低剪切速率下的黏度。由落球的尺寸、质量和在液体中下落速度计算黏度。适合于黏度较高的牛顿流体。

2. 毛细管黏度计

主要结构为一毛细管，使流体借自重或外加压力下，使流体流过毛细管。由流体的自重或外加压力和流量来计算黏度。属此类黏度计的有奥式黏度计、乌式黏度计及测定塑料熔体熔融指数的熔体流动测定仪，如图 5-54、图 5-55 所示。

3. 旋转式黏度计

主要结构为盛液体的部件及放入液体的转动部件，液体充在两部件之间而受到剪切。由转动部件的旋转速度计算剪切速度，而由带动转子的马达功率来计算剪切应力。这种类型黏度计最大特点是可以很方便地通过改变转子速度，改变剪切速率，特别适合非牛顿流体黏度的测定，如图 5-56、图 5-57 所示。

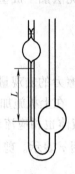

图 5-54　奥氏黏度计示意图

图 5-55　流动速率测定仪

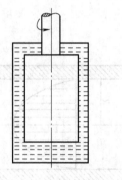

图 5-56　悬垂-杯式黏度计示意图

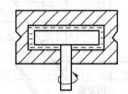

图 5-57　门尼黏度计示意图

5.6.2　牛顿流体与非牛顿流体

假定在不同剪切应力下，其与剪切速率的比值是一常数或者剪切应力与剪切速率成正比的流体称为牛顿流体，即

$$\eta = \frac{\tau}{\gamma}$$

式中　η——常数。

故上式也称牛顿定律。

对比弹性固体：弹性模量为

$$E = \frac{\sigma}{\varepsilon}$$

式中　σ——抗张应力；

　　　ε——抗张应变。

这两个式子在形式上类似，但在应变的发展上情况不一样。当 η 和 E 在给定温度下都是恒定时，一定应力将使弹性固体产生一恒定的形变；而牛顿流体产生一恒定剪切速率，这表示它的剪切应变（流动）将无限制地随时间而发展。

以剪切应力 τ 对剪切速率 $\dot{\gamma}$ 的作图，得到曲线称为流动曲线。牛顿流体的流动曲线是一条直线（见图 5-58）。实践表明，大部分的低分子液体或溶液，以及高分子的稀溶液的流动，都遵守牛顿定律。但聚合物熔体的流动规律明显地偏离该公式，称为非牛顿流体。它的黏度随剪切速率而变化，但变化的情况是多种多样的；非牛顿流体大致可分为以下几种：

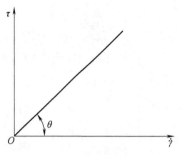

图 5-58　牛顿流体的流动曲线

1）假塑流体

大多数聚合物熔体和浓溶液属于假塑性流体，其黏度随剪切速率的增加而减少，即所谓的剪切变稀，该流动曲线如图 5-59 中曲线 2 所示。

2）胀塑性流体

与假塑性流体相反，它的黏度随着剪切速率的增大，黏度增高，即发生剪切变稠。这类流体比较少见。如高分子凝胶，各种分散体系和高聚物填料体系，该流动曲线如图 5-59 中曲线 3 所示。

3）宾汗流体

其在受到的剪切应力小于某一临界值 τ_y 时，不发生流动，而超过该值时，可像牛顿流体一样流动。一些膏状物如牙膏、油脂等属于这一类；涂料特别需要这一特征，该流动曲线如图 5-59 中曲线 4 所示。

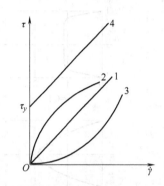

图 5-59　几种流体的流动曲线
1—牛顿流体　2—假塑性流体
3—胀塑性流体　4—宾汉流体

此外，还有一些非牛顿流体的黏度与时间有关，如在恒定剪切应力下，黏度随时间增加而降低的触变体。

假塑性流体和胀塑性流体的剪切应力与剪切速率的关系一般用指数关系来描述：

$$\tau = K\,\dot{\gamma}^{\,n}$$

上式称幂率公式，其中 K 是常数，n 表征偏离牛顿流体的流动程度的指数，称为非牛顿指数。对假塑性流体 $n<1$，而胀塑性流体 $n>1$；牛顿流体可看成 $n=1$ 的特殊情况，此时 $K=\eta$。

显然，对于非牛顿流体，其黏度（剪切应力与剪切速率比值），已不再是常数，一般将剪切应力与剪切速率的比值称为非牛顿流体的表观黏度 η_a：

$$\eta_a = \frac{\tau}{\dot{\gamma}} = K\,\dot{\gamma}^{\,n-1}$$

此外，还有用零切速率黏度表示，记作 η_0，即剪切速率趋于零时的黏度，$\eta_0 = \lim\limits_{\dot{\gamma}\to 0}\eta$；

另外，还有微分黏度 $\eta_c = \dfrac{\mathrm{d}\tau}{\mathrm{d}\dot{\gamma}}$，也称为稠度。

上述三种黏度均可以从流动曲线上求出（见图 5-60）。一般来说，表观黏度作为对流动性好坏的相对指标还是很适用的。表观黏度大则流动性小，表观黏度小则流动性大。

不同的流体，在管中流动的情况是不同的，图 5-61 中给出了圆管中流体流动速率的侧形；可以看到牛顿流体为抛物线形；管中越靠近管壁处，所受的剪切越大。胀塑性流体侧形为一尖突抛物线状；而假塑性流体则呈平钝状，边壁处的速率梯度呈更陡的形状。

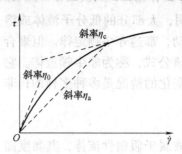

图5-60　几种黏度的定义示意图

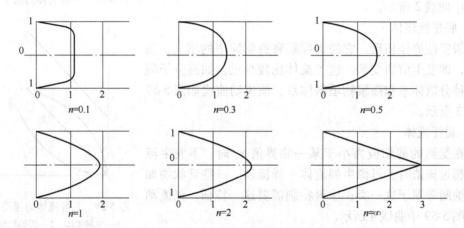

图5-61　n值不同时圆管中流动液体的速度分布

5.6.3　聚合物的流动态和流动机理

有些高聚物得不到流动态，如网状高聚物，甚至一些线性的高分子聚合物由于发生化学分解的温度低于物料熔融温度，或者由于分子量过大或分子刚性过强而得不到流动态。但对大多数高聚物如热塑性材料，总有这样的温度范围，此时聚合物尚未分解，而链的运动已足够强以致能实现分子间明显的相对位移，这就是物料熔融达到了能流动的状态称为流动态。通常利用流动态对高聚物进行加工，因此了解熔体性质和流动行为对生产工艺的制定有重要的意义。

低分子液体的流动，可以用简单的模型来说明。低分子液体中存在着许多与分子直径相当的空穴。当没有外力存在时，由于分子的热运动，空穴周围的分子向各个方向空穴跃迁的几率是相同的，这时空穴与分子不断交换位置的结果只是分子无规扩散运动。由于外力的存在使分子沿作用力方向跃迁的几率比其他方向大。分子向前跃迁后，原来分子占有的位置成了新的空穴，又让后面的分子向前跃迁。分子在外力方向上从优跃迁，使分子通过分子间的空穴相继向某一方向移动，实现液体的宏观流动。因此，可以把流动看成空穴与分子交换位置的过程。

当分子能够跃迁并发生流动时，首先要获得一定能量，以克服周围分子对它的相互作用，才能跃迁到相邻的空穴上去。这种能量称为流动活化能 E_η。当温度升高，产生的空穴增大，流动阻力变小，液体的黏度与温度关系符合阿伦尼乌斯定律：

$$\eta = Ae^{\frac{E_\eta}{RT}}$$

式中　A——常数；

　　　R——气体常数；

　　　T——绝对温度。

　　将上式取对数，并以 $\log\eta \sim 1/T$ 作图，应为一直线，由直线的斜率可求得流动的活化能 E_η。

　　对同系烷烃，考察其 E_η 与链长的关系，得出了图 5-62 所示曲线。该图表明，在碳链还不长时，E_η 随碳链的增长而增大。与此相似，测定不同分子链的聚合物 E_η 时发现，只要聚合物聚合度超过一定值以后，E_η 也与分子量无关。

　　根据以上实验结果，可以认为，大分子在进行流动时，不像小分子那样，以一个分子为跃迁单位，而是通过链段的相继跳迁来实现的，形象地说，这种流动类似于蚯蚓的蠕动。因此这个流动并不需要整个大分子链那样分子的空穴，而只要如链段大小的空穴就可以了，这对不同高聚物，空穴大小不同，这里链段称为流动单元。因而它的活化能与分子量无关。

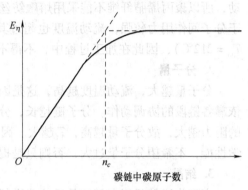

图 5-62　直链烷烃的 E_η 与其链长的关系

　　但上面讨论聚合物的流动活化能，没有考虑温度的影响。当温度较高时（$> T_g + 100℃$），E_η 值基本恒定。但当温度较低时（$< T_g + 100℃$）时，E_η 值而是随温度下降而急剧增大。这是因为，当链段试图跃迁时，有两个因素需要考虑：① 链段的迁移能力如何，即它能否克服势垒；② 是否存在可以接纳它的空穴。当温度较高时，由于物料的内部自由体积很大，后一因素的是容易获得的。因此跃迁速率仅决定于前一因素，这与一般过程相同，E_η 为恒值；当温度较低时，由于自由体积减少，后一因素难以保证，从而妨碍了链段的跃迁，造成跃迁能垒的增高，使 E_η 随温度下降而增大。因此，对在不同的温度范围，聚合物的流动活化能是不同的。

　　一般来讲，柔性的高分子，其 E_η 较小，如聚乙烯。而刚性的分子 E_η 较大，如聚 α-甲基苯乙烯。

表 5-14　一些高聚物的流动活化能

高聚物	高密度聚乙烯	低密度聚乙烯	聚丙烯	聚苯乙烯	聚氯乙烯	聚酰胺-6	聚对苯二甲酸乙二酯	丁苯橡胶	天然橡胶
E_η/（kJ/mol）	27~29	46~71	37~41	95~104	147~168	63.9	79.2	13	1.05

5.6.4　影响流动温度 T_f 的因素

　　高聚物能够发生整个分子位移的最低温度，称流动温度，通常记作 T_f。它不仅与高聚物本身的物理化学结构有关，也与外界条件有关。

1. 分子结构的影响

凡能提高分子链的柔性的因素均使流动温度 T_f 下降。因为分子链越柔顺，其链段流动单元越短，所需的空穴越小，流动活化能越低，因而 T_f 越低。同时，黏性流动使分子之间改变相对位置，分子之间作用力大时，则必须在较高的温度下，才能克服分子之间的相互作用，以实现相对位移即流动，因此极性较强的大分子，必将有较高的流动温度。例如聚丙烯腈，由于分子间的作用力过强，以致它的流动温度远在其分解温度以上，实际上不可能实现流动，所以聚丙烯腈纤维不能采用熔融纺丝法，只能采用溶液法纺丝法。又如，聚氯乙烯也由于分子间作用力较强，流动温度也超过其分解温度（$T_f = 180℃$，$T_d = 140℃$，$T_{加速d} = 170℃$，$T_m = 212℃$），因此在加工过程中，不得不依靠足够的稳定剂以提高其分解温度。

2. 分子量

分子量越大，流动温度越高，这是因为分子链的移动虽然通过分段位移实现的，但必须依靠各链段的协调动作。分子链越长，分子链本身的热运动阻碍整个分子向同一个方向运动的阻力越大，故分子量越高，T_f 越大。因此，从加工成型的角度，只要分子量能保证各项力学性能，不希望分子量过大，否则只是提高流动温度，而对产品本身质量并无好处。

3. 结晶

高聚物流动只能在解结晶后才能进行。结晶增大分子间的作用力，使黏流温度提高，结晶度越高，结晶体越完善，黏流温度就越高。

4. 外力

增大外力可以促进分子链的重心有效地发生位移，实质上，增大外力能更多地抵消分子链沿与外力相反方向的热运动，提高链段沿外力方向向前跃进的几率。因此，当有较大外力时，在较低的温度下，聚合物可发生流动。在实际生产中经常采用这一原则。例如，聚碳酸酯等是比较刚性的分子，它们的黏流温度较高，一般也采用较大的注射压力来降低黏流温度，以便于成型。

延长外力作用时间，同样能促进分子链的重心位移，使流动温度降低。生胶的冷流现象，实际上就是靠物料自身重量的作用，在长时间内分子发生缓慢相对位移（流动）的结果。

此外，在高聚物中加入增塑剂，可使高分子链之间的距离增大，减小分子链的相互作用，分子链的相对位移变得容易，使 T_f 降低，因此当增塑剂的加入后，不仅使玻璃化温度降低，高聚物变得柔韧，也使黏流温度的降低，有利于成型。

高聚物的黏流温度是成型加工温度的下限。实际上为了提高高聚物的流动性和减少弹性形变，通常成型加工温度比黏流温度高，但成型温度过高，流动性过大，会造成工艺上的成型不稳定性及制品收缩率的加大，尤其严重的是，温度过高，可能引起聚合物的分解，它将影响成型工艺和制品的质量，所以高聚物的分解温度是成型加工工艺的上限。成型加工温度必须选在黏流温度与分解温度之间，适宜的成型温度通常要根据经验通过反复实践来确定的。

5.6.5 高聚物熔体流动的假塑性

分子流动时，各液层有一定的速度梯度，与低分子不同，高分子的长链可以同时穿过几个不同流速的液层，其各部分会受到不同的力，结果长链分子沿流动方向取向，黏度下降。这样，高分子流动时，既有高分子链的相对位移，又有分子链沿流动方向的伸展取向，如图 5-63 所示。前者是不可逆的塑性变形，后者是可逆的高弹变形。两者汇合在一起反映黏度，成为表观黏度，不符合牛顿定律，呈现假塑性。高聚物的表观黏度通常随剪切速率的增大而降低，有时高的剪切速率下黏度可比低剪切速率下黏度小好几个数量级，显然这有利于熔体通过窄口径的流道，对大型加工设备也有利，否则这样的设备需要有较大的功率。

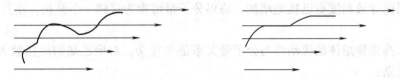

图 5-63　大分子线团在流线剪切下取向示意图

聚合物熔体的这种非牛顿性越明显，熔体中的高弹形变往往在熔体冷却固化前越不易回复消除。在聚合物成型时，制品的薄壁部分往往由于冷却较快，明显保留流动时链段的取向效应，使得该部分材料在物理、力学性能上具有方向性。而厚壁部分由于冷却较慢，高弹形变回复较多，材料的方向性基本消失，这样制品薄厚两部分在内部结构，宏观性质上都存在差异，在它们的交接处就存在很大的内应力，其结果使制品易变形或者开裂（内应力超过了断裂强度），为解决这一问题，可提高模具温度，降低冷却速度，尽量避免薄厚不均，或制品脱模后进行热处理。

5.6.6　影响聚合物熔体流动的主要因素

成型方法不同，制品的形状不同对聚合物熔体的流动性要求各异，研究聚合物流动性对正确选择成型方法或成型工艺条件是十分重要的。

衡量聚合物流动性常用表现黏度，在工程上也常用熔融指数（高聚物熔体在一定温度、一定压力下 10min 通过标准毛细孔的熔体质量，单位：g/10min）。影响高聚物熔体流动性的因素很多，有分子链结构、分子量及分布、化学组成和温度、外力等。

1. 聚合物的化学结构

1）分子量及分子量分布

熔体的黏度随分子量的增大而增大，在分子量较低时，黏度随分子量的 1.5～2.0 次方增加，当分子量达到一临界值时，黏度随分子量的 3.4 次方增加，即

当 $\overline{M}_w < \overline{M}_c$ 时：$\eta_0 = K \cdot (\overline{M}_w)^{1.5 \sim 2.0}$

当 $\overline{M}_w > \overline{M}_c$ 时：$\eta_0 = K \cdot \overline{M}_w^{3.4}$

$\overline{M}_c$ 为临界分子量，对不同高聚物其值不同。高聚物的 η_0 与 $\overline{M}_c$ 的关系如图 5-64 所示。

从临界值以后，分子链间被认为形成了"缠结"，由于缠结，使流动单元变大，流动受到的阻力加剧，因而黏度随分子量增大更快。

柔性大高分子易于缠结，M_c 小，如聚乙烯的临界分

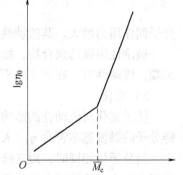

图 5-64　高聚物的 η_0 与 $\overline{M}_c$ 的关系

子量为4000；柔性差高分子不易于缠结，M_c大，如聚苯乙烯为35000左右，因此，分子柔性对M_c有影响。

为什么会出现临界分子量，这是由于高聚物的流动是通过各个链段"协同""跳跃"实现整个分子质心位移的，显然分子量愈高，大分子的协同链段数愈多，为了使大分子链质心位移而需要完成的链段协同位移次数愈多，因此熔体的黏度愈大，熔融指数愈小。尤其当分子量增大到M_c时，分子链长而开始缠结，缠结的结果导致流动协同的单元更多，增加对流动的阻碍。因而导致黏度更迅猛地增加。临界分子量可视为这样一个链长，在其以上分子将出现缠结。

实际上，高聚物熔体的流动性与分子量关系是很复杂。对聚乙烯熔融指数MI与分子量之间有如下关系：

$$\lg(MI) = A - B\lg\overline{M}$$

式中　A、B——是高聚物的特征常数。

因此，在工程上常用MI作为衡量分子量大小的一种相对指标，但必须注意聚乙烯支化度和支链的长短等因素对熔融指数MI的影响，所以只有在结构相似的情况下，才能用熔融指数对同一高聚物的不同试样做分子量相对比较。

分子量分布情况对流动性也有影响，通常分布窄的聚合物，较之平均分子量相同，而分布宽的相比，前者更接近牛顿流体，但后者，由于低分子量部分本身黏度小、流动性好，对高分子量部分起增塑作用，因此后者黏度更小。

2）分子链的柔性

在其他条件相同的情况下，分子链愈柔顺、分子间作用力愈小的高聚物，其黏度愈小，流动性愈好。

高分子链越柔顺，链段越短，其流动单元越小。链段短的分子链的运动能力就强，在外力作用下，通过链段运动导致大分子的相对移动就越容易，这类高聚物的流动性也就越好。例如，顺丁橡胶$\left(CH_2CH = CHCH_2\right)_n$的分子链是非常柔顺的，常温下不易结晶，借自身重力作用就会发生流动，即冷流现象。而聚异戊二烯$\left(CH_2\underset{\overset{|}{CH_3}}{C} = CHCH_2\right)_n$只是在顺丁橡胶的分子

链中引入—CH_3取代基，增加了链的刚性，其流动性就会差一些，常温下也就不会产生冷流现象。若在以—Cl代替聚异戊二烯分子中的—CH_3，变为氯丁橡胶$\left(CH_2 - \underset{\overset{|}{Cl_4}}{C} = CH - CH_2\right)_n$，使

分子间作用力增大，其流动性会比聚异戊二烯更差。

链刚性很强的聚合物，如聚碳酸酯等的黏度很高，加工困难；而硅橡胶，由于分子链很柔顺，流动性好，在加工中不必塑炼即可直接混炼。

3）支化

关于支化对流动性的影响，既要考虑支链的数量，更要考虑支链的长短。一般来说，直链分子的黏度基本符合$\eta_0 = K\overline{M}_w^{3.4}$关系，而支链型则不符合。

当分子量相同时，短支链（小于产生缠结时的长度）的存在，使分子间距离增大，分子间力减小，流动时空间位阻小，黏度比直链分子低。

当支链逐渐变长，黏度随之上升，特别当支链部分分子量超过M_c的三倍以后，支链本

身就能缠结，黏度急剧上升，甚至比直链高 10 ~ 100 倍，然而，也有例外的。如支化聚苯乙烯黏度反而低于线性的。

2. 剪切速率

剪切速率对聚合物熔体的黏度有重要的影响，对于一般低分子液体是牛顿流体，其流动曲线为一直线，黏度不随 $\dot{\gamma}$ 变化。对大多数高聚物熔体其黏度随剪切速率而变化，其流动曲线，如图 5-65、图 5-66 所示。

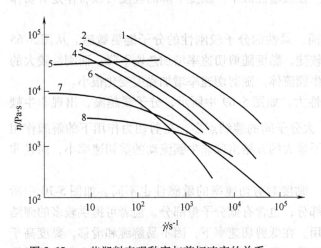

图 5-65　一些塑料表观黏度与剪切速率的关系

1—聚苯乙烯（230℃）　2—有机玻璃（200℃）

3—高密度聚乙烯（232℃）　4—低密度聚乙烯（235℃）

5—聚碳酸酯（288℃）　6—聚丙烯（230℃）

7—有机玻璃（280℃）　8—尼龙（280℃）

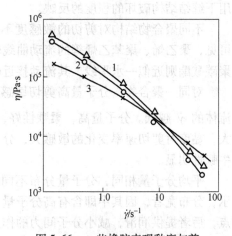

图 5-66　一些橡胶表观黏度与剪切速率的关系

1—天然橡胶

2—丁基橡胶

3—丁苯橡胶

在很宽剪切速率范围内，高聚物熔体的流动曲线如图 5-67、图 5-68 所示，它表明假塑性行为常出现在一定剪切速率范围内，而在较小或较大的速率下表现为牛顿性。如聚异丁烯的流动曲线呈 S 状。在 I 区剪切速率小，故呈牛顿性；II 区剪切速率大，取向发展，而成假塑性；III 区剪切速率更高，取向来不及进行，故也呈牛顿性。

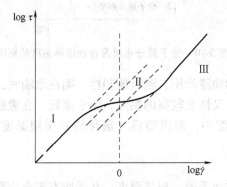

图 5-67　高聚物熔体的流动曲线

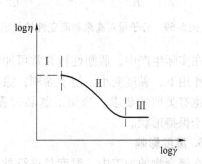

图 5-68　高聚物熔体的表观黏度与切变速率的关系

　　　　高聚物黏度随剪切速率的变化规律也可以用链缠结观点来解释。一般认为当分子量超过某一临界值后，分子链间可能因相互绞缠或因范德华力相互作用形成物理交联点。这些交联点在分子热运动的作用下，处于不断地解体和重建的动态平衡中，结果使熔体具有瞬变的交联空间网状结构，或称拟网结构。在低剪切速率区，被剪切破坏的缠结来得及重建，拟网状结构密度不变，因而黏度保持不变。当剪切速率逐渐增加到一定值后，缠结点破坏速度大于重建速度，黏度开始下降，熔体出现假塑性；而当剪切速率继续增加到缠结破坏完全来不及重建，黏度降低到最小值，并不再变化。在假塑性区中，黏度下降的程度可以看作是剪切作用下缠结结构破坏的程度的反映。

　　　　不同聚合物结构对剪切的敏感度不同，柔性的分子较刚性的分子链更敏感。从图 5-65 可见，聚乙烯、聚苯乙烯等的流动曲线较陡，黏度随剪切速率增加急剧下降；而刚性较大的聚碳酸酯则近似一水平线，其流动接近牛顿流体。随剪切速率增加黏度变化很小。

　　　　对同一聚合物，分子量高剪切敏感性大。如图 5-69 中所示，分子量越高，出现非牛顿流体的 $\dot\gamma$ 越低。分子量高，柔顺性好，大分子间的缠结点多，在剪切力作用下的解缠作用大，黏度对剪切速率变化的敏感大，分子量大的开始出现非牛顿流动的剪切速率小，而且非牛顿性明显。

　　　　平均分子量相同，分子量分布不同，黏度对剪切速率的敏感性也不同。如图 5-70 中所示，分布宽者，因其中即含有高分子量部分，也含有低分子量部分，前者可提供较多的缠结点，后者提供润滑，减小分子间力的作用。在低剪切速率下，因不易解缠和滑移，黏度高于分布窄者；高剪切速率下，因易解缠和滑移，黏度随剪切速率下降幅度大于分布窄，剪敏性大，开始出现切力变稀（非牛顿流动）的剪切速率值较低；分子量分布窄者相反，剪敏性小，在较高的剪切速率下，才呈现非牛顿流动。

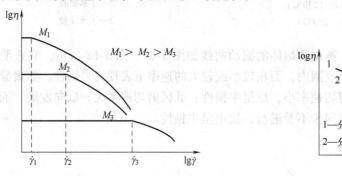

图 5-69　分子量对高聚物流变性的影响

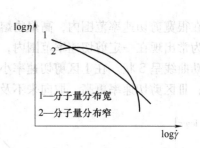

图 5-70　分子量分布对聚合物熔体黏度的影响

　　　　在实际生产中，假塑性行为常可加以利用。如油漆涂刷，若有假塑性，则在涂刷时，在剪切作用下，黏度变小，便于涂刷；涂刷后静止，又恢复较高的黏度，免于流延。在橡胶加工中也有类似的要求。当加工制品过程中希望黏度小，而成型后（硫化前）希望黏度大，以利于保持形状。

3. 温度影响

　　　　在聚合物的加工中，温度是进行黏度调节的重要手段，提高温度，几乎所有聚合物黏度都急剧下降。但不同品种聚合物的黏度，受温度影响的程度是不同的。黏度对温度敏感性取决于流动活化能 E_η，这一活化能越高，黏度受温度影响越大。分子链刚性越大，流动活化能越高，黏度对温度的敏感性越大，图 5-71 中所示的曲线越陡，如聚氯乙烯、聚碳酸酯、有机玻璃。加工时，常常是温度稍低，则黏度增长很快，不便于操作。而柔性的聚乙烯，E_η 小，曲线斜率小，黏度随温度的变化小，加工时容易控制操作。

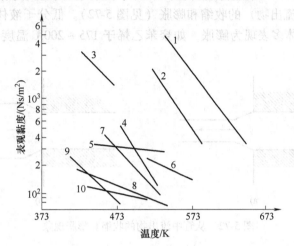

图 5-71　一些高聚物在不同温度下的表观黏度与剪切速率关系曲线

1—聚砜　2—聚碳酸酯　3—未增塑聚氯乙烯　4—聚甲基丙烯酸甲酯　5—高密度聚乙烯
6—聚酰胺　7—聚苯乙烯　8—低密度聚乙烯　9—增塑聚氯乙烯　10—聚丙烯

（给定剪切速率 $10^3/s$，但未增塑 PVC 为 $40^3/s$）

4. 低分子添加物

若低分子添加剂能与熔体相溶，可起到稀释熔体，减少内摩擦的作用，因而使熔体黏度下降，改善了流动性，也使加工温度有所降低。例如，在聚乙烯加工中，少量增塑剂的存在，不仅大大改善了流动性，也使加工温度有所下降。又如，在生胶混炼时，常加入少量的矿物油，后者不仅帮助生胶与配合剂均匀混合，同时也可使胶料的黏度下降，以减少混炼时的发热量，避免早期硫化，而且也使成型时胶料的流动性得以改善。

但是，在高聚物中加入的一些粉料添加剂如填充补强剂等，常使熔体黏度增大。如碳酸钙、氢氧化铝等。

5. 压力的影响

根据流动的机理，空穴的大小直接影响流动的阻力，而压力直接影响空穴的大小。增大压力无疑能减少空穴，从而增大流动阻力、增加熔体黏度。在高聚物挤出和注射成型加工中，或在熔融指数测定时，高聚物是承受一定压力的，可以认为此时设备中熔体的黏度大于常压下的黏度。但这种受压所致的黏度提高，部分地被熔体分子在设备中流动时，由于黏性摩擦而导致升温所抵消。剪切发热使熔体温度升高，导致熔体所降低的黏度值，大体上与受压所增加的黏度值相差不多，因此通常压力对黏度影响，并不引起人们的注意。

5.6.7　聚合物熔体流动中的弹性效应

高聚物熔体在切应力下不但表现出黏性流动，还产生不可逆的形变，而且表现出可逆的弹性形变。所以高聚物熔体是一种黏弹性液体。弹性形变的回复是松弛过程，这种伴随黏性流动的弹性变形对制品的外观、尺寸稳定性及内应力有很大的影响。

聚合物熔体在流动中的弹性表现如下：

1. 离模膨胀

当一流体从管中自由流出时，由于末端效应，管壁对流体的作用消失，流体中速度重排，从而导致流股（流出物）的收缩和膨胀（见图 5-72）。低分子液体如水通常发生收缩。与此相反，高分子流体多表现为膨胀，如聚苯乙烯于 175～200℃ 温度下较快地挤出时，直径膨胀达 2.8 倍。

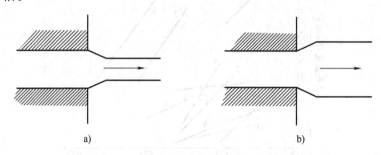

图 5-72   从管中流出物的收缩和膨胀现象

关于膨胀有两种解释，即唯象理论和微观分子链运动理论。

唯象理论认为，高分子流体在管中流动由于受到剪切和本身弹性，可以设想一个方形的流动单元，可能变形为菱形，流出管子后，剪切消失，形变恢复，又重新回复成方形，其垂直尺寸增加，流股（挤出物）直径增大，如图 5-73 所示。

分子链运动理论的观点认为，高分子熔体进入模孔前，分子链是处于卷曲状态的。熔体进入模孔后，流速增大，高分子链在高剪切速率和模孔入口区的拉伸流动作用下，卷曲的链段被迫舒展开来，这与高弹态受拉伸时分子链舒展情况相似。此时高分子链段产生取向，当从模孔流出时，约束力解除，流速重排意味大分子开始"自由化"，在流动中形成伸展的分子链又回复原来卷曲无序的平衡状态，链间应力增大，致使流股（挤出物）发生膨胀，如图 5-74 所示。

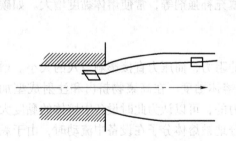

图 5-73   挤出物膨胀的唯象理论示意图

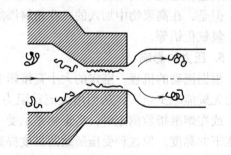

图 5-74   挤出物膨胀的分子链运动理论

挤出膨大程度，主要取决于流动时产生的可恢复的弹性形变量的大小和松弛时间的长短。如果松弛时间短，在流动时弹性变形很快恢复，膨胀比小，这些因素又与链结构，模具设备、配方、工艺条件有关。

1）化学结构

分子间作用力大、空间位阻大、旋转困难、松弛时间较长的聚合物，弹性形变小、膨胀比小。如一般情况下，黏度大、非牛顿性强的聚合物，流动过程中存储更多的可逆弹性成分，同时又因松弛过程缓慢，离模膨胀严重。聚酰胺、聚对苯二甲酸乙二酯等聚合物可逆形变小，膨胀比仅约 1.5 左右；而聚丙烯、聚苯乙烯和聚乙烯等则可达 1.5~2.8 甚至 3~4.5 范围。

挤出物胀大随分子量增加，分子量分布变窄，长支链支化度增加而增大。这些因素都会引起较多的缠结，使剪切过程增大了取向，即增加了可逆弹性成分，使出口膨胀现象严重。

2）工艺条件

温度越高，取向分子松弛也越快，在切变速率不变的情况下，挤出物的胀大，随温度的升高而略有下降。

剪切速率越大，挤出物胀大越大，这是因为剪切速率增加时，熔体的弹性变形增大，恢复也增大。

对挤出物加以适当的牵引式拉伸，均有利于减少或消除可逆弹性形变，减少膨胀比。

3）配合剂

加入增塑剂可以减少分子间的作用力，缩短松弛时间，降低膨胀比。加入填料能减少高聚物的挤出胀大，其中以刚性填料效果最为显著，因为刚性填料能增大剪切模量，减少链段的取向。

此外，在模具设计中，增加口模平直部分长度（即增大长径比 L/D），均有利于减少或消除可逆弹性形变，减少膨胀比。

2. 不稳定流动和熔体破坏

1）现象

在聚合物挤出加工时，在低剪切速率或低应力范围内，挤出的聚合物具有光滑的表面和均匀的形状。但当剪切应力或剪切速率增加到某一数值后，挤出物变得表面粗糙、失去光泽、粗细不均匀，有时会出现扭曲成波浪形、竹节形或周期性螺旋形的挤出物。随着剪切速率的提高，粗糙度愈严重，在极端的情况下甚至会开裂成小段。这种现象统称为不稳定流动或熔体破裂，如图 5-75 所示。

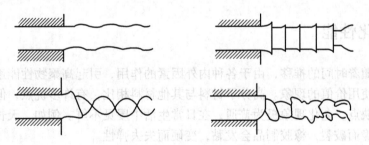

图 5-75　熔体破坏现象

2）机理

造成熔体不稳定流动的原因目前尚不十分清楚，但可以肯定的是不稳定流动与熔体的弹性有关。关于熔体破裂机理的解释大致有三种。

一种观点是所谓的滑黏现象。认为熔体不稳定流动与高聚物和毛细管壁间的滑黏现象有关，实际上，管壁处流速不等于零，而黏贴于管壁处的熔体会在高切应力下脱离管壁，发生弹性回缩而滑动。

　　另一种观点认为，熔体受到过大的应力作用时，发生类似于橡胶断裂方式的破坏。熔体破裂时，取向的分子链急剧回缩解取向，随后熔体流动又逐渐重新建立起这种取向，直至下一次破裂。

　　还有一种观点认为，当高聚物熔体在管中流动时，近壁处受到管壁的摩擦物料的速度甚小，当从管中流出后，管壁的作用消失，这部分物料将加速，与管中心物料速度平均化（速度重排），在这一过程中，物料将受到应力，产生应变，出现表面不规则。若挤出速度很快，受到应力很大，超过高聚物的应变能力，则发生本体断裂破坏。

　　当物体在流动中遇到直径的突然变化，如扩大，则有死角出现，物料在此死角处停留、循环，死角处物料流出出现周期性的暂时间断（见图5-76）。这使它与正常的物料受到力的作用不同；当这种物料与正常物料混在一起流出时，两者的形象恢复不同，若悬殊很大，不能弥合，则发生断裂性破坏。

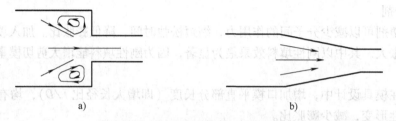

图 5-76　流体在管道中流动突然收缩处的死角

a) 管道出现突然收缩　　b) 管道呈流线型

　　综上所述，可见要克服聚合物挤出中的熔体破坏现象，一是要注意避免流动中的死角，使流动尽量流线化；其次是提高温度，减少松弛时间，使聚合物的形状容易恢复弥合，挤出中提高机头模温是常被采用以改善挤出质量的措施；第三，从聚合物本体来说，分子量低，分子量分布宽，有利于减轻弹性效应。添加低分子物，采用混合物也是非常有效的。如硬PVC管挤出时共混少量丙烯酸树脂，可提高挤出速率，改进管子外观光泽。

5.7　耐老化性能

　　老化是指随着时间的推移，由于各种内外因素的作用，引起高聚物性能逐渐恶化，以致最后完全丧失使用价值的现象。高分子材料与其他材料相比，有许多优点，但易于老化却是它一个重要的缺点。老化现象极为普通，在日常生活中屡见不鲜。例如，天长日久，塑料制品会变色，发脆而破裂，橡胶制品会发黏，变硬而失去弹性。

　　由于高分子材料容易老化，用在电工产品上，它成了决定电气性能和寿命的关键。一般电气设备的故障，大多数都是绝缘老化造成的。因此，为了保证产品使用安全寿命，常采用恰当的防老措施，以延缓老化速度，达到提高寿命的目的。

5.7.1　老化的特征及原因

1. 老化的原因

高聚物老化原因可以从内因和外因上分析。

1) 内因

① 高分子材料的化学结构：高分子的化学组成，链的不饱和程度，共聚物各组分的比例，都会影响高聚物的老化性能。例如 C—F、Si—O 键能高，不易断裂，故聚四氟乙烯和有机硅树脂耐老化性能好；聚丙烯中含大量的叔碳原子，叔碳原子上的氢容易被氧化，因此聚丙烯的老化性不好。又如，天然橡胶中含大量的双键，所以它的耐老化性也不如饱和橡胶。

② 高分子材料的物理结构：分子量及分子量分布，聚集状态（结晶、取向、玻璃态、高弹态、无定型态）也影响高聚物老化。高聚物结晶度高或处于玻璃态，因为大分子链段被固定，不能自由运动，活性基团被固定，使它们耐化学溶剂和酸碱作用而使老化变慢。如热固性的塑料，在固化后形成体型结构，其耐老化的性能比未固化前的好。

③ 配合剂及杂质：某些低分子添加剂，如增塑剂可能慢慢挥发而加速老化，一些引发剂的残渣，也可加速老化过程。

2）外因

① 物理因素：包括太阳光、热、电、力及高能辐射，其中光和热是主要的。如不同高聚物可吸收不同波长的日光，而发生光化反应，导致化学键破裂。

② 化学因素：包括氧气、臭氧、盐雾、酸、碱、盐等化学试剂，腐蚀性气体。其中氧是主要的，高分子易受氧化而破坏，在高压绝缘中臭氧也不可忽视。

③ 生物因素：微生物、霉菌、白蚁、昆虫等。如白蚁等蛀食高分子材料。

2. 老化特征

高分子材料在各种因素作用下发生老化，因材料的品种不同而有各种不同破坏特征，归纳起来主要表现以下四方面：

① 外观变化：变色、长霉、斑点、喷霜、银纹、发黏、变软、变硬、变脆、变形、龟裂以及粉化、起泡剥落等。

② 物理化学性能的变化：分子量、分子量分布、玻璃化温度、熔点、熔融指数、密度、导热系数、折光率、透光率、透气性、溶解度、耐热、耐寒等性能变化。

③ 力学性能变化：拉伸强度、伸长率、冲击性等的变化。

④ 电性能变化：绝缘电阻、介电常数、介质损耗、击穿电压变化。

应当指出，一种材料在它的老化过程中，一般都不会也不可能同时出现以上所述现象。实际上只是其中某些性能指标的变化，并且一般在外观上能出现一种或数种变化。

5.7.2 老化机理

一般认为，老化首先发生在大分子的弱键上，如叔碳原子、烯丙基结构上，大多按自由基型反应进行。如下：

键能：393kJ/mol   键能：355kJ/mol   键能：322kJ/mol

当高聚物受到氧气、臭氧、光、热等作用时，会使高分子产生活泼自由基，这些自由基能进一步引起整个大分子链的降解、交联、或侧基发生变化。以聚乙烯为例：

$$\sim CH_2{-}CH_2{-}CH_2\sim \xrightarrow{\;热\;} \sim CH_2{-}\dot{C}H{-}CH_2\sim \xrightarrow{\;O_2\;} \sim CH_2{-}CH{-}CH_2\sim$$
$$\underset{O{-}O\cdot}{\qquad\qquad\qquad\qquad\qquad\qquad\qquad\qquad}$$

$$\xrightarrow{\sim CH_2{-}CH_2{-}CH_2\sim} \sim CH_2{-}\underset{O{-}OH}{CH}{-}CH_2\sim\;(+\sim CH_2{-}\dot{C}H{-}CH_2\sim)\longrightarrow \sim CH_2{-}\underset{O\cdot}{CH}{-}CH_2\sim\;(+O\dot{H})$$

$$\nearrow\!\!\!\!\!\searrow\quad \underset{\underset{\sim CH_2{-}C{-}H\;\cdot CH_2\sim}{O}}{\overset{\overset{\sim CH_2{-}C{-}CH_2\sim\;(+H\cdot)}{O}}{}} \quad\xrightarrow[\;ii\;]{\overset{hv}{i}} \begin{array}{l}\sim CH_2{-}\overset{O}{C}\cdot + \cdot CH_2\sim \to \sim \dot{C}H_2 + CO\\[4pt] \sim CH_2{-}\overset{O}{C}{-}CH_3 + CH_2{=}CH{-}CH_2\sim\end{array}$$

自由基也可以发生双基偶合，使高分子交联或分子量提高：

$$2\sim CH_2{-}\dot{C}H{-}CH_2\sim \longrightarrow \begin{array}{c}\sim CH_2{-}CH{-}CH_2\sim\\ |\\ \sim CH_2{-}CH{-}CH_2\sim\end{array}$$

　　高聚物老化的自由基反应，也包括链引发、链传递、链增长和链终止四个阶段。由于上述热氧老化产物是过氧化氢物，它可以分解产生两个自由基，使自由基的数量在循环中不断增加。所以其老化过程是一个自动催化的过程。事实上，有些高聚物一经老化开始，便迅速老化至寿命终止就是这个原因。

　　聚氯乙烯的老化，一般认为是首先分解脱出 HCL，然后氧化断链或交联，也是按自由基反应进行的，特别是新生的 HCL 对聚氯乙烯的老化有明显的催化加速作用。

　　饱和橡胶如乙丙橡胶、丁基橡胶，其老化过程也是自由基型，但没有明显的自动催化过程。

　　在老化过程中，高聚物长链分子通常降解反应和交联反应同时存在。有的以降解反应为主，分子量降低，使材料发黏、变软，丧失机械强度。如天然橡胶，老化后发黏；有的以交联为主，则线性分子支化，或形成空间网状结构，尤其是交联过度，会使材料失去弹性，变硬、发脆。如果是高分子侧基发生变化，也会使材料的电性能、溶解性和吸湿性发生变化。有的更为复杂，如顺丁橡胶的老化过程，存在着交联和降解两个竞争的过程，老化初期，降解占优势，到达老化后期，交联占优势。

5.7.3　耐臭氧性

　　大气中含有臭氧，在高压下引起的局部放电也会产生臭氧。因此高分子材料在电缆使用过程中会受到臭氧的侵袭。臭氧对不饱和双烯类高聚物作用较为显著，但对饱和高聚物则缓慢多了。

　　臭氧是一种强氧化剂，它与橡皮中的双键反应较之氧气更为强烈，但硫化橡皮在松弛状态下，能长期暴露于较高浓度的臭氧中，而不呈显著反应。但若橡皮拉伸，即使只有 2%~3%，暴露于只含有 $1\times10^{-6}\%$（质量）的浓度臭氧的大气中，则垂直于拉伸的方向上最终也会出现裂纹。臭氧浓度越大，则裂纹出现越快。

　　在常温、一定的张力下，0.015%（质量）臭氧中，丁苯橡胶会立即开裂，丁腈橡胶为

1h，氯丁橡胶为 24h，丁基橡胶为 7 天，硅橡胶则数月不变。

5.7.4　耐光性

运行在室外的电线电缆，总要受日光的作用。某些高聚物会吸收光辐射产生光化反应。辐射到地球的光经过大气、水分、尘埃等的吸收，绝大多数被吸收，到达地球表面的日光占总数的 5%，属于 300～400nm 附近的紫外光区。这部分光的能量在 280～420kJ/mol，因为高分子中共价键的键能通常只有 200～600kJ/mol，因此这部分光的能量足以使很多化学键的断裂。

但高聚物对辐射能的吸收是有选择性的，某种结构的高聚物只能对某范围的波长有吸收性的，例如羰基（ —$\overset{\text{O}}{\underset{\|}{\text{C}}}$— ）能吸收 187～320nm 的光；C＝C 能吸收 195～250nm 波长的光，C—C 能吸收波长135nm的光。因此照射到地球的紫外线，只能为含有醛、酮等羰基以及双键的高聚物吸收，引起光化反应；而不被只含 C-C 键的聚烯烃所吸收。

当一个分子吸收紫外能，会变成活化分子。被活化的分子如果不能将它吸收的能量在分子碰撞时传递给另一个分子或以较长的波长重新发射出来，以光或热形式散发掉，被活化的分子会引起它本身或邻近分子的光化反应。

涤纶和尼龙，因分子结构中含有羰基，因此其耐光性较差；天然橡胶等二烯烃类橡胶因含有较多的双键对光照也很灵敏，部分降解、部分交联，性能很快变坏而老化。

纯聚氯乙烯对光照是比较稳定的，并不吸收 300～400nm 紫外线。但聚氯乙烯热降解或从链脱出 HCL 后，产生少量双键和羰基，就能吸收紫外线而引起光氧化反应。

饱和烷烃并不吸收日光，因此饱和高聚物如乙丙橡胶、丁基橡胶、硅橡胶对光比较稳定。但当其含少量羰基、不饱和键、氢过氧化基团、催化剂残基或过渡金属等其他杂质则可促使聚烯烃的光氧化反应。

此外，某些类型的抗氧剂，也能促进聚合物的光降解，如在聚乙烯中，有些酚类和胺类抗氧剂能抑制加工时（140～200℃）的热氧化反应，但又加速了光氧化反应。

聚四氟乙烯和聚三氟氯乙烯对紫外光的作用是稳定的，纯的、不含单体的聚苯乙烯即使在氧存在的情况下对紫外光也是相当稳定的。

对于实际使用的橡皮和塑料来说，与纯的高聚物不同，一方面在橡皮和塑料中配合剂可能改变高聚物对光的敏感性。如橡胶中加入的抗氧剂苯基乙萘胺增大了橡胶对光的敏感性。另外，大部分配合剂如炭黑、氧化锌、促进剂、自由硫等强烈吸收光能因而保护了聚合物。另一方面对橡胶的硫化，可使橡胶的饱和度增加，导致光敏度降低。但如果硫化形成的硫桥，特别是多硫桥，又增大了橡胶对光的敏感性。

5.7.5　耐辐射性

高分子材料经高能射线辐射后，容易产生自由基或和空气中的氧产生反应，导致材料裂解、交联、支化等，影响材料的性能。随着核电站、宇航仪器、核分析和核材料的生产的大规模需求，都需要优良的耐辐射高分子材料用做电线电缆、控制电缆。而电线电缆用材料，它则必须在核辐射环境中能可靠地工作。

根据对材料的影响，下面三种辐射是很重要的。

1）r 射线：这是一种电磁波，类似于 X 射线，但其能量和穿透力很强。

2）慢中子：是一种以热速度运动的初级的不荷电的质点流，它的速度几乎相当于分子的运动速度。

3）快中子：是一种以极高速度运动的中子，它具有显著的动能。

当 r 射线和快中子穿过物质时，能量就被传递给该物质，这一能量能够急剧地产生破坏作用，其化学键可能被破坏，同时原子从有规则的晶体结构变为较复杂的结构。

根据核辐射方面的研究，核辐射对电缆材料的影响可以归纳予以下几条：

① 金属材料，它较少受核辐射的影响。其电阻系数和力学性能稍有增加，但并不影响在电缆线芯上使用。

② 高分子材料，如橡皮、塑料和涂料，在耐辐射能力方面处于弱到中等的程度。

在辐射的影响下，一些高分子材料分子产生降解如聚异丁烯、丁基橡胶；一些高分子材料分子产生交联。一般来说产生交联的材料，抵抗辐射的能力更强些。

通常耐高温材料大多数也是耐辐照的，如聚酰亚胺。但也有例外，聚四氟乙烯是很好的耐高温材料，但其耐辐照性能却不如聚乙烯。

在橡胶中耐辐射性能最好的是硅橡胶、高苯乙烯（23%~41%）的丁苯橡胶，其次为丁腈橡胶、氯丁橡胶、氯磺化聚乙烯橡胶以及天然橡胶等。填充剂、软化剂等配合剂对耐辐射作用影响也较大。

③ 在辐射过程中，绝缘体的电阻系数显著下降，可达几个数量级，在某些场合下，这一下降可以维持到辐射以后很长时间。

辐射和其他环境因素如热之间，存在着相互作用，但它们之间的联系，目前尚不清楚。

提高高分子复合材料的耐辐射性的方法主要由以下两方面：① 捕获自由基，主要是加入抗氧剂，但在惰性气氛下有效，而在氧气存在时效果不佳；② 加入能吸收辐射能经某种中间态后转化成热能的材料，苯环通常有这个作用。故过去常在聚氯乙烯、聚乙烯、乙丙橡胶等材料中加入含苯环的高分子材料或添加剂，曾被大量采用。一些无机材料也有这个作用，但尚无法从机理上加以解释。

总的来说，无论是耐老化，还是耐臭氧、耐辐射等，塑料比橡胶好些，而各种硫化橡胶、饱和的橡胶比非饱和的橡胶都要好。硅橡胶、氯磺化聚乙烯、氟橡胶都具有十分优异的耐老化、耐臭氧的性能。乙丙橡胶、丁基橡胶、氯丁橡胶也具有较好的耐老化性（氯丁橡胶：Cl 原子对双键有屏蔽保护作用）。而使用量较大的天然橡胶、丁苯橡胶、丁腈橡胶耐老化和耐臭氧性能就差。

5.7.6　高分子材料的老化试验方法

老化试验方法很多，但大体上可分为两类。一类是自然老化试验方法，这类方法的特点是利用自然环境条件或自然介质进行试验，主要有大气老化试验（自然气候暴露）、仓库贮存试验、埋地试验、海水浸渍试验、水下埋藏试验等；另一类是人工老化试验，这类方法的特点是用人工的办法，在室内或设备内模拟自然环境条件或某种特点的环境条件，并强化某些因素，以期在较短的时间内获得试验结果，又称人工加速老化试验；这类试验主要有，人工气候试验、空气箱热老化试验、臭氧老化试验、盐雾腐蚀试验、二氧化硫腐蚀试验以及抗振试验、氙灯光源暴露试验等。电缆中较常进行空气箱热老化试验、臭氧老化试验、臭氧老化试验。下面以常用的空气箱热老化试验为例介绍。

许多高聚物的热老化主要是热氧老化，聚乙烯在隔绝空气的情况下，即使加热到290℃，也没有化学变化，但在空气中50℃就有氧化反应。这种热氧化反应，是按自由基型反应进行的，热加速了氧化反应过程。

空气箱热老化试验，是将试样悬挂在给定条件（温度、风速）的热老化试验箱内，并周期性的检查和测定试样的外观和性能变化，从而评定耐老化性的一种方法。

利用这种方法，可以对比各种防老剂效能，估算某些高分子材料的贮存期，由于这种方法简便直观，在科研和工厂普遍使用。

1. 设备

热老化试验箱主要由箱体、加热调温装置、鼓风装置和试样转动架四部分组成。

2. 试样

试样一定要有代表性，加工质量、厚度应符合有关试验标准规定，在投试前要仔细挑选。

3. 试验条件

1）温度

试验温度应根据材料品种、使用性能及试验的目的加以选择。但在实际选用时，往往比较困难。若温度选择太高，虽然可以加速老化，缩短试验时间，但可能导致反应过程与实际不符，造成估算误差。因为，温度太高，引起材料热分解的可能性增大，同时防老剂迁移、挥发可能性亦增加，从而影响试验结果的正确性。若温度选择过低，则老化速度缓慢、试验时间长，也不符合加速试验的目的。因此，在制定试验温度时，在不改变老化规律的前提下，尽量提高试验温度，以期在较短时间内获得可靠的结果。

例如，对于塑料：温度的下限采用比实际使用温度高约 20~40℃，而温度上限低于聚合物分解温度 20~40℃；对于橡胶：天然橡胶的试验温度通常为 100℃，合成橡胶为 100~150℃，如丁腈橡胶为 120~150℃，特种橡胶要高一些，如硅橡胶、氟橡胶为 200~300℃。

如果进行电缆产品老化性能检验时，则应依标准规定的温度、时间进行。

2）鼓风

鼓风作用在于使烘箱内温度保持均匀，排除老化过程中试样产生的挥发物，并补充新鲜空气，使箱内空气成分保持一致，以使氧化反应正常进行。因此，选择适当的风速和风量可获得较好重现性的试验结果。风量的大小，可由风箱工作容积来决定。有的要求，在 1h 内应将整个工作室的空气完全置换，以补充新鲜空气；也有人提出风速应由材料使用的性能来决定。

4. 试验程序

1）试验前准备

首先要校准温度计，检查设备是否运行正常，然后测定工作室温度是否均匀。要准备足够的样品，试样样品数目数大致可按下式计算：

$$m = (nz + 1)(n_i + 1)$$

式中　m——试样总样品数；

　　　z——测试点需要测试的项目数；

　　　n——每个测试点的一个项目需要测试的样品数；

　　　n_i——测试点数。

原始试样和各测试点（周期）取下试样宜留下一片，以比较试样外观变化。

试样悬挂距离不易太密集，以免影响箱内的空气流通。固定试样夹具应使用对老化实验无不良影响的材料如铝、不锈钢。若试样分布在转盘上，应周期性的互换位置，以减少温度不均匀的影响。

2）测试项目、老化终止指标的确定

测试项目，老化终止指标的确定及实验结果的表示方法，测试点间隔选择，应根据高聚物的性能和试验目的要求来确定。一般做法是，预先估计试验的期限，每批试验取 10～15 个测试点即可，间隔时间的长短应视试验过程中试样性能变化状况，适当延长或缩短，样品投试初期，一般外观变化可能比较剧烈，检查测试点间隔时间应当短一些，老化的中后期，性能变化一般比较缓慢，检查测试间隔时间可能稍长一些。

评价高分子材料老化过程中性能变化的测试项目，包括试样的外观变化，物理力学性能、电性能、光学性能等的变化。此外，也可以用物化分析法对试样老化过程中的分子量分布、分子量、吸氧诱导期、羰基含量的变化进行测定，深入了解其老化破坏的规律。因此，评定耐老化性的测试指标必须正确的加以选择，测试的项目和指标不宜过多，选取的原则是：第一，此指标应能反映材料的老化规律，在老化过程中此指标变化明显；第二，此指标的变化是单一的，不是忽高忽低的，而且易于测定。因此，要对所试验的高分子材料的基本特性有一个大致的了解，这样也可以减少试验的盲目性。

对油漆涂层的大气老化，目前国内较多的采用漆膜外观的变化加以评定。对橡胶、塑料和纤维的大气老化，多采用外观变化与某些物理力学性能的变化综合加以评定，也可以采取一些与微观结构有关的方法进行评定。电缆中常用拉伸强度和伸长率作为测试项目。

热老化试验的终止指标，应根据高分子材料的性能、实际使用要求和它的试验目的，对实际情况做必要的调查分析后确定，或根据标准确定。到达终止指标，试验即告结束。目前塑料、橡胶多采用某一项或几项主要指标下降到其原始值的 1/2 或 1/3 左右时终止。

试验结果主要有以下表示方法：

① 以试样外观变化程度，或者直接用某项性能指标测定值表示：外观用文字说明，最好附以照片。

② 用老化时间表示：即某一性能变化到某一程度所用的时间。计时单位一般用天数、月或年。

③ 老化系数：经过规定时间的老化，以试样老化前后某性能值之比来表示。计算式为

$$K = \frac{f}{f_0}$$

式中　f_0——老化前测定值；

　　　f——老化后测定值。

④ 性能变化百分数：而以试样老化前后的某性能变化量与老化前测量值之比的百分数，即

$$U = \frac{f_0 - f}{f_0} \times 100\%$$

如老化前后拉伸强度的变化率计算公式如下：

$$TS = \frac{\sigma_1 - \sigma_0}{\sigma_0} \times 100\%$$

式中　*TS*——拉伸强度变化率（%）；

σ_1——老化后拉伸强度（Mpa）；

σ_0——老化前拉伸强度（Mpa）。

老化前后断裂伸长率的变化率计算公式如下：

$$EB = \frac{\varepsilon_1 - \varepsilon_0}{\varepsilon_0} \times 100\%$$

式中　*EB*——伸长率的变化率（%）；

ε_1——老化后伸长率（%）；

ε_0——老化前伸长率（%）。

5. 影响试验结果的因素

1）试样的影响

试样的制备过程和加工方法，对试样的质量有很大的影响，并直接影响试验结果。如橡胶制品欠硫或过硫都易老化。对塑料板材或薄膜进行老化试验时，试样制作存在两种方法，一是按规定加工好试样后，做老化试验；二是先将板材或薄膜进行老化试验，再进行裁剪加工成标准试样进行性能测试。实践表明，两种作法对于板材结果相差较大。故作为塑料板材老化试验，预测大面积板材的寿命，并以力学性能作为评价标准时，采用第二种方法。

试样厚度的差异，对实验结果亦有一定影响。作为老化寿命试验用试样，更应严格控制试样厚度。

2）箱内温度分布和温度波动的影响

同一箱内各个部位温度不可能做到完全均匀一致。试验过程中，温度也会有波动，温度波动对试验结果有很显著的影响。实践证明，橡胶的老化系数随温度的升高而减少，当老化温度为100℃时，若温差为2℃，老化系数相差15%。

3）箱体内的风力和风速

箱内空气流动，不仅会影响到温度及温度分布，而且也影响箱内空气的成分，从而给试验结果带来一定影响。在老化过程中，可能不断有分解产物或防老剂等成分的挥发。也影响重现性和可比性。

4）悬挂样品的数量

悬挂样品的距离不宜太密集，通常试样间距至少大于20mm，以免影响空气的流动。悬挂样品太多，势必造成空气不流畅，挥发物不能被空气带走和温度分布不均匀。从而影响试验结果。有人通过试验认为，试验箱工作室体积与试样的体积之比大于30:1时，对试验结果影响较小。

5）试样老化后停放时间

试样经过老化后，停放时间长短，对试验数据亦有影响。在测试方法中，一般规定静置至少16h后测定。

由此可见，合理地规定和严格地控制各种因素的影响是使试验获得正确结果的前提条件。

6. 关于贮存期的估算

利用热空气箱老化试验，根据材料的物理力学性能等的变化来估算材料的老化寿命，具有一定实用定义，而且用的也较广泛。因为材料或制品在仓库存放时，主要受热和氧作用，这与老化试验条件比较接近。

热氧老化实质是化学反应，其反应速率 k 与温度 T 的关系符合阿累尼乌斯公式：

$$k = Ae^{-\frac{E}{RT}}$$

式中　　E——活化能；

　　　　A——常数。

对于高聚物在温度为 T 时，它就按速率常数 k 老化。设某一物理量为 Φ，其随时间 t 延长，也按 k 速率变化，即符合下列关系：

$$\Phi_{(t)} = kt + C_0$$

式中　　C_0——常数。

假定认为当 $\Phi = C'$ 时，认为老化终止，这时所用的老化时间为 τ（τ——绝对温度为 T 的老化时间），则 $C' = k\tau + C_0$ 并令 $B = \dfrac{C' - C_0}{A}$

$$\tau = \frac{C' - C_0}{k} = \frac{C' - C_0}{Ae^{-\frac{E}{RT}}} = \frac{C' - C_0}{A}e^{\frac{E}{RT}} = Be^{\frac{E}{RT}}$$

即

$$\lg\tau = \frac{E}{2.303R}\frac{1}{T} + \lg B = A'\frac{1}{T} + B'$$

其中，$A' = \dfrac{E}{2.303R}$，$B' = \lg B$。

如果测定试样在不同的温度下 τ 值，并以 $\lg\tau$ 对 $1/T$ 作图，可得一直线，如图 5-77 所示。直线斜率 A' 是由材料体系的活化能所决定常数，直线截距 B'，由临界值所决定常数。利用老化寿命与温度的关系曲线，可外推至某一特定温度下的贮存时间。当然也可以先求出 A'、B'，再用公式计算。

从上面讨论可看到，老化时间估算前提是以老化反应符合阿累尼乌斯方程，并且高分子材料的物理性能与热老化过程中，反应速度呈正比例的关系（即线性关系），否则这种估算

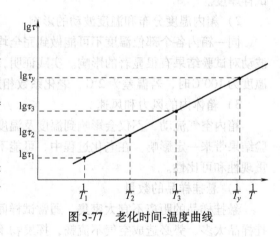

图 5-77　老化时间-温度曲线

就不能成立。这显然将复杂的问题简单化了。因此，有些高分子材料能较好地符合该公式，有些高分子材料则不能较好地符合该公式。

7. 防止老化的措施

为了防止高分子材料老化，采取了各种措施，大致可分为以下三类：

1）在高聚物材料中加入各种防老剂：防老剂是能提高材料热加工性能，延长贮存和使用寿命的化学物质，其中有抗氧剂、铜抑制剂、热稳定剂、紫外线吸收剂和光屏蔽剂等。

2）物理防护：外部防老化的方法有包聚酯薄膜、玻璃布袋的隔离层法以及涂漆、涂胶、涂蜡等方法。

3）提高加工工艺：在加工过程中确保加工质量也是防止老化的重要方面，如控制加工温度防止烧焦、加工过程中避免混入杂质，尤其是排除水分和气泡的存在。

第 6 章 塑 料

树脂是塑料的最基本成分，决定着塑料的性质。在树脂中加入一定量的配合剂（也称为助剂），如防老剂、增塑剂、填充剂、阻燃剂、着色剂等，在一定的温度、压力下可塑制成型，并保持一定形状的材料称为塑料。

相比其他材料，塑料相对密度小、重量轻、机械强度较高、电绝缘性好。此外，它的化学稳定性好，耐酸碱、耐油，而且易于加工成型，材料来源广，因此近几十年来，塑料电线电缆在国内外发展十分迅速。最初，为了节约天然橡胶、棉纱和铅、铝金属，用塑料来代替橡胶和油纸作绝缘，代替棉纱、铅、铝等作护套。随着塑料性能的不断改进、新产品不断出现，塑料已逐渐成为发展电线电缆新品种、制造特殊产品以及提高产品性能的重要绝缘和护套材料，被广泛用于光纤光缆、电力电缆、通信电缆、控制信号电缆、船用电缆等电线电缆产品中，并为电线电缆新品种的发展和产品性能的提高开辟了广阔的前景。因此，无论是作为绝缘材料还是作为护套材料，在电线电缆中都得到了广泛的应用。

电线电缆用量最大的塑料品种是聚乙烯和聚氯乙烯。另外，其他塑料，如聚丙烯、聚苯乙烯、聚乙烯共聚物、氟塑料以及聚酯、聚酰胺、氯化聚醚、环氧树脂也在电线电缆中使用。

6.1 聚乙烯（PE）

聚乙烯 $\xleftarrow{}{CH_2—CH_2}\xrightarrow{}_n$ 简称为 PE，是树脂中分子结构最简单的一种。它的原料来源丰富、价格低，具有优异的电绝缘性、化学稳定性高、易于加工成型，并且品种较多，可以满足不同的性能要求。因而，自其问世以来，由于其用途极为广泛，是目前产量最大的树脂品种。

6.1.1 聚乙烯的合成及品种

聚乙烯树脂主要有三类，即低密度聚乙烯、高密度聚乙烯和线型低密度聚乙烯。此外，还有中密度聚乙烯和超高分子量聚乙烯。

1. 低密度聚乙烯

低密度聚乙烯又称高压聚乙烯（LDPE）。是 1939 年英国帝国化学工业（ICI）公司最先用高压法生产的一种聚乙烯。高压聚合是以乙烯为原料，在压力为 100～350MPa 的高压和160～227℃ 的较高温度下，以氧气或有机过氧化物为引发剂，按自由机理进行聚合而成的。平均分子量约为 2～5 万。

2. 高密度聚乙烯

高密度聚乙烯（HDPE）又称为低压聚乙烯，是用低压法合成的。以乙烯为原料，采用 Ziegfer-Natta 催化剂［主催化剂 $TiCl_4$、助催化剂 $Al(C_2H_5)_3$，载体 $MgCl_2$］，用氢气作为相对分子质量为调节剂，在汽油溶剂中于 60～70℃、压力为 0.1～1.5MPa 的状态下进行阴离子型配位聚合而成。分子量较高，约 15～35 万。

3. 线型低密度聚乙烯

线型低密度聚乙烯（LLDPE），被称为第三代聚乙烯，是 1977 年才出现的一种用乙烯与少量（约 8% ~ 12%）C_4-C_8 的 α-烯烃（如 1-丁烯）在载于硅胶的铬和钛氟化物的引发下，以氢气作为相对分子量调节剂，于压力 0.7 ~ 12.1MPa 和温度 85 ~ 95℃下进行共聚反应制得。平均分子量小于 35 万。

三种不同聚合方法得到的聚乙烯的结构也有很大的差异（见图 6-1）。高压法是按自由基机理聚合，支化度高、长短支链多、分子链不规整，因而结晶度低、密度小，各项力学性能和耐热性较低，但韧性好。低压法按配位机理聚合，支化度低，可以看成是线型结构，因而结晶度高，密度大，机械强度和耐热性都较高，但韧性差些。线型低密度聚乙烯具有规整的非常短小的支链结构，虽然结晶度和密度与 LDPE 相似，但由于分子间力较大，使其力学性能与耐热性介于 LDPE 和 HDPE 之间，某些性能，如耐环境应力开裂性、抗撕裂强度，特别是耐刺穿性，优于低密度聚乙烯和高密度聚乙烯。

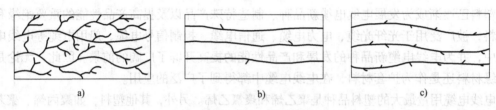

图 6 - 1　聚乙烯分子示意图
a）低密度聚乙烯（LDPE）　b）高密度聚乙烯（HDPE）　c）线型低密度聚乙烯（LLDPE）

6.1.2　聚乙烯树脂的结构

聚乙烯化学组成简单，实际上为分子量很大的烷烃系化合物。它是由次甲基（—CH_2—）所构成的长链。

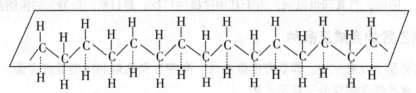

长链中，碳原子间距离是 0.154nm，且排列成锯齿状，键角接近 109°28′。这样长链以 0.493nm 的间距排列着，构成聚乙烯晶体。

聚乙烯聚合度 n 约为 10^2 ~ 10^6。由于聚合时加入引发剂，所以聚乙烯中还含有残余的少量引发剂杂质。每个聚乙烯分子链并不是都一般长，由于聚合反应体系各点的温度、压力和引发剂的含量差异，乙烯的聚合反应过程中，如链增长、链转移和链终止不尽相同，所以得到聚乙烯树脂最终产品实际上是大大小小、各种不同分子量的混合物。而且，分子主链上有不少甲基、乙基等短的支链和较长的烷基支链，此外，还存在着双键，而且双键可能位于链端（R-CH = CH_2 型）、链侧（R_2C = CH_2 型）、链中（R-CH = CH-R 型）。不同品种的聚乙烯上支链数的多少依次为，LDPE > LLDPE > HDPE。支链越多，其耐光性和耐氧化能力越差。

曾有人测得，一个高压聚乙烯分子平均含有 50 个短支链和一个长支链。也有实验说明，高压聚乙烯每 1000 个碳原子平均含有 21 个支链，其中甲基 2.5 个，乙基 14 个。此外，平均有 0.6 个双键，还有少量的羰基。

6.1.3　聚乙烯树脂的性能

聚乙烯是一种热塑性树脂，无味无毒的颗粒或粉末，外观呈乳白色，薄时透明，厚时不透明，有似蜡的手感。遇火时，它容易燃烧和熔融，并放出与石蜡燃烧时同样的气味，氧指数仅为 17.4。各种聚乙烯的主要物理力学性能见表 6-1。

表 6-1　各种聚乙烯的主要物理力学性能

性　　能	LDPE	LLDPE	HDPE	UHMW（超高分子量）PE
密度/(g/cm³)	0.91 ~ 0.92	0.91 ~ 0.92	0.94 ~ 0.97	0.92 ~ 0.94
结晶度（%）	65 ~ 75	65 ~ 75	80 ~ 95	75 ~ 80
透明度	半透明	半透明	不透明	不透明
熔点/℃	105 ~ 115	122 ~ 124	131 ~ 137	135 ~ 137
热变形温度/℃	50	75	78	95
硬度	软	中等	硬	非常硬
—CH₃（1000 个 C）	15 ~ 30	10 ~ 20	5 ~ 7	
拉伸强度/MPa	7 ~ 15	15 ~ 25	21 ~ 37	30 ~ 50
弹性模量/GPa	0.17 ~ 0.35	0.25 ~ 0.55	1.3 ~ 1.5	1 ~ 7
缺口冲击强度/(kJ/m²)	80 ~ 90	>70	40 ~ 70	>1000
伸长率（%）	400 ~ 600	50 ~ 800	15 ~ 1000	
吸水性（质量分数，24h）	<0.015	<0.01	<0.01	

1. 聚乙烯的物理力学性能

聚乙烯的力学性能主要取决于它的密度、分子量和分子量分布。

一般来说，分子量越高，大多数物理性能越趋于优良，而加工越困难，如耐化学试剂性、冲击强度、拉伸强度、伸长率、耐磨性、耐环境应力开裂性均随分子量提高而提高。

分子量分布：分子量分布越宽，加工性能越好，电缆一般使用分子量分布中等到宽的范围内。如果要求高速挤出，宜选用分子量分布宽或很宽。但分子量分布越宽，伸长率、拉伸强度、冲击强度、耐环境应力开裂性就越下降。

它的密度越高，结晶度越高，越不透明，大多数力学性能就越好。

2. 聚乙烯的化学稳定性

聚乙烯化学结构与烷烃相似，故聚乙烯是一种最稳定、最惰性的聚合物之一，具有良好的化学稳定性。

一般情况下，它可耐酸、碱、盐水溶液，但不耐氧化性的酸（如硝酸）。聚乙烯在室温或低于 60℃ 时，不溶于一般有机溶剂；在较高温度下，可溶于某些有机溶剂（如脂肪烃、芳香烃）中。

另外，极性液体的蒸汽透过聚乙烯的速率极小，而非极性物质的蒸汽要大得多。聚乙烯的水蒸气透过率较低。

3. 聚乙烯的电绝缘性能

聚乙烯分子结构对称，不含极性基团，因此具有优异的电绝缘性能，见表6-2。

表6-2　聚乙烯的电绝缘性能

性　　能		LDPE	MDPE	HDPE
体积电阻率/$\Omega \cdot m$		$>10^{16}$	$>10^{16}$	$>10^{16}$
绝缘击穿强度（瞬间）/(kV/mm)		18 ~ 40	18 ~ 40	18 ~ 20
相对介电常数	60Hz	2.25 ~ 2.35	2.25 ~ 2.35	2.30 ~ 2.35
	10^3 Hz	2.25 ~ 2.35	2.25 ~ 2.35	2.30 ~ 2.35
	10^6 Hz	2.25 ~ 2.35	2.25 ~ 2.35	2.30 ~ 2.35
介质损耗角正切	60Hz	<0.0005	<0.0005	<0.0002
	10^3 Hz	<0.0005	<0.0005	<0.0003
	10^6 Hz	<0.0005	<0.0005	<0.0003
耐弧性/s		135 ~ 160	200 ~ 235	>200

聚乙烯优异的电绝缘性能表现如下：

1）聚乙烯不含亲水基团，受水影响小。聚乙烯有较小的吸水率，在水中浸泡一个月，吸水量为0.03%，在水中浸泡一年，吸水量仅为0.15%。即使在浸水7天后，无论是高密度聚乙烯还是低密度聚乙烯的体积电阻率和绝缘击穿强度都没有变化。

2）介电常数 ε 与介质损耗角正切 $tg\delta$ 很小，而且介电常数和介质损耗角正切与频率关系不大，也与温度关系不大（见图6-2 ~ 图6-5）。

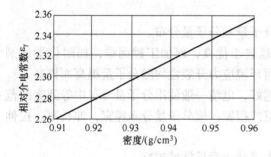

图6-2　聚乙烯介电常数与密度的关系

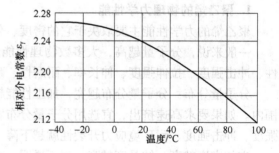

图6-3　聚乙烯介电常数与温度的关系

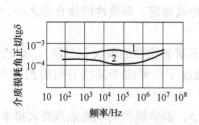

图6-4　聚乙烯的介质损耗角正切与频率的关系
1—低密度聚乙烯　2—高密度聚乙烯

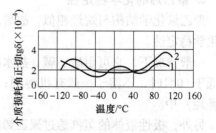

图6-5　聚乙烯的介质损耗角正切与温度的关系
1—低密度聚乙烯　2—高密度聚乙烯

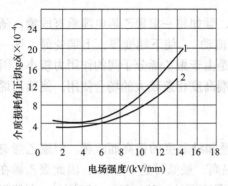

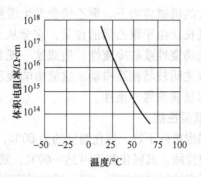

图 6-6　聚乙烯的介质损耗角正切与电场强度的关系　图 6-7　低密度聚乙烯体积电阻率与温度的关系
1—低密度聚乙烯　2—高密度聚乙烯

3）聚乙烯的分子量对电缆绝缘性能影响不大。

但聚乙烯耐电晕性和耐电蚀性欠佳，在高电压长期作用下，易出现水树枝化、电树枝化，导致绝缘老化。聚乙烯的耐电性能如图 6-8、图 6-9 所示。

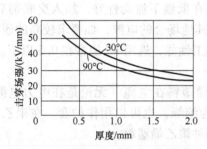

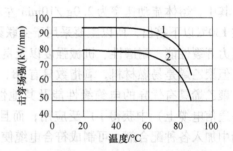

图 6-8　聚乙烯的击穿场强与厚度的关系　　　图 6-9　聚乙烯的击穿场强与温度的关系
1—高密度聚乙烯　2—低密度聚乙烯

4. 聚乙烯的耐老化性能

聚乙烯在无氧时，升高到 300℃ 才开始分解，但在接触氧气时，50℃ 就有氧化反应，并随温度升高，氧化反应加剧。聚乙烯中的薄弱环节（如 α-H 原子，羰基）与氧形成过氧化氢物，在光热作用下，分解成自由基而进一步发生老化反应。配合适当抗氧剂，可提高聚乙烯的热稳定性。

聚乙烯耐光性较差，易于吸收 300nm 紫外光，在户外使用时应加入光稳定剂。

5. 聚乙烯的耐环境应力开裂性和蠕变性

聚乙烯在受力的状态下或在加工成型而残留有内应力时，或接触某种液体、蒸汽（如醇类、洗涤剂、肥皂水等）时，常会发生开裂，这种现象称为环境应力开裂。电缆聚乙烯绝缘层，尤其是护套常有这种破坏。

提高分子量、减小熔融指数或采取交联，可以改善聚乙烯耐环境应力开裂性。研究证明：相对密度为 0.95 左右、熔融指数较小的高密度聚乙烯，耐环境应力开裂性较好。高密度聚乙烯（MI＜0.3）是加工性能较好的品种，不作改性，就能满足海底电缆护套（对耐环境应力开裂）的要求。分子量提高，熔融指数减小，也可以改善聚乙烯耐环境应力开裂性。

线性低密度聚乙烯耐环境应力开裂性非常优越。

在不大的机械应力下，聚乙烯会发生缓慢的形变，譬如将一根聚乙烯电缆垂直放置，随着时间的延长，由于聚乙烯的自重，它会从上往下"流动"，使下端变厚，上端变薄，这一现象称之为蠕变性或称冷流性。造成这一现象的原因是由于聚乙烯分子间的作用力较小，因而大分子链之间较易相互滑动。这就影响聚乙烯在两端高度相差较大的场合使用。使聚乙烯交联，可以显著改善冷流性。

6. 高低温性能

聚乙烯耐热性不好，软化温度约为 $60℃$，随分子量和结晶度的提高而改善。但聚乙烯有较好的低温性能，其脆化温度可达 $-60℃$，随分子量提高，最低可达 $-140℃$，因此聚乙烯在低温下仍具有较好的柔韧性。聚乙烯的线膨胀系数大，最高可达 $(20 \sim 40) \times 10^{-5} K^{-1}$，在塑料中属于较大的。聚乙烯的热导率也属于塑料中较高的。

7. 工艺性能

聚乙烯具有良好的加工性能，易于熔融塑化，而不易分解，冷却易于成型。电缆所用聚乙烯熔体流动速率一般为 $0.1 \sim 2.2g/10min$ 之间。

对于低密度聚乙烯，熔融指数 $\lg(MI) = 188 - 30\lg \overline{M_n}$。

其中，熔体流动速率为 $2.0g/10min$ 左右的聚乙烯在低温下流动性好，加入交联剂后，可在 $130℃$ 以下挤出，所以主要采用于交联聚乙烯料。其他场合的电缆，如要求较高的耐环境应力开裂性能、耐磨性、机械强度以及良好的挤出加工性能，选用 MI 通常在 0.5 以下。

但聚乙烯是易燃材料，氧指数只有 18，不耐燃。

聚乙烯具有优异的电绝缘性能及其他性能，聚乙烯塑料在电缆（无论是在电力电缆，还是通信电缆上）中获得了广泛应用，而且既可以作为绝缘，也可以用作护套。在聚乙烯树脂中加入各种配合剂，可制成符合电缆使用要求的各种聚乙烯塑料。

6.1.4 聚乙烯塑料中常用的助剂

1. 抗氧剂

聚乙烯的氧化老化是一种自动催化的自由基连锁反应。抗氧剂的作用是抑制或延缓氧化反应，其原理在于抗氧剂能消除氧化反应中生成的过氧化自由基，还原烷氧基或烃基自由基，从而使氧化连锁反应终止，以达到防止聚乙烯氧化老化的目的。

聚乙烯常用的抗氧剂有酚类（如 1010、330、2246 和 200 及双酚 A 等）抗氧剂和胺类（如 4010、DNP）以及亚磷酸酯类（如 TNP 等）抗氧剂。抗氧剂添加量一般不超过 1 份。

2. 紫外线吸收剂

紫外线吸收剂是一种能吸收紫外线光波或减少紫外线光的透射，并防止塑料的光老化的化学物质。它能有效地吸收高能量的紫外线光，并进行能量转换，以热的形式或无破坏性的其他形式把能量放出，从而保护了高分子材料免受紫外线的破坏。紫外线吸收剂吸收光的程度，与紫外线吸收剂的分子消光系数及浓度成正比，故必须选择分子消光系数大的紫外线吸收剂。

电缆中常用的紫外线吸收剂是邻羟基二苯甲酮酚类（RO ——）（如 UV-9、

UV-531 和 DOBP 等）紫外线吸收剂。

3. 光屏蔽剂

高分子材料受光照射，除了紫外光外，其他光线也会起一定的破坏作用。为此，一般除加入紫外线吸收剂外，还需加入光屏蔽剂。光屏蔽剂的作用是能吸收某些波长的光线（将光能转变为热能散出），或将光线反射，减少材料对光波的吸收，如添加氧化锌及钛白粉，能提高材料对光的折射率，增大反射率，因此光屏蔽效果好；而添加炭黑对可见光的吸收和对紫外线的反射都很有效，可提高制品的耐光性。这些都是护套料中常见的光屏蔽剂。

4. 发泡剂

凡加入塑料中通过受热分解而产生气体，并均匀地分布于塑料之中而形成泡沫塑料的材料，称为发泡剂。对发泡剂有如下的要求：

① 加热温度与高聚物熔融温度相适应；

② 发泡速度适当，能与挤塑工艺相适应，以确保塑料在挤出机头时正处于发泡状态；

③ 发泡生成的气体要多，残渣量要少。

使用最广的是有机发泡剂。常用的发泡剂有偶氮二甲酰胺（AC）、偶氮二异丁腈（N）以及苯磺酰肼（BSH）和重氮氨基苯。

5. 阻燃剂

聚乙烯等高聚物均为易燃材料，配入阻燃剂可以保护材料不着火或使火焰迟缓蔓延。聚氯乙烯，虽有良好的阻燃性，但由于大量的增塑剂加入，也会导致耐燃性下降，有时也需加入适当的阻燃剂。常用阻燃剂如下：

1）氢氧化铝：白色、无毒粉末，230℃、300℃和500℃各有一个吸热峰，总吸热量为1.97kJ/g。有吸热和稀释效应，且有抑烟效果，与氢氧化镁并用有协同效果。用量较大，为40～80份。

2）氢氧化镁：白色、无毒粉末，340℃分解，吸热量为0.77kJ/g。有吸热和稀释效应，且有抑烟效果，与氢氧化铝并用有协同效果。用量较大，为20～200份。

3）氧化锑（Sb_2O_3）：俗称锑华或锑白，白色粉末状结晶、有毒。与含卤化合物混合，协同效果大，用量一般为3～5份。

4）氯化石蜡：含氯为60%～70%，黄色或琥珀色，相对密度为1.12～1.13，应与氧化锑并用，用量为10～20份。

5）十溴二苯醚：白色粉末，相对密度为3.04，熔点为295～305℃，分解温度为425℃，与氧化锑并用，协同效果大。

6）磷酸三甲苯酯：无色无味液体、有毒，相对密度为1.17～1.185，耐大气老化，防霉。与聚乙烯相容性好，所以特别适用于聚乙烯，用量为10～20份；与少量氧化锑并用，有协同效果。

7）硼酸锌：白色粉末、无毒，一般与含氯化合物混用效果好，并加一定的氧化锑。

6.1.5 电线电缆用聚乙烯塑料

1. 聚乙烯绝缘料

电线电缆用聚乙烯绝缘料见表6-3。

表 6-3　绝缘用聚乙烯塑料的分类及组成

序　号	名　　称	基本组成	用　　途
1	一般用聚乙烯绝缘料	LDPE 树脂、抗氧剂，根据需要可能还加有润滑剂	通信电缆绝缘、低压电缆绝缘
2	高速挤出用聚乙烯绝缘料	高分子量 HDPE 树脂、抗氧剂	市话电缆薄绝缘
3	可发泡聚乙烯绝缘料	HDPE 树脂、发泡剂（如 AC）、抗氧剂	通信电缆绝缘
4	海底通信电缆用聚乙烯绝缘料	MI 在 0.3 以下的 HDPE 树脂或改性的 PE、抗氧剂	海底通信电缆用聚乙烯绝缘
5	耐候性低密度聚乙烯绝缘料	LDPE 树脂、炭黑、抗氧剂	1kV 及以下架空电缆绝缘或其他类似的场合，最高工作温度为 70℃
6	耐候性线型低密度聚乙烯绝缘料	LLDPE 树脂、炭黑、抗氧剂	1kV 及以下架空电缆绝缘或其他类似的场合，最高工作温度为 70℃
7	耐候性高密度聚乙烯绝缘料	HDPE 树脂、炭黑、抗氧剂	10kV 及以下架空电缆绝缘或其他类似的场合，最高工作温度为 80℃
8	高电压用聚乙烯绝缘料	超净聚乙烯树脂、抗氧剂、电压稳定剂	最高可用于 220kV 电缆的绝缘

2. 聚乙烯护套料

电线电缆护套用聚乙烯塑料见表 6-4。

表 6-4　护套用聚乙烯塑料的分类及组成

序　号	名　　称	基本组成	用　　途
1	黑色低密度聚乙烯护套料	低密度聚乙烯、3% 炭黑、抗氧剂，耐候性的好坏取决于炭黑的粒径、含量和分散度	通信电缆、控制电缆、信号电缆和电力电缆的护层，最高工作温度为 70℃
2	黑色耐环境应力开裂低密度聚乙烯护套料	熔融指数为 0.3 以下、分子量分布不太宽的聚乙烯、炭黑、抗氧剂	耐环境应力开裂性要求高的通信电缆、控制电缆、信号电缆和电力电缆的护层，最高工作温度为 70℃
3	黑色线型低密度聚乙烯护套料	LLDPE、炭黑、抗氧剂	耐环境应力开裂性要求高的通信电缆、控制电缆、信号电缆和电力电缆的护层，最高工作温度为 70℃
4	黑色高密度聚乙烯护套料	HDPE、炭黑、抗氧剂	光缆、海底电缆的护层，最高工作温度为 80℃
5	黑色中密度聚乙烯护套料	MDPE、炭黑、抗氧剂	通信电缆、电力电缆和光缆、海底电缆的护层，最高工作温度为 80℃

3. 半导电聚乙烯塑料

半导电聚乙烯塑料是在聚乙烯中加入导电炭黑而获得导电性的，炭黑含量高达 40 份，大量的炭黑填充，使物料变硬、流动性变差、性能变脆，因此应采用熔融指数较大的聚乙烯树脂，并加入聚异丁烯，现在也较多地采用乙烯共聚物。加入硬脂酸可以改善炭黑的分散性；导电炭黑一般应采用细粒径、高密度结构的炭黑。

4. 热塑性低烟无卤阻燃聚烯烃电缆料

该种电缆料是以聚乙烯树脂为基料，加入优质高效的无卤无毒阻燃剂（如氢氧化铝）、抑烟剂、热稳定剂、防霉剂、着色剂等改性添加剂，经混炼、塑化、造粒而成的。

6.1.6 交联聚乙烯（XLPE）

聚乙烯受到高能射线或交联剂的作用，在一定条件下，从线状变成网状结构；由热塑性转变成不溶不熔的热固性的交联聚乙烯材料。

交联聚乙烯（XLPE）与聚乙烯（PE）相比，具有以下特性：

① 提高耐热性：短时使用温度从 125℃ 提高到 150℃，甚至短时间使用温度可达 250℃；由于交联聚乙烯（XLPE）是体型大分子故为不溶不熔物，耐热性明显提高，交联度低，软化点变化不大，交联度提高，维卡耐热温度可提高 30~40℃。

② 提高了耐环境应力开裂性和冷流性。

③ 提高了化学稳定性，改善了耐热老化、耐溶剂性。长期使用温度从 70℃ 提高到 90℃。

④ 有利生产过程消除气泡，提高电缆绝缘的等级。

使聚乙烯交联的方法有辐照交联、过氧化物交联和硅烷交联。

1. 辐照交联

辐照交联聚乙烯是利用高能射线（如 γ 射线、α 射线、电子射线），使聚乙烯大分子 C—H 键断裂，形成聚乙烯活性链，进行相互交联而成的。电线电缆常用的高能射线是电子加速器产生的电子射线。由于这种交联是依靠物理能量进行的，故属物理交联。

聚乙烯经高能射线辐照后，除使聚乙烯大分子之间产生碳间交联键外，也可能产生长支链和双键，同时放出氢气和少量的低级烷烃气体。

聚乙烯和各种乙烯共聚物用较低的辐照剂量就可以实现交联，所以通常聚乙烯料中不加其他物质。但为了提高生产速度和使用能量较小的电子加速器，可以加入助交联剂（也称敏化剂），提高辐照交联聚乙烯的交联度和降低辐照剂量。它通常是多官能团物质，常用的助交联剂有三烯丙基异腈脲酸酯（或称三聚异氰酸三烯丙酯，TAIC）、三烯丙腈脲酸酯（或称三聚氰酸三烯丙酯，TAC）、三（甲基丙烯酸三羟甲基）丙烷酯等。

由于辐照源能量的关系，射线穿透力有限，只能用于电压等级不高、绝缘较薄的电缆，如各种仪器、仪表用的耐热辐照交联聚烯烃绝缘电线电缆、绝缘架空电缆等。由于辐照是在挤出成型后进行的，在一些挤出较困难的阻燃电缆上也有广泛使用。

2. 过氧化物交联

过氧化物交联聚乙烯是用聚乙烯树脂配合适量的过氧化物交联剂和抗氧剂，根据需要有时还要加入填充剂和软化剂，充分混合，制成可交联的混合物颗粒。然后，用挤出机等设备挤包在导体上，加工成型，再通过一个有一定压力和温度的交联管，使聚乙烯中的交联剂分解成化学活性很高的自由基，引发自由基链式反应，使聚乙烯交联。交联好的电缆再经冷却、收卷。该交联方法属于化学交联。

常用的过氧化物交联剂有过氧化二异丙苯（DCP）、2，5-二甲基-2，5-二（特丁过氧基）已烷、2，5-二甲基-2，5-二（特丁过氧基）已炔-3 和 α，α′双（特丁过氧基）二异丙苯。交联剂的种类和用量对聚乙烯的物性和加工工艺影响很大。电缆工业绝缘用的交联聚乙烯，大多采用过氧化二异丙苯（DCP）。它在135℃以上就大量分解，所以挤出温度一般不应超过130℃，如超过135℃，就会在挤出机中先期交联。所以，聚乙烯必须选择流动性很好的、能在较低温度下挤出的聚乙烯，这就要求聚乙烯有较宽的分子量分布和较低平均分子量，因此过氧化物交联聚乙烯通常采用高压法生产的低密度聚乙烯，熔融指数一般为2.0～2.2。为了保证绝缘性能，耐压等级越高，要求聚乙烯纯度越高。110kV以上超高压电缆绝缘料国际上多采用超净聚乙烯树脂。

交联剂的用量一般在（2～3）份/100份聚乙烯。但有时因交联管温度不高或线速度较高，也有交联度不足的现象。因此，可以加入助交联剂提高交联速度。助交联剂一般是含双键的化合物。如苯二甲酸二烯丙酯（DAP）、三聚氰酸三烯丙酯（TAC）以及1，2聚丁二烯（分子量为1000～4000）等。选用交联剂必须符合下列要求：

① 交联剂的分解温度，既要高于交联剂本身的熔点，也要高于聚乙烯的成型温度，这样可以保证分解前先熔化，在挤出成型时不交联。

② 交联剂在未达到分解温度之前不易分解，但一旦达到分解温度，便能迅速完全分解，且不产生对材料性能有不良影响的副产物。

③ 交联剂应具有足够的安全加工时间，良好的工艺性能以及较高的交联效率。

④ 纯度高、用量少、挥发性低。

⑤ 对绝缘或护层的物理力学性能、电性能以及耐热性、耐寒性、耐油性、耐候性等无不良影响。

聚乙烯中加入的抗氧剂既能防止聚乙烯氧化时产生的过氧化自由基，同时又不可避免地要与交联剂分解出来的自由基反应。因此，在选择抗氧剂时，必须具有较高的抗氧效果，并对交联剂分解的自由基反应较小。目前，电缆中常用的抗氧剂是300、DLTP和1010等。其用量一般为2～3份，抗氧剂用量过多，会引起交联不足。

3. 硅烷交联

硅烷交联也属于化学交联。硅烷交联聚乙烯料、聚乙烯树脂除配合适量的过氧化物交联剂和抗氧剂外，还加入了有机硅氧烷（乙烯基硅烷）、催化剂。用挤出机等设备充分混合，并挤包在导体上，加工成型时，过氧化物受热分解产生自由基夺取聚乙烯大分子上的氢原子，产生聚乙烯活性链。聚乙烯活性链与乙烯基硅烷反应，乙烯基硅烷接枝到聚乙烯大分子上。然后，挤出成型的电缆在温度为85～95℃温水中，接枝聚乙烯绝缘或护套层在水和催化剂的作用下，接枝侧基水解，缩合形成网状聚乙烯大分子，因此这种交联方法又称为温水交联。

硅烷交联使用的聚乙烯可以是高密度聚乙烯，也可以是低密度聚乙烯，此外还可以使用乙烯共聚物（如EVA、EEA），熔融指数范围较宽，只要适合加工即可。如果乙烯聚合时，将有机硅氧烷与乙烯共聚，则可以得到硅烷接枝的乙烯共聚物，使加工更方便。电缆中使用的有机硅氧烷通常为乙烯基三甲氧基硅烷（A171）或乙烯基三乙氧基硅烷（A151）等，一般用量为0.5～10份。催化剂通常是二月桂酸二丁基锡，用量一般在0.1份左右。为了提高交联速度，还可以采用正丁钛酸酯或正锆酸四丁酯。

硅烷交联聚乙烯由于可以采用通用挤出机和通用的聚乙烯，又不需要昂贵的交联管道，所以得到广泛的应用和发展。但由于生产过程聚乙烯层接触水，作绝缘时电缆产品多为10kV以下的产品。

6.1.7　乙烯共聚物

为了适应半导电聚乙烯电缆料和阻燃聚烯烃电缆料挤出工艺的要求和满足力学性能的要求，需要对聚乙烯进行改性，其较常用的方法就是使用乙烯共聚物。

1. 乙烯-乙酸乙烯共聚物（EVA）

乙烯-乙酸乙烯的结构式：

$$ \left[(CH_2{-}CH_2)_x {-} (CH{-}CH_2)_y \right]_n $$
$$ | $$
$$ O $$
$$ | $$
$$ C{=}O $$
$$ | $$
$$ CH_3 $$

它是由乙烯和乙酸乙烯在压力大于 120MPa、温度为 200～320℃ 下，以过氧化物或过酸酯作引发剂、用丙烯和异丁烯为分子量调节剂，按自由基型聚合反应制成的。因为乙烯、乙酸乙烯竞聚率均接近 1，根据乙烯和乙酸乙烯投料比不同，可以得到乙酸乙烯含量不同的共聚物，且共聚物中乙酸基团是随意分布的。随乙酸乙烯含量的提高，乙烯-乙酸乙烯共聚物可以从热塑性塑料变化到弹性体。典型的 EVA 中乙酸乙烯的含量在 5%～50%（质量分数）之间。小于 5% 的产品被认为是改性聚乙烯，性能与低密度聚乙烯相似，大于 50% 的产品类似于橡胶。

EVA 树脂含有与低密度聚乙烯一样的分支，短支链主要是乙酸基团。由于聚乙烯分子链引入了乙酸基团，从而降低了结晶度，提高了耐冲击性、柔韧性、填料混入性和耐环境应力开裂性，又由于乙酸基团是极性基团，从而提高聚乙烯与极性的无机填料的亲和性，但也使其电性能下降。在电缆中，EVA 常用来改性低密度聚乙烯树脂，以提高聚乙烯耐环境应力开裂性，高乙酸乙烯的含量（大于 15%）、低熔融指数的 EVA 可用于电缆半导电屏蔽材料和阻燃料的基料；高乙酸乙烯的含量、高熔融指数的 EVA 可用于电缆附件或电缆护套的粘结剂。

2. 乙烯-丙烯酸乙酯共聚物（EEA）

乙烯-丙烯酸乙酯共聚物的结构式：

$$ \left[(CH_2{-}CH_2)_x {-} (CH{-}CH_2)_y \right]_n $$
$$ | $$
$$ C{=}O $$
$$ | $$
$$ OC_2H_5 $$

在乙烯-丙烯酸乙酯共聚物中，乙烯和丙烯酸乙酯呈无序排列，典型的组成丙烯酸乙酯含 15%～30%。随丙烯酸乙酯含量的增加，柔韧性、弹性、粘接性、耐应力开裂性、耐低温、耐冲击和耐挠曲疲劳性等均有所提高，但摩擦系数增加、熔点下降、透明度下降、使用温度也有所降低。与 EVA 比较，EEA 的热稳定性更好，且不产生腐蚀性降解产物。

EEA 价格比 LDPE 高，一般以改性的粒料出售。电缆工业中，主要用作 AL-EEA 复合带制作电缆的粘接组合护层，以及用作特高填充物的基料，如半导电屏蔽料、阻燃料和粘合剂。

例如，半导电屏蔽料中，为了保证导电性，导电炭黑通常在 8 份以上，采用有弹性、高填充性的 EVA，EEA（VA 大于 15%），可以改善较多的炭黑使聚乙烯胶料发硬而造成挤出困难和质量不良的问题。环保阻燃聚烯烃中，由于需要填充大量的氢氧化铝和氢氧化镁来保证阻燃性，使用共聚物 VA 含 50% EVA，同样可以改善较多的无机阻燃剂使聚乙烯胶料发硬和结合力差而造成挤出困难和质量不良的问题。

3. 其他共聚物

其他共聚物的结构和特性见表 6-5。

表 6-5　乙烯共聚物的结构和特性

序　号	名　称	缩　写	结　构　式	特　性
1	乙烯-甲基丙烯酸甲酯共聚物	EMA	$\begin{array}{c} CH_3 \\ +(CH_2-CH_2)_x-(C-CH_2)_y+_n \\ C=O \\ OCH_3 \end{array}$	类似 EVA，但在挤出和制造柔软薄膜时，显示更大的稳定性。可用于医药包装、装潢覆盖和电缆用配合物
2	乙烯-丙烯酸丁酯共聚物	EBA	$\begin{array}{c} +(CH_2-CH_2)_x-(CH-CH_2)_y+_n \\ C=O \\ OC_4H_9 \end{array}$	用于生产低温下仍十分柔软薄膜，如电缆用复合带
3	乙烯-丙烯酸共聚物	EAA	$\begin{array}{c} +(CH_2-CH_2)_x-(CH-CH_2)_y+_n \\ C=O \\ OH \end{array}$	在强度、韧性、热粘和粘接性方面优于 LDPE，适合于铝箔和其他聚合物的挤出涂层。以其制成的 AL-EAA 复合带，可用于制作电缆的粘接组合护层
4	乙烯-甲基丙烯酸共聚物	EMAA	$\begin{array}{c} CH_3 \\ +(CH_2-CH_2)_x-(C-CH_2)_y+_n \\ C=O \\ OH \end{array}$	EMAA 在热封性能比 EAA 好。用途同 EAA

6.2　聚氯乙烯（PVC）

聚氯乙烯原料来源丰实，价格低廉，是一种用途广泛的通用塑料，从薄膜、人造革、电缆等用软硬塑料都有。聚氯乙烯具有化学稳定性高、力学性能好、电气绝缘性优良、价格低、难燃等特性，是应用极为广泛的一种塑料产品。

6.2.1　聚氯乙烯树脂的种类

工业上，聚氯乙烯聚合方法有悬浮聚合、乳液聚合、本体聚合三种。其中，悬浮聚合法聚合工艺成熟、后处理简单，约占聚氯乙烯树脂总量的 80%~82%，而且悬浮聚合法较乳液聚合法电性能好，电缆中应用的聚氯乙烯树脂基本上都是用悬浮聚合法生产的。

悬浮聚合法生产的聚氯乙烯树脂在显微镜下观察其形状，可分为疏松型（XS 型）和紧密型（XJ 型）。疏松型树脂颗粒直径大，一般为 50~100μm，表面不规则、多孔，易吸收增塑剂，故易塑化，加工性好，但制品强度比紧密型的低。紧密型树脂颗粒直径为 5~10μm，表面光滑，呈实心球型，不易吸收增塑剂，故不易塑化，加工性稍差。电缆中应用聚氯乙烯树脂主要是疏松型树脂。疏松型 PVC 树脂有七种型号，pvc-SG₁、pvc-SG₂…、pvc-SG₇，型号越大，相对分子质量越小。各种型号下面再分级别，电缆选用是优等品（一级 A）。

电缆用聚氯乙烯树脂一般采用 PVC 中的 pvc-SG₂ 和 pvc-SG₃。特殊要求的电缆可采用 pvc-SG₁，如耐热变性要求高的电缆。

分子量越高，拉伸强度、断裂伸长率提高，脆化温度下降，耐热变形能力提高。

用悬浮聚合法生产的 PVC 树脂，在加工过程中，存在一个重要的质量问题，就是 PVC 树脂与增塑剂混合过程中，如果塑化性能较差时，会出现若干晶点（或"鱼眼"），即出现加工过程中未塑化的树脂颗粒。其产生原因除受塑化加工条件影响外，很大程度上由于树脂颗粒的不均匀性所引起的。这些颗粒比通常的大，结构更为紧密，所以在一般加工条件下，不能塑化，构成所谓的晶点。

晶点在制品中呈现透明的粒子，不仅影响外观，而且由于其吸收增塑剂、稳定剂等助剂不足，容易分解变色，因此对电性能、热老化性以及低温曲挠性能产生不利影响。鱼眼脱落，还会引起电击穿，电线受热老化也最容易在鱼眼周围产生，电线在低温下使用，容易在鱼眼处开裂。因此对树脂中晶点数要严加控制。

6.2.2　聚氯乙烯树脂的结构

聚氯乙烯树脂合成是按自由基型聚合反应进行的，因此其结构多分散性比较明显。

1）大分子中单体连接方式

聚氯乙烯长链中主要是头-尾结构，也存在头-头、尾-尾结构，但头-头、尾-尾结构极少：

$$\text{—CH—CH}_2\text{—CH—CH}_2\text{—　　—CH—CH}_2\text{—CH}_2\text{—CH—　　—CH}_2\text{—CH—CH—CH}_2\text{—}$$
$$\quad\ \ \text{Cl}\qquad\ \ \text{Cl}\qquad\qquad\quad\ \text{Cl}\qquad\qquad\quad\ \text{Cl}\qquad\qquad\qquad\text{Cl}\quad\ \ \text{Cl}$$

2）支化

聚氯乙烯的支链数约为 15 左右（聚合度在 1500 中有 15 个单体（1%）接于支链上），聚氯乙烯支化度不大，远低于低密度聚乙烯。

3）不饱和结构

大分子链转移（向单体），可形成链端的双键，活性链支化终止，也会产生链端双键。脱 HCL（腐蚀性）产生链中双键。

4）大分子形态

目前，工业合成聚氯乙烯主要是无规聚合物，氯原子在空间中分布是随机的。由于对称性差、难于结晶、结晶度小（约 5%），是无定形高聚物。

6.2.3　聚氯乙烯树脂的性能

聚氯乙烯树脂是一种白色或淡黄色的粉末，相对密度为 1.35～1.45，树脂本身无毒、无臭。

1. 电性能较好

聚氯乙烯是一种电性能较好的聚合物，聚氯乙烯（PVC）树脂在分子结构中有不对称的碳氯 C—CL 极性键，属于极性电介质，电性能比聚乙烯差，见表6-6。

表 6-6　PVC 树脂和塑料的电性能

电绝缘性能	PVC 树脂	PVC 塑料
ρ_S/Ω	$10^{12} \sim 10^{14}$	$10^{11} \sim 10^{13}$
$\rho_V/\Omega \cdot m$	$10^{11} \sim 10^{13}$	$10^{10} \sim 10^{12}$
$tg\delta$ （50Hz）	$0.01 \sim 0.03$	$0.05 \sim 0.15$
εr （50Hz）	$3.4 \sim 3.6$	$5 \sim 8$
$E_b/(MV/m)$	$25 \sim 50$	$20 \sim 35$

　　PVC 树脂虽为极性材料，但分子结构中不含有亲水基团，所以它的耐水性虽不及聚乙烯等非极性材料，但一般来说还是良好的。因此，它的体积电阻和表面电阻都很少受空气中湿度的影响。PVC 树脂体积电阻率较大；介电常数、介质损耗大，PVC 的电性能受温度和频率的影响较大。耐电强度是唯一不受极性影响的，因为击穿场强最重要条件是结构严密、高度均匀，没有杂质和气孔。

　　PVC 树脂本身的耐电晕性不好，一般只适用于中低压和低频绝缘材料。

　　PVC 塑料的电性能还与配合剂有关，特别是软质的 PVC 塑料，由于含有较多极性的增塑剂，其电性能比 PVC 树脂要差。

2. 较好的力学性能

　　PVC 树脂具有较高的硬度和良好的力学性能，并随分子量的增大而提高，但随温度的升高而下降。

　　PVC 分子极性大、链段活动性小，玻璃化温度为 80℃左右，因此 PVC 树脂在室温下处于坚硬的玻璃态，不能满足电线电缆的使用要求。为此，需加入增塑剂，增加塑性，改进柔软性。

　　PVC 中加入增塑剂份数不同，对力学性能影响很大，一般随增塑剂含量增大，硬度下降、柔软性提高；软质 PVC 的弹性模量仅为 1.5～15MPa，但断裂伸长率高达 200%～450%。

3. 良好的化学稳定性

　　PVC 可耐大多数无机酸（发烟硫酸和浓硝酸除外）、碱、无机盐和多数有机溶剂（乙醇、汽油和矿物油），但在酯、酮和卤烃中会发生溶胀，PVC 在环己酮和四氢呋喃中能溶解。因此，它有很好的耐水、耐油、耐化学腐蚀性。但化学稳定性随温度的升高而降低。

4. 抗老化性能差

　　PVC 对光、氧、热稳定性都不好，很容易发生降解，引起 PVC 制品颜色的变化，变化顺序为白色→粉红色→淡黄色→褐色→红棕色→红黑色→黑色。导致材料变质发脆，物理力学性能显著下降，电绝缘性能恶化。为了改善 PVC 的耐老化性，必须添加一定量的稳定剂。

5. 非燃性

　　PVC 分子含有阻燃元素氯，是阻燃性材料，燃烧时放出有毒 HCL 气体（腐蚀性）。PVC 树脂本身氧指数可达 45，但 PVC 材料耐燃性受配合剂的影响，增塑剂（可燃）的加入可导致耐燃性下降。

6. 加工性差

　　PVC 是热敏性树脂，热稳定性差，极易在热等因素下脱 HCL，而引起降解、交联等，使得树脂性能变坏。纯 PVC 树脂在 140℃即开始分解，到 180℃迅速分解，而 PVC 的熔融温度约为 160℃。纯 PVC 树脂难以加工，加入热稳定剂可提高分解温度，才能加工，同时加入增塑剂降低熔融温度。此外，在成型时，应尽量避免长期或反复加热。

PVC 溶体是非牛顿流体，随剪切速率的增加，黏度下降，这对加工有利。而且 PVC 是极性高聚物，黏度随温度上升，很快下降，但由于 PVC 热分解温度低，因此应慎用提高温度来提高加工性。PVC 的分子量对成型加工也有较大的影响，随分子量的增大，大分子链间的作用力和缠结增加，引起 PVC 溶体黏度上升，加工温度提高，导致加工困难。但分子量的提高，使 PVC 的耐热变形能力有显著的提高，另外脆化温度也有所降低。

6.2.4　聚氯乙烯助剂

PVC 塑料是以 PVC 树脂为基础的多组分混合材料。聚乙烯塑料中助剂所占的成分较少，一般只有 1% ~ 3%，而 PVC 塑料各种助剂可能所占的成分超过 50%。因此，PVC 塑料性能不仅与 PVC 树脂有关，而且与助剂的品种、用量关系很大。

根据各种电线电缆的使用要求，在 PVC 中配以各种助剂（或称为配合剂）。这些助剂通常包括增塑剂、稳定剂、填充剂、抗氧剂及其他特殊配合剂（如阻燃剂、着色剂）。为了保证 PVC 塑料具有所要求的性能，对配合剂的品种、数量应认真选用，其基本要求如下：

① 效率高；

② 与 PVC 树脂相溶性好；

③ 不损害 PVC 的物理力学性能和电性能；

④ 对光、热稳定，挥发性小，有一定的耐候性；

⑤ 污染性和变色性小；

⑥ 迁移性小，分散性大；

⑦ 协同效果好；

⑧ 价廉、阻燃、耐寒。

1. 增塑剂

PVC 树脂由于极性、分子间力大，玻璃化温度 T_g 约为 80℃，高于室温。这使 PVC 在室温时处于又硬又脆的玻璃态。这不仅使它的成型加工十分困难，而且即使加工出来在电缆上也无法使用。因为作为护层或绝缘使用时首先要有柔软性。聚氯乙烯中加入增塑剂后能大大降低 T_g，并使其在室温下具有良好的柔软性，调整其物理力学性能，而且能降低黏流温度 T_f，改进了可塑性、加工性能。增塑剂加入量在 10 ~ 60 份之间，增塑剂量的调整，可以制成软硬程度不同的产品。电缆用 PVC 塑料中，增塑剂量在 40 ~ 60 份之间。

1）增塑机理

增塑剂通过体积效应和极性效应起增塑作用。

① 体积效应：增塑剂钻入大分子之间，把大分子之间的距离拉大，从而减弱了大分子链间的相互作用，提高了大分子链的活动性。这一变化，在客观上就反映了 T_g 的降低。显然，这种增塑作用与增塑剂的体积成正比。

② 极性效应：增塑剂的极性基团与大分子的极性基团作用，减弱了大分子链之间的作用力。从而增塑剂对大分子的极性产生了屏蔽效应，故 T_g 降低。这种增塑作用与增塑剂的摩尔分数成正比。

一般来说，非极性增塑剂对非极性高聚物的增塑作用主要是体积效应。极性增塑剂对极性高聚物的增塑作用主要是极性效应。对 PVC 增塑主要是极性效应，但也有一定的体积效应。

2）电缆常用增塑剂

大多数增塑剂是有机酯类化合物，见表6-7。随有机酯分子量提高，酯的熔点、沸点提高，增塑的塑料耐热性提高。大多含苯环的酯类（如邻苯二甲酸酯系列）耐热性高；脂肪族二元酸酯系列耐寒性较好；而磷酸酯类还有阻燃作用，环氧化合物有防光老化作用。

表6-7　电缆常用增塑剂

塑料的用途		常用增塑剂
耐热性	耐热 60~70℃	邻苯二甲酸二辛酯（DOP） 癸二酸二辛酯（DOS） 磷酸三苯酯（TCP） 烷基磺酸苯酯（M-50）
	耐热 80℃	邻苯二甲酸二异癸酯（DIDP） 邻苯二甲酸二壬酯（DNP） 邻苯二甲酸辛十三酯
	耐热 90℃	邻苯二甲酸双十三酯（DTDP） 季戊四酯
	耐热 105℃	双季戊四醇酯 偏苯三甲酸三辛酯（TOTM） 偏苯三甲酸辛癸混合酯 均苯四甲酸四辛酯（TOPM）
耐 油 性		丁腈橡胶（块、粉、液体） 己二酸聚苯乙烯酯（PPS） 己二酸聚丙烯酯（PPA）
耐 寒 性		癸二酸二辛酯（DOS） 己二酸二辛酯（DOA） 己二酸二异癸酯（DIDA） 磷酸三辛酯（TOA） 环氧十八酸丁酯（ED3）
耐 燃 性		磷酸三甲苯酯（TCP） 磷酸二甲苯酯（TXP） 氯化石蜡
防霉性、防潮性		磷酸三甲苯酯（TCP） 邻苯二甲酸二辛酯（DOP） 氯化石蜡
耐大气老化、耐光性		磷酸一苯二异辛酯 环氧十八酸丁酯 环氧大豆油

除了上述有机增塑剂外，为了改进聚氯乙烯低温耐冲击性差，有效办法是加入玻璃化温

度较低的、在室温下显示高弹性的改进剂，如氯化聚乙烯、丁腈橡胶、EVA 以及 ACR、MBS、ABS、SBS 等。

2. 稳定剂

稳定剂是聚氯乙烯必不可少的助剂，能抑制聚氯乙烯树脂在使用和加工过程中由于热、光作用而引起的降解和变色。

1）机理

聚氯乙烯在使用和加工过程中，受光、热的作用，容易脱去 HCL，而 HCL 对 PVC 继续脱去 HCL 有催化作用，故必须在形成时尽快除去。稳定剂的稳定作用就是通过吸收 HCL 来达到目的。例如铅盐、金属皂类、有机锡化合物和环氧化合物等都具有吸收 HCL 的能力。

$$PbO + 2HCl \longrightarrow PbCl_2 + H_2O$$

$$(RCOO)_n M + n\,HCl \longrightarrow MCl_n + n\,RCOOH$$

$$\begin{array}{c} R' \\ R \end{array}\!Sn\!\begin{array}{l} OOCR \\ OOCR \end{array} + 2HCl \longrightarrow \begin{array}{c} R' \\ R \end{array}\!Sn\!\begin{array}{l} Cl \\ Cl \end{array} + 2RCOOH$$

$$-CH\!-\!CH\!- + HCl \longrightarrow -CH\!-\!CH\!- \\ \quad\ \ \diagdown\!O\!\diagup \qquad\qquad\qquad\quad\ \ |\quad\ \ | \\ \qquad\qquad\qquad\qquad\qquad\qquad\ \ OH\quad Cl$$

2）稳定剂的类型

稳定剂的种类繁多，在电线电缆中常用的是铅系稳定剂和金属皂类稳定剂。

① 铅系稳定剂：铅系稳定剂价格低廉、稳定效果好、电绝缘性能优越，与氯化氢反应生成稳定的二氯化铅，吸水性小，适宜于潮湿环境下使用，因此它是电缆料绝缘配方中的主稳定剂。主要缺点是分散性不好，用量大（6～8 份），毒性较大。

ⅰ）三盐基性硫酸铅（$3PbO \cdot PbSO_4 \cdot H_2O$）：密度为 $6.4g/m^3$，是一种使用最广泛的稳定剂，有很强的吸收氯化氢的能力，长期稳定性好、电气性能好，具有白色颜料特性，耐候性好、不透明，主要用于不透明的软、硬聚氯乙烯及电线电缆料中。

ⅱ）二盐基亚磷酸铅（$2PbO \cdot PbHPO_3 \cdot 1/2H_2O$）：密度为 $6.0g/m^3$，除了有稳定剂的作用外，对紫外线有良好的屏蔽作用，有抗氧的功效，耐候性优良，还具有增白的特性，适用于不透明的聚氯乙烯电缆料。

此外，还有铅白［$2PbCO_3 \cdot Pb(OH)_2$］、二盐基性硬脂酸铅［$2PbO \cdot Pb(C_{17}H_{35}COO)_2$］、二盐基性苯二甲酸铅［$2PbO \cdot Pb(OOC)_2C_6H_4 \cdot 1/2H_2O$］等。

② 金属皂类稳定剂：这类稳定剂常具有热稳定性或光稳定性，同时具有润滑作用，所以还是电缆料配方中常用的润滑剂。常用的品种如下：

ⅰ）硬脂酸铅：热稳定性好，对初期变色有抑制能力；

ⅱ）硬脂酸钡：优良的热稳定性；

ⅲ）硬脂酸钙：兼有适当的热和光稳定性，且热稳定性高于光稳定性。

任何一种稳定剂单独使用时，都各有优缺点。因而都有一定的应用范围和局限性。在实用中，为了适合各种使用场合的要求，往往采用几种稳定剂并用，配合适当时起到协同效果，增强稳定效果。电线电缆用聚氯乙烯料一般采用铅系稳定剂为主稳定剂，再辅以皂类稳定剂。

3. 填充剂

使用填充剂的目的，首先是为了增加制品容积，降低产品成本；同时改善某些性能（如电气绝缘性、耐热变形性、耐光热稳定性）。

使用填充剂时，同时会导致塑料拉伸强度、伸长率、耐低温性能、柔软性的不同程度下降，这些在配方设计中应予以考虑。

电线电缆工业中常用的填充剂有碳酸钙、陶土、煅烧陶土、炭黑、滑石粉、白炭黑、钛白粉等。碳酸钙在聚氯乙烯中还有吸酸作用，特别适合聚氯乙烯使用。

4. 抗氧剂

抗氧剂在聚氯乙烯塑料中，基本上有双重作用：一是防止聚氯乙烯树脂的氧化裂解；二是保护增塑剂免受氧化作用。防止塑料在使用过程中的老化。如常用的桥式酚：

$$HO-\overset{R}{\underset{}{\bigcirc}}-X-\overset{R}{\underset{}{\bigcirc}}-OH$$

其中，X 为 $-\overset{R_1}{\underset{R_2}{C}}-$（$R_1$、$R_2$ 为烷基或 H），或—S—；R 是 Cl 或烷基。

在聚氯乙烯电缆料中，最宜使用的是双酚 A：

$$HO-\overset{CH_3}{\underset{CH_3}{\bigcirc-C-\bigcirc}}-OH$$

5. 润滑剂

润滑剂的作用是降低聚合物与加工设备之间和聚合物内部分子之间的相互摩擦，从而改善塑料的加工性能，节约动力消耗，提高生产效率。防止因摩擦过大而引起的树脂降解，并提高了热稳定剂的使用效率。

润滑剂掺和于混合物中，在低温时，润滑剂在聚合物分子表面，使分子表面得到润滑，从而在加工设备的较低温度部位比较容易流动。随着温度的升高，聚合物分子开始软化，润滑剂也随之熔融，并掺入到聚合物粒子之中，提高了聚合物加工流动性。润滑剂按作用机理分为内部润滑剂和外部润滑剂。

内部润滑剂与聚合物都有一定的相容性，常温时相容性较小，而在高温时相容性相应地增大。对聚氯乙烯而言，润滑剂和增塑剂可视为同一类物质，不同的是润滑剂的极性较低，碳链较长，润滑剂同聚氯乙烯的相容性比增塑剂低。正因为如此，只有少数的润滑剂分子像增塑剂一样能穿入聚氯乙烯分子之间，消弱了聚合物分子之间的相互引力。聚合物在变形时分子链之间容易滑动和旋转，同时又不至于过分降低聚合物的玻璃化温度。如硬脂酸钙归类为内部润滑剂，一般用量为 0.3～0.5 份。

外部润滑剂主要特点是它和聚合物的相容性小甚至不相容，在加工过程中，在压力的作用下，容易从聚合物中挤出，移析到表面或在混合物料和加工机械的界面处。润滑剂分子取向排列极性基团向着金属表面，通过物理吸附或化学键形成一个润滑剂分子层。由于润滑剂分子内聚能低，因此可以降低聚合物与设备表面的摩擦力，防止其黏附在机械表面上。如液体石蜡为外部润滑剂，与聚氯乙烯相容性较差，一般用量为 0.3~0.5 份，如果过量，会产生压析与发黏的现象。

润滑剂的用量不宜多，一般为 0.3~2 份，用量过多，会使塑料表面发生喷霜现象，既损害外观，又影响性能。

理想的润滑剂，其分子结构中应具有长脂肪族烃基（非极性基）和少数极性基。

常用的润滑剂有硬脂酸铅、二盐基性硬脂酸铅、硬脂酸钡、石蜡、硬脂酸和硬脂酸正丁酯。

6. 着色剂

凡使制品具有某种颜色的配合剂，称为着色剂。着色的目的在于使电缆的绝缘线芯分色，便于使用和维修检验的方便。这对于通信和控制用的多芯电缆是很重要的。

物质呈现不同颜色的原理是，当一束光线射到物体上时，会发生三种情况：被物体吸收一部分；反射一部分；如果为透明物体还要透过一部分。物体的各种颜色就是因为各种物体的成分不同，而对光的吸收与反射（或透过）具有选择性。如果物体能反射全部入射光，则呈白色，全部吸收则呈黑色，而只反射红色、吸收其余光线的物体则呈红色，以此类推。我们感受到的颜色，就是制品表面上反射到眼睛视网膜光线的颜色。着色有两种办法，不透明的有色制品是在物料中加入具有某种颜色的颜料，透明的有色制品是将有机着色剂溶于物料，而使制品具有各种颜色。

着色剂分为两大类，即有机颜料和无机颜料。无机颜料的分散性、覆盖力差，在聚合物中是以物理分散的固体的悬浮状存在，所以用量大。它的特点是染色牢固性好，对热、光比较稳定。无机颜料有如下几种：

红色：氧化铁红（Fe_2O_3）。

黑色：炭黑。

黄色：铬黄（$PbCrO_4$）。

白色：钛白粉（TiO_2）、碳酸钙、锌钡白（$ZnS \cdot BaSO_4$）。

有机颜料着色力强、密度小、用量少、具有优异而鲜艳的色调和光泽、透明性好；但耐热性稍差，吸收增塑剂也大。有些颜料有迁移倾向，价格较高。电缆中常用的有机颜料用量一般不超 0.5 份，常用的有如下几种：

红色：立索尔宝红、立索尔大红、大红粉、金光红。

绿色：酞菁绿、颜料绿。

黄色：永固黄、连本胺黄、中铬黄。

蓝色：酞菁蓝。

6.2.5 聚氯乙烯塑料在电缆中的应用

聚氯乙烯塑料在电线电缆中获得了广泛的应用，大量用作低压绝缘和护层材料。聚氯乙烯塑料是多组分塑料，根据不同要求如耐热、柔软不同，变换树脂和配合剂的品种和用量，制得不同品种的聚氯乙烯电缆料，以满足根据不同使用条件对聚氯乙烯塑料提出的性能要求。在进行配方设计和试验时，应从不同品种的性能要求、原材料来源和价格，以及成型加工工艺要求等多方面综合考虑。70℃聚氯乙烯电缆料配方见表6-8～表6-10。

表6-8　70℃聚氯乙烯绝缘料配方示例

组　分	用量（质量份数）		
	绝缘级	柔软绝缘级	高电性能绝缘级
聚氯乙烯树脂	100	100	100
邻苯二甲酸二辛酯	25	28	10
对苯二甲酸二辛酯	20	28	30
三盐基性硫酸铅	6	6	6
硬脂酸钡	2	2	2
煅烧陶土	5	5	5
碳酸钙		5	

表6-9　聚氯乙烯护套料配方示例

组　分	用量（质量份数）		组　分	用量（质量份数）	
	70℃	90℃		70℃	90℃
聚氯乙烯树脂	100	100	三盐基性硫酸铅	3	3
邻苯二甲酸二辛酯	20		二盐基性亚磷酸铅	3	4
邻苯二甲酸二异壬酯	34		硬脂酸钡	2	2
邻苯二甲酸辛十二酯		30	双酚A	0.1	0.3
邻苯二甲酸双十一酯		20	碳酸钙	5	5

表6-10　屏蔽用半导电聚氯乙烯料配方示例

组　分	用量（质量份数）	组　分	用量（质量份数）
聚氯乙烯树脂	100	三盐基性硫酸铅	6
增塑剂	60～80	硬脂酸钙	2
乙炔炭黑	60～80	硬脂酸丁酯	1

　　尽管聚氯乙烯在国内仍然是电缆用第一大塑料，但它在燃烧时会产生腐蚀性气体，而且配合剂中含铅钡有毒金属，随着人们环保意识的增强，其一部分产品被聚烯烃料所取代。特别是欧盟、美、日都禁止电线电缆中含有铅等有害金属，使聚氯乙烯电缆出口受到很大影响。

6.3　其他电线电缆用塑料

6.3.1　氟塑料

　　氟塑料是指那些聚烯烃分子中的氢原子部分或全部被氟原子取代的高分子合成材料。由于大分子中，碳氟（C—F）键具有很高的键能，以及氟原子具有高的电负性，使氟塑料具有优良的耐高温与低温性能、耐化学品腐蚀和优良的介电性能。特别是聚四氟乙烯的介电性能是现有塑料中最好的一种。采用氟塑料加工成的电线电缆能够满足现代国防、电子、电气、化学及宇航工业特殊的需要。

氟塑料的品种很多，目前在电线电缆工业中常用的氟塑料有聚四氟乙烯塑料（F-4）、聚三氟氯乙烯塑料（F-3）、聚全氟乙丙烯塑料（F-46）、聚偏二氟乙烯塑料（F-2）、四氟乙烯和乙烯共聚物（F-40）、四氟乙烯-全氟烷基乙烯基醚共聚物（PFA）等。

1. 聚四氟乙烯（F-4）

聚四氟乙烯是由四氟乙烯单体（$CF_2 = CF_2$）聚合而成。聚四氟乙烯 $+CF_2—CF_2+_n$ 具有对称的线性结构，在常温下为晶体，结晶度为 55% ~ 57%，平均分子量为 15 万 ~ 50 万。聚四氟乙烯的主要性能：

1）优良的电绝缘性能：由于其结构的对称性和优异的耐高温、低温性能，决定了 F-4 具有优于各种电介质的性能，尤其是电性能稳定，基本上不随温度、湿度、频率等的变化而改变。例如介电常数在温度由室温升到 300℃，频率由工频升到 $10^9 Hz$ 时，基本维持在 2.0 左右；在此变化范围内，其介质损耗角正切值也基本稳定在 2×10^{-4}。其体积电阻率（20℃）高达 $10^{15} ~ 10^{18} \Omega \cdot m$，在此环境中可以长期维持在 $10^{13} \Omega \cdot m$ 以上。它的击穿电场强度亦很高（达 25 ~ 27MV/m），当厚度很薄时，耐电强度可高达 200MV/m。聚四氟乙烯在电气绝缘中的另一个突出特点是耐电弧性很高。因此，它在高压电器设备中特别得到重用。

2）相当高的耐热性和足够好的耐低温性：聚四氟乙烯塑料可在 −195 ~ +250℃ 宽广的温度范围内使用。

① 高温性能：F-4 可在 300℃ 高温下短期工作，在 250℃ 高温下可连续使用，只有当温度超过 300℃ 时才会发生轻微氧化，并稍有发脆。当温度超过 327℃ 时，开始有轻微失重现象，并逐渐地发生降解，致使分子量逐渐降低。当温度超过 415℃ 时，发生剧烈分解。

② 低温性能：F-4 在温度高于 −120℃ 时呈高弹态，在 −120℃ 虽转为玻璃态，但仍具有一定的柔软性而不变硬、变脆，只有当温度下降到 −195℃ 以下，材料才变硬，所以 F-4 是理想的耐高温高寒材料。

3）有足够的力学性能：室温下的力学性能可以保持到相当高的温度不变。如在室温时，聚四氟乙烯的拉伸强度为 $19.6 MN/m^2$，断裂伸长率为 345%，而在 250℃、1000h 后，拉伸强度仍达 $19.4 MN/m^2$，断裂伸长率为 534%，可见在 250℃ 高温下力学性能变化不大，完全符合电线电缆的使用要求。即使在 300℃ 下使用一个月，拉伸强度只会降低 10% ~ 20%。同样温度低至 −90℃，力学性能几乎不发生变化，在 −120℃ 时仍能保持足够柔软性。另外，聚四氟乙烯在压力作用下变形也是很小的，而且温度变化也不影响它的耐变形的稳定性。

4）具有优异的化学稳定性：F-4 化学稳定性极为优异，与其他材料相比，特殊之处是在高温条件下的化学稳定性。不但能抵抗浓硫酸、硝酸、盐酸的作用，而且胜过金、铂、玻璃、陶瓷，并且在 300℃ 的高温条件下也不会被任何一种溶剂所溶胀，更不能被溶解，这同样是任何一种有机电介质所不能比拟的。

5）具有很好的耐湿性和耐水性：其透湿性和吸水性极微。放在水中浸泡 24h 吸水量几乎等于零。浸泡后的绝缘电阻基本不变。

6）其他性能

① 良好的耐候性，对紫外线照射表现稳定；

② 具有不透气性、自熄性；

③ 耐电晕性较差，经 γ 射线辐照会变脆；

④ 高温分解会释放有毒气体；

⑤ 在连续负荷下有冷流性和蠕变性。

综上所述，F-4 具有许多优异性能，是其他电介质所不能比拟的。它是迄今为止最理想的高温、高寒、高频电气绝缘材料。

但 F-4 缺点也很明显：F-4 价格贵，而且流动温度高，在加热到流动温度之前就分解，不能用普通挤出方法生产，F-4 的加工是采用先冷压成型再烧结的方法（粉末冶金法），制造成本太高，因此限制了其应用。

2. 聚全氟乙丙烯（F-46）

聚全氟乙丙烯 $+ (CF_2-CF_2)_x (CF_2-CF)_y +$ 是四氟乙烯和六氟丙烯的共聚物，六氟丙烯含量约
$$\underset{CF_3}{}$$
占 15%，也是完全氟化的结构。它是聚四氟乙烯的改性材料，两者有相似结构的特征。它可在 −85 ~ +205℃下长期使用。它的主要性能：

1）高低温特性：F-46 具有仅次于 F-4 的高、低温性能，F-46 制品可在 −85 ~ +205℃长期正常使用。即使在 −200 ~ +260℃温度范围内，其各项性能亦不会有很大变化，在 300℃高温情况下可连续使用 4 ~ 6h，当温度超过 380℃时，F-46 发生分解。F-46 在 −200℃时仍不完全硬脆，还保持很小的伸长率和一定的曲挠性，比 F-4 甚至更好些。

2）电性能：F-46 电性能与聚四氟乙烯十分相近。尤其是在高温、高湿、高频下的稳定电性能，其四项电性能：体积电阻率不低于 $10^{14}\Omega \cdot m$，实测有的可达 $10^{16}\Omega \cdot m$，且随温度变化甚微，也不受水和潮气的影响；在 $50 \sim 10^6$Hz 内，从深冷到最高工作温度，介电常数稳定在 2.1；其介质损失角正切值不受温度影响，但随频率变化，则有些变化，为 0.0003 ~ 0.0009；其击穿强度为 30MV/m；耐电弧大于 165s。

3）力学性能：F-46 突出的优点是有较高的冲击韧性，在常温下，其抗蠕变性优于 F-4，但在 100℃以上其变形量往往高于 F-4。F-46 的拉伸强度较高，为 $20 \sim 30$MN/m²，断裂伸长率为 250% ~ 330%。

4）化学稳定性：F-46 与 F-4 相似，具有较高的化学稳定性。它与各种酸、碱以及酮、醇、芳香烃、氯化烃、油脂等不起作用，仅与元素氟、某些氟化物以及碱金属能起作用。

5）加工性能：F-46 熔点在 250 ~ 270℃，当温度超过 400℃以上，F-46 才发生显著分解。其热分解温度高于熔点温度，是热塑性塑料，具有良好的加工性能，可以在挤出机上成型。

6）其他性能：

① 耐辐照性比聚四氟乙烯好，略逊于聚乙烯；

② 耐电晕性较差；

③ 耐龟裂性较差；

④ 高温分解会释放有毒气体。

综上所述，F-46 具有与塑料王 F-4 相当的高低温性能、电气性能、化学稳定性和力学性能，而且还具有良好的加工工艺性能，可以在普通挤塑机上挤出。在用途上填补了 F-4 的不足，使得 F-46 成为 F-4 的代替材料而获得广泛的应用。在电缆工业中，可用作高频下使用的电子设备中的传输线与安装线、电子计算机内部的连接线、宇宙航空用导线及其他特殊

用途安装线，以及油泵电缆和潜油电动机绕组线等。

6.3.2 聚丙烯（PP）

聚丙烯是由丙烯聚合反应而得到的高分子化合物，分子结构为 $-(CH_2-CH)_n$，平均分子 CH_3
量在 8 万以上。聚丙烯的特点是密度小，约为 $0.9 \sim 0.91 g/cm^3$，是目前已知常用塑料中密度最小的一种。

1. 聚丙烯的基本性能

1）一般特性：聚丙烯的外观很像高密度聚乙烯，是白色蜡状固体，比聚乙烯透明、无毒，吸水性仅为 0.03% ~ 0.04%。可以燃烧而且离火后会继续燃烧，并放出石油似的气味。

2）物理力学性能：由于聚丙烯是结晶性高聚物，机械强度大，拉伸强度为 30 ~ 39MN/m²，比聚乙烯高。特别要指出的是，聚丙烯的力学性能随温度升高而下降得较少。例如其机械强度在 100℃ 高温情况下，仍能保持常温值的 50%，而且表面硬度也比聚乙烯高，所以聚丙烯有"低密度高强度塑料"之称。聚丙烯好于聚乙烯的另一个优点是，几乎完全没有环境应力龟裂现象。耐龟裂性随其分子量的增大而增强。分子量相同，其熔融指数越小，耐龟裂性越好。

3）电气绝缘性能：聚丙烯塑料是非极性材料，所以有很好的电绝缘性。它的电绝缘性基本上类似于低密度聚乙烯，在宽广的频率范围内不发生变化，而且由于吸水很小，所以聚丙烯完全可以用作高频绝缘材料。

4）耐热、耐寒性：在各种聚烯烃类塑料中，聚丙烯的耐热性最高，其熔点为 164 ~ 170℃。有负荷时，可以在 110℃ 下连续使用；而无负荷时，加热到 150℃，其外形和制品尺寸仍保持不变。不过，聚丙烯的耐寒性和耐热氧化老化性比聚乙烯差很多。它的脆化温度（-35℃）比聚乙烯的（-60℃）要高。

5）化学稳定性：聚丙烯具有较好的耐化学稳定性，特别是结晶度较高的等规聚丙烯的耐化学稳定性尤其优异。在室温下，聚丙烯对所有的有机溶剂都比较稳定，只有某些低分子量的脂肪烃、芳香烃和卤化烃能使其溶胀。在 80℃ 高温情况下，聚丙烯仍能耐酸、碱、盐及很多有机溶剂的作用而不发生龟裂，只有某些氯代化合物和硝酸、发烟硫酸等能侵蚀聚丙烯。

2. 电线电缆用的聚丙烯塑料

聚丙烯由于具有很好的物理力学性能、较高的耐热性、优良的电绝缘和较好化学稳定性，因而可用于制造各种电线和电力电缆的绝缘。绝缘层可以做得比较薄，也可用薄膜绕包电缆线芯。同时由于它的柔韧、耐磨，也可以用作绝缘的护层。正因为如此，聚丙烯在电线电缆生产中得到广泛应用。

6.3.3 聚酰胺（PA）

聚酰胺塑料一般称为尼龙，我国也称绵纶，是发展比较早的塑料之一。由于它的耐磨性高、机械强度大、耐油性好，所以应用很广。

尼龙可由二元胺和二元酸通过缩聚反应制成，也可以由一种氨基酸（或内酰胺）的分子通过自聚而成。

尼龙有许多品种，最早发现并开始工业化生产的是尼龙-66、尼龙-6。用作工程塑料的聚酰胺，最常见的为尼龙-6、尼龙-9、尼龙-66、尼龙-610、尼龙-1010 等。其中尼龙-1010 是我国独创的。

1. 聚酰胺的基本性能

1）物理力学性能：尼龙比较柔韧、耐磨、机械强度高，表面呈透明或半透明状态。

尼龙的拉伸强度比较高（$50\sim70\text{MN/m}^2$），尼龙-6 的拉伸强度达 84.4MN/m^2，而以纤维增强的尼龙-66 的拉伸强度达 $180\sim217\text{MN/m}^2$。

尼龙的耐磨性较好，这是制造电线电缆护层的最需要的特性。尼龙的抗蠕变性也较好。

2）电绝缘性能：由于尼龙含有极性基因 $\overset{\text{O}}{\underset{\text{—C—N—}}{\overset{\text{H}}{|}}}$，且有不同程度的吸水性，故其电绝缘性能是较差的。其体积电阻率性能在 $10^{10}\sim10^{13}\Omega\cdot\text{m}$ 之间；介电常数在 $3.4\sim5.0$ 之间；介质损失角正切值在 10^{-2} 以上。

应该特别指出的是尼龙的吸水性大。而尼龙的电性能与其吸水率密切相关，在比较潮湿的情况下，电绝缘性能将大幅度下降（见图6-10）。

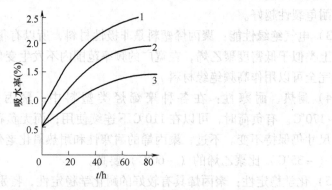

图6-10　几种尼龙吸水率与时间的关系曲线（20℃，相对湿度60%）
1—尼龙-6　2—尼龙-66　3—尼龙-610

由于尼龙的电绝缘性能差，所以不宜用作电线电缆的绝缘材料。

3）耐热性：尼龙具有较高的耐热性。尼龙与聚乙烯、聚氯乙烯不同，不随温度上升而逐渐变软。它具有明显的熔点，例如尼龙-6 的熔点为 215℃，尼龙-1010 的熔点为 $200\sim210℃$。尼龙一般只宜在 80℃ 以下长期使用，按其品种的不同，在 $120\sim150℃$ 之间可以短期使用。

4）化学稳定性：尼龙对大多数化学药品具有良好的稳定性。它不受弱碱、醇、酯、碳氢化合物、卤代烃、酮、润滑油、汽油等影响，但易溶解于苯酚、甲酚、浓硫酸、甲酸等。某些盐类的醇溶液也能溶解它。在高温下，尼龙可溶于甲醇、乙醇及乙酸等溶剂中。

一般来说，聚酰胺高聚物对碱的作用比较稳定，对酸稳定性差些，尤其是在浓硫酸，极易被溶解，并发生大分子裂解。

2. 聚酰胺在电线电缆中的应用

聚酰胺大多用于制造纤维，是合成纤维的主要原料，具有质轻、耐磨、高强度、耐油等特点。聚酰胺的纤维在电线电缆技术中大多作为电线电缆的编制护套和增强填充纤维代替钢绳。

聚酰胺塑料也可用作电线电缆的挤包外护层。用聚氯乙烯绝缘尼龙护套电线代替棉纱编制腊光线，已成为汽车、飞机、拖拉机用电线的一个主要品种。由于熔融挤包的尼龙电线大截面规格较硬，所以只有小截面采用熔融挤包，大截面则采用尼龙纤维编织浸漆。

6.3.4 聚对苯二甲酸酯

1. 聚对苯二甲酸乙二醇酯（PET）

聚对苯二甲酸乙二醇酯的商品名称为涤纶，俗称"的确良"，其发展已有半个世纪的历史，但至今仍是重要的饱和聚酯型热塑性工程塑料。它是由对苯二甲酸与乙二醇经缩聚反应制得的线性高聚物，其分子结构式为

$$\left[\begin{array}{c} O \\ \| \\ C \end{array} - \begin{array}{c} \\ \end{array} - \begin{array}{c} O \\ \| \\ C \end{array} - O - CH_2 - CH_2 - O \right]_n$$

聚对苯二甲酸乙二醇酯是白色或淡黄色不透明物质，呈无定形结构，或为结晶相含量不同的晶态结构。在温度高于80℃时开始结晶，随着结晶度增高，密度也逐渐增大，例如无定形态时的密度为1.33g/cm³，130℃时达1.37g/cm³，170℃时则升到1.40g/cm³。其分子量约为2~3万。

聚对苯二甲酸乙二醇酯具有优良的物理力学性能，其硬度是热塑性塑料中较高的一个品种，耐磨性与聚酰胺相近，耐蠕变和刚性胜过多种工程塑料，拉伸强度与弯曲强度也较高。并能在较宽的温度范围内保持这些性能，尤其是它的薄膜在125℃的空气中加热1000h，其强度和弹性模量只降低10%~15%。聚对苯二甲酸乙二醇酯薄膜的拉伸强度与铝相当，为聚乙烯的9倍，为聚碳酸酯和尼龙的3倍，撕裂强度虽不及聚乙烯，但却比玻璃纸和醋酸纤维素膜高。若将其薄膜经定向拉伸处理，它的拉伸强度可达到钢材的1/3~1/2，为韧性最大的热塑性塑料薄膜。聚对苯二甲酸乙二醇酯的冲击强度与热力学性能稍差。其长期使用温度可达120℃，能在150℃短期使用。熔点为255~260℃，280℃以上即使在氮气中也会分解。它的薄膜在−200℃的液氮中仍保持柔软。聚对苯二甲酸乙二醇酯的线膨胀系数小、吸水性低、尺寸稳定性高、电性能也较好。此外，它还具有良好的化学稳定性，能耐除浓硫酸等三强酸外的其他酸，如氢氟酸、磷酸、甲酸、乙酸、乙二酸等，以及稀碱的作用，但强碱及氨水能使其水解。

聚对苯二甲酸乙二醇酯大量用于纤维和薄膜，也可作为塑料使用。

2. 聚对苯二甲酸丁二醇酯（PBT）

聚对苯二甲酸丁二醇酯是20世纪70年代才发展起来的一种具有优良综合性能的热塑性工程塑料，也是工程塑料中发展比较快的品种。它是对苯二甲酸与1，4−丁二醇的缩聚物，其分子结构式为

$$\left[\begin{array}{c} O \\ \| \\ C \end{array} - \begin{array}{c} \\ \end{array} - \begin{array}{c} O \\ \| \\ C \end{array} - O - (CH_2)_4 O \right]_n$$

聚对苯二甲酸丁二醇酯是乳白色的结晶型高聚物。其成型性能优良，熔融体冷却后便迅速结晶，当金属模具的温度在30~40℃就能制得结晶态的制品，且表面光泽性好、吸湿性

低，即使在苛刻的环境下也有很好的尺寸稳定性，很适宜注射各种薄壁和形状复杂的制品。聚对苯二甲酸丁二醇酯的突出优点是热变形温度高，可在150℃的空气中长期使用。机械强度较高，在长时间负荷下变形性小。韧性大、耐疲劳性好、耐摩擦磨损性能优良。在潮湿或高温环境下，甚至在热水中，它也能保持良好的电性能。聚对苯二甲酸丁二醇酯能耐醇、醚、大分子量的酯、脂肪烃、酸和盐的水溶液，以及四氯化碳，但会被芳香烃、醋酸、醋酸乙烯，特别是二氯乙烷溶胀，不耐浓硝酸和硫酸。

　　聚对苯二甲酸丁二醇酯可以作为光纤的二次被覆材料，在绝缘中主要应用形式是薄膜和纤维。

第7章 橡胶与橡皮

橡胶是一种线性高分子化合物，它在很宽的温度范围内具有极其优越的弹性，此外还有良好的拉伸强度、抗撕裂性、耐疲劳性、电绝缘性等性能，是制造各种电线电缆绝缘和护套的重要材料。以橡胶为基础，并根据用途不同而加入各种配合剂所组成的多相混合物，经加工而成的制品（转化成网状结构）称为橡皮。

1. 橡皮的基本组成

橡皮制品的组成通常包括生胶、配合剂两部分。

1）生胶

凡未加配合剂的橡胶统称为生胶。橡皮的主要性能是由它决定的，它是橡胶制品的主要组分，而且对其他配合剂与增强材料，起着粘结剂的作用。使用不同的生胶，可以制成不同性能的橡胶制品。

2）配合剂

为了提高橡胶制品的使用性能或改善其成型加工的工艺性能，而加入的各种添加剂称之为配合剂。配合剂的种类很多，按照它们所起的作用，大体上可归纳为以下几大类：

① 硫化剂：硫化剂的作用是使生胶的大分子间产生交联，形成网状结构，成为硫化胶。从而使橡胶具有良好的物理力学性能，特别是高弹性。在生产中广泛使用的硫化剂主要是硫磺、含硫化合物，其他还有过氧化物和金属氧化物等。

② 硫化促进剂：硫化促进剂的作用是促进生胶和硫化剂的化合作用（如加速硫化反应、缩短硫化时间、降低硫化温度、减少硫化剂用量等），并能提高和改善硫化胶的物理力学性能。硫化促进剂可分为无机硫化促进剂和有机硫化促进剂两大类。常用的无机硫化促进剂有氧化镁、氧化锌、氧化钙等；常用的有机硫化促进剂有二硫化四甲基秋兰姆和二苯胍等。

③ 增塑剂：增塑剂的作用是增加生胶的可塑性，使其易于加工成型，同时还能降低硫化胶的硬度，提高伸长率。

④ 补强剂：凡能提高橡胶的拉断强度、撕裂强度、定伸强度、硬度、耐磨性等物理力学性能的配合剂均可称为补强剂。常用的补强剂为炭黑、陶土等。白色或浅色的橡胶制品一般常用胶体二氧化硅和轻质碳酸镁作为补强剂。

⑤ 防老剂：防老剂的加入能防止或延缓橡胶的老化，以延长其使用寿命。按照防老化机理的不同，它又可分为化学防老剂与物理防老剂两大类。化学防老剂与氧等的反应速度比橡胶快，并能与氧等形成稳定的化合物，从而延缓了橡胶的氧化变质（即老化），而物理防老剂加入胶料后能在橡胶表面形成保护膜，从而防止了氧的侵入。常用的化学防老剂有防老剂 A 和防老剂 D 等。常用的物理防老剂有石蜡、密封蜡等。

⑥ 填充剂：又称为增容剂，主要用来增加制品的容积，以降低制品的成本。因此填充剂必须价格低廉，而且在一定限度内不损害制品的使用性能，常用的填充剂有碳酸镁、碳酸钙、滑石粉、云母粉等。由于某些填充剂还有一定的补强作用，所以填充剂和补强剂之间并没有明显的界限。

⑦ 着色剂：凡能使橡胶制品改变颜色的配合剂称之为着色剂。不少着色剂还兼有补强、增容和耐光老化等作用。常用的着色剂有锌白、钡白、锌钡白、炭黑、铁红、铬黄等。

2. 橡胶制品的生产工艺

橡胶制品生产的基本过程，一般包括生胶的塑炼、胶料的混炼、压延、挤出和制品的硫化等。

1）塑炼

弹性是橡胶制品最有价值的性能，但在制品的生产过程中又需要减小其弹性，增大其塑性，以便于加工成型。通过机械加工、热处理或其他化学试剂处理后，橡胶分子链会发生断裂，使生胶由强韧的弹性状态转变柔软而有可塑性的状态。通常把完成这一转变的工艺过程，称之为塑炼，塑炼后的生胶叫塑炼胶。天然橡胶必须进行塑炼，合成橡胶则视其品种而定。

2）混炼

将配合剂和塑炼胶（或生胶）按配方要求进行混合炼制，以获得分散均匀的混炼胶（或称胶料）的过程称之为混炼。混炼不仅可使配合剂均匀地分散于生胶中，而且还可使胶料具有一定的可塑性。

由于塑炼胶（或生胶）的黏度和弹性较大，混炼必须借助于机械作用来完成。通常既可在开放式炼胶机中进行，也可在封闭式炼胶机或快速混炼机中进行。

3）压延

将混炼胶通过压延机辊筒辗制成一定厚度、宽度或一定形状的胶片，或者将橡胶制品（如轮胎、胶布、胶管等）所用的纺织物通过压延机挂胶的加工过程叫做压延。

4）挤出

挤出也称压出、押出，它是指将混炼胶在挤出机中加热和塑化，然后通过螺杆旋转产生的强大挤压力，将胶料连续不断地经口模（对电缆绝缘和护层，是模芯与模套的组合）挤出，从而得到各种形状的半成品，以达到初步造型的目的。在橡胶工业中挤出的应用很广，如电线与电缆外套、轮胎胎面、内胎、胶管内外胶层以及各种畸形断面制品都可用挤出成型。

除挤出外，橡胶制品还可用模压成型、压延成型如橡胶垫圈等。

5）硫化

硫化是橡胶制品生产中的最后一道工序。只有将成型后的半成品经硫化后，使橡胶线状大分子转化为网状大分子，才能获得具有一定形状、物理力学性能、化学稳定性及抗老化能力的橡胶制品。

7.1 橡胶

橡胶按其来源分为天然橡胶和合成橡胶两大类。合成橡胶品种很多，通常按其用途不同，大致可分为通用橡胶和特种橡胶。通用橡胶指轮胎和其他一般橡胶制品，如丁苯橡胶、氯丁橡胶、乙丙橡胶等；特种橡胶是指具有特殊性能用于制造在特殊条件下使用（如耐热、耐寒、耐油、耐腐蚀、耐辐射等）的橡胶制品的合成橡胶，如丁腈橡胶、硅橡胶、氟橡胶等。天然橡胶是电线电缆应用的一种绝缘和护套材料，目前仍被大量采用。合成橡胶的种类繁多、性能各异，随着石油化学工业的发展，被电线电缆采用的品种和数量越来越多。橡胶是电线电缆用橡皮的最基本原料，橡皮的主要性能是由它决定的。

7.1.1　天然橡胶（NR）

天然橡胶是热带或亚热带的橡胶树上分泌出的乳液，经过过滤、凝胶、脱水等加工得到的高弹性固体。天然橡胶由于加工方法的不同，可分为烟片胶和绉片胶。电缆中常用的是烟片胶。绉片胶一般用在白色制品上。

1. 组成及分类

天然橡胶的主要组成是橡胶烃，此外还含少量的蛋白质、脂肪酸、糖分和灰分。烟片胶的标准组分见表7-1。

表 7-1　烟片胶的标准组分

组　分	含量（质量分数）（%）
橡胶烃	92.8
蛋白质	3
丙酮抽取物	3.5
水分	0.3
灰分	0.2

天然橡胶中，蛋白质受热分解出氨基酸，它促进硫化，也有耐老化作用，但吸水大，电性能差；天然树脂有防老化和促进硫化作用；糖分对橡胶影响小；无机盐分可能对老化有促进作用，而且易吸水，导致电性能变差。水分使硫化过程易产生气泡，也可使天然橡胶在贮存中发霉。

烟片胶分为六个级别，在电线电缆工业中，一级烟片胶用作优质绝缘橡皮，二级烟片胶用作一般绝缘橡皮和护套橡皮，三级烟片胶和一、二级烟片胶的外皮只能用作护套橡皮或垫芯。

2. 结构特点

橡胶烃是由异戊二烯链节组成的不饱和天然高分子聚合物，其分子结构代表式为

$$\left[\begin{array}{c} CH_3 \qquad\qquad H \\ C{=}C \\ CH_2 \qquad\qquad CH_2 \end{array} \right]_n$$

分子量在 3～300 万之间，平均分子量为 70 万，平均聚合度为 10000 左右。顺式 1，4-异戊二烯加成结构占 97% 以上，其余是 3，4-异戊二烯加成结构。

天然橡胶的分子结构具有下列特点：

① 不饱和度很高，每个异戊二烯加成结构含有一个双键；

② 与双键相连的碳原子上的氢原子受双键和甲基斥电子性的影响，因而特别活泼，容易被其他物质夺取；

③ 分子极性很小，没有极性基团和庞大的侧基；

④ 分子链是十分规整的顺式等规立构链状，在分子链方向上，甲基以恒等周期 0.81nm，分布在分子链周围。

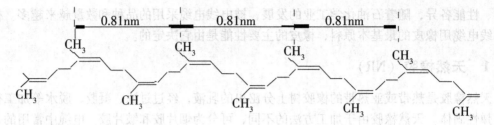

3. 主要性能

天然橡胶的相对密度为 0.91 ~ 0.93，没有一定的熔点，加热至 130 ~ 140℃时软化，150 ~ 160℃显著黏软，200℃时开始分解，270℃时迅速分解。它在常温下稍带塑性，温度降到 -10℃时，弹性大大降低，逐渐变硬，继续冷却到 -70℃，则变成脆性物质。

1) 高弹性

天然橡胶具有很好的弹性，最大伸长率为 1000%，在 0 ~ 100℃时，回弹率为 70% ~ 80%，达到 130℃时，仍能保持正常的使用性能。

2) 机械强度

天然橡胶是一种拉伸结晶性橡胶，机械强度较好，有很大的自补强性。纯天然橡胶拉伸强度为 17 ~ 29MPa，用炭黑补强后可达 25 ~ 35MPa。耐曲挠性也很好，20 万次以上才会出现裂口。

3) 电绝缘性能

天然橡胶为非极性高聚物，故电绝缘性能良好，具有良好的介电性能，体积电阻率最高可达 $10^{15}\Omega\cdot m$。在潮湿状态下或浸水后，体积电阻率变化不大，介电常数和介质损耗则有所增加，其电绝缘性能见表 7-2。

表 7-2　天然橡胶的电绝缘性能

电绝缘性能		数　值
体积电阻率/$\Omega\cdot m$		$10^{13} \sim 10^{15}$
击穿场强/(MV/m)		20 ~ 30
相对介电常数（10^5 Hz）	干	2.64
	湿	2.95
介质损耗角正切值（10^5 Hz）	干	0.0011
	湿	0.0011

4) 化学性能

具有一定的耐化学药品的能力，具有较好的耐碱性能、耐极性溶剂，但不耐强酸，在非极性溶剂（如汽油、苯）中易膨胀，耐油差。

5) 工艺性能

天然橡胶分子中含有双键和活泼 α-氢原子，化学反应能力很强，使橡胶容易硫化，形成富有弹性的橡皮。因此天然橡胶具有良好的硫化特性。可以根据产品的使用性能要求灵活地控制硫化密度。同一系列的配方，硫化密度越高，其耐热性、耐溶剂性、机械强度等越好，与此同时伸长率下降、弹性变坏。

6）耐老化性能

天然橡胶分子中的双键和活泼 α-氢原子，在热氧作用下容易形成过氧化物，发生自催化的连锁反应，导致橡胶断链或过度交联而发黏或龟裂。因此，天然橡胶耐老化性能差、耐热性较低。

天然橡胶分子是碳氢化合物，具有易燃的缺点。

天然橡胶在电线电缆工业中主要用作电线电缆的绝缘和护套，长期使用温度为 $-60 \sim +65℃$，电压等级可达 6kV。对柔软性、弯曲性和弹性要求较高的电线电缆，如橡套软电缆、电梯电缆等，天然橡胶尤为适合，但不能在直接接触矿物油和有机溶剂的场合使用，也不宜用于户外。

7.1.2 氯丁橡胶（CR）

氯丁橡胶（Chloroprene or neoprene Rubber，CR），是由 2-氯-1，3 丁二烯乳液聚合而成，根据引发体系不同，主要分为两种类型：一种是硫磺调节型，以硫磺或秋兰姆作分子量调节剂，又称 G 型，即 CR-120 系列，电缆常用 CR-1211，CR1212，CR1213；另一种是 54-1 型氯丁橡胶，它是乳液聚合过程中采用硫醇为调节剂，故又称非硫调节型氯丁橡胶，又称 W 型，即 CR-230 系列，电缆常用 CR-2322。前者分子量较低，后者分子量较高，实践表明，这两种氯丁橡胶在电线电缆行业中都可以应用，特别是 54-1 型氯丁橡胶，由于不含硫磺，稳定性高，最适于电线电缆行业。此外，电线电缆行业还使用 CR-321、CR-322 型，它们的性能介于 G 型与 W 型之间。

1. 氯丁橡胶的结构

1）分子链中四种结构同时存在：反式-1，4-聚氯丁二烯、顺式 1，4-聚氯丁二烯、1，2-聚氯丁二烯、3，4-聚氯丁二烯。其结构式如下：

反式-1，4-聚氯丁二烯　　　　　顺式-1，4-聚氯丁二烯

1，2-聚氯丁二烯　　　　　3，4-聚氯丁二烯

其中 1，4 结构为主约占 96%，以反式-1，4-聚氯丁二烯为主要成分，约为 85% ~ 86%，其余 1，2-聚氯丁二烯约为 3%，3，4-聚氯丁二烯约为 1% 左右。反式-1，4-聚氯丁二烯决定着氯丁橡胶的结晶度，其比例越大、结晶度越高，即使在 $25 \sim 30℃$ 也能结晶。不过当温度升到 $60 \sim 70℃$ 时，其结晶现象消失。可见分子链规整性好。分子量在 10 ~ 30 万之间。

2）经 X 光测定，氯丁橡胶的恒等周期为 0.48nm，可见恒等周期比天然橡胶短，氯原子侧基彼此靠近，因此对分子链旋转有较大的阻碍作用，弹性较差。氯丁橡胶的空间结构

如下：

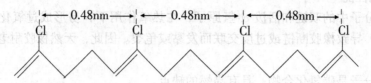

3）分子链中含有氯原子，极性较大，在通用橡胶中其极性仅次于丁腈橡胶。

4）每一个氯丁二烯链节都含有一个双键，不饱和度较高。但由于氯原子与双键的共轭作用，氯丁橡胶中的双键的化学稳定性比天然橡胶高，甚至也比顺丁橡胶高。

2. 氯丁橡胶的性能

1）物理性能

氯丁橡胶的耐热性很好，能在150℃下短期使用，在90~110℃能使用四个月之久，因分子中含有氯原子，使其具有独特的耐燃性，但氯原子的存在也使玻璃化温度升高，耐寒性变差。

由于分子链排列规整和紧密，故气体不易透过，氯丁橡胶的透气性比天然橡胶、丁苯橡胶和丁腈橡胶等都低，仅次于丁基橡胶。氯丁橡胶的物理性能见表7-3。

表7-3　氯丁橡胶的物理性能

项　目	数　值
比重	1.23~1.25
导热率/[W/(m·℃)]	0.2
玻璃化温度/℃	-45
最高连续使用温度/℃	80~85

2）力学性能

由于氯丁橡胶的分子链结构比较规整，又含有极性比较大的氯原子，容易形成紧密的有规则的排列，所以氯丁橡胶拉伸时易生成结晶，这就使它具有较高的拉伸强度，即使不加补强剂的硫化氯丁橡胶，也有优良的物理力学性能，这点与天然橡胶是相似的，这种性能通常称之为自补强性。炭黑的补强作用对氯丁橡胶的拉伸强度没有多少帮助，但可增大定伸强度并改善耐磨、抗撕裂等性质。其力学性能见表7-4。

表7-4　氯丁橡胶的力学性能

力学性能		数　值
拉伸强度/(MN/m²)	纯胶	20
	加补强剂	24
伸长率（%）	纯胶	800~900
	加补强剂	500~600
300%定伸强度/(MN/m²)		12.8
抗撕裂强度/(MN/m²)		10
200%定伸24h永久变形（%）		18
回缩率（%）		50.6

3）电性能

氯丁橡胶分子结构中含有氯原子，使分子的极性增大，所以它的介电系数和介质损耗正切要比非极性橡胶差得多。其电性能参数见表 7-5。

表 7-5 氯丁橡胶的电性能

电 性 能	数 值
电阻率 $\rho_v/\Omega \cdot m$	$10^7 \sim 10^{10}$
瞬时击穿场强/（MV/m）	20
介电常数（10^3Hz）	9.0
介质损耗正切 tgδ（10^3Hz）	0.03

4）化学性能

氯丁橡胶的结构很类似于天然橡胶，分子链上同样含有较多的双键，这是它们的共同点，然而氯丁胶的耐老化性能、耐热性、耐臭氧性却比天然橡胶好得多，用它做护套的电线电缆在户外使用十多年后尚未出现肉眼可见的裂纹。这是因为氯丁胶结构上的特殊性，即氯原子和甲基的区别。斥电性的甲基使得双键和 α-H 增加活泼性，而亲电性的氯原子却能降低 π 电子的能态，提高 π 键和 α-H 键的稳定性。

同样，电负性大的氯原子增大了分子的极性和分子间的作用力，使得氯丁胶具有较好的耐油性和耐溶剂性。

5）加工性能

氯丁胶的加工性能仅次于天然橡胶，易粘附辊筒，挤出时收缩率很大，焦烧时间比天然胶短，但硫化速度比天然胶慢，混料困难，而 54-1 型氯丁橡胶则要比通用型氯丁橡胶好。非但贮存稳定期长，而且不像通用型胶那样易粘辊和焦烧，所不足的是 54-1 型氯丁橡胶硫化速度慢，必须使用促进剂，而通用型胶除非连续硫化，一般不须加入促进剂。

氯丁橡胶分子中含有较多的阻燃元素氯，耐燃性好。

氯丁橡胶在电缆行业中主要用作护层材料。由于它具有不延燃性能，特别适用于煤矿电缆、船用电缆和航空电线，氯丁橡胶还能作低压电线的绝缘。用氯丁橡胶做绝缘和护套的电线电缆都可用于户外。

7.1.3 丁苯橡胶（SBR）

丁苯橡胶（Styren-Butadiene Rubber，SBR）是合成橡胶中产量较大的胶种之一，是丁二烯（CH_2=CH—CH=CH_2）和苯乙烯（ ）的无规共聚物，依聚合方法不同主要分为乳聚丁苯和溶聚丁苯两大类。以乳聚丁苯产量最大。乳聚丁苯根据聚合时苯乙烯的投料质量百分比不同分为丁苯-10、丁苯-30、丁苯-50 等品种，其中产量最大的丁苯-30，其分子链中苯乙烯含量约为 23%（苯乙烯含量一般在 23.5%~30% 之间）。按聚合的温度不同，在温度为 50℃聚合的产物称热丁苯橡胶，在 5℃聚合的称冷丁苯橡胶。电缆工业中比较常用的是冷丁苯橡胶 1500 系列（属于丁苯-30），牌号有 1500 号、1502 号、1503 号，低温丁苯橡胶性能好、产量大、应用广。分子量在 10 万~150 万。

1. 丁苯橡胶的结构特点

1）丁苯橡胶的分子链，因丁二烯单元的结构形式的不同，丁二烯既有 1.4 加成，又有 1.2 加成，1.4 加成的丁二烯又有反式和顺式，所以丁苯橡胶的结构排列极不规整。经测定主要是反式 1.4 结构（约 76%），其次是 1.2 结构（约 16%），其余为顺式 1.4 结构。因此丁苯橡胶的结构式可表达为

$$\left(\!-CH_2-CH=CH-CH_2-\!\right)_x \left(\!-CH_2-\!\!\!\!\underset{\underset{CH_2}{\overset{\displaystyle |}{CH}}}{CH}-\!\right)_y \left(\!-CH_2-CH-\!\right)_z$$

2）丁苯橡胶分子链中含有双键，是一种不饱和橡胶，但不饱和度比天然橡胶小。

3）没有强极性基团，分子的极性比较小；但有庞大的苯基，分子链的柔顺性不及天然橡胶。

2. 丁苯橡胶的性能

丁苯橡胶是微红色或红褐色弹性体，微带苯乙烯味。密度随苯乙烯含量增加而增高，丁苯-30 密度为 0.944g/cm³。丁苯橡胶在结构上和天然橡胶不同，但在性能上却非常相似，下面从丁苯橡胶和天然橡胶的性能比较，来阐明丁苯橡胶的结构和性能关系：

1）物理性能

丁苯橡胶的耐热性比天然橡胶好，这是因为丁苯橡胶主链上的双键数目比天然橡胶的少，而且双键旁不联有斥电子性甲基，侧链为热稳定性很高的苯环。因此，丁苯橡胶的耐老化性能较天然胶好，在高温下老化速度也较慢。但丁苯胶仍不适于在户外使用。因分子中含有庞大的苯环侧基，使得其耐寒性比天然胶差。

2）力学性能

丁苯橡胶是无规共聚物，分子结构规整性差，在拉伸时不会结晶，不像天然橡胶、氯丁橡胶有自补强性，因此它的机械强度很差。庞大的苯环和乙烯侧基，使得丁苯橡胶的弹性和耐屈挠性也不理想。未补强的丁苯橡胶拉伸强度只有 2 ~ 3MN/m²，补强后的可达 15 ~ 20MN/m²，其抗撕裂强度仅为天然胶的一半。但丁苯橡胶的耐磨性好，这与分子中含有苯环有关。

3）电绝缘性能

丁苯橡胶的电绝缘性能与天然橡胶相近，但是乳液聚合方法合成的丁苯橡胶，如果夹杂有引发剂，乳化剂和凝固剂而没有处理干净时，浸水后电绝缘性能就会大幅度下降，所以选用应当注意。丁苯橡胶的电绝缘性能见表 7-6。

表 7-6　丁苯橡胶的电绝缘性能

性　　能	数　　值
体积电阻率 $\rho_v/\Omega \cdot m$	3.42×10^{14}
介质损耗正切 $tg\delta$	0.0014
介电常数 ε	2.69
耐电强度 $E/(MV/m)$	20 ~ 35

4）化学性能

丁苯橡胶由于分子极性较小，故耐油、耐非极性溶剂的性能较差，与天然橡胶相似，能在汽油、苯及三氯甲苯和弱极性溶剂中溶胀，但要比天然橡胶好些。

5）工艺性能

由于双键比天然橡胶少，所以硫化速度比天然胶慢，促进剂用量要多些，硫化剂用量要少些，因硫化速度慢，加工中不易产生早期硫化，硫化平坦性好，不易焦烧和压扁，不过丁苯橡胶生热约为天然橡胶的两倍，加工时也需注意。丁苯橡胶的粘着性差，贴合成型较困难；挤出胶料膨胀性大，设计模具需注意。用滚筒压延的胶料的收缩性大，对加工工艺带来困难。

总之，丁苯橡胶的耐磨性和耐热性优于天然橡胶，但在拉伸强度、耐寒性、耐气候老化和耐臭氧老化性能均比天然橡胶差，尤其是抗撕裂强度仅为天然橡胶的一半；由于分子内苯环存在，电绝缘性能也略低于天然橡胶，并随温度变化较大，加工工艺方面也不如天然橡胶但丁苯橡胶成本低廉，可以通过调整配方或与天然橡胶并用来改善。为此，在电线电缆工业中，丁苯橡胶多与天然橡胶并用，特别是用做电线绝缘时，天然胶可以弥补丁苯橡胶拉伸强度的不足，并改善纵包橡皮轧缝间的粘合。而对天然胶来说，采用丁苯胶与之并用。可提高绝缘层的热老化性能，改进橡胶硫化前的压扁。丁苯橡胶与天然橡胶并用，作为长期工作温度 65℃ 和 70℃ 的绝缘橡皮，以及无耐油和高抗撕裂性能要求的护套橡皮。

7.1.4 丁腈橡胶（NBR）

丁腈橡胶是丁二烯和丙烯腈的无规共聚物，一般由乳液法聚合。其分子结构为

$$\{(CH_2-CH=CH-CH_2)_x-(CH-CH_2)_y\}_n$$
$$\quad\quad\quad\quad\quad\quad\quad\quad\quad CN$$

丁腈橡胶中丙烯腈的含量不同对丁腈橡胶的性能有较大影响，随丙烯腈含量增加，丁腈橡胶的耐油性提高，弹性耐寒性下降。国产丁腈橡胶的丙烯腈含量有三个等级：丁腈 40、丁腈 26 和丁腈 18（后面的数字表示丁腈橡胶中丙烯腈的含量百分数）。

1. 丁腈橡胶的结构

1）经测定丁腈橡胶的分子结构中丁二烯链节以反式 1，4 结构为主，还有少量 1，2 结构；分子量约为 30 万。

2）由 X 光照射表明，分子链中链节的排列是无规则的，故丁腈橡胶不易结晶，是属于非结晶性橡胶。

3）分子链中虽有双键，但不饱和度较低。

4）丁腈橡胶结构上最大的特点是含有强极性的氰基（—CN），氰基的存在使其有许多特殊的性能。

2. 丁腈橡胶的性能

1）丁腈橡胶的优点

① 丁腈橡胶的最大特点是具有良好的耐油性。它的耐油性仅次于氯醚橡胶和氟橡胶。它之所以耐油是由于分子链中含有极性基团—氰基，耐油性随丙烯腈含量增加而提高。因此，硫化的丁腈橡胶对非极性的油类具有高度的稳定性。同时对于非极性溶剂如脂肪烃等也很稳定，不过在极性溶剂如丙酮、甲乙酮、极性烃以及含氯的有机化合物中，丁腈橡胶将急剧膨胀和溶解。

　　② 未经补强的硫化丁腈橡胶，其机械强度是很低的，拉伸强度为 $3 \sim 4.5 MN/m^2$，经炭黑补强后拉伸强度即显著提高至 $15.4 \sim 25.2 MN/m^2$，伸长率为 550% ~ 660%。而且随丙烯腈含量的增加，无论拉伸强度、定伸强度和硬度都相应提高。耐磨性比天然橡胶好。

　　③ 丁腈橡胶比天然橡胶、丁苯橡胶耐热性好一些。它的最高连续使用温度是 75 ~ 80℃。随丙烯腈的含量增加和配方适宜，可以在 120℃ 连续使用。

　　2）丁腈橡胶的缺点

　　① 由于极性的氰基存在，丁腈橡胶的耐寒性显著降低，而且随着丙烯腈的增加，玻璃化温度提高，其耐寒性更差。例如，丁腈 18 玻璃化温度为 -55℃，而丁腈 26 为 -42℃，丁腈 40 为 -32℃。

　　② 丁腈橡胶的耐臭氧性不好，一般需加抗臭氧剂加以防护。

　　③ 丁腈橡胶的电性较差，而且因温度变化而影响电性的幅度比天然橡胶还大。

　　此外，丁腈橡胶加工性能也较差、塑炼和混炼比较困难、加工收缩大、生热量高。总之，丁腈橡胶突出的特性是耐油性好，在电线电缆工业中一般用作电机电器引接线、油井电缆。在与聚氯乙烯制成复合物后，使丁腈橡胶可做强力、耐油和耐热等十几种电缆护套。另外丁腈橡胶还可作为聚氯乙烯的耐热、耐油不迁移性增塑剂用。

7.1.5　丁基橡胶（IIR）

　　丁基橡胶外观白色，有冷流性、拉伸结晶，相对密度为 0.91 ~ 0.92，分子量为 3 ~ 8.5 万，是由异丁烯和少量的异戊二烯的共聚物。由于异丁烯经聚合后已经没有双键，不能进行交联，所以在结构中，引进少量异戊二烯。丁基橡胶结构可表示为

$$
\begin{array}{ccccc}
CH_3 & & & & CH_3 \\
| & & & & | \\
{+}C{-}CH_2{)}_m & CH_2{-}C{=}CH{-}CH_2 & {+}C{-}CH_2{)}_n \\
| & | & & | \\
CH_3 & CH_3 & & CH_3
\end{array}
$$

　　由于丁基橡胶中的双键很少，不饱和度低，这使其化学性能比较稳定，且耐老化。同时，由于丁基橡胶带有较多的甲基，使大分子的柔顺性下降，故其弹性不如天然橡胶，这些结构使丁基橡胶存在许多优点：

　　1）电绝缘性优异，耐电晕和电游离性能优良。

　　2）耐热性较高，长期使用温度为 85℃，短时可用于 140℃。

　　3）耐气候性、耐臭氧性好。耐臭氧性比天然橡胶高 10 倍，在日光和空气中长期暴露后，性能变化很小。

　　4）吸水率和透气性极少。

　　5）良好的化学稳定性。它在乙醇、乙酸等极性溶剂中溶胀很小，除浓的氧化性强酸外，它对一般的酸、碱和氧化还原性溶液均有极好的抗耐性。但在脂肪族溶剂中极易溶胀。

　　丁基橡胶的缺点是，硫化速度较慢，弹性小，自黏性、互黏性、相溶性差，难与其他橡胶混用，加工性能不够好；另外丁基橡胶耐磨性不高，永久变形较大。

　　丁基橡胶主要做绝缘，其次做护套。多用于舰船用电缆、海底电缆、矿用电缆、电力电缆、机车车辆电缆、X 射线机电缆及电机引接线。

7.1.6　乙丙橡胶

乙丙橡胶问世不久，即作为优良的绝缘材料进入电线电缆领域。由于具有优异的综合性能，在电缆工业中，已得到广泛应用，迄今已用乙丙橡胶制成 35～275kV 的中压、高压电力电缆，电机引接线和船用电缆线等。乙丙橡胶除了具有优异性能外，且原料来源丰富、制造工艺简单、价格便宜、比重小、制品的单位重量消耗少，所以乙丙橡胶被人们称为价廉物美的橡胶。目前，已被公认为耐热 90℃ 绝缘材料和良好的高压绝缘橡皮，在许多电缆产品上全部或部分取代传统的丁苯橡胶和丁基橡胶。用量占电线电缆用合成橡胶的第二位。

1. 乙丙橡胶的结构特点

乙丙橡胶是以乙烯、丙烯为单体，采用卤化烷基铝与钒化合物为催化体系，溶液共聚合或悬浮共聚合而成，形成只含两种结构单元的聚合物，称为二元乙丙橡胶（EPR）；为便于硫化起见，加入少量非共轭二烯作为第三单体进行共聚，共聚形成三元乙丙橡胶（EPDM）。常用的第三单体有乙叉降冰片烯、双环戊二烯和 1，4 - 己二烯：

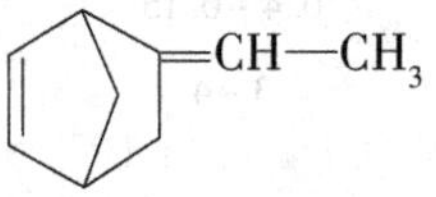

乙叉降冰片烯

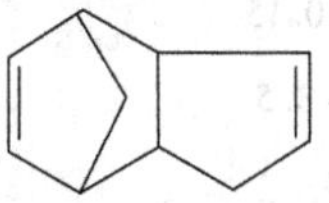

双环戊二烯

$$H_3C—CH=CH—CH_2—CH=CH_2$$

1，4—己二烯

乙丙橡胶中丙烯含量为约 25%～45%，第三单体含量 3%～10%。分子量分布较宽，平均分子量都在 25 万以上，其化学结构式如下：

E 型（乙叉型）：

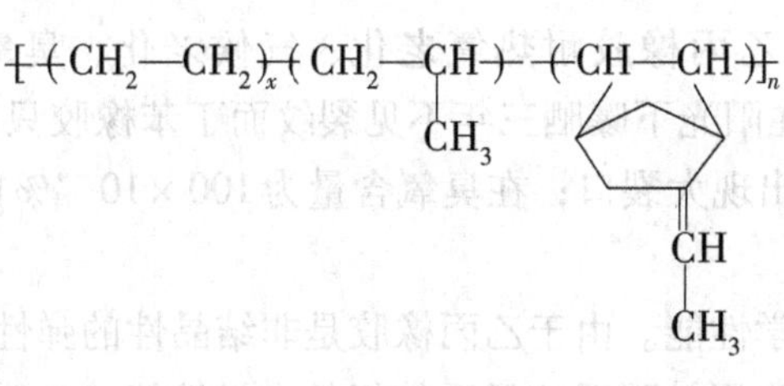

D 型（双环型）：

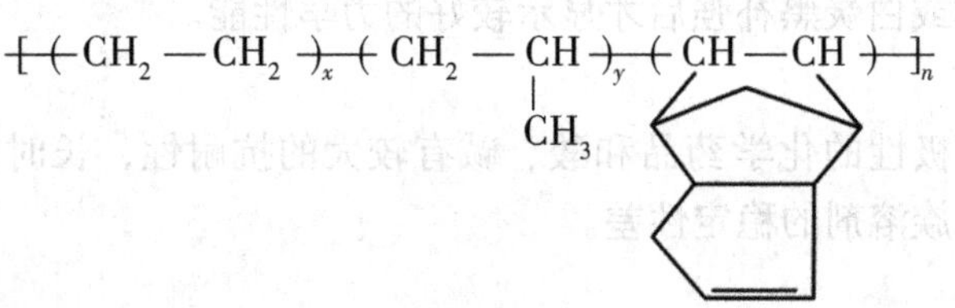

H 型（己二烯型）：

$$\left[(CH_2—CH_2)_z(CH_2—\underset{\displaystyle CH_3}{CH})_y(CH_2—\underset{\displaystyle CH—CH=CH—CH_3}{CH})\right]_n$$

以乙叉降冰片烯为第三单体的乙丙橡胶，因为硫化速度较快、性能好，已成为乙丙橡胶的主要品种。从结构式分析可以看出乙丙橡胶有以下特点：

1）乙烯丙烯共聚结构不规整，乙丙橡胶不能结晶，因而成为具有无定形不规整的非结晶的弹性体，而且保留有聚乙烯的低温特性和分子链的柔性。

2）分子主链上没有双键，虽然引进了少量的不饱和基团，但双键处于侧链上，对主链无多大影响，所以乙丙橡胶基本上是一种饱和性橡胶。

3）分子链不含极性基团，具有非极性材料的特点，没有大的侧基、空间位阻小、链节比较柔顺、分子间作用力比较小。乙丙橡胶在低温下有卓越动态特性，即使 –55℃仍有屈挠性，–57℃才变硬，–77℃时变脆。

2. 乙丙橡胶的性能

乙丙橡胶是一种近似白色的弹性体，密度 0.85 ~ 0.87g/cm³，是橡胶中最轻的品种。

1）电性能

具有优异的电性能，尤其是耐电晕性，耐游离放电的能力特别突出，甚至超过了丁基橡胶，丁基橡胶的耐电晕性不超过2h，而乙丙橡胶则可达2个月以上。吸水性小，受潮和温度的变化，对电性虽有某些影响，但远比丁基橡胶、天然和丁苯橡胶稳定。其电性能见表7-7。

表7-7　乙丙橡胶和丁基橡胶绝缘橡皮的电性能

性能项目	乙丙橡胶	丁基橡胶
体积电阻率/Ω·m	$10^{13} \sim 10^{14}$	$10^{13} \sim 10^{14}$
介质损耗角正切	0.3 ~ 0.15	0.4 ~ 0.15
相对介电常数	2.5 ~ 3.5	3 ~ 4
击穿强度/(MV/m)		
交流	35 ~ 45	25 ~ 35
直流	70 ~ 100	55 ~ 70

2）老化性能

突出的耐老化性能，乙丙橡胶耐热氧老化、气候老化、臭氧老化；长期使用温度为90℃，短时可达150℃。在阳光下曝晒三年不见裂纹而丁苯橡胶只有5天即出现裂口，70天断裂；天然橡胶150天就出现大裂口；在臭氧含量为 $100 \times 10^{-4}\%$ 的介质中100天仍不龟裂。

3）力学性能

乙丙橡胶有足够的力学性能。由于乙丙橡胶是非结晶性的弹性体，纯胶的拉伸强度只有 3 ~ 6MN/m²，用炭黑或白炭黑补强后才显示较好的力学性能。

4）化学稳定性

乙丙橡胶对各种极性的化学药品和酸、碱有较大的抗耐性，长时间接触后性能变化不大，但对油类和芳香族溶剂的稳定性差。

5）加工性

乙丙橡胶的工艺加工性不好，硫化速度比一般的合成橡胶慢，因而与其他不饱和度高的橡胶并用时，共硫化性和相溶性都不太好，造成物理力学性能显著下降。开炼机混炼包辊性很差、操作困难；胶料的自黏性、互黏性差，成型时粘合困难。

此外，乙丙橡胶还易燃。

总的来看，乙丙橡胶在综合性能上要比丁基橡胶好，广泛用于35kV及以下电力电缆、X射线用直流高压电缆、静电集尘器电缆、电机电器引接线、船用电缆、矿用软电缆、机车车辆用电缆、移动式高压电缆、原子能发电站和火力发电站用电力电缆和控制电缆。日用电器耐热连接线和二次网络电缆，还用于通用橡套软电缆和电力电缆附件材料，此外用于无卤低烟阻燃护套等。其应用范围还不断扩大。

7.1.7　氯化聚乙烯（CPE）

氯化聚乙烯简称 CM 或 CP 或 CPE。它是高密度聚乙烯的氯化产物。可以将聚乙烯粉悬浮于水、醋酸等介质中通氯气进行氯化而制得，称为水相悬浮法；也可以将聚乙烯溶于四氯化碳或氯苯等有机溶剂中进行氯化，称为溶液法。氯化目的是逐步打破聚乙烯的结晶，当含氯量为 25% ~ 40% 时，氯化聚乙烯呈弹性，其中尤以含氯量 35% 的作为橡胶使用最为合适。含氯量低的氯化聚乙烯性能接近聚乙烯，含氯量高的氯化聚乙烯性能接近聚氯乙烯。

1. 氯化聚乙烯的结构特点

据测定氯化聚乙烯的分子结构为乙烯、氯乙烯和偏二氯乙烯的三元共聚物，其化学结构可表示为

$$-\left(CH_2-CH_2\right)_x-\left(CH-CH_2\right)_y-\left(\underset{Cl}{\overset{Cl}{C}}-CH_2\right)_z-$$

含氯量 >40% 或 <25% 都显示结晶性；含氯量在 25% ~ 40% 时结晶性最小，分子链刚度小，含氯量 35% ~ 36% 时为非结晶性，分子链极不规整。

1) 在分子结构中含有较多氯原子，结构对称性差，因而氯化聚乙烯具有极性。

2) 分子链不含双键，具有饱和性橡胶的特点。

2. 氯化聚乙烯的性能

1) 电性能不佳，但优于氯丁橡胶。主要是由于分子结构中含有较多氯原子，结构又不对称，显示出偶极性，但耐电晕性良好。纯氯化聚乙烯及氯化聚乙烯橡皮的电绝缘性能见表 7-8。

表 7-8　纯氯化聚乙烯及氯化聚乙烯橡皮的电绝缘性能

性能项目	数 值			
	氯含量 30% 的氯化聚乙烯	氯含量 40% 的氯化聚乙烯	氯化聚乙烯，100；氧化镁，10；NA - 22，4	氯化聚乙烯，100；环氧酯，5；DCP，3；TAIC，3
体积电阻率/Ω·m				
40℃	7.1×10^{10}	7.0×10^{10}	8.4×10^9	2.8×10^{10}
60℃	1.0×10^{10}	2.1×10^{10}	9.2×10^8	2.9×10^9
介质损耗角正切				
40℃	0.0058	0.0041	0.0286	0.0076
60℃	0.0252	0.0136	>0.110	0.0527
相对介电常数				
40℃	7.4	5.7	7.6	7.2
60℃	6.9	5.5	—	6.7
击穿场强/(kV/mm)	26.0	26.8	26.2	25.4

2) 较好的耐热性、较高的耐老化性和耐大气老化性，很好的耐臭氧性和耐燃性，尤其是耐臭氧性类似氯磺化聚乙烯和乙丙橡胶，而优于氯丁橡胶，在电缆中长期使用温度可达 90℃。

3) 良好的力学性能，抗撕裂、耐曲挠性和耐磨性也很好，其拉伸强度为 15 ~ 20

MN/m^2，伸长率为 300% ~ 460%。脆化温度也达 -45℃。

4) 耐油性非常好，仅次于丁腈橡胶，对强氧化性的 60% 硝酸、50% 铬酸和 5% 次氯酸钠以及 35% 盐酸和汽油等都有抗耐性，所以化学稳定性较高。

5) 工艺性能好，氯化聚乙烯在硫脲、二胺或多胺化合物和有机过氧化物的作用下，可以采用连续硫化机挤包硫化。

在电缆工业中，由于氯化聚乙烯电性能不佳，只能用于低压电线电缆的绝缘，主要用作电线电缆护套材料。例如，船用电缆、机车车辆用电线、油矿电缆、汽车点火线、电焊机用电缆、矿用电缆、电力电缆和控制电缆等。此外，氯化聚乙烯还可以用作聚氯乙烯的增塑剂，具有不迁移、不挥发、不被萃取等优点。

7.1.8　氯磺化聚乙烯（CSPE 或 CSM）

氯磺化聚乙烯（Chlorosulfonted Poloothylene，CSPE）是将聚乙烯溶解在四氯化碳、四氯乙烯或六氯乙烷中，以偶氮二异丁腈为催化剂或紫外光照射下，通入氯和二氧化硫的混合气体或亚磺酰氯反应而得。聚乙烯经氯化和磺化处理后，其分子结构规整性被破坏，变成常温下柔软而有弹性的聚合物。氯磺化聚乙烯平均分子量约 2 ~ 10 万。它的化学结构式可表达为

$$\left[(CH_2-CH_2-CH_2-\underset{Cl}{CH}-CH_2-CH_2-CH_2)_x \underset{\underset{Cl}{SO_2}}{CH} \right]_n$$

1. 氯磺化聚乙烯的结构特点

1) 它是以聚乙烯为主链的不含双键的饱和性橡胶。CSPE-20 是采用分子量为 2 ~ 4 万的低密度聚乙烯制得的，分支性大、工艺性能好但物理力学性能稍差；CSPE-40 是采用分子量为 8 ~ 10 万的高密度聚乙烯制得的，聚乙烯本身基本上没有支链，结晶性比较大。

2) 分子结构中含有氯原子，由于氯原子的引入，打破了聚乙烯规整性，使它不易结晶，所以随着含氯量的增加，分子链刚度减少，据实验测定，含氯量为 25% ~ 38% 时，分子链刚度最小，完全处于适宜的弹性范围。含氯量继续增加，刚度反而急剧增大。

3) 分子结构中由于氯磺酰基的存在，使氯磺化聚乙烯可以像通用橡胶那样易于达到充分硫化，有利于橡胶的弹性充分发挥，不过氯磺酰基过多，易于焦烧。

2. 氯磺化聚乙烯的性能

1) 优异的耐臭氧、耐日光和耐大气老化性，由于本身具有高度饱和的结构，故耐臭氧性特别优越，如在常温和张力作用下，150×10^{-4}% 臭氧中氯磺化聚乙烯超过两周也不龟裂，可见耐臭氧性超过氯丁橡胶、丁基橡胶等，在使用时可不必加防臭氧剂。通常利用此特性与其他不耐臭氧的橡胶并用，只要氯磺化聚乙烯并用量达到 25%，既可获得足够的耐臭氧性。

2) 较好的耐热性和耐寒性；长期使用温度为 90 ~ 105℃，优于氯丁橡胶和丁腈橡胶。耐寒性也好，脆化温度为 -40 ~ -60℃，可在 -50℃ 使用。

3) 良好的物理力学性能。氯磺化聚乙烯属于自补性强橡胶，不加补强剂就具有很好的强度（拉伸强度为 $17.5MN/m^2$），炭黑补强后，强度进一步提高（拉伸强度为 $21MN/m^2$），而且耐磨性也十分优良，可与丁苯橡胶比拟。缺点是压缩永久变形较大，抗撕裂性差。

4) 良好的电绝缘性，氯磺化聚乙烯的电性不仅优于氯丁橡胶，而且比氯化聚乙烯好。

由于分子结构中引进了氯原子和氯磺酰基，使橡胶具有偶极性，不过它在极性橡胶中电性能是最好的，而且它的电阻几乎不受浸水的影响，水和湿气对介电常数和介质损耗影响也较小，因此可以作为低压电缆的绝缘，又由于其具有突出的耐电晕和局部放电性，这是常用以制造飞机、汽车、打火线的基本条件。此外，它还有较好的耐辐射性。

5) 能耐酸、碱等多种化学药品，特别是能耐强氧化剂如硝酸等。氯磺化聚乙烯的耐油性属于中等水平，与氯丁橡胶相仿，并与分子中氯含量有关，氯含量愈高，耐油性越好。在120℃下将其放入石油质机械油中浸 18h，拉伸强度和伸长率只变化 15% 左右。

6) 良好的工艺性能，可在一般橡胶设备上进行加工，与其他橡胶掺合性能也很好。

此外，还具有优异的耐燃性，由于分子结构中含有较多的氯原子，不会延燃，离开火焰自行熄灭。它的耐燃性仅次于氯丁胶。

氯磺化聚乙烯的品种很多，按含氯量不同可分为 CSPE-20、CSPE-30、CSPE-40 等七种类型。CSPE-20 的含氯量为 29%，CSPE-40 的含氯量为 35%；含硫量 1.0%~1.4%，在分子链中大致是每 6~7 个碳原子有一个氯磺酰基。根据电线电缆使用特点，最宜使用 CSPE-40，常用于绝缘和护层，也可以使用 CSPE-20，用于绝缘橡皮。随着含氯量增加，工艺性能、力学性能、耐老化性能、耐水性、耐油性、耐溶剂、耐燃性和耐大气老化性等提高，但在电性方面和永久变形和耐寒性上，CSPE-40 比 CSPE-20 差一些。而在加工黏度、耐低温性、耐曲挠性、柔软性、耐臭氧和耐热等方面两者基本相同。

氯磺化聚乙烯的主要缺点是压缩永久变形大、抗撕裂性差、低温弹性差、耐油性远不如丁腈橡胶、价格较贵。

氯磺化聚乙烯在电缆工业中，主要用作护层材料，是船用电缆、矿用电缆、电气机车和内燃机车电缆、电焊机电缆的优良护层材料。还可作高压电机和 F 级电机引接线，以及飞机、汽车的点火线和电压等级 2000V 以下的电线的绝缘。其电线电缆制品可以长期在户外使用。

7. 1. 9　氯醚橡胶

氯醚橡胶分两大类，一类是以环氧氯丙烷为单体，烷基铝为催化剂开环聚合而成的称为均聚型氯醚橡胶（CO）；另一类以环氧氯丙烷与环氧乙烷以 1∶1 摩尔比开环共聚而成的称为共聚型氯醚橡胶（ECO）。分子量分别为 50 万和 280 万。它们的化学结构式分别为

$$\left[\text{CH}_2\text{—CH—O}\right]_n \qquad \left[\text{CH}_2\text{—CH—O—CH}_2\text{—CH}_2\text{—O}\right]_n$$
$$\text{CH}_2\text{Cl}\text{CH}_2\text{Cl}$$

均聚型　　　　　　　　　　　　共聚型

1. 氯醚橡胶的结构特点

1) 分子结构中没有双键，具有饱和橡胶的特征。

2) 以碳原子并结合醚键为主链，以庞大的强极性的氯甲基为侧链，醚键的存在使分子容易旋转，而强极性氯甲基的存在，使整个分子具有强极性。

3) 均聚型氯醚橡胶含氯量为 38%；共聚型氯醚橡胶含量为 26%，氯原子的存在提供了氯醚橡胶硫化的条件。

2. 氯醚橡胶的性能

1) 耐油性和耐溶剂性极为优良，具有高丙烯腈的丁腈橡胶同等甚至优于它的耐油性，

硫化胶对苯、甲苯、氟里昂等具有相当大的抗耐性。

2）对氧和臭氧的作用相当稳定，耐气候老化。长期使用温度为 $105 \sim 120℃$，显然优于丁腈橡胶（80℃）。这是因为氯醚橡胶分子结构中没有双键，是饱和橡胶，不会因氧和臭氧的作用导致降解，它的耐臭氧性类似乙丙橡胶的水平。

3）透气性是现有橡胶中最小的。历来认为丁基橡胶透气性是最小的，它的透氧速度为 $9 \times 10^{-9} mL/cm^2 \cdot s \cdot atm \cdot cm$，而均聚型氯醚胶透氧量却只有 $3.9 \times 10^{-9} mL/cm^2 \cdot s \cdot atm \cdot cm$。即使共聚型氯醚胶的透气性也与丁腈橡胶相当，气密性极好。

4）不易燃烧、抗弯曲疲劳性良好、粘结性也比较好。

氯醚橡胶的缺点是比重大（均聚型为 1.36，共聚型为 1.27）；电性差（均聚型 $\rho_v = 2 \times 10^9 \Omega \cdot m$，共聚型 $\rho_v = 9 \times 10^8 \Omega \cdot m$），显然氯醚橡胶不适宜用作绝缘材料；力学性能一般，补强后拉伸强度为 $15 \sim 16.3 MN/m^2$，伸长率为 375%，永久变形为 13% ~ 17%，邵氏硬度为 82 ~ 84，低温柔软性不佳（脆化温度均聚型为 $-22℃$，共聚型为 $-38℃$），而且该胶硫化比较困难。

氯醚橡胶在电缆行业中主要用作耐油、耐高温电缆的护套。潜油电机用的动力电缆，长期浸于油井中氯醚橡胶尤为适用。均聚型主要用于阻燃和耐油的场合，如油矿电缆、电机引接线。

7.1.10 硅橡胶（MQ 或 SiR）

硅橡胶是一种特种橡胶，所谓特种橡胶，就是在某项性能上超过通用橡胶，以适应特种性能的要求，为要使得能在某一项性能上突出，所用的单体就要比通用橡胶的昂贵，所以特种橡胶的价格也为特殊昂贵。硅橡胶以耐热性著称，是一种耐热橡胶。

硅橡胶是由有机硅氧烷及其他有机硅单体在酸或碱性催化剂存在下，聚合而成的一类线状高分子弹性体。其基本结构式为

$$\left(\begin{array}{c} R \\ | \\ Si-O \\ | \\ R \end{array} \right)_n$$

在式中 R 可以是甲基（CH_3）、乙烯基（$CH = CH_2$）、苯基（C_6H_5），也可以是含有其他如氟、氯等基团。平均分子量为 40 万 ~ 60 万，个别可高达 200 万。硅橡胶的品种随着取代基 R 的不同多达几十种，在电缆工业中获得应用的有甲基乙烯基硅橡胶、苯基硅橡胶和氟硅橡胶等。

1. 硅橡胶结构的特点

1）硅橡胶的组成以 Si 为主体，分子主链由硅氧键（—Si—O—）组成，由于硅氧键的键能（456kJ/mol）比碳碳键（348kJ/mol）大得多，而且 Si 是不燃元素，具有无机材料的特点，所以耐热性很高。

2）分子侧链上连接有机基团，提供了分子链可旋性的条件，使硅橡胶又具有有机材料的特点，再加上主链含有相当数量的醚键，分子链就会保持高度柔软性。

3）分子链中没有双键，是饱和橡胶。

4）硅橡胶分子在自由状态时，卷曲成螺旋状，分子结构具有对称性，是非极性橡胶，分子间力较小。

2. 硅橡胶的特性

硅橡胶属于半有机半无机的高分子聚合物，因此兼有有机和无机聚合物的特点。在性能上有许多优异之处。

1）较高的耐热性和优异的耐寒性，在各种橡胶中，硅橡胶有最广泛的工作温度范围（$-100 \sim +350℃$），这是由于—Si—O—键为硅橡胶的骨干结构、键能特别高，所以它的耐热性显得特别优越；在耐寒性上，它是橡胶中的最佳品种。如低苯基硅橡胶的脆化温度低达 $-115℃$，乙烯基硅橡胶的脆化温度也低达 $-70 \sim -80℃$。

2）优良的电绝缘性，尤其是在温度和频率变化时或受潮时对其电性能影响甚微，如介质损耗角正切 $tg\delta$ 值，在 $20℃$ 时 < 0.001，在 $200℃$ 也仅为 0.005；当频率从 $50Hz$ 变到 10^7Hz 时，$tg\delta$ 几乎不变；体积电阻率 ρ_v 在 $20℃$ 时为 $2 \times 10^{14}\Omega \cdot m$，在 $200℃$ 时也达 $6 \times 10^{14}\Omega \cdot m$；介电常数 ε 也是如此，始终在 2.70 左右；击穿场强 E_b 瞬时为（$15 \sim 20$）MV/m，而且电性不受水分影响；又由于硅橡胶具有无机材料的特点，耐电晕、抗电弧性特别优越。

3）优良的耐火绝缘性。硅橡胶分子中富有无机成分，以及绝缘橡皮的主要配合剂是高介电性能的白炭黑（SiO_2）及金属氧化物，故即使硅橡胶燃烧后，生成的不燃 SiO_2 灰烬仍起绝缘作用，这种特有的不易烧蚀的耐火性能非常有利于耐火电线和电缆在火焰直接燃烧条件下能够保持输电线路的完整性和可靠性。

4）优异的耐臭氧老化、热老化、紫外光老化和大气老化性能。硫化橡皮在室外曝晒几年后性能无显著变化，在常温和张力作用下，0.015%（体积）臭氧中硅橡胶经数月也不开裂，而在同样条件下，丁苯橡胶立即破坏、丁基橡胶为 7 天、丁腈橡胶为 1h、氯丁胶为 24h 都开裂。

5）具有较好的耐油性和耐溶剂性能；良好的防霉性，硅橡胶经长期贮存、吸水性不超过 0.015%，这对于藻类和霉菌无滋生余地，所以硅橡胶适合于热带、湿热带条件下使用；良好的导热性，导热系数为 $0.13 \sim 0.25W/m \cdot ℃$，为一般橡胶的 2 倍，这对于电线电缆的散热，提高载流量很有好处。

此外，高苯基硅橡胶还有独特的耐辐射性和耐燃性。

另外硅橡胶是无味无毒，使用时对人体健康无不良好的影响，而且是疏水性的，对许多材料不粘，可起隔离作用。

总之，硅橡胶由于结构特殊，因而具有一些极为优异的性能，是一种既耐热又耐寒的橡胶，在各种橡胶中，硅橡胶有最广泛的工作温度范围（$-100 \sim +350℃$），并具有优异的耐臭氧老化、耐热老化、耐紫外光老化和大气老化性能。以及优良的电绝缘性，尤其是在温度和频率变化时或受潮时对其电性能影响甚微，即使硅橡胶燃烧后，生成的 SiO_2 仍起绝缘作用。硅橡胶具有无机材料的特点，其耐电晕性、抗电弧性优越。高苯基橡胶还有独特的耐辐射性和耐燃性；良好的防霉性。

硅橡胶主要缺点是在常温下，其拉伸强度、撕裂强度和耐磨性等比天然橡胶和其他合成橡胶低得多，如未经补强的硫化胶拉伸强度 $<1MN/m^2$，伸长率 $200\% \sim 400\%$，撕裂强度为 $0.1MN/m^2$，所以未经补强的硅橡胶没有使用价值。这主要因为硅橡胶是螺旋结构，很难结晶，分子间作用力比较小的缘故，另外硅橡胶耐酸碱性差；而且价格较贵；透气性较高，透气率比一般橡胶大十至数百倍，而且对不同气体的透气率有较大差别。还有，硅橡胶的加工工艺性能差，较难硫化。其中乙烯基硅橡胶无论加工工艺性、物理力学性能、电绝缘性能、

耐高温性和压缩永久变形等在硅橡胶中相对较好，所以在电缆行业中应用比较多。

3. 硅橡胶种类

1）甲基乙烯基硅橡胶

简称乙烯基硅橡胶，是目前在电缆工业中应用最多的一种硅橡胶，它是由二甲基二氯硅烷和少量甲基乙烯基二氯硅烷共同水解、缩聚成环、开环聚合而成高分子线型弹性体，在甲基乙烯基硅橡胶中，乙烯基链节的含量通常是 0.15% 克分子，其化学结构式为

其中，$x = 5000 - 10000$，$y = 10 - 20$，分子量约 35～60 万。选择适当的交联度，可以在 $-70 \sim +300℃$ 的温度范围内保持弹性，耐老化和电绝缘性优良。由于在二甲基硅烷橡胶分子链中引入少量乙烯基，大大提高了它的硫化活性，提高了硫化剂的交联效率和热老化性能，特别是高温压缩永久变形性小，提高密闭系统中高温耐老化性能。不过乙烯基含量也不宜太多，否则热稳定性反而变劣。最适宜的乙烯基的含量，经实践以（0.1～0.15）mol% 为最好。

2）苯基硅橡胶

它的全名为甲基苯基乙烯基硅橡胶，是由二苯基二氯硅烷或甲基苯基二氯硅烷和二甲基二氯硅烷、甲基乙烯基二氯硅烷共同水解、缩聚、开环聚合而成，也就是在甲基乙烯基硅橡胶中引入苯基，含量通常为 6%～10% 克分子，其化学结构式为

苯基硅橡胶除兼有乙烯基硅橡胶的特点外，少量苯基的引入，打破了大分子的规整性，阻碍了分子链在低温时的结晶，低苯基硅橡胶具有极为优越的耐寒性，在 $-90 \sim -100℃$ 仍保持很好的弹性，而且耐热性可进一步提高，可以在 $-100 \sim +350℃$ 使用，而且，高苯基（苯基含量 40%～50%）耐辐射性优良，适应核辐射区域。

3）氟硅橡胶

是由甲基三氟丙基二氯硅烷和甲基乙烯基二氯硅烷水解、缩聚、开环聚合而成。其化学结构式为

在乙烯基硅橡胶的侧链引入少量三氟丙基后，它的主要特点是耐油和耐溶剂性比乙烯基硅橡胶大大提高。例如它对于脂肪族、芳香族和氯代烃溶剂，对于石油系的各种燃烧油、润滑液压油以及二酯类硅酸酯类合成润滑油或液压油，无论在常温下或高温下的稳定性都很好，不过它的耐高温性能都不及乙烯基硅橡胶，一般可在 $-50 \sim +235℃$ 长期使用。

硅橡胶主要用作船舰的控制电缆、电力电缆和航空电线的绝缘材料；还可作电视机的高压引接线和 H 级电机的引接线，加热电线，以及许多特殊用途（原子能工业、航天工业、冶金工业）电线电缆绝缘，此外还用于制造自黏性绝缘带等。

7.1.11　氟橡胶（FPM）

氟橡胶是指主链或侧链的碳原子上连有氟原子的一种合成高分子弹性体，是近代航空工业中很重要的优良材料。

1. 氟橡胶种类

氟橡胶品种很多，主要有 23 型氟橡胶和 26 型氟橡胶两种。由于 23 型氟橡胶加工困难，在电缆工业上主要使用 26 型氟橡胶。26 型氟橡胶是六氟丙烯与偏氟乙烯的共聚体，常见的有以下三种型号：

1）氟橡胶 2641 是由偏氟乙烯与六氟丙烯按 4∶1 的摩尔比在 85～100℃ 和 100 大气压下，经乳液聚合而成，化学结构式为

$$\left[(CH_2\!-\!CF_2)_x\!-\!(CF_2\!-\!CF)_y \atop \qquad\qquad\qquad CF_3 \right]_n$$

分子量约 20 万，门尼黏度约 150±40，塑性稍好。主要用于耐高温（200～300℃）、耐油的场合，加工性较好。

2）氟橡胶 26 的分调、化学组成与氟橡胶 2641 是一样的，只是塑性不同而已，它的分子量在 6～10 万之间，门尼黏度 70～90，塑性差些。

3）氟橡胶 246 是由偏氟乙烯、四氟乙烯与六氟丙烯三元共聚体，三种单体所占摩尔百分比为偏氟乙烯为 65%～70%，四氟乙烯为 14%～20%，六氟丙烯为 15%～16%，化学结构式为

$$\left[(CH_2\!-\!CF_2)_x\!-\!(CF_2\!-\!CF_2)_y\!-\!(CF_2\!-\!CF)_z \atop \qquad\qquad\qquad\qquad\qquad\qquad\quad CF_3 \right]_n$$

分子量 10 万左右，门尼黏度为 100。它比氟橡胶 2641 更耐热和化学试剂。

总之，26 型氟橡胶在热稳定性、化学稳定性及耐溶剂方面都是目前氟橡胶中性能较为全面的品种，使用温度范围为 -55～+315℃，在 375℃ 高温下，短时间内仍能保持橡胶特性。

2. 氟橡胶的结构特点

1）取代基-F 是强极性基团，分子结构又不对称，因而氟橡胶具有一定的极性，耐油性优良，同时这使氟橡胶分子间作用力大、结构紧密、分子链柔顺性较差，而且也由于氟原子的存在，使碳碳键长缩短（0.148nm），从而分子链不易旋转，弹性下降，耐寒性不佳。

2）分子侧链上由氟原子取代了部分氢原子，这一结构的变化，使氟橡胶具有独特的性能，氟是电负性最大的元素，具有很大的吸电子的本领，当它与碳原子结合时，便生成键能很高的 C—F 键（448kJ/mol），而且这种键能还随原子氟化程度的提高而增大，同时分子中氟原子还可增强与之相连的 C—C 键的能量，又能使碳原子与别的元素结合的键能提高。另外氟原子的半径（0.064nm）比氢原子的大，接近碳碳键的键长（0.154nm）的一半，从而能紧密排列在碳原子的周围，而碳氟键较长，这样就使它对碳碳主链形成了很好的屏蔽层，从而保证 C—C 键具有很高的热稳定性和化学稳定性。

3）分子链高度饱和，是属于饱和性橡胶。

3. 氟橡胶的性能

氟橡胶是白色或淡黄色弹性体，比重在 1.82～1.86 之间。

1）优异的耐高温性能，26 型氟橡胶可在 250℃下长期工作，23 型氟橡胶可长期用于 200℃，可见它的耐热老化性能可以和硅橡胶媲美，不过它的力学性能在高温下降落的幅度较大，其与其他橡胶比较见表 7-9。

表 7-9　硅橡胶的性能

品　　种	温度/℃	拉伸强度/(MN/m²)	伸长率（％）
硅　橡　胶	23	10	550
	205	3.9	260
26 型氟橡胶	23	15.4	290
	205	2.3	100
丁基橡胶	23	14.4	570
	205	5	300

2）优异的耐油、耐化学腐蚀性；耐油、耐溶剂和耐化学腐蚀优于已知的各种橡胶，可耐王水腐蚀。

3）优良的耐日光、臭氧和大气老化性，氟橡胶在大气中暴露十年后，性能基本稳定；在 0.01% O_3 中经受 45 天，没有明显龟裂；对辐射作用也很稳定，并有良好的耐湿、防潮、防霉作用。

4）足够的力学性能、较好的耐压缩永久变形的能力。

5）氟橡胶卤素原子含量高，属于自熄性橡胶，虽遇火焰能够燃烧，但离开火焰后就自动熄灭。

总之，氟橡胶最突出的性能是耐热氧老化性，26 型氟橡胶可在 250℃下长期工作，可见它的耐老化性能可以和硅橡胶媲美，不过它的力学性能在高温下降落的幅度较大。具有优异的耐化学腐蚀性能，对有机液体、浓酸的化学稳定性比其他橡胶都高，其耐油、耐溶剂性优于已知的各种橡胶。良好的耐日光、臭氧和大气老化性；并有良好的耐湿、防潮、防霉作用，氟橡胶具有耐燃性。

氟橡胶的缺点是电性差，且温度对其影响很大；耐低温性能较差，价格昂贵，而且工艺加工性也不好，主要用作特种电线（耐高温、耐油、耐化学药品侵蚀）的低压低频绝缘和耐热护套。

7.2　橡胶配合剂

橡胶固然是橡皮制品的基本材料，但是单纯使用橡胶，不仅给加工过程带来很大困难，而且也不能满足性能的要求，因此在橡胶工业中用的材料，除了橡胶外，还有许多种辅助的材料，其中包括改进橡胶在加工过程中的工艺性能和硫化胶的使用性能，从而提高使用价值和降低制品的成本的物质。在生胶中加入的各种原材料，统称为橡胶配合剂。

根据配合剂在橡胶中的主要作用，又可分为硫化剂、硫化促进剂、防老剂、软化剂、补强剂、填充剂、着色剂以及特殊用途的配合剂。

橡胶配合剂种类繁多，其作用也很复杂，一种配合剂可在不同橡胶中起着不同的作用，而在同一种橡胶中也起着多方面的作用。尽管如此，仍可按配合剂在橡胶中主要作用分类，见表 7-10。

表 7-10 橡胶配合剂的类型

橡皮的组成材料		基本作用	主要要求	大致用量
硫化体系	硫化剂	使橡胶发生物理化学变化由线型转化为网状结构，使塑性橡料转化为弹性橡皮的物质，其基本作用是改进橡皮物理力学性能，耐老化性能	1) 硫化曲线平坦 2) 与橡皮有较好的相容性 3) 活性大 4) 性能符合标准要求不恶化橡胶质量	一般为 1~3 份对于氯丁橡胶、氟橡胶、丁基橡胶可达 10 份
	硫化促进剂	能促进橡皮硫化，增强硫化剂活性，缩短硫化时间，改进硫化橡皮性质的物质	1) 有适当的临界温度 2) 硫化曲线平坦 3) 能改进橡皮质量 4) 焦烧时间适宜	1~5 份
	活性剂	能增大硫化剂和硫化促进剂活性，缩短硫化时间的物质	1) 与橡胶相容性好 2) 不含水分和杂质（灰分）	10 份以下
防护体系	1. 抗氧剂	1. 防止和延迟橡皮氧化老化（热氧裂解）的物质	1) 与橡胶具有较好的相容性易于混合均匀	1~2 份
	2. 抗臭氧剂	2. 防止臭氧对橡皮袭击，保护橡皮免受臭氧老化的物质	2) 在热作用下比较稳定 3) 不易喷霜、不污染	1~3 份
	3. 有害金属抑制剂	3. 防止有害金属铜、锰、铁离子对橡皮氧化催化反应，防护橡皮老化的物质	4) 不含灰分、水分和机械杂质 5) 粒度适当 6) 不恶化橡皮性能与其他配合剂（硫化剂促进剂）不发生有害反应 7) 无毒	1~3 份
	4. 光吸收剂	4. 能吸收紫外光，防止和延迟橡皮光氧老化的物质		
	1. 避鼠剂 2. 杀蚁剂 3. 防霉剂	1. 防止鼠害的物质 2. 杀灭白蚁，保护橡皮不受白蚁损坏的物质 3. 防止霉菌繁殖恶化橡皮性能的物质	1) 与橡皮相容性好 2) 不恶化橡皮其他性能 3) 在热作用下比较稳定	适量
软化体系	软化剂	1. 调节橡皮塑性，使橡皮便于加工的物质 2. 调节橡皮柔软性，使之符合使用要求的物质	1) 相容性好 2) 不挥发，在热加工时比较稳定 3) 无毒 4) 软化作用大 5) 不含有害杂质（灰分） 6) 不恶化橡皮性能	10 份左右
填充补强体系	1. 补强剂 2. 填充剂	1. 改进橡皮物理力学性能（弹性、耐磨性、抗撕裂性、拉伸强度、耐曲挠性）的性质 2. 改善橡皮工艺性能，能增加橡皮容积，降低橡皮成本的物质	1) 相容性好易于分散混均 2) 粒度大小适当 3) 不易吸潮 4) 不含有害杂质及灰分 5) 电绝缘性能要好 6) 来源可靠	数量往往较大达 100 份
特殊物质加入剂	1. 着色剂 2. 阻燃剂 3. 导电性物质 4. 其他特殊物质	1. 使橡皮具有某一种颜色的物质 2. 使橡皮具有难燃性能的物质 3. 使橡皮具有一定导电性能（为制造半导电橡皮）的物质 4. 赋于橡皮某一特征物质	1) 相容性好 2) 稳定 3) 不含杂质，水分灰分 4) 不恶化橡皮性能	适量

7.2.1 硫化剂

硫化的目的是改善胶料的物理力学性能及其其他性能，使制品能满足使用要求。硫化最初是指在加热的条件下，橡胶与硫磺相互作用改善橡胶性能的过程，是橡胶制品生产的主要工艺过程。这一工艺过程，需要硫化剂、硫化促进剂、活化剂以及阻焦剂等组成的硫化体系来完成。硫化的实质是胶料在一定的条件下，橡胶大分子由线形结构转变成网状结构的交联过程。交联密度在一定的时间内逐渐增加，而达到极限后又有所下降。因此，橡胶的性能随硫化的时间而变化，如图 7-1 所示。

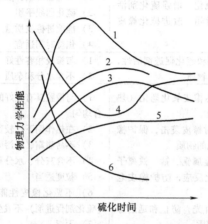

图 7-1 硫化过程中橡胶物理力学性能变化曲线

1—扯断强度 2—定伸应力 3—弹性 4—伸长率 5—硬度 6—永久变形

硫化剂是一种最重要的橡胶配合剂，它能与橡胶起化学反应，使橡胶由线状结构变为网状结构，并具有高弹性物质。而且，它能改进橡胶的物理力学性能，并提高其耐老化性能。

最初天然橡胶是用硫磺来进行交联，硫化这个名词就是由此而来。随着合成橡胶的出现（见图 7-2），硫化剂的种类不断增加，除了硫磺外，还有很多种含硫的有机化合物和不含硫的化合物，这些化学物质的加入都能促使橡胶交联，所以"硫化剂"一词应称为交联剂更为合理。但由于传统习惯，在橡胶工业仍称为硫化剂。

硫化剂的选用，主要取决于橡胶的种类及其制品用途的不同而不同。硫化剂的种类很多，有硫磺、含硫的物质【如脂肪基多硫化合物 JL-1、秋兰姆】、过氧化物【如过氧化二异丙苯 DCP、过氧化苯甲酰 BPO、二叔丁基过氧化物 DTBP】、金属氧化物【ZnO、MgO、PbO、Pb_3O_4】、树脂类【101 树脂、201 树脂】、多元胺类【己二胺、四乙撑五胺】。

以硫磺为例：

硫磺以八个硫原子环状结构存在（S_8），电缆工业常用的硫磺粉的熔点是 $114\sim118℃$，硫化温度一般采用 $120\sim150℃$。

用硫磺粉硫化时，会有游离的硫存在，对铜线有腐蚀作用，导致铜线发黑，所以硫磺只用在铝芯电缆绝缘或护套材料中。而且，形成的交联键大多是多硫键，多硫键热稳定性差，导致制品耐热性差。因此，现在橡胶配方中很少单独使用硫磺。

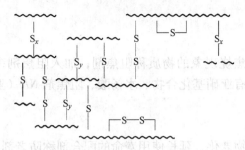

图 7-2　硫磺在橡胶中的结合状态

7.2.2　促进剂

在橡胶的配方中，加入促进剂，能大大促进橡胶与硫化剂反应，提高硫化速度，降低硫化温度，缩短硫化时间，减少硫化剂的用量，同时又能改善橡胶的物理力学性能，因此促进剂不仅可以促进硫化反应，并参与硫化反应，形成中间的过渡产物或参与橡胶结构之中。

1. 促进剂种类

促进剂品种很多，其种类有噻唑类【促进剂 M（MBT）、促进剂 DM】、胍类【二苯胍、二邻甲苯胍】、秋兰姆【促进剂 TMTD（TT）、促进剂 TETD】、硫脲类【促进剂 CA、促进剂 NA-22】、次磺酰胺类【促进剂 CZ、促进剂 NDBS】、二硫化氨基甲酸盐类【促进剂 ZDC（EX）、促进剂 PX】等。

一种促进剂可以用于不同种橡胶，如促进剂 CZ、秋兰姆可以用于天然橡胶、丁苯橡胶、顺丁橡胶；一种橡胶也可以选用不同的促进剂，天然橡胶可选促进剂 M、促进剂 DM 及促进剂 TMTD。

2. 促进剂的基本性能

1）焦烧性能：焦烧是指橡胶在贮存的过程中，由于时间长、温度高，使橡胶料过早的开始局部的交联、变硬，而失去热塑性流动的现象。从橡胶开始变硬到不能进行塑性流动的时间称为焦烧时间，它是表征橡胶的加工时间稳定性的一个指标。

橡胶的焦烧是不可避免的自然现象，如果焦烧时间过短，会使橡胶料失去加工性能或使表面质量恶化。因此在制定配方，选择硫化体系时，必须严格控制焦烧的时间。

2）临界温度：促进剂发挥促进效果所必须的最低温度称为临界温度。每一种促进剂都有自己的临界温度，如促进剂 M 为 125℃，促进剂 DM 为 130℃，促进剂 TMTD 为 100℃。临界温度越高，硫化反应越慢。临界温度越低，越易于焦烧。

3）硫化的平坦性。

4）对硫化橡皮性能的影响。

5）分散性。

6）污染性、着色性、毒性。

7）并用和协同效应。

7.2.3　活化剂

在橡胶配方中，加入某些物质，能增加促进剂的活性，减少促进剂的用量，缩短硫化时间，这种物质就称为助促进剂，又称活化剂。活化剂有无机活化剂如 ZnO、MgO、PbO、Pb_3O_4 和有机活化剂如硬脂酸、硬脂酸锌等。

7.2.4 阻焦剂

在橡胶配方中能防止焦烧现象的物质称阻焦剂，加入阻焦剂多少会对胶料产生不良影响，应谨慎选用。阻焦剂有亚硝基化合物、水杨酸、阻焦剂 NA（亚硝基二苯胺）。

7.2.5 防老剂

能够防止或延缓高聚物老化，延长使用寿命的配合剂称防老剂。是一种非常重要的配合剂，其种类繁多。防老剂按其作用机理可分为：抗氧剂、抗臭氧剂、有害金属抑制剂、屈挠龟裂抑制剂、光屏蔽剂、紫外线吸收剂和驱避剂等。按防老剂的化学结构可分为：胺类，如防老剂 AW、RD、A、D、4010（NA）、H、AH、AP（N）等；酚类，如：防老剂 264、2246 等；此外，有含硫、磷、氮的有机物如防老剂 MB、NBC 等。

应根据高聚物的老化特点和产品使用的环境条件选择防老剂。一般来说，酚类防老剂防护作用比胺类差，但胺类防老剂污染性比酚类大，会使橡皮污染、变色严重；胺类防老剂对胶料焦烧有不良影响，而酚类防老剂能延迟硫化。当一种防老剂难以满足要求时，应采取两种或多种防老剂并用，使其产生协同效应。防老剂的用量不宜超过在橡胶中的溶解度，以防止喷霜，污染橡皮表面质量。

7.2.6 软化剂

凡能增加橡胶的塑性，使之易于加工，并能改善制品的某些性能，如弹性、伸长率和耐寒性的物质称为软化剂，又称增塑剂。对软化剂要求：电绝缘性好；软化效果大、软化速度快、用量少；互溶性好、挥发性好；不迁移、不喷霜；耐寒、耐水、耐油、耐溶剂、耐热、阻燃、无毒。

软化剂按作用的机理分为物理增塑剂和化学增塑剂两种。

1. 物理增塑剂（习惯称软化剂）

机理：增大橡胶分子的距离，减少分子间的作用力，并且有润滑作用，使分子链间易于滑动。显然，橡胶塑性增加的程度不仅与软化剂的种类有关，而且与用量的多少有关。

种类：石蜡、机械油、煤焦油、松焦油、黑油膏、白油膏、古马隆等。

2. 化学增塑剂

通过化学作用，增加生胶塑炼效果，缩短塑炼时间的物质称化学增塑剂。与软化剂相比，它具有增塑效果强，用量少的特点，并对橡皮的物理力学性能无影响。

机理：① 增塑剂本身受热、氧作用产生自由基，使橡胶大分子裂解；② 封闭塑炼时，使生胶断链时的端基丧失活性，不再重聚。

种类：2—萘硫酚、二甲基硫酚、五氯硫酚等。

7.2.7 补强剂

凡能改善橡胶拉伸强度、定伸强度、耐磨性等物理力学性能的配合剂称补强剂。

1. 补强剂的种类

1）炭黑

炭黑是电缆护套橡皮的主要补强剂，它能使护套橡皮具有足够的机械强度和抗撕性。在绝缘橡皮和耐热护套中，主要作为补强剂，而在半导电橡皮配方中则作为导电剂用，所以炭黑在不同用途的配方中，起着不同的作用，因而就要选择不同的种类。炭黑的种类很多，按对橡胶补强效果不同，可分为以下两种：

① 活性炭黑，即高补强作用的炭黑。它使橡皮具有很高的拉伸强度、抗撕裂强度和高定伸强度等性能。活性炭黑通常又分高强力型（包括槽法炭黑、槽法混气炭黑等），通用型（包括滚筒法炭黑）和耐磨型（包括各种耐磨炭黑）三类。

② 半补强性炭黑，是具有一定补强性能的炭黑。它能使制品具有高弹性，一定程度的定伸强度和拉伸强度，并且发热性小。

半补强炭黑分为高定伸强力型（喷雾法炭黑）和弹性型两类。

2）白炭黑，所谓白炭黑，顾名思义，它是白色补强剂，它的补强性能可以和炭黑媲美。适于制造电线电缆浅色制品。是硅橡胶、乙丙橡胶和氟橡胶的电缆橡皮中广泛使用的补强剂。白炭黑是由人工制造的微粒硅酸和硅酸盐物质。目前有三个品种，气相白炭黑，沉淀白炭黑和表面处理白炭黑。

2. 炭黑补强机理

关于补强作用的机理，有机械增强（如物理吸附）和化学增强（如化学键反应）两种观点，现在认为两者共存。一般认为由于炭黑的粒径、结构性和表面化学性质，与橡胶分子发生化学和物理吸附，对橡胶起补强作用，从而改善了硫化胶的物理力学性能。

物理吸附即炭黑与橡胶之间吸引力大于橡胶分子之间的内聚力，橡胶分子被炭黑吸附在表面上，这种物理吸附的结合力（范德华力）是比较弱的。化学吸附是由于炭黑表面的活性点能与橡胶起化学作用，形成以化学键相结合的化学吸附。化学吸附的强度比单纯的物理吸附大得多，使橡胶分子能够较容易在炭黑表面上滑动又不易脱离炭黑表面，从而炭黑与橡胶之间形成一种滑动的强固键。这种炭黑与橡胶结合生成的滑动强固键产生两种补强效应。一是当橡胶受力变形时，强固键的滑动能吸收外力的冲击而起到缓冲作用；二是橡胶分子链段在应力下滑动伸长，使应力分布趋于均匀。这两种效应的结果使橡胶强度增加，抵抗破裂，又不会过多损害橡胶的弹性，起到补强的作用。图 7-3 所示为炭黑补强的基本原理。

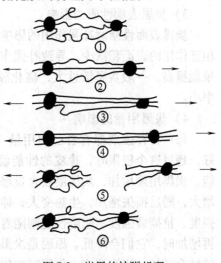

图 7-3　炭黑的补强机理

图 7-3 中所示，假设两个炭黑粒子之间有三条橡胶分子链被吸附。图中① 表示橡胶处于松弛状态，三条分子链有长有短。② 受应力拉伸时，最短的分子链首先被拉直。如果强固键不能滑动，应力即集中在最短的分子链上，而先行被拉断。由于强固键能在炭黑粒子表面滑动，以及物理吸附的脱落，而缓冲了应力。此时另一条分子链也开始受力拉伸直至伸直如③ 所示。进一步拉伸时，各条分子链在炭黑表面的物理吸附已脱落，强固键亦都滑动至最适宜的位置，分子链均完全伸直如④ 所示。此时，由于每条分子链都分担了应力，扯断强度就提高了。如果继续拉伸，分子链就会断裂如⑤ 所示。而如果应力消除，橡胶分子链又可以慢慢通过强固键的滑动恢复到原来的松弛状态如⑥ 所示。

3. 影响补强效能的因素

各种炭黑补强剂效能与下列因素有关：

1）炭黑粒径的影响

炭黑的粒径是影响补强效果的主要因素之一，炭黑粒径越小，越容易进入硫化胶网状结构中与橡胶分子形成较大的接触面积，发挥粒子的吸附补强作用。粒径越小，硫化胶耐磨性越好，扯断强度、抗撕裂强度增加，回弹性减小，硬度和滞后损失增大。但粒径太小，会导致分散困难，甚至某些性能下降。

2）炭黑结构性的影响

炭黑结构性对硫化胶定伸应力影响最大。炭黑聚集体存在空隙，结构性越高的炭黑，空隙越大。这些空隙在炼胶时被橡胶填充，这部分填充于炭黑聚集体空隙内的橡胶称为吸留橡胶。吸留橡胶在受应力时，一般不变形或较小变形，因而提高了橡胶的定伸应力。在相同粒径下，结构性越高，定伸应力越大，硬度越高，伸长率越低。

炭黑结构性对扯断强度和撕裂强度的影响与橡胶的种类有关。对于结晶性橡胶如天然橡胶等，由于吸留橡胶的存在，影响到在拉伸时部分橡胶分子链的定向和结晶，使橡胶不能充分发挥自我补强作用，因而加入高结构炭黑时扯断强度和抗撕裂强度不如加入低结构炭黑高。对于非结晶性橡胶如丁苯橡胶等，加入高结构性的炭黑有助提高硫化胶的扯断强度和抗撕裂强度。

3）炭黑表面性质的影响

炭黑表面性质对补强作用的影响不及粒径和结构性大。炭黑表面粗糙度大，炭黑与橡胶相互作用的表面积减少，导致补强作用下降。炭黑表面活性大，生成的结合胶越多，补强效果就提高。一般炭黑活性大，硫化胶的扯断强度、抗撕裂强度、耐磨性好，硬度大，伸长率小。

4）炭黑用量的影响

每一种补强剂都有自己的用量"极限"，在这个极限范围内，补强剂的加入是越多越好，超过这个极限时，橡皮的性能就要变坏，炭黑的用量直接影响到硫化胶的物理力学性能。炭黑用量增加，炭黑凝胶含量增大，导致橡胶分子运动能力下降，定伸应力提高，硬度增大，滞后损失增大，生热变大，伸长率、回弹性减小，对溶剂的溶胀率亦下降。对于扯断强度、抗撕裂强度、耐磨性能则随着炭黑用量的增加而提高，直至出现最大值，当炭黑用量再增加时，它们会降低。原因是炭黑与橡胶的结合少时，随着炭黑用量的增加，炭黑与橡胶的结合增加，当受到应力作用时能较好地分散应力，使扯断强度、抗撕裂强度、耐磨耗性能提高。而炭黑与橡胶的结合过多时，会过分限制了大分子链段的运动，使应力不容易或来不及分散而产生应力集中，结果反而导致扯断强度、抗撕裂强度、耐磨耗性能下降。炭黑用量对硫化胶性能的影响，对于不同性质的炭黑和胶种，变化规律基本相同的，只是变化的快慢、幅度的大小有所不同。

7. 2. 8 填充剂

凡是对橡皮补强作用不大，而可以增加胶料容积、降低成本、改进工艺性能而又无损于橡胶性能的物质，称为填充剂。实际上补强剂和填充剂之间没有明显界限，仅仅是主要起哪一种作用而已。电线电缆橡皮常用填充剂有以下几种：

1）滑石粉：主要成分为含水硅酸镁（$3MgO \cdot 4SiO_2 \cdot H_2O$），外观为白色或淡黄色有光泽的片状结晶。化学性质不活泼，有滑腻感，比重 2.7-2.8。是电缆料中普通使用的一种填充剂，适用于天然橡胶和合成橡胶。

2）轻质碳酸钙（$CaCO_3$）：为无味无毒的白色粉末，比重 2.4-2.7，粒子较细，作为白色填充剂使用，在胶料中易分散。

3）活性轻质碳酸钙（$CaCO_3$）：它是在制造过程中加入一定量的活性剂被覆于粒子表面以增加活性。为白色粉末，无味，粒子较细，补强性比轻质 $CaCO_3$ 大，作为白色制品填充剂和补强剂使用，补强性能随粒子的大小而异，粒子愈细补强作用愈大，在合成胶中的补强效果较显著。

4）陶土：又称高岭土，组成为含水硅酸铝（$Al_2O_3 \cdot SiO_2 \cdot H_2O$），系灰色或灰黄色粉末，微溶于醋酸或盐酸。属于兼有补强的物质，能赋于胶料耐酸耐碱耐油等性能，有很好的耐热性，缺点是质量不稳定，由于粒子具有各向异性的性质，因而对抗撕裂性能有不良的影响，有延迟硫化的作用。

目前在电线电缆中，还使用煅烧陶土。它是将高岭土在 600～700℃高温下煅烧，除去其中结晶水和杂质，具有很好的电性能，比重为 2.63，缺点是吸水性很强。贮存时要注意。

7.3 橡胶的配方设计

橡皮制品的性能，既取决于生胶的种类和数量，又取决于配合剂的种类和用量，所以确定橡胶及配合剂的种类和用量，是橡皮制品生产的首要工作，通常把根据产品使用特点，按产品提出的物理力学性能和电性能等的要求，运用已经总结出来的配合剂理论和积累的经验，选用橡胶和配合剂的种类及其间配比，通过试验，在达到产品要求性能之后，将其方案用文字的形式固定下来的工作，就称为橡皮配方设计。有人把配方设计工作看成很容易的事，认为没什么科学理论只要多作试验，靠经验就可以搞好，这是不对的，也有人把配方工作看得很神秘，没有理论公式，没有规律，全靠经验，忽视了它的科学性和规律性，这同样也是错误的。正确的做法是要掌握配方设计的科学依据和其规律性加强理论和实际的结合，在科学的指导下，去进行试验，这才是正确的途径，下面就配方设计的原则和规律加以介绍。

7.3.1 配方的基本要求

各种橡胶必须加入适量的有关配合剂，才能制成有实用价值的橡胶制品。这除了是工艺上的需要外，还因加入配合剂后可改善橡胶的性能，使之满足相应的使用要求，降低橡胶制品的成本。

各种配合剂的作用很复杂，一种材料在不同的橡胶中可起不同的作用，在同一橡胶中也可起几种作用，分类时一般以其主要作用为代表，选用时应特别注意。为保证橡胶制品的质量，除应正确选择橡胶配合剂的材料及其用量外，橡胶配合剂的基本性能还应符合以下要求：

① 具有高度的分散性；
② 容易被橡胶湿润；

③ 含水量少；

④ 不应有对橡胶产生不利影响的杂质，如铜、锰等；

⑤ 不应含有无机酸和能水解的盐类；

⑥ 无毒或毒性小；

⑦ 对电线电缆而言，还必须有良好的电绝缘性能；

⑧ 价格便宜，来源可靠。

7.3.2　配方设计的原则

配方设计的原则可以概括为 3P + 1C，即性能、工艺、价格和环境。具体如下：

1）保证其具有指定技术性能，使产品符合使用性能的要求。

2）在制造过程中加工工艺性能良好，使产品易于加工制造。

3）成本低，价格便宜。

4）所用的各种原材料易于找到。

5）劳动生产效率高，在制造过程中能耗小。

6）符合劳动保护及卫生要求。

7.3.3　配方的设计步骤

1）拟订性能指标：调查研究产品使用条件、综合考虑，确定性能指标，必须保证电缆的质量和寿命，并满足国家标准规定的性能指标。

2）根据工厂设备条件，对加工历程和制造工艺要求进行针对性分析。

3）选择材料品种、规格、数量。选择配合剂的大致顺序为：

胶种→硫化体系→防老体系→填充补强体系→软化体系

4）拟定试验配方方案：选择材料含量、加入的顺序、加入的方法。（一般加料顺序：生胶→固体软化剂→促进剂、活化剂、防老剂→填充补强剂→液体软化剂→硫化剂、超促进剂。）根据橡胶使用要求先设定一、二个基本配方，以及必要的变量试验方案。

5）进行配方成本预估计核算。

6）基本配方实验室试验：通过实验室中基本配方试验，进行必要变量试验。制取样品，测试其性能，而后选定最佳一个配方。

7）小批量生产性试验。

8）针对小批量生产性试验中所反映的问题，对配方进行调整，重做试验，如此反复，最终确定配方，保证配方的可靠性。

7.3.4　配方的表示方法

橡胶配方简单地说，就是一份表示生胶、和各种配合剂用量的配备表。含橡胶和配合剂的名称、型号和用量。同一配方，根据不同的需要可以用四种不同的形式表示。

1. 基本配方

以质量分数表示的配方。即以橡胶的质量份数为 100 份（phr）为基础，其他配合剂用量都以相应的质量分数表示，常用于实验室中。这是配方设计中最基本的表示方式，下面三种方式均是这种方式的换算形式。

2. 质量百分数

以配成的橡胶料的总质量作为 100%，所有材料以在总质量中占有的质量百分率表示。这种方式有利于看出各种材料的比例关系。

3. 体积百分数

以配成的橡皮胶料的总体积作为 100%，所有材料以在总体积中占有的体积百分率表示。这种方式有利于按胶料的体积来核算经济价值，在工厂生产中比较实用。

4. 生产配方

生产配方是根据工厂实际设备的每一投料批量的最大范围，计算每一次各种材料的实际投料量，每种组分可以以质量表示，也可以用体积表示。因此，这种表示法是工厂生产车间中的实用配方。

7.3.5 配方设计举例（见表 7-11、表 7-12）

表 7-11 配方 1 氯丁橡胶护套料

组 分	配比/phr	作 用
CR232	100	主料：氯丁橡胶
氧化镁（特级）	4	硫化剂
FEF 炭黑	25	快压出炉黑，补强剂
SRF 炭黑	15	半补强炉黑
陶土	50	填充剂
氢氧化铝	30	阻燃剂
氧化锌	5	硫化剂
NA—22	1.2	硫脲类促进剂
DM	0.5	硫化延迟剂
石蜡	3	软化剂
硬脂酸	0.5	软化剂，同时对炭黑分散有好处
DOP	10	邻苯二甲酸二辛酯，增塑剂
防老剂 ODA	4	胺类防老剂，对热、氧、屈挠裂口有防护作用
合 计	248.2	

表 7-12 配方 2 天然橡胶与丁苯橡胶并用料

组 分	70℃绝缘 配比/phr	65℃护套 配比/phr	作 用
天然橡胶	50	70	主料，改善丁苯橡胶的耐老化性及工艺性
丁苯橡胶	50	30	并用料，改善天然橡胶耐老化、工艺性
氧化锌	10	5	活化剂
硬脂酸	0.5	1.2	助促进剂（硬脂酸用于 TMTD 硫化中，容易使铜线发黑）
促进剂 ZDC	1.5		二硫化氨基甲基酸盐类，促进剂

（续）

组　分	70℃绝缘 配比/phr	65℃护套 配比/phr	作　用
促进剂 M	0.5	1.0	噻唑类促进剂，ZnO 和硬脂酸能增强其活性
防老剂 MB	2.5		苯并咪唑类，中性防老剂，有抗氧、防气候老化
防老剂 DNP	0.5		胺类防老剂，防热、气候老化，对有害金属 Cu、Mn 等有抑制作用。
防老剂 D		2.0	胺类通用型防老剂，防热、氧老化，防屈挠龟裂，对有害金属有抑制作用。
石蜡	10	5	软化剂
滑石粉	50		填充剂
化学碳酸钙	106.5	25	填充剂
陶土		30	填充剂
高耐磨炭黑		20	补强剂
促进剂 TMTD	3		硫化剂
硫磺		1.8	硫化剂
合　计	285.5	200.0	

第8章　聚合物合金

8.1　聚合物合金的基本理论

合金原指不同金属混熔制得具有优良性能的金属材料。若两种或两种以上聚合物用物理或化学方法制得的多组分聚合物，它们的结构和性能特征类似金属合金。因此，把"合金"一词移植过来，将多组分聚合物形象称为聚合物合金或高分子合金。

聚合物合金与聚合物共混物两者的含义，在不同资料中还不尽一致。有人将共混物仅指不同聚合物的物理掺混物，而将不同聚合物之间以化学键相连接的嵌段共聚物、接枝共聚物等称为聚合物合金或高分子合金。但是，现在更多人主张，无论聚合物之间有无化学键，只要有两种不同高分子链存在，这种多组分聚合物体系都称为聚合物共混物或聚合物合金。本书采用后一种说法。

8.1.1　聚合物合金的分类

1. 按聚合物合金的组成分类

1）橡胶增韧塑料：除了较早出现的用聚丁二烯增韧聚苯乙烯（HIPS）外，聚丙烯中加入少量乙丙橡胶、PVC 中加入少量氯化聚乙烯（CPE）等共混体系都是这种类型。它们都是以塑料为基质，以橡胶为分散相组成的两相结构体系，橡胶相对塑料相起增韧作用。

2）塑料增强橡胶：SBS 热塑性弹性体的化学组成与 HIPS 基本相同，但它们的相态结构不同。SBS 是以聚丁二烯（PB）为基质，以聚苯乙烯（PS）为分散相。这样，体系保持橡胶软而富有弹性的特点，塑料相 PS 的存在使材料获得增强，并起物理交联作用。此外，一般橡胶中也可加入塑料进行增强。例如，乙丙橡胶（EPR）中加入少量聚丙烯（PP），顺丁橡胶（BR）中加入少量聚乙烯（PE），都是以塑料为分散相，以橡胶为连续相组成的两相结构体系，此时塑料对橡胶起增强作用。

3）橡胶与橡胶或塑料与塑料共混：由不同橡胶或塑料组成的共混体系，若是热力学不相容的，则往往是含量高的组分构成连续相，含量低的组分为分散相，共混的目的主要是为了改善聚合物某些性能的不足，例如顺丁橡胶具有优良的低温柔性、弹性好、耐磨性好。但其强度低、防滑性差，加入少量天然橡胶（NR）或丁苯橡胶（SBR），其缺点可得到改善。又如，聚碳酸酯（PC）中加入少量 PE，不仅使 PC 的冲击强度显著提高，而且改善了加工性能。

2. 按组分间有无化学键分类

按聚合物合金的组分有无化学键，可分成两大类：一类是不同聚合物之间无化学键存在的物理共混；另一类是不同聚合物分子链（链段）间存在化学键的化学共混。

1）机械共混

将不同种类的聚合物置于混合设备中，借助于溶剂或热量的作用进行物理混合的方法称机械共混或物理共混，共混过程使聚合物间实现最大程度的分散，形成稳定的体系。机械共混的方法主要有熔融共混、溶液共混、乳液共混，其中以熔融共混使用最普遍。

2）互穿网络聚合物

互穿网络聚合物（Interpenetrating Polymer Networks，IPN）是指两种或两种以上交联聚合物互相贯穿、缠结形成的聚合物共混体系，其中至少有一种聚合物是在另一种聚合物存在下进行合成或交联的。它是高分子合金中很有发展前途一类聚合物合金。

制备 IPN 主要有：分步法、同步法和乳液法三种方法。

所谓分步法是先将单体 A 聚合形成具有一定交联度的聚合物 A′，然后将它置于单体 B 中充分溶胀，并加入单体 B 的引发剂、交联剂等，在适当的工艺条件下，使单体 B 聚合形成交联聚合物网络 B′。由于 B′均匀分布于聚合物网络 A′中，聚合物网络 B′形成的同时，必然会与聚合物 A′有一定程度互穿。尽管两种聚合物分子链间无化学键形成，但它是一种永久的物理缠结。

同步法较前者简便，它是将单体 A 和单体 B 同时加入反应器中，在两种单体的催化剂、引发剂、交联剂的存在下，进行高速搅拌并加热升温，使两种单体按各自的聚合机理进行聚合，形成交联互穿网络。用这种方法制备 IPN，工艺上比较方便，但前提是两种聚合反应必须互不干扰，而且具有大致相同的聚合温度和聚合速率。例如环氧树脂/聚丙烯酸正丁酯 IPN 体系，环氧树脂是按逐步聚合反应机理进行，而聚丙烯酸正丁酯是按自由基加聚反应机理进行，两者互不影响，在 130℃左右，它们可分别进行聚合、交联，最终形成 IPN 体系。

上面两种方法形成的 IPN，成型加工比较困难，需在聚合过程进行到一定程度，物料尚具有流动性时，迅速转移到成型模具中，置于高温下进一步固化成型。

乳液法制备 IPN 可克服上述缺点。它是先将聚合物 A′形成"种子"胶粒，然后将单体 B 及其引发剂、交联剂等加入其中，而无需加入乳化剂，使单体 B 在聚合物 A′所构成的种子胶粒的表面进行聚合和交联。因此，乳液法制成的互穿网络聚合物（LIPN），其网络交联和互穿仅局限于胶粒范围，受热后仍具有较好的流动性。

3）接枝共聚物

接枝共聚物是反应性共混物中最早实现工业化生产和应用的一个大类。接枝共聚方法有多种：① 主干接枝法，即用各种方法在聚合物主链上产生可引发第二单体的活性中心，并进而形成支链，增韧聚苯乙烯（HIPS）、ABS 塑料等就是用这种方法制备的；② 接入主干法，即主链上分布的活动官能团和另一种末端带有可反应基团的聚合物发生偶联反应，形成支链高分子，马来酸酐化的三元乙丙橡胶（EPDM）和尼龙的反应性共混物（超韧尼龙合金）就属于这一类；③ 大分子单体法，即一种链端带有可聚合官能团的线形大分子参加小分子单体进行的聚合反应，形成接枝共聚物，这类接枝共聚物的特点是支链（由阴离子法聚合）的链长是均一的，但分布是无规则的。这是近年来，受到广泛注意的制备接枝共聚物的新方法。

接枝共聚物制取的聚合物合金其性能优于机械共混物。工业生产中，所得的一般不是纯的接枝共聚物，而是伴随有未接枝的均聚物生成。例如 ABS 树脂，一般称它是丁二烯—丙烯腈—苯乙烯的三元共聚物，实际上是多组分共聚物和均聚物的共混体系，其聚合过程形成的产物包括苯乙烯—丙烯腈共聚物（SAN）、聚丁二烯主链上接枝 SAN 的共聚物以及均聚物聚丁二烯。因此，准确地说，ABS 这类接枝共聚物是一种共聚-共混物。这种共混体系由于部分接枝共聚物的存在，使聚合物组分之间的相容性变得更好，相界面的粘结力提高，因而接枝共聚的 HIPS、ABS 分散相尺寸较小，冲击强度都大大高于机械共混的对应产物。

4）嵌段共聚物

嵌段共聚物是反应性共混物的另一种类型，有二嵌段、三嵌段和多嵌段之分。二嵌段、三嵌段共聚物通常用阴离子聚合法制得的，由于聚合过程没有链转移和链终止反应，所以聚合物的分子量分布均一、结构规整，特别适用于进行理论研究。但是，能适用于阴离子聚合的单体有限，许多烯烃单体不能用此法制得均匀规整的聚合物。嵌段共聚物和接枝共聚物一样，是两相结构体系。

在一个嵌段共聚物中有多个 A 嵌段和 B 嵌段存在，称多嵌段共聚物。这种共聚物的嵌段分子量通常只有几千，两种嵌段的性质往往截然不同，最常见的是一种嵌段处于高弹态（软段），另一种嵌段处于玻璃态或结晶态（硬段）。通常调节 A 嵌段和 B 嵌段的相对长短，可得到从高弹体直至塑料的各种不同物理性能的产物。虽然所得产物不如阴离子聚合的嵌段物结构规整，但仍有相当大的实际使用价值，各种聚氨酯产品就是这种类型的共聚物，近年来发展很快，应用范围也很广。

反应性共混物中还有一类交联型共聚物，聚合物 A 接到两个聚合物 B 的分子上，形成交联型共混体系，环氧树脂与聚酰胺反应的固化产物就属于此种类型。

8.1.2 聚合物间的相容性

1. 热力学相容性

"相容"本意是指两种聚合物在分子（链段）水平上互溶形成均一的相。更明确地说，是两种高分子以链段为分散单元相互混合。聚合物之间究竟达到什么程度上的混合才算是热力学相容？当前还不够明确。如果用小分子溶解性的标准来衡量，聚合物间应达到链节水平的随意混合才能称真正的互溶，因为链节与小分子尺寸相当。实际上，通常把聚合物之间在链段级上的混合就称为相容，即混合单元是链段。因此，从事工程技术方面的人认为，共混体系中微区尺寸小于 10～15nm（相当于链段的尺寸）就认为是相容体系。但对从事基础理论研究的来说，这样的相容"尺度"似乎还嫌太大。随着近代测试技术的发展，现在已能测出 2～4nm 分散相微区的存在。因此，相容性判据的真正解决，还有待实验技术的进一步发展，至今尚无明确的判别标准。有时对同一个共混体系的相容性用不同的测定方法会有不同的结论。

要使两种高聚物相容，理论上共混体系的混合自由能 ΔG_m 必须满足下来条件：

$$\Delta G_m = \Delta H_m - T\Delta S_m < 0$$

式中，ΔH_m 和 ΔS_m ——分别为摩尔混合热和摩尔混合熵；

T ——热力学温度。

对聚合物合金体系，若两种聚合物分子之间没有特殊的相互作用（如氢键），混合过程中 $\Delta H_m > 0$，即混合时吸热。混合过程虽然熵是增加的，但高分子的混合熵增加的很有限，因此大多数情况下，聚合物合金是不相容的体系。

Scott 认为聚合物 A 和 B 混合，其混合自由能的表达式为

$$\Delta G_m = RT(V_m/V_0)\left[\frac{\phi_A}{n_A}\ln\phi_A + \frac{\phi_B}{n_B}\ln\phi_B + x_{AB}\phi_A\phi_B\right]$$

式中　V_m——混合体系的体积；

　　　　V_0——链节的摩尔体积；

　ϕ_A、ϕ_B——分别是高分子 A 和 B 的体积分数；

　n_A、n_B——高分子 A 和 B 的聚合度；

　　　　R——气体常数；

　　　　T——热力学温度；

　　x_{AB}——高分子 A 和 B 分子间的相互作用参数。

上式中前两项是熵项；最后一项是混合热项，x_{AB} 吸热为正，放热为负。

x_{AB} 可用下式表示：

$$x_{AB} = \frac{V_0}{RT}(\delta_A - \delta_B)^2$$

式中　δ_A、δ_B——高分子 A 和 B 的溶度参数。

理论分析表明，相分离的临界条件是

$$x_c = \frac{1}{2}\left(\frac{1}{n_A^{1/2}} + \frac{1}{n_B^{1/2}}\right)^2$$

显然，当 $x_{AB} < x_c$ 时，则该体系是相容的；而当 $x_{AB} > x_c$ 时，则该体系是不相容的。

综上所述，聚合物间相容性可运用下列基本原则进行判断：

① 聚合物间的相互作用参数为负值或小的正值，有利于两者互溶；

② 聚合物分子量越小，且分子量越接近，有利于两者互溶；

③ 聚合物间的热膨胀系数相近，有利于两者互溶；

④ 聚合物的溶度参数相近，有利于两者互溶。

2. 工艺相容性或力学相容性

两种聚合物共混从热力学相容到宏观上两者完全分离、析出，这之间还有着相容程度的概念。并不像低分子溶质溶剂混合那么简单明确，要么溶解，要么不溶解。很多具有两相结构的聚合物共混物，它们是热力学不相容体系，但又不是两种聚合物完全分离的体系，而是一种聚合物以微区形式均匀分散于另一种聚合物的基体中，这样的共混物在两相界面存在着过渡层（两种聚合物分子共存）。也可以说，在过渡层的小范围内两种分子是相容的，而整个共混物又是分相的，所以也把这类共混物说成具有一定程度的相容。大部分聚合物合金都是这种具有一定程度相容的共混体系，它们在动力学上是相对稳定的，在使用过程不会发生剥离现象，把这种意义上的相容性称为工艺相容性。它着重从工艺的角度评价两种聚合物的可混程度、均匀分散性和宏观稳定性。一般情况下，符合工艺相容性要求的共混体系，其力学性能都较原聚合物有所改进。此外，也有以共混物力学性能改进的程度来评价相容性，把共混后力学性能获得明显改进的体系，称为力学相容体系。

因此，高聚物相容程度大致可分三种：

1) 完全相容体系：由不同聚合物组成的多组分体系，若两种或多种聚合物之间热力学相容，形成分子级水平的互溶体系，其共混物形成均相体系，共混物有单一的玻璃化温度 T_g。此种共混体系称为均相聚合物合金或相容聚合物合金。例如 PS/PPO（聚苯醚），PVC/

PCL（聚己内酯）以及 PVC 和一系列聚丙烯酸酯形成的共混体系，都是均相聚合物合金。均相共混物的性能介于两组分单独存在时的性能之间，合金化的结果使一些重要性质趋于平均化，很难得到高性能的共混材料，因此研究的较少。

　　2）部分相容的体系：部分相容的聚合物，其共混物为两相的体系，通常有"海岛"结构，一项为连续项，另一项为分散项。若是塑料和橡胶构成体系，如塑料为主要成分，形成连续相，又称基质；橡胶构成分散相，以胶粒形式分布于基质之中，又称为微区。这类共混物因为塑料是基质，基本保留塑料强而硬的特点。同时，由于橡胶粒子的存在，使共混物表现出很好的韧性。还有一种被称为"海-海"结构，也是两相体系，但两相皆为连续相，互相贯穿。在这种体系中，形成微观或亚微观的相分离结构，两相界面之间存在相互作用，形成了过渡层。这类共混物虽有两个 T_g，但较之两个聚合物自身的 T_g 更为接近，而其共聚物的性能可能超出（甚至大大超出）各组分单独存在时的性能。因此，这类聚合物合金可使两种聚合物的特性实现最有利的结合。在聚合物共混体系中这是最具应用价值的体系，因此研究也较多。

　　3）不相容的聚合物体系：不相容的共混物也有两个 T_g，且与每种聚合物自身 T_g 基本相同，共混物产生宏观相分离，因此会分层或剥离的现象，降低了材料的强度和使用性能，也没有研究意义。

　　因为大部分聚合物相容性差，为改善相容性可采取下列方法：

　　① 化学接枝、共聚和改性：极性聚合物与非极性的聚合物相容性差，如聚乙烯与聚氯乙烯不相容，但将聚乙烯氯化后，可大大改善相容性。

　　② 加入增容剂：增容剂通常是接枝或嵌段共聚物，其链段的结构和极性分别与组分聚合物类似。在共混过程中，增容剂将富集在两相界面处，从而改善共混组分两相间的界面作用力。

　　③ IPN 技术：IPN 是互穿聚合物网络，是由两种聚合物各自组成的交联网络相互贯穿而形成的新型多种聚合物共混物。制备 IPN，首先需要一个交联聚合物，其次将单体、引发剂、交联剂溶胀在第一个交联网络中，在引发聚合交联形成第二个网络。由于两个交联网络相互贯穿，形成了稳定的微相分离结构，这种相界面大，协调效果好，因此可以具有优于组分聚合物性能。

　　④ 动态硫化：动态硫化是在两种聚合物熔融共混过程中分散相发生交联反应。由于分散相的交联增加了体系的形态稳定性，改善了熔体强度和力学性能。由于基材的连续相并未发生交联反应，这使材料仍具有热塑性加工性能。

8.2　聚合物的共混改性

　　在电缆中为了提高橡胶和塑料的物理化学性能，而改进工艺性能、降低成本，经常将不同聚合物的共混改性。

8.2.1　天然橡胶-丁苯橡胶共混

　　天然橡胶与丁苯橡胶共混从性能上能取长补短，在电线电缆中应用较为广泛。并用的比例从 20：80、30：70、40：60、50：50、60：40 至 70：30。

天然橡胶与丁苯橡胶两者极性、溶度参数接近，相容性好，又都是不饱和橡胶，共硫化性也好，共混后获得了比较理想的结构。

丁苯橡胶并用天然橡胶，可以提高丁苯橡胶机械强度、耐寒性；并提高了硫化速率。

天然橡胶并用丁苯橡胶，可防止天然橡胶硫化过程过早焦烧现象。

最可喜的是，天然橡胶老化，本质上是降解，老化时变软发黏，丁苯橡胶老化表现为交联，硬度增大，伸长率下降。两者并用，可相辅相成，使复合橡胶有很好的耐老化性能。

天然橡胶除与丁苯橡胶共混外，还可与其他合成橡胶如氯磺化聚乙烯、氯丁橡胶等共混。此外，氯丁橡胶与丁腈橡胶、乙丙橡胶与硅橡胶等共混也可以改善单独使用一种橡胶的不足。

8.2.2　软质聚氯乙烯（PVC）的高分子增塑

常见的软质 PVC 大多是用小分子增塑剂增塑的制品，存在耐久性差（易挥发、易迁移、易抽出）的缺点，大大影响软质 PVC 的使用效果和寿命。PVC 和聚合物弹性体形成的均相聚合物共混体系，不但对 PVC 的某些性能有显著改善，还具有持久增塑作用，可大大提高PVC 软制品的耐久性，这种具有增塑作用的聚合物称高分子增塑剂。

用作 PVC 的高分子增塑剂必须符合以下三个基本条件：

① 能和 PVC 发生特殊的相互作用，包括分子间形成氢键或很强的偶极-偶极相互作用，使共混过程发生放热效应，即产生负的混合热形成均相体系。

② 具有很低的玻璃化转变温度 T_g，使共混物的 T_g 降至室温以下。

③ 在室温上下几十度范围内不结晶。结晶高聚物是不能起增塑作用的，有些高聚物自身虽然可结晶，但在增塑体系中可抑止其结晶发生，还是可作增塑剂使用。

1. PVC/NBR 共混物

丁腈橡胶（NBR）是极性较强的聚合物弹性体，和 PVC 之间具有较强的偶极-偶极相互作用，因而含丙烯腈（AN）40% 以上的 NBR 和 PVC 可以形成相容体系。NBR 是 PVC 使用最早的高分子增塑剂。

PVC 软制品用 NBR 粉末胶改性，对制品力学性能、低温性能、耐久性、耐油性和加工性能等均可有明显改进，特别是耐久性更具有独特的功效，是小分子增塑剂无法比拟的。

2. PVC/CO-EVA 共混物

CO-EVA 三元共聚物是一种新型的 PVC 高分子增塑剂，美国杜邦公司商品名为 Elvaloy 741 及 Elvaloy 742。由于共聚物分子中碳氧双键与 PVC 中的 α 氢原子具有近似于形成氢键的强烈相互作用，产生负的 ΔHm，因而能和 PVC 相容形成均相共混体系。CO-EVA 室温下具有橡胶的特性，玻璃化温度 – 32℃，脆化温度 – 70℃，能有效地对 PVC 进行增塑改性，是目前公认的 PVC 优良的高分子增塑剂。其制品除用于电缆外，还广泛用于汽车装饰件、密封材料以及制鞋工业等行业。

3. 其他增塑体系

PVC 和很多聚甲基丙烯酸酯、聚丙烯酸酯类以及其他一些聚酯类聚合物都能相容，它们之间的相容性来源于酯基与 PVC 间形成类似氢键的强烈相互作用。

但是有些含酯基的聚合物玻璃化温度较高，不能作增塑剂使用。能作为高分子增塑剂的大多是脂肪族聚酯，如聚己二酸酯、聚辛二酸酯系列等，它们的玻璃化温度大多低于

−50℃。但这些聚酯还需进行适当改性，以阻止它们的结晶作用。聚酯类增塑剂是高分子增塑剂使用比较普遍的一个大类，它们的分子量一般为 2000～8000，室温下是液态黏稠体，增塑效果低于小分子增塑剂，但高于橡胶类增塑剂，制品的低温性能和耐久性介于橡胶类和小分子增塑剂之间，力学性能良好。

乙烯共聚物中除了 CO-EVA 外，EVA、乙烯-一氧化碳共聚物（ECO）、乙烯-二氧化硫共聚物（ESO_2）都是 PVC 的高分子增塑剂。EVA 作为增塑剂所含 VAC 必须为 65%～70% 之间，低于此值，不能和 PVC 完全相容，这是因为 VAC 含量低的 EVA，分子链中酯基密度偏低，它和 PVC 的特殊相互作用还不足以产生负的混合热。

8.2.3　聚乙烯（PE）的共混改性

不同方法制得的 PE 结构和性能有所差别，但都存在一些不足之处。如强度不高、耐热性不高、染色性差、易应力开裂。通过和其他热塑性材料或弹性体进行共混，PE 某些性能可获得明显改善。

1. 高低密度聚乙烯共混

低密度聚乙烯（LDPE）较柔软、强度较低，而高密度聚乙烯（HDPE）硬度大、韧性较差。两者进行共混可取长补短，制得软硬适中的 PE 材料，可使得用途更广泛。两种密度不同的 PE 按各种混合比共混可得一系列介于中间性能的共混物，其密度、结晶度、软化点、硬度等均随共混比而改变。例如 LDPE 和 20%～30% HDPE 共混后，其薄膜的透气性仅为原来的 1/2，并且由于共混后 LDPE 强度提高，用作包装的薄膜的厚度可降低近一半，使成本下降。通过改变 HDPE/LDPE 的共混组成，可以获得不同硬度、不同熔体流动速率、不同软化点的共混物。断裂伸长率在 HDPE 用量高于 60% 时，则基本不变。

在 LDPE 中加入适量的 HDPE，可降低药品渗透性，还可提高刚性，更适合于制造薄膜和容器。不同密度的 PE 共混可使熔融的温度区间加宽，这一特性对发泡过程有利，适合于PE 发泡制品的制备。

2. PE 和 EVA 共混

PE 为非极性聚合物，印刷性、粘接性能较差，且易于应力开裂。EVA 则具有良好的粘接性能和耐应力开裂性能，且挠曲性和韧性也很好。PE 和 EVA 的共混物具有优良的柔韧性、透明度，较好的透气性和印刷性，受到广泛重视。PE/EVA 共混物的性能可在很宽的范围内变化，这和共混物中 EVA 的含量以及 EVA 中醋酸乙烯（VAC）含量、EVA 的分子量有关。EVA 中 VAC 含量低时，EVA 有一定的结晶度，这种 EVA 不宜和 PE 共混，通常含VAC 40%～70% 的 EVA 较好，共混物的柔韧性、伸长率随 EVA 含量增大而增加。

HDPE 和 EVA 的共混物适宜作发泡塑料，具有模量低、柔软、压缩变形小等特点。但由于共混物中 EVA 的存在，对 PE 的交联反应有阻滞作用。因此，HDPE/EVA 作泡沫塑料生产时，需适当多加些交联剂。

但 PE 和 EVA 共混后，由于引入极性基团，电性能下降。

此外，PE 和 PMMA 共混可显著提高其对油墨的粘接力。PE 中掺混 5%～20% 的 PMMA，制品对油墨的粘接力可提高 7 倍。PMMA 所以能改善 HDPE 的印刷性，是由于它们和 PE 工艺相容性较差，共混后 PMMA 倾向于向制品表层分布，而丙烯酸酯和油墨的亲和力较强。

在 PE 中掺混氯化聚乙烯可以提高 PE 的印刷性、阻燃性和冲击韧性。

随着新型高聚物材料的发展，将会有越来越多的共混物用于电缆绝缘和护套材料。

8.3　热塑性弹性体

热塑性弹性体（Thermoplastic Elastomer，TPE）这是一种在室温条件下显示橡胶弹性，高温下又可以反复塑化成型的一类高分子材料。顾名思义这类聚合物兼有热塑性塑料和橡胶的双重特点，既有类似橡胶的物理力学性能，又具有类似于热塑性塑料的加工性能。也可称作热塑性橡胶（TPR），以区别于硫化橡胶。

8.3.1　热塑性弹性体的基本特性

1. 热塑性弹性体的基本性能

由于热塑性弹性体高分子链的结构特点及交联状态的可逆性，热塑性弹性体在常温时显示出硫化橡胶的弹性、强度和形变特性，见表 8-1。

表 8-1　几种热塑性弹性体的基本性能

种　类	邵氏硬度	相对密度	拉伸强度/MPa	拉断伸长率（%）	使用温度范围/℃
聚苯乙烯类	45A~53D	0.91~1.14	6~20	200~500	−50~+100
聚烯烃类	60A~60D	0.89~1.25	5~20	200~500	−40~+125
聚氨酯类	70A~75D	1.10~1.34	20~25	200~700	−57~+130
聚酯类	35A~72D	1.13~1.39	25~40	350~450	−50~+150
聚酰胺类	60A~70D	1.01~1.14	27.1	320	−40~+80

2. 加工性能

1）可用标准的热塑性塑料加工设备和工艺进行加工成型，如热塑性弹性体可采用挤出、注射、吹塑等工艺成型，比硫化橡胶常用的压缩、传递成型工艺速度快、周期短；且在挤出成型中，热塑性弹性体的挤出速度也比传统橡胶快。热塑性弹性体还可以使用真空成型、吹塑成型等传统橡胶所不能使用的方法成型，还可以用作热融粘合剂。

2）不需硫化，可省去一般橡胶加工中的硫化工序，因而设备投资少、能耗低、工艺简单、加工周期短、生产效率高。

3）边角料可多次回收利用，且基本不影响制品物性，既节省资源，也有利于环境保护。传统橡胶在硫化过程中均形成热固性交联结构，重新加热到原来成型温度时不能再次软化或熔融，废品、主流道胶和分流道胶都不能再次加工利用。相反，热塑性弹性体加热到成型温度时则可再次软化或熔融，废品和边角料都可以重新成型加工。

3. 长期变形性

由于硬段在高温下易软化或融化，致使制品的使用最高温度受到一定限制，形变温度低，长期变形也比硫化橡胶大，而且热塑性弹性体的机械强度也较低。

8.3.2　热塑性弹性体的分类

1. 按高分子结构特点进行分类

按高分子结构特点进行分类如下所示：

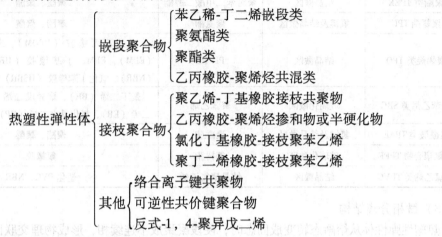

2. 按制备方法的不同进行分类

按制备方法的不同可分为聚合型和共混型。

8.3.3　聚合型热塑性弹性体

聚合型是指聚合工艺的最终产物，即为热塑性弹性体产品。随着现代合成技术的发展，特别是 20 世纪 50 年代以来，在 K·Zieger 和 G·Natta 等人的共同努力下，开创了烯烃配位聚合，又经半个多世纪的发展，烯烃的聚合进入了结构可控合成的阶段。单体或聚合物在合成反应器中进行共聚合，或进行接枝合成出各种软硬段不同的热塑性弹性体，如嵌段丁二烯—苯乙烯弹性体共聚物、聚氨酯弹性体、聚酯弹性体。

1. 聚合型热塑性弹性体结构

热塑性弹性体是分子结构同时串联或接枝某些化学组分不同的树脂段（硬段）和橡胶段（软段）的高分子化合物。硬段在使用温度下为玻璃态或结晶态。软段在使用温度下为高弹态。硬段起着分子间物理的交联作用和补强效应，类似硫化橡胶交联点成分的作用，成为约束成分；而在高温下，这些约束成分在热的作用下丧失其能力，聚合物则可经融化或熔融而呈现热塑性，能够像塑料一样自由流动。

1）约束形式

热塑性弹性体和硫化橡胶相似，大分子链间也存在"交联"结构。这种"交联"可以是化学"交联"或是物理"交联"，其中以后者为主要交联形式。但这些"交联"均有可逆性，即温度升高时"交联"消失，而当冷却到室温时，这些"交联"又都起到与硫化橡胶交联键相类似的作用。

2）硬段和软段

热塑性弹性体高分子链的突出特点是，它同时串联或接枝化学结构不同的硬段和软段（见表 8-2）。硬段要求链段间作用力足以形成物理"交联"或"缔合"，或具有在较高温度下能离解的化学键；软段则是柔性较大的高弹性链段；而且硬段不能过长，软段不能过短，硬段和软段应有适当的排列顺序和连接方式。

表 8-2　热塑性弹性体的结构成分

类　别	约束型式	硬段成分	软段成分
聚酯类 TPEE	结晶微区	聚对苯二甲酸二醇酯	聚醚、聚酯
聚氨酯 TPU	氢键及结晶微区	聚氨酯	聚酯、聚醚
聚烯烃类 TPO	结晶微区	PP/PE	三元乙丙橡胶（EPDM）、二元乙丙橡胶（EPM）、EBM、丁基橡胶（IIR）、丁腈橡胶（NBR）、氢化丁苯橡胶（HSBR）
聚苯乙烯类 SBC	玻璃化微区	聚苯乙烯	聚丁二烯（BR）、聚异戊二烯（IR）、氢化丁二烯（EB）、氢化异戊二烯（EP）
聚酰胺类 TPAE	氢键及结晶微区	聚酰胺	聚酯、聚醚
含氟聚合物 TPFE	玻璃化微区	氟树脂	氟橡胶
聚氯乙烯类 TPVC	结晶微区	结晶聚氯乙烯	塑化 PVC、NBR

3）微相分离结构

热塑性弹性体从熔融态转变成固态时，硬段凝聚成不连续相，形成物理交联区域，分散在周围大量的橡胶弹性链段之中，从而形成微相分离结构。具有 A-B-A 结构的有规嵌段共聚物的结构，A 代表一种链段，为硬段；B 代表一种链段，是橡胶链段，在使用温度下为高弹态。图 8-1 所示为热塑性三嵌段共聚物结构示意图。

如在 S-B-S 热塑性弹性体中，硬质的聚苯乙烯（S）端链被弹性体聚丁二烯（B）中间链连接起来。聚苯乙烯端链彼此联合在一起形成的区域，在正常使用温度下，这类区域呈硬质玻璃状，从而使橡胶状聚丁二烯的末端固定下来。这种链段的非流动性，加上链的纠缠，构成了物理交联。在较高温度下，使得聚合物又可以流动，这一过程是可逆的，如热塑性塑料。

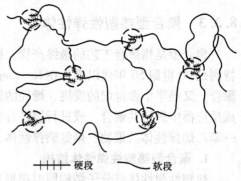

＋＋＋＋ 硬段　　　 软段

图 8-1　ABA 型热塑弹性体聚集态示意图

2. 聚合型热塑性弹性体品种

1）聚苯乙烯类弹性体（SBC 或 TPS）

最具代表性的是由聚苯乙烯链段（S）构成硬段和由聚丁二烯链段（B）构成软段的三嵌段共聚物 SBS，其产量居各类热塑性弹性体之首。根据软硬段长度，从硫化橡胶到近似塑料，可得到广阔范围物性的制品。

一般 SBS 嵌段共聚物弹性体，苯乙烯含量约 30%～50%，由 n 条高分子链的末端聚苯乙烯链段组合在一起，形成范围 20～30nm 的聚集相，如图 8-2 所示。这些聚集相分布于聚丁二烯橡胶相或软链段中，在聚苯

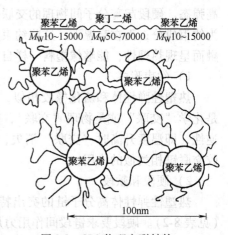

图 8-2　SBS 物理交联结构

乙烯玻璃化温度以下，起交联点和补强剂作用，在聚苯乙烯玻璃化温度以上，形成塑性流动。

苯乙烯-丁二烯-苯乙烯嵌段共聚物（SBS）具有拉伸强度高、弹性好、摩擦系数大、低温韧性好、耐酸碱、易于加工、良好的电绝缘性和高透气性等优点，是目前苯乙烯类热塑性弹性体中产量最大、成本最低、应用最广泛的一种产品，被誉为"第三代合成橡胶"，适合于做电线电缆绝缘。但 SBS 耐油性和耐老化性较差。

为了改善 SBS 嵌段共聚物弹性体的耐老化性，以聚苯乙烯为末端段，以聚丁二烯加氢得到的乙烯-丁烯共聚物为中间弹性嵌段的线性三嵌共聚物，称 SEBS。SEBS 不含不饱和双键，因此具有优异的耐老化性能，广泛用于生产高档弹性体、电线电缆的填充料和护套料等。

SEBS 的具体性能如下：

① 较好的耐温性能，其脆化温度 ≤ -60℃，最高使用温度达到 149℃，在氧气气氛下其分解温度大于 270℃。

② 优异的耐老化性能，在人工加速老化箱中，老化一周其性能的下降率小于 10%，臭氧老化（38℃）100h 其性能下降小于 10%。

③ 优良的电性能，其介质损耗在 10^3 Hz 为 1.3×10^{-4}，10^6 Hz 为 2.3×10^{-4}；体积电阻在 1min 时为 $9 \times 10^{14} \Omega/m$，2min 时为 $2 \times 10^{15} \Omega/m$。

④ 良好的溶解性能、共混性能和优异的充油性，能溶于许多常用溶剂中，其溶度参数在 14.4~19.2 之间，能与多种聚合物共混，能用橡胶工业常用的油类进行充油，如白油或环烷油。

⑤ 符合环保要求，无毒。

⑥ 比重较轻，约为 0.91，同样的重量可生产出更多体积的产品。

2）聚烯烃类热塑性弹性体（POE）

聚乙烯和聚丙烯均具有优良的绝缘性能、优良的耐化学药品性能、耐老化性能，其成本也很低。若作为橡胶，它们具有分子链柔顺性好、与分子间作用力较低这两个重要的必要条件，但是由于其分子的规整性，在室温下是半结晶的聚合物，所以一般只能用作塑料。如果能把它的分子规整性适度打乱，限制其结晶，又不至于使分子链的刚性及分子间的作用力大幅度地增加，再加上适当的交联点，这样就能制得性能优良的橡胶。如以乙烯为基础的弹性体，主要有氯磺化聚乙烯（CSPE）、氯化聚乙烯（CM 或 CPE）、乙烯与醋酸乙烯酯共聚弹性体（EVA），它们相当程度上保持了聚乙烯的优点，又具有一定的弹性、耐油性及耐老化性。这些橡胶都是饱和碳链极性弹性体。

目前商业化的共聚型聚烯烃类热塑性弹性体按聚合催化剂和聚合工艺可以分为茂金属催化剂共聚型和齐格勒-纳塔催化剂反应器共聚型。如茂金属聚烯烃的乙烯与 α-辛烯共聚物，其中 α-辛烯含量大于 20%，聚乙烯段结晶区起物理交联作用，辛烯的引入打破了结晶性，使其具有了弹性。乙烯还可以与丁烯、己烯共聚制造热塑性弹性体。

3）聚氨酯热塑性弹性体（TPU）

主链上含有—N—C—O—基团的化合物统称为聚氨酯，它是由多元异氰酸酯和多羟基化合物，通过扩链剂进行缩聚反应而得到的线形或轻度交联结构的聚合物。聚氨酯弹性体的柔段是由长链二醇与二异氰酸酯加聚而成，其硬段是由短链二醇与多元氰酸酯加聚而成。硬软链段的交替组合构成了聚氨酯的大分子，两者的比例决定了聚氨酯可以是橡胶也可以是塑料及纤维。

聚氨酯类热塑性弹性体1958年在德国首先研制成功，是最早开发的一种热塑性弹性体。根据长链二醇主链是脂肪族类还是芳香醚类，聚氨酯可分为聚酯类与聚醚类两大种类。由于聚酯类聚氨酯不耐水解，所以电线电缆行业常用聚醚型聚氨酯。

聚氨酯弹性体具有极好的耐磨性，其磨损在包括橡胶在内的所有弹性体中是最小的。同时，它还具有突出的耐臭氧性能。聚氨酯在3%的臭氧浓度中，在20%的拉伸状态下，500h后虽外观有变色，但其力学性能基本不变。此外，聚氨酯的强度高、耐油性能极佳、耐弯曲疲劳、基本不长霉、低温性能也很出色。其缺点是电性能不佳、耐老化性较差，尤其是在潮湿状态下更为明显。适用于在一些环境要求苛刻的应用场合电线电缆护套及薄膜等。

4）聚酯类热塑性弹性体（TPEE）

聚酯类热塑性弹性体和其他热塑性弹性体相比，它具有高性能、低成本的优点。

聚酯型热塑性弹性体是芳香族聚酯为硬段、脂肪族聚酯为软段组成的多嵌段共聚物。硬段是结晶的，处于分散相，软段是无定形的，为连续相。一般来说，软段的链段较长，称长链酯链段；硬段的链段短，称短链酯链段。调整硬段和软段的相对配比，可在一定范围内改变制品的性能，可调节其硬度和柔软性。增加硬段的比例，硬度、模量、强度、耐热性增高；增加软段比例，则高弹性、低温曲挠性提高。一般来说，刚性成分是PBT骨架，柔性成分是聚己内酰胺（PCL）骨架和聚丁二醇（PTMG），PBT和PTMG组合是聚醚-聚酯弹性体，以杜邦公司的Hytrel为代表；而PBT与PCL组合则为聚酯-聚酯弹性体，以日本东洋纺公司的Pelplen为代表。将PCL作为软段的弹性体比以PTMG做软段的弹性体的耐老化性能好。

聚酯弹性体（TPEE）具体性能如下：

① 优良的物理力学性能：回弹性特别好、蠕变小、具有出众的韧性及强度。抗低温曲挠性及抗弯曲疲劳性好。在缺口冲击强度试验中（ASTM标准D256），-40℃下保持不破；低温下3万次的弯折试验不断。

② 优良的耐油耐溶剂性：聚酯弹性体可抵抗非极性溶剂（油、燃油、液压油等）、室温下的极性溶剂（乙二醇、弱酸和弱碱等）。

③ 宽广的适用温度范围：低温-40℃的环境下，仍然能保持优异的弹性，高温150℃时，也能保持极好的力学性能，这在弹性体材料中非常少见。

其缺点是不耐水解、价格也比较贵。

由于聚酯类弹性体在熔点以上其黏度随温度的上升急剧降低，所以挤出时必须选择合适的加工温度，温度过高固然无法加工成电线电缆，温度过低则会造成挤出机设备的损坏。由于聚酯类弹性体有较高的吸水率，故挤出前必须烘干。因为难以制得柔软的制品，所以一般只能制做薄护套。适用于电线电缆护套。

5）聚酰胺热塑性弹性体（TPAE）

聚酰胺热塑性弹性体硬段为聚酰胺，软段为聚酯或聚醚，具有一般热塑性弹性体的特性。聚酰胺热塑性弹性体保持有尼龙-6或尼龙-12的强韧性，低温特性良好，但稍缺乏橡胶弹性，成本也很高。主要用于电线电缆护套。

6）含氟热塑性弹性体（TPFE）

含氟热塑性弹性体以四氟乙烯-乙烯共聚物或偏氟乙烯均聚物为硬段，以偏氟乙烯、六氟丙烯及四氟乙烯三聚物为软段。其特点是耐高温、耐化学性好、透明度高、可重复使用、可辐照交联。

7）聚硅氧烷类热塑性弹性体

硅橡胶在耐热性、耐低温性、耐溶剂性和电性能方面都优于天然橡胶和一般双烯烃合成橡胶，但这类橡胶同样需经硫化和加填料补强，在制品加工和物料回收方面存在困难。聚硅氧烷类热塑性弹性体，它既可保持聚硅氧烷固有的材料特性，又可克服其加工方面的不足。聚硅氧烷 TPE 的种类很多，其软段都是聚硅氧烷，硬段多为结晶性的链段，如聚烯烃、聚芳香烯烃、聚芳醚、聚芳酯等，也有以两种不同类型的聚硅氧烷作为硬段和软段制成 TPE，但性能不及聚芳醚、聚芳酯为硬段的性能好，后者具有较高的热稳定性和机械强度。这是因为这些聚酯、聚醚型硬段在弹性体中形成结晶性微区，有着很好的增强和物理交联作用。

8.3.4 共混型热塑性弹性体

共混型通过橡胶与塑料熔融机械共混制备而成。如乙丙橡胶与聚丙烯，共混型包括直接共混型、部分硫化型和全硫化型。共混型热塑性弹性体与嵌段共聚物弹性体相比，最大的优点是制备工艺简单、设备投资少、制品性能可调性大，在电缆中得到广泛应用。

1）机械直接共混法

这是开发最早、技术最成熟的生产工艺。橡胶与塑料的混合可以在开炼机、密炼机或双螺杆挤出机等设备上实现。由于共混物中的橡胶未交联，所以当其含量较高时，共混物的流动性大大下降，难以制得柔软品级材料，且强度及耐介质等性能亦有很大局限性。如 NBR/PVC、EPDM/PP、CR/CPE、SBR/PE。

通常由乙丙橡胶和聚烯烃树脂（通常为 PP、LDPE）组成的热塑性弹性体（TPO），连续相与分散相呈现两相分离的聚合物掺混物，扫描电子显微镜图像表明，可以形成以橡胶为连续相、树脂为分散相或以橡胶为分散相、树脂为连续相，或者两者都呈现出连续相对的互穿网络结构。随着相态的变化，共混物的性能也随之而变。若橡胶为连续相时，呈现近似硫化胶的性能；树脂为连续相时，则性能近似于塑料。

2）动态部分硫化法

动态硫化是弹性体与热塑性聚合物在热塑性塑料的熔点之上并在高剪切力作用下，均匀熔融混合过程中的硫化或交联的过程。部分硫化热塑性弹性体主要特点是，控制无定形橡胶的硫化仅达到部分硫化（而不是大部分或完全硫化）的程度。

3）动态全硫化法

完全动态硫化是指在橡胶与塑料熔融混合过程中，将橡胶进行完全硫化，得到粒状的硫化橡胶相分散在塑料连续相中，并且橡胶微区的形态非常稳定，在加工过程中不会发生变化。如采用动态全硫化技术制备的聚烯烃弹性体（TPV）是一种融物理共混、橡胶交联、塑料降解以及交联橡胶的粉碎、细化和分散为一体的复杂工艺过程。交联的橡胶（如乙丙橡胶）相除使共混物获得弹性外，还能增加共混物的模量和强度。有足够熔融态塑料的动态全硫化 TPV 仍能像热塑性树脂那样熔融加工成型，并且可通过加增塑剂和填料来提高橡胶相所占的比例。TPV 在熔融时，增塑剂可以进入熔融的塑料相（如聚丙烯），增加"硬相"

的体积，但共混物冷却后，增塑剂又因为塑料相发生结晶而被"挤"进橡胶相。这样增塑剂的加入，可以在材料加工时成为加工助剂，而在使用时又是橡胶的软化剂，降低弹性体的硬度。

1. 动态硫化技术和 TPV 的相态结构

20 世纪 70 年代初，首先开发成功以 EPDM/PP 为代表的聚烯烃热塑性弹性体（TPE），它是用部分动态硫化（part dynamic vulcanization）法制成的，在其橡胶相中存在少量交联键，制品性能比相同组成的一般共混物好，但仍与普通硫化橡胶制品有较大差距。20 世纪 80 年代初，美国 Monsanto 公司进一步革新 TPE 的制造技术，采用完全动态硫化（fully dynamic vulcanizatcion）工艺开发成性能可与普通硫化橡胶媲美的热塑性硫化胶（TPV），使共混型热塑性弹性体在制造技术、材料性能方面有了重大突破。从此，共混型 TPE 进入了一个崭新的发展阶段。

所谓动态硫化是指橡塑共混物在硫化剂的存在下，在熔融混炼的同时，发生"就地硫化"（in-situ-vudcanization）。部分动态硫化和完全动态硫化的区别主要在硫化程度上不同，前者是轻度硫化，只有部分橡胶分子发生交联；后者是充分硫化，凝胶含量高达 97% 以上。在相态结构上两者有实质性不同。部分动态硫化的 TPE 橡胶组分高于 50 份时，橡胶为连续相，塑料为分散相。这种部分交联的橡胶处于连续相，使 TPE 的热塑性流动性变得很差。因此，TPE 中的橡胶含量一般不超过 50 份，以保证塑料处于连续相，橡胶处于分散相。部分硫化的 TPE 硬度高，橡胶感不强，性能与普通橡胶差距较大，应用范围受到很大限制。

完全动态硫化的 TPV，橡塑混合比可在较大范围内变化，当橡塑组分比高达 75/25 时，橡胶仍处于分散相，塑料为连续相，尽管橡胶是交联结构，但是交联仅局限于橡胶粒子尺寸范围，因而仍具有良好的加工流动性。

为什么含量高的橡胶能以微粒状态（分散相）存在呢？下面结合动态硫化的工艺条件，分析 TPV 相态结构的形成机理。

在聚合物共混体系的相态结构中，通常是含量高、黏度低的组分倾向于形成连续相。而当含量高、黏度也高的情况下哪个组分构成连续相，这就要看两组分的共混比和黏度比，这两个因素哪一个对相态起主导作用。对 TPV 体系来说，橡胶在混炼过程受到强剪切力的作用，初期是以纤维状形式构成连续相，随着硫化反应进行，橡胶相的黏度不断增大，当达到一定硫化程度时黏度逐步转化成为决定相态的主要因素，加之受高剪切力的作用，橡胶被破碎成液滴状而转变为分散相。另一方面随着交联程度的提高，使破碎的橡胶粒子自黏力下降，阻碍了小粒子重新聚集成块或形成连续相的可能。因此，这种情况下，即使橡胶含量较高（50% ~ 75%），同样可成为分散相。当剪切力足够大时，橡胶尺寸可小到 1μm 左右，以这样小的微粒均匀分散于具有热塑流动性的塑料相中，不会对体系的流动性产生不利影响。对部分硫化的体系来说，由于其硫化程度低，在橡胶组分含量很高的情况下，黏度的上升还不足以使橡胶转化成分散相。因此，橡胶组分具有足够的交联程度及共混过程存在足够大的剪切力作用，是形成 TPV 相态结构的两个最重要条件，缺一不可。

2. 聚烯烃类热塑性弹性体（TPV）

共混型聚烯烃类热塑性弹性体主要是由橡胶与聚烯烃塑料机械共混得到，包括直接共混型 TPO、部分硫化型和全硫化型（TPV）。

全动态硫化的 EPDM/PP 热塑性硫化胶是开发最早、技术最成熟的 TPV，这类 TPV 保持了 EPDM 弹性体的耐臭氧、耐老化、耐化学药品性等优良性能。

用于制备 TPV 的 EPM 或 EPDM，与普通的乙丙硫化胶有所不同，要求共聚物中的乙烯含量较高（乙烯的摩尔百分比为 60% 以上），并含有一定的结晶度，用于制备 TPV 的聚烯烃树脂主要有聚乙烯、聚丙烯、结晶性 1，2-聚丁二烯等。橡塑共混比大多采用 EPEM/PP 为 60/40 或 50/50。

聚烯烃 TPV 所使用的配合剂和一般硫化橡胶基本相同，也可进行充油和填充。常用的软化剂为石蜡油或环烷烃油，用量一般不超过 80 份，否则不仅会延长共混时间，而且混合过程物料会在密炼机中打滑而影响混合均匀。填料通常和充油搭配使用，主要为降低成本，对调节硬度和改善制品尺寸的稳定性也有一定作用。

由于原料易得，价格低廉，加工又简便，因此应用十分广泛。电线电缆工业上作耐热性和耐环境性要求高的绝缘层和护套。

具体性能如下：

① 耐热性、耐寒性优异，使用温度范围宽广；

② 价格低并且相对密度也小，因而体积价格低廉；

③ 耐候性、耐老化性良好；

④ 由于两种组分都具有良好的电性能，电气性能十分优异，其介电常数与聚乙烯相近，介质损耗也介于 $10^{-3} \sim 10^{-4}$ 数量级；

⑤ 耐油性、耐压缩永久变形和耐磨耗、撕裂强度等不太好。

聚烯烃 TPV 不但有较好的物理力学性能，而且加工性能良好，熔融黏度对温度依赖性小，易于注射和挤出成型，挤出收缩变形小，适合挤出异形材制品。但乙丙热塑性弹性体的熔体强度及熔体拉伸性能较差，所以在挤护套时拉伸比不宜过大。改变橡胶和聚烯烃树脂的共混比，可使共混物成为近似橡胶或半硬质塑料的材料，不仅在绝缘材料方面用作电线电缆的绝缘及护套，而且是一种性能较好的高频材料，可用于视频线；特别适用于制造高压电缆和海底电缆。

3. 其他热塑性弹性体

1）NBR/PP 热塑性硫化胶

NBR/PP 热塑性硫化胶是美国 Monsanto 公司继聚烯烃 TPV 后，于 1985 年开发成功的又一个重要的 TPV 品种，商品名为"Geolast"。它是一种具有优良的耐油、耐热老化、耐屈挠疲劳性的 TPV，加工性能好、成本低，与 NBR 硫化橡胶相比，可节省费用 20%~30%，具有很大的发展前景。

由于 NBR 和 PP 工艺相容性差，制备这种共混型 TPV，必须采用增容剂技术。可以外加嵌段共聚物作增容剂，也可"就地"形成 NBR/PP 共聚物进行增容。共聚物增容剂大多采用马来酸酐或羟甲基酚醛树脂、羟甲基马来酰胺酸等对 PP 进行化学改性，使其生成侧挂马来酸酐基的 PP（MA-PP）、羟甲基或羟苯基取代的聚丙烯（PP-MA）等，然后再与活性端氨基液体丁腈橡胶（ATBN）进行反应，生成 NBR-PP 共聚物。美国 Monsanto 公司生产的 Geolast 系列 TPV，就是采用这种增容技术制成的，目前有五种不同硬度的产品，其主要性能指标接近一般的 NBR 硫化橡胶。

2）NBR/PVC 热塑性弹性体

用动态硫化方法制备 PVC/NBR 热塑性弹性体和一般 NBR-40 增塑的 PVC 软制品相比，

性能上更接近橡胶弹性体，在组分比相同的情况下，经动态硫化的共混体系，强度提高 1 ~ 2 倍，撕裂强度增大 40%，永久变形有显著降低，达到了一般硫化橡胶的水平。同时，热老化性能、耐热油性、硬度对温度的敏感性都有所改进。

用于制造热塑性弹性体的 PVC，采用高聚合度树脂对性能更为有利，NBR 采用丙烯腈含量 40% 的能与 PVC 完全相容，强度更高。这种共混型 TPE 中，通常还添加一般软 PVC 的增塑剂、稳定剂和填料等，以改善其加工性能，调节制品的硬度。

3) 聚氯乙烯热塑性弹性体

PVC 热塑性弹性体是一种以 PVC 为主要成分的弹性体材料，它最大的特点是价格为各种热塑性弹体中最低的，而性能比一般 PVC 软制品有显著改进。具有优异的消光特性和橡胶手感，克服了一般软 PVC 耐油、耐热性较差和压缩永久变形大等缺点。

PVC 热塑性弹性体可以通过多种途径制取，仅日本就提出四种技术途径：用高聚合度 PVC 为原料生产 TPE；PVC 与含凝胶的橡胶共混；离子改性型 PVC 与 NBR 共混，以及内增型 PVC。

① 高聚合度 PVC 弹性体：生产 TPE 的高聚合度 PVC 树脂，其平均聚合度为 2500 ~ 8000（普通 PVC 树脂聚合度为 1000 ~ 2000）。这种由高聚合度 PVC 生产的弹性体与一般软 PVC 制品在制造技术和制品的相态结构上并无实质性区别，只因采用的 PVC 分子量高，使制品的弹性、强度较接近于橡胶，所以把这类 PVC 软制品也列入热塑性弹性体的行列。

高聚合度聚氯乙烯树脂（简称 HP-PVC）是采用低温法和扩链剂法合成的，平均聚合度在 1700 以上的聚氯乙烯树脂，最常见是聚合度是 2500 的聚氯乙烯树脂。

高聚合度聚氯乙烯树脂比通用 PVC 树脂增塑剂吸收速度快、吸收量大（100 份聚氯乙烯树脂吸收增塑剂可达 150 份）、密度小，有类似弹性体的性能，压缩回弹性高。高聚合度聚氯乙烯树脂经适当配合与加工制备的热塑性弹性体，与一般的橡胶和软质 PVC 相比，压缩变形和热变形小、回弹性大、硬度对温度依赖小，具有一定的耐磨性和耐屈挠性、耐寒性优异。可用于一般电缆绝缘和护套，也很适合于耐热电缆、移动电缆、耐低温电缆和高级电器电缆。

高聚合度聚氯乙烯成型原则上与普通 PVC 没多大区别，但与普通 PVC 相比熔融温度高、流动性差、加工性能不良。在一般情况下，成型温度比普通 PVC 高 10 ~ 20℃，而且挤出压力增加，所以应采用与之相应的配方、加工条件和模具。

② 含凝胶的 PVC 弹性体：软质聚氯乙烯存在物理交联网络结构，具有类似硫化橡胶的黏弹性能，但与交联橡胶相比，弹性较差，而且温度升高时，物理交联作用逐渐失去，尺寸稳定性差，交联是克服这些缺点的主要途径之一。制备交联 PVC 弹性体是将聚氯乙烯与多官能团单体（如二乙烯基苯）共聚，制成含部分化学交联结构（即凝胶）的 PVC，这种新型 PVC，在加工性能较高聚合度聚氯乙烯得到极大改进的同时，压缩永久变形明显减少，因而成为 PVC 热塑性弹性体开发的主要方向。它的耐热变形性、蠕变性都非常好，大大优于高聚合度的 PVC。用含凝胶的 PVC 进一步与其他部分交联弹性体共混，压缩永久变形和热保持性可进一步得到改进，而且具有较好的拉伸强度和较大的断裂伸长率。交联聚氯乙烯由于含有凝胶成分，熔融温度较高、塑化时间长，较难加工，在加工中要采取相应的措施。

含凝胶的 PVC 弹性体是一种两相结构体系，化学交联的 PVC（凝胶）为分散相，增塑的线形结构 PVC 处于连续相，分散相和连续相是同一种组分组成，两者对弹性和强度都有贡献。

交联结构 PVC 的存在，对降低压缩永久变形和热保持性有着决定性的影响。但是，随着交联程度增大，PVC 聚合度增高，加工性能变差。两者相比，前者对压缩永久变形的影响更大，后者对加工性能影响更大。PVC 弹性体中的凝胶成分（交联的分散相）可以是氯乙烯与分子内具有乙烯基双键的多官能单体共聚制得，也可将 PVC 与部分交联的 NBR 或其他橡胶（NBR、NR、CPE 等）共混来制得。尤其后一种方法制得的 PVC 弹性体，它的耐热性、回弹性、压缩永久变形、高温下的抗蠕变性均获得很大改进。此外，PVC 和氯丁橡胶、氯磺化聚乙烯、氯化聚乙烯、EVA 等共混均可制备热塑性弹性体。

③ 内增塑聚氯乙烯：软质聚氯乙烯具有类似橡胶的弹性，可以做电缆的护层材料。软质聚氯乙烯主要采用低分子化合物增塑，在加工和使用过程中，小分子增塑剂容易渗出、迁移，造成制品性能的劣化。为了克服以上缺点开发了氯乙烯与柔性单体共聚，及氯乙烯与玻璃化温度低的聚合物接枝共聚的内增塑型聚氯乙烯树脂。其中内增塑聚氯乙烯接枝共聚物主要有 EVA-g-VC、TPU-g-VC 和聚酯-g-VC 等。其中 EVA-g-VC 应用最广，根据 EVA/VC 的比例大小，分别具有硬 PVC 和 PVC 弹性体的特性。软质 EVA-g-VC 应用含乙酸乙烯含量 45%（质量分数）的 EVA，而 EVA-g-VC 结构中 EVA 含量为 30% ~ 50%，随 EVA 含量的增加，硬度、拉伸强度降低，断裂伸长率和抗冲击强度增加。

软质 EVA-g-VC 产品低温性能好、脆化温度低、硬度对温度的依赖关系小、适用温度范围宽、在较高温度条件下能保持一定强度和形状、无迁移，以及耐老化和耐候性好。

TPU-g-VC 共聚物兼有 TPU 和 PVC 的性能特点，耐磨、耐油、耐环境、耐腐蚀，而且耐老化、耐候及低温性能优良。

离子交联型 PVC 与橡胶共混是制取 PVC 弹性体的新进展。它在高温强度、定伸强度、回弹性、耐油性等方面较前两种 PVC 弹性体的性能，又有了很大提高。共混物中的离子交联型 PVC 为连续相，交联的 NBR 为分散相（微粒）。在 70℃的压缩永久变形为 30%，达到一般硫化橡胶的水平。

将动态硫化技术和增容剂技术结合起来开发新型 PVC 热塑性硫化胶，在我国有很大的发展前景。PVC 热塑性弹性体的某些性能虽然与硫化橡胶还有一些差距，但是由于它是廉价的大品种树脂，具有极大的潜在市场，应用领域十分广泛。

4）热塑性天然橡胶（TPNR）

天然橡胶和 PP（或 PP、PE 混合物）共混物经动态硫化，采用不同的共混比，可制得软质和硬质两种品级的 TPV，目前已有商品供应。用 PP 改性的 NR 热塑性弹性体在性能上的一个重要特点是，温度的变化对模量和硬度的影响较小，特别在高温区的温度敏感性大大小于其他类型的热塑性弹性体。共混物中充填填料可对制品的耐磨性和尺寸稳定性有所改善。

NR 不但可与 PP、PE 共混，在增容剂的存在下，NR 还可与其他树脂共混制得 TPNR。

5）氯化聚乙烯热塑性弹性体

含氯量在 25% ~ 40% 范围的 CPE，通常显示橡胶弹性的特征。用作热塑性弹性体的 CPE 含氯量一般为 30% ~ 40%，其对应的玻璃化转化温度为 −30 ~ −20℃。这种 CPE 除要求氯原子在分子内是无规分布，还要求分子量分布较窄。这样的 CPE 是非结晶性的，残留结晶度小于 1.3%，断裂伸长率大于 700%。

CPE 含氯量变化，其内聚能密度（CED）、溶解度参数、玻璃化温度（T_g）随之改变，对其他性能也有一定影响，随着氯含量增加（在30%~40%范围内），耐油性、耐化学药品性、阻燃性、气体透过性有所提高，而降低氯含量，CPE的耐热性、耐寒性、耐压缩变形性等变得较好。

CPE热塑性弹性体具有一个重要特点，可填充大量的无机填料，如炭黑、轻质碳酸钙、陶土、滑石粉等，而且对加工性、物性影响较小，并且使弹性体的成本大幅度下降。此外，CPE中通常还加入各种配合剂，PVC中常用的稳定剂、抗氧剂、增塑剂、加工助剂等均可采用。

CPE的黏度较大，通常需加入增塑剂等并与其他聚合物共混，很少单独使用。CPE和许多聚合物（PVC、PE、EVA及氯丁橡胶、丁腈橡胶、氯磺化聚乙烯等）具有较好的相容性。与这些聚合物共混制成的CPE热塑性弹性体，例如PVC/CPE体系、NBR/CPE体系已有产品问世。

第9章 树脂基纤维增强复合材料

复合材料是指两种或两种以上，物理和化学性质不同的物质组合而成的一种多相固体物质。在复合材料中，一相为连续相，成为基体，另一相为分散相，以独立的形态分布在整个连续相中。每种材料都有各自的优点和缺点，当它们组成复合材料时，新的材料可能仅保留优点，也可能仅保留缺点，但更普遍可能既有良好性能组合，也有缺点的组合。通常，复合材料的许多性能都优于单组份材料。按基体材料的不同，复合材料可分为树脂基复合材料、金属基复合材料、碳基复合材料、陶瓷基复合材料；按增强剂的不同，可分为纤维增强复合材料、颗粒增强复合材料、晶须增强复合材料、片状物增强复合材料。

电缆中应用较多是树脂基纤维复合材料。它是以纤维为增强剂、以树脂为基体的复合材料。所用的纤维有玻璃纤维、碳纤维、芳纶纤维、超高模量聚乙烯纤维等，基体主要是环氧树脂等有机材料。

9.1 玻璃纤维

玻璃纤维是复合材料目前使用量最大的一种增强材料。玻璃纤维具有不燃、耐热、电绝缘、拉伸强度高、化学稳定性好等优良性能，是现代工业和高技术不可缺少的基础材料。现代玻璃纤维工业奠基于 20 世纪 30 年代。1938 年出现了世界上第一家玻璃纤维企业。到 60~70 年代以后，由于新技术、新工艺的出现，玻璃纤维得到更广泛的应用，促进了玻璃纤维工业的高速发展。我国的玻璃纤维工业起始于 1950 年，当时只能生产绝缘材料用的初级纤维。1958 年后，玻璃纤维工业得到了迅速发展。

由于玻璃纤维强度高、综合性能好、价格便宜，所以在 20 世纪 60 年代初期，玻璃纤维复合材料就已成为火箭发动机壳体、高压容器、雷达天线罩以及飞机和火箭的承力构件；至今，以不饱和聚酯为基体、以玻璃纤维增强的复合材料（玻璃钢）已遍及世界各地，应用范围几乎涉及所有的工业部门。为满足某些特殊性能的要求，又相继开发了特种玻璃纤维，包括铝镁硅高强度高模量纤维、硅铝钙镁耐药品纤维、高硅氧纤维、石英纤维及含铅纤维等品种。

9.1.1 玻璃纤维的分类

玻璃纤维是以玻璃为原料，在高温熔融状态下拉丝而成，其直径在 0.5~30μm。玻璃纤维的分类方法很多，可按化学成分、纤维性能、纤维尺寸、纤维特性等分类。

1. 按玻璃纤维的化学成分分

① 无碱玻璃纤维：指化学成分中碱金属氧化物含量 <1%（国内 <0.5%）的铝硼硅酸盐玻璃纤维，称为 E-玻璃纤维。其特点是具有优异的电绝缘性、耐热性、耐候性和力学性能，最早用于电绝缘材料。国内外大多数都使用这种 E-玻璃纤维作为复合材料的原材料。

② 中碱玻璃纤维：指化学成分中碱金属氧化物含量为 2%~6% 的钠钙硅酸盐玻璃纤维，

称为 C-玻璃纤维。其特点是耐酸性好，但电绝缘性差、强度和模量低、机械强度约为无碱玻璃纤维的 75%。由于其原料丰富，所以成本比无碱玻璃纤维低，可用于耐酸而又对电性能要求不高的复合材料。

③ 高碱玻璃纤维：指化学成分中碱金属氧化物含量为 11.5%~12.5%（或更高）的钠钙硅酸盐玻璃纤维，称为 A-玻璃纤维。其特点是耐酸性好，但不耐水，原料易得，价格低廉。A-玻璃纤维由于碱金属氧化物含量高，对潮气的侵蚀极为敏感，耐老化性差，耐酸性比 C-玻璃纤维差，因此很少生产和使用（我国已于 1963 年停止生产和使用），但国外仍有厂家用它来制造连续纤维表面毡。

2. 按玻璃纤维的性能分

① 高强玻璃纤维（S-glass），由纯 Mg、Al、Si 三元素组成。S-玻璃纤维的拉伸强度比无碱 E-玻璃纤维约高 35%，杨氏模量高 10%~20%，高温下仍能保持良好的强度和疲劳性能。

② 高模量玻璃纤维（M-glass），是一种 BeO 或 ZrO_2、TiO_2 含量较高的玻璃纤维，其相对密度较大，比强度并不高，由它制成的玻璃钢制品有较高的强度和模量，适用于航空、宇航领域。

③ 普通玻璃纤维：有碱玻璃纤维（A-glass）钠钙系玻璃；无碱玻璃纤维（E-glass）。

④ 耐酸玻璃纤维（C-glass），为 Si–Al–Ca–Mg 系耐化学腐蚀玻璃纤维，适用于耐腐蚀件和蓄电池套管等。

⑤ 耐碱玻璃纤维（AR-glass）。

⑥ 耐辐射玻璃纤维（L-glass），含 PbO 37% 的玻璃纤维。

⑦ 低介电玻璃纤维（D-glass），电绝缘性和透波性好，适用于雷达罩的增强材料。

⑧ 高硅氧玻璃纤维，SiO_2 含量在 96% 以上。高硅氧纤维耐热性好（约 1100℃），但强度较低（250~300MPa），热膨胀系数低，化学稳定性好，用作耐烧蚀材料。

⑨ 石英玻璃纤维，SiO_2 含量为 99.9%。

9.1.2　玻璃纤维的结构和化学组成

1. 玻璃纤维的结构

玻璃是无色透明具有光泽的脆性固体，是无定形的各向同性的均质材料。玻璃纤维与块状玻璃截然不同，玻璃纤维的拉伸强度比玻璃高出许多倍，故关于玻璃纤维结构有两种不同观点：一种认为玻璃纤维的结构与块状玻璃的结构大同小异，没有原则性的区别；另一种认为玻璃纤维的结构与块状玻璃有很大的差别。但经大量研究证明，玻璃纤维的结构仍与块状玻璃相同。对于玻璃的结构主要有两种假说，即网络结构假说和微晶结构假说。

网络结构假说认为，玻璃是二氧化硅的四面体、铝氧三面体或硼氧三面体相互连成的不规则三维网络，网络间的空隙中填有 Na^+、Ca^{2+}、K^+、Mg^{2+} 等阳离子。二氧化硅四面体的三维网状结构是决定玻璃性能的基础。填充的 Na^+、Ca^{2+} 等阳离子则称为网络的改性物。玻璃的结构示意图如图 9-1 所示。图 9-1a 所示为氧化硅玻璃网络结构的二维图像，当 Na_2O 加入到图 a 中，使网络发生变化，其中 Na^+ 与 O^{2-} 是离子键结合，而不直接与网络相连（见图 9-1b）。

微晶结构假说认为，玻璃由硅酸或二氧化硅的"微晶子"组成，这种"微晶子"是结构上高度变形的晶体，在"微晶子"之间填充着过冷的硅酸溶液。

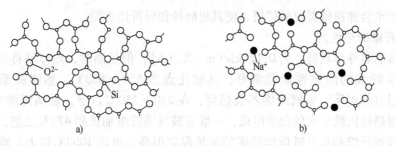

图 9-1　玻璃的结构示意图

2. 玻璃纤维的化学组成及各种成分的作用

玻璃纤维的化学组成主要是 SiO_2、B_2O_3、CaO、Al_2O_3 等，它们对玻璃纤维的性能和生产工艺起决定的作用。以二氧化硅为主的称为硅酸盐玻璃，以三氧化二硼为主的称为硼酸盐玻璃。通常二氧化硅是玻璃纤维的主要成分，在玻璃纤维中二氧化硅构成玻璃纤维牢固的骨架，使玻璃纤维具有化学稳定性、热稳定性、机械强度等。二氧化硅的主要来源是砂岩和沙子。

玻璃纤维的组分对玻璃的性能也有重要的影响。氧化硼可以提高玻璃纤维的热稳定性、耐化学性能和电绝缘性能，降低玻璃的熔化温度，降低玻璃纤维的韧性。氧化钙可以提高玻璃纤维的化学稳定性、机械强度，增加玻璃纤维的硬度，但会使玻璃纤维的热稳定性降低，其主要来源是石灰石、大理石等。三氧化二铝的加入可提高玻璃的耐水性、韧性，降低玻璃纤维的析晶性，其主要来源是长石、高岭土等。氧化钠和氧化钾等助熔氧化物的引入可以降低玻璃的熔化温度和黏度，使玻璃溶液中的气泡容易排除，同时增加玻璃纤维的膨胀系数，其主要来源是芒硝和小苏打。氧化镁则可以提高玻璃纤维的耐热性、化学稳定性、机械强度，降低玻璃纤维的析晶性和韧性，其主要来源是白云石、菱苦土等。

如电缆中常用的 E-玻璃纤维含 53.5% SiO_2、含 16.3% Al_2O_3、含 17.2% CaO、含 8.0% B_2O_3、含 4.4% MgO，还含 0% ~ 3% Na_2O。

9.1.3　玻璃纤维的性能

玻璃纤维是表面光滑的长度与截面比非常大的圆柱体，其直径为 5 ~ 20μm，密度在 2.4 ~ 2.7g/cm^3 范围，比有机纤维密度要高，但比金属要低得多。无碱玻璃纤维的密度一般比有碱玻璃纤维略大。正因为玻璃纤维及树脂的密度低，故玻璃钢在航空工业等领域中得到广泛的应用。

1. 玻璃纤维的力学性能

玻璃纤维的力学性能优良，其拉伸强度比成分相同的块状玻璃要高得多，无碱玻璃纤维可达 2000 ~ 3000MPa，而玻璃只有 4 ~ 10MPa，高出 200 ~ 750 倍。玻璃纤维的拉伸强度甚至可高于金属材料。玻璃纤维也具有弹性，延伸率为 3% 左右，弹性模量 80GPa 左右，比有机纤维高得多，但比一般金属材料低。玻璃纤维的强度与玻璃纤维的直径有关，玻璃纤维的直径越细，拉伸强度越高。玻璃纤维的弹性模量随组分的变化而改变，如含 BeO 的玻璃纤维具有高模量，比无碱玻璃纤维提高 60%。玻璃纤维的耐磨性和耐折性差，当纤维表面吸附水分后，由于水会加速微裂纹的扩展，使其耐磨性和耐折性更差。

2. 玻璃纤维的热性能

玻璃纤维的热导率较低，为 0.125kJ/(m·℃·h)，但受潮时，热导率将提高，隔热性能降低。玻璃纤维的耐热性能非常好，其软化点为 550～850℃，热膨胀系数为 $4.8 \times 10^{-6}℃^{-1}$，且在高温下，玻璃纤维不会燃烧，在 220～250℃ 以下，玻璃纤维的强度不变。玻璃纤维的耐热性依赖于它的化学组成，一般有碱玻璃纤维加热到 470℃ 之前，强度变化不大，而石英玻璃纤维和高硅氧玻璃纤维的耐热温度很高，可达 1000℃ 以上。玻璃纤维的强度与热有关，如果玻璃纤维被加热到 250℃ 以上后再冷却，则强度将明显下降，且温度越高，强度下降得越多。

3. 玻璃纤维的电性能

玻璃纤维的电导率主要依赖于其化学组成、温度及湿度。无碱玻璃纤维的电绝缘性能比有碱玻璃纤维好得多，玻璃纤维中碱金属离子越少，电绝缘性能越高。玻璃纤维的电阻率与湿度有关，湿度高，电阻率低。玻璃纤维的电阻率随温度升高而降低。在玻璃纤维中加入大量的氧化物如氧化铁、氧化铅、氧化铜、氧化铋或氧化钒，会使纤维具有半导体的性能。在玻璃纤维的表面涂覆金属或石墨，能获得导电纤维，可用作无静电的玻璃钢。玻璃纤维的介电常数和介电损耗在 100Hz、10^{10}Hz 下分别为 6.43、0.0042 和 6.11、0.006，因此玻璃纤维的绝缘性能是不错的。

4. 玻璃纤维的化学性能

玻璃纤维具有良好的化学稳定性。除氢氟酸、浓碱（NaOH 等）、浓磷酸外，玻璃纤维对所有的化学药品和有机溶剂均有良好的化学稳定性，从而使玻璃纤维得到广泛的应用。玻璃纤维的化学稳定性与其化学组成、表面情况、作用介质及温度等有关。

此外，玻璃是优良的透光材料，但普通纤维的透光性远不如玻璃。

在电线电缆中主要采用无碱玻璃和中碱玻璃纤维。ACCC 电缆中使用的无碱玻璃纤维的主要性能见表9-1。玻璃纤维除在电缆中作增强材料外，还可作为玻璃丝包线、某些特殊用途电线的绝缘和电线电缆的编织层、填充等。

表 9-1　ACCC 电缆中使用的玻璃纤维的主要性能

型号	拉伸强度 /GPa	拉伸模量 /GPa	伸长率 （%）	电阻率 /Ω·m	密度 /g·cm³	单丝直径 /μm
E-GF	3.4	72.4	4.7	1.2×10^{15}	2.55	13

9.2　碳纤维

碳纤维是一种纤维状的碳素材料。是先进复合材料最常用、也是最重要的增强体。碳纤维以其固有的特性赋予了其复合材料优异的性能，高比强度、高比模量、耐高温、耐腐蚀、耐疲劳、抗蠕变、导电、导热和热膨胀系数小等一系列优异性能，因而在电线电缆行业中得到应用。

碳纤维研制和应用可以追溯到 1850 年的碳素灯丝，但最初得到的碳纤维气孔率高，脆性大且容易氧化。1910 年钨丝的出现并成功用于白炽灯灯丝使碳纤维的研究停顿。到 20 世纪50年代随着工业技术的发展和军事工业的要求，碳纤维的研制和生产，相继解决了原丝的选择和高温碳化的工业生产工艺，使碳纤维应用才进入到一个新阶段。首先是在航空航天等军事领域的应用，逐步扩展到高级民用工业。

9.2.1 碳纤维的制造原理

碳纤维是由不完全石墨结晶沿纤维轴向排列的一种多晶的新型无机非金属材料。化学组成中碳元素含量达95%以上。碳纤维制造工艺分为有机先驱体纤维法和气相生长法。有机先驱体纤维法制得的碳纤维是由有机纤维经高温固相反应转变而成。应用的有机纤维主要有聚丙烯腈（PAN）纤维、人造丝和沥青纤维等。目前世界各国发展的主要是 PAN 碳纤维和沥青碳纤维，高性能碳纤维又以 PAN 碳纤维为主。工业上生产石墨纤维是与生产碳纤维同步进行的，但需要再经高温（2000～3000℃）热处理，使乱层类石墨结构的碳纤维变成高均匀、高取向度结晶的石墨纤维。

聚丙烯腈基碳纤维工艺流程见图9-2所示。工业上使用的聚丙烯腈原丝都采用共聚纤维。如丙烯腈（95%）、丙烯酸甲酯（4%）及亚甲基丁二酸（1%）三元共聚体。因为均聚体成纤困难，不易制的高质量的原丝。PAN 碳纤维的制备大致可分为以下三步。

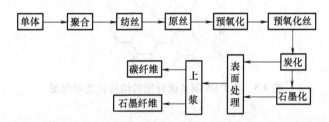

图9-2　PAN 碳纤维生产流程示意图

第一步预氧化：预氧化的主要目的是使原丝中的链状 PAN 分子环化脱氢，转化成耐热的梯形结构，以承受更高的炭化温度和提高炭化收率以改善力学性能。在200～400℃的氧化气氛中，在原丝受张力的情况下，环化成梯形结构，这时分子沿纤维轴定向，变得热稳定。因此预氧化处理也称稳定化处理，若不经稳定化处理而直接将 PAN 原丝炭化，则会爆发性地产生有害闭环和脱氢等放热反应。稳定化处理还可避免在后续工序中纤维相互熔并。稳定化处理过程中原丝一直要保持牵伸状态。牵伸力从低温（200℃）到高温（280～300℃）是由大到小直至零分段施加的。

第二步炭化：炭化一般在高纯的惰性气体保护下，预氧丝加热至1200～1800℃以除去其中的非碳原子，生成含碳在90%以上的碳纤维。炭化过程通常是在高纯氮气中缓慢升温（1000～1500℃），使纤维进行热分解，逐渐形成近似石墨的片层结构，使大部分非碳原子以分解物的形式被排除，所获得的纤维碳含量在90%以上。在炭化过程中丝的重量将减半。

第三步石墨化：炭化后的碳纤维可经石墨化，制成石墨纤维。石墨化温度为2000～3000℃。在张力下使结晶碳增长、定向，纤维的弹性模量大为增长。

碳纤维用作复合材料的增强体材料一般要进行表面处理，以促进基体对碳纤维的润湿，提高界面强度。

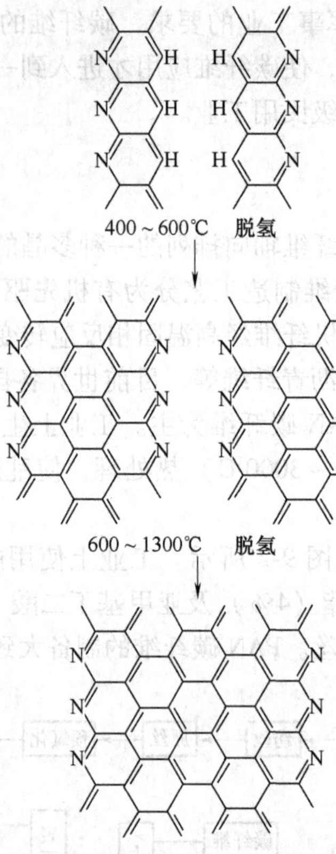

400～600℃ 脱氢

600～1300℃ 脱氢

图 9-3　由 PAN 制备碳纤维的结构转变示意图

9.2.2　碳纤维的结构

碳纤维是由不完全石墨结晶沿纤维轴向排列的一种多晶材料。石墨具有层状结构，在石墨的层面中，碳原子排列在六边形中，其中每个碳原子与三个附近的碳原子形成 sp2 杂化轨道，并有一个未杂化轨道。未杂化轨道使石墨在平行基面上产生高导热和导电。这些层面叠加在一起形成石墨的三维晶体结构，层间距为 0.334nm。层间的结合是通过范德华力。这赋予它较高的各向异性结构。弹性模量：载荷平行于基面为 1060GPa，载荷垂直于基面为 36.5GPa，基面的剪切载荷为 4GPa。

石墨平面可绕轴旋转，这样将失去三维晶体石墨的 ABAB 堆砌顺序，产生众所周知的螺旋层碳的二维晶体结构。螺旋层碳中的石墨层间距大于石墨。

从 PAN 制备的高模量碳纤维以石墨层面的优先取向平行于纤维轴的方式组成的螺旋层晶体。晶体由两个参数确定，称为宽度（平行于纤维轴）和高度（垂直于纤维轴），纤维的模量强烈依赖于层面取向程度，取向程度随纤维制备工艺中热处理温度和拉伸程度增加而增加。

碳纤维的另一个结构特征是晶间存在 15%～20% 的孔。微孔呈长条状，并优先平行纤维轴方向。微孔的直径为 1～2nm，长度至少 20～30nm。孔的存在以及螺旋层碳的更大层分离使纤维密度比石墨理论密度小。

使用 X 射线衍射和电子衍射研究 PAN 基碳纤维的结构，表明纤维有微细纤维的分支结构，基本的结构单元是 6nm 宽、数千纳米长的带状层面。几个带组合在一起形成胶在一起的微纤。微纤取向高度平行于纤维轴，并分支形成直径为 1～2nm 的长孔。

　　Johnson 提出了三维结构模型见图 9-4 所示。此模型具有皮芯结构，在其皮区域，层面高度平行于纤维表面；芯部由螺旋层碳晶体组成，螺旋层碳晶体约 6.5nm. 晶体叠加一起，有倾斜和扭转的边界，形成平行于纤维的柱子。在柱子之间存在直径约 1nm、有限长的空洞。该模型认为碳纤维的强度主要由纤维的外皮决定。

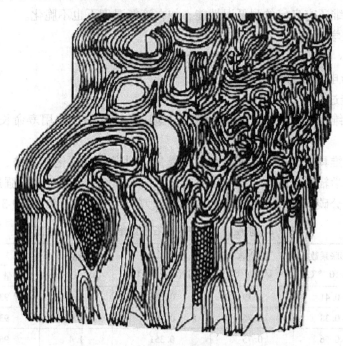

图 9-4　PAN 基碳纤维微观结构模型

9.2.3　碳纤维的性能

　　碳纤维按力学性能分为通用级（GP）和高性能级（HP，包括中强型 MT、高强型 HT、超高强型 UHT、中模型 IM、高模型 HM 和超高模型 UHM）。前者拉伸强度小于 1000MPa，拉伸模量低于 100GPa；后者拉伸强度可高于 2500MPa，拉伸模量大于 220GPa。

　　碳纤维和石墨纤维具有许多优异性能，是其他材料无法与其比拟的。这些优异性能主要有以下几方面。

1. 突出的力学性能

　　① 密度小（1.7～2.0g/cm³）、质量轻，制成的构件减轻效果十分显著；

　　② 拉伸强度高（3～7GPa）、比强度高；

　　③ 弹性模量高（200～650GPa）、比模量高；

　　④ 耐疲劳，疲劳强度高，抗蠕变；

　　⑤ 耐磨损，具有优异的自润滑性；

　　⑥ 具有优异的振动衰减性、阻尼性能优异。

2. 优异热学性能

具有突出的耐热性，与其他类型材料相比：

① 热膨胀系数小（$0 \sim 1.1 \times 10^{-6}$/K），尺寸非常稳定；

② 热导率高 [$10 \sim 160$W/(m·K)]，比热导率更高；

③ 在惰性环境中的耐热性十分优异（$2000 \sim 3000$℃），即使在氧化气氛中也只耗损，不熔融；碳纤维要在高于 1500℃ 下，强度才开始下降。

另外，碳纤维还有良好的耐低温性能，如在液氮温度下也不脆化。

3. 良好的电学性能

① 电阻率小（$17 \sim 5\mu\Omega\cdot m$），是非金属材料的良导体；

② 具有屏蔽电磁波特性；

③ X 射线透过性好，吸收小。

此外，碳纤维耐腐蚀、不生锈、不锈蚀，适应环境性强，使用寿命长，而且柔软可编，后加工性好。

总之，碳纤维具有低密度、高强度、高模量、耐高温、抗化学腐蚀、低电阻、高导热、低热膨胀、耐化学辐射等特性，此外还具有纤维的柔顺性和可编性，比强度和比模量优于其他无机纤维。部分碳纤维和石墨纤维的主要物理力学性能见表 9-2、表 9-3。

表 9-2　东丽公司碳纤维和石墨纤维的主要物理性能

纤 维 牌 号	热膨胀系数 （CTE）/10^{-6}℃$^{-1}$	比热容 /[J/(g·℃)]	热导率 /[J/(cm·s·℃)]	电阻率 /$10^{-3}\Omega\cdot$cm	化学组成	
					含碳量（%）	Na + K/ppm[1]
T300	-0.41	0.79	0.105	1.7	93	<50
T700S	-0.38	0.75	0.094	1.6	93	<50
T800S	-0.56	0.75	0.351	1.4	96	<50

① 1ppm = 10^{-4}%。

表 9-3　东丽公司碳纤维和石墨纤维的主要力学性能

纤 维 牌 号	拉伸强度/GPa	弹性模量/GPa	伸长率（%）	密度/g·cm^{-3}	单丝直径/μm
T300	3.53	230	1.5	1.76	7
T700S	4.9	230	2.1	1.8	7
T800S	5.88	294	2.0	1.8	5

9.2.4　碳纤维在电缆中的应用

1. 碳纤维复合芯电缆

碳纤维复合芯铝绞线（Aluminum Conductor Composite Core，ACCC）电缆是传统钢芯铝绞线（Aluminum Conductor Steel Reinforced，ACSR）电缆的更新换代新产品。早在 20 世纪 90 年代，日本开始研制 ACCC 电缆。之后，美国复合材料技术公司（Composite Technology Corporation，CTC）也研制成功，成为 ACCC 的供应商。福建电网、天津电网已经将该新型导线架设运行，取得了明显效果。江苏远东集团 2006 年研制 ACCC 电缆，建立生产线，目前国内已有多条 ACCC 电缆生产线。

ACCC 电缆与 ACSR 电缆比较有以下优点。

1）重量轻、密度小：碳纤维复合芯的密度仅为 1.90g/cm³，钢芯为 7.8g/cm³。前者比后者轻得多，因而可使杆塔间距增大，可减少杆塔数 16% 左右，相应地也减少了占地面积，节省投资。同时，密度小，增加了安全性。

2）强度高、拉断的破坏力大：ACCC 的拉伸强度大约为 2399MPa，是普通钢丝的 1.97倍，是高强度钢的 1.7 倍。同时试验结果表明；前者比后者的破坏力提高了 30% 左右。AC-CC 的强度高，承载外力主要是碳纤维复合芯。铝绞线几乎不承受外力；因而大大提高了使用寿命。

3）电导率高、载流量大：在相同直径的条件下，ACCC 中铝绞线截面积是常规 ACSR的 1.29 倍，载流量提高了 29% 左右。这是基于以下原因：一是碳纤维复合芯的比强度比钢芯大，因而可使芯棒直径比较细，从而容纳更多的铝线和导电截面积大；二是 ACCC 的铝绞线截面形状为梯形，而 ACSR 铝线为圆形截面。前者容易紧凑密排，容纳更多铝导线，从而使导电截面积增加；三是 ACCC 外层铝线采用电导率为 64% IACS 软铝线，与硬铝线 61%IACS 相比，电导率可提高 3.3%。

4）线路损耗小：碳纤维复合材料是一种非磁性材料。当导线通过交流电时，不会产生磁滞损耗和涡流损耗，呈现出较小的交流电阻。一般来说，可减少输电损耗 6% 左右。同时，由于 ACCC 采用梯形铝绞线，使其表面比 ACSR 圆形铝线更为光滑，减小了表面粗糙数值，从而提高了导线的电晕起始点压，减少了电晕损耗。

5）耐腐蚀、使用寿命长：碳纤维复合芯棒避免了钢芯在通电时，铝线与芯钢丝之间的电化学腐蚀，使铝导线长期使用而不老化。同时，碳纤维复合芯棒外层是绝缘的玻璃纤维复合层，有的还在 GFRP 外层再包覆聚四氟乙烯膜或绝缘涂层，使铝线与芯棒完全绝缘，两者之间不存在接触电位差，使铝导线免受电腐蚀，延长了使用寿命。图 9-5 所示为 ACCC 截面结构示意图。

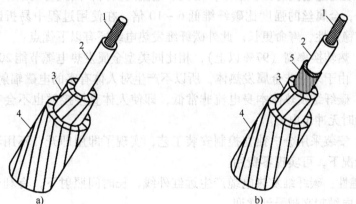

图 9-5　碳纤维复合铝绞电缆

1—碳纤维增强环氧树脂内芯　2—玻璃纤维增强环氧树脂外芯　3—第一层梯形铝导线
4—第二层梯形铝导线　5—保护性涂层或膜

6）热膨胀系数小：ACCC 的热膨胀系数为 1.6×10^{-6}/℃，ACSR 为 11.5×10^{-6}/℃，两者之间相差甚远。条件试验表明，当温度由 21.6℃ 升高到 186℃ 时，ACSR 导线的弛度由

236mm 增加到 1422mm，增加 5 倍左右，而 ACCC 导线仅从 198mm 增加到 312mm，仅仅增加 0.57 倍左右。显然，ACCC 的弛度变化仅是 ACSR 的 9.6%。所以，ACCC 电缆适应昼夜温差、冬夏温差等环境温差变化要比 ACSR 好得多，是一种安全型的新一代高端产品。

此外，ACCC 的重量仅为 ACSR 的 70%~80%，运输方便、操作性好。

碳纤维复合芯铝绞电缆的制造技术日臻成熟，关键技术是芯棒的制造，关键材料是高温型增韧改性的环氧树脂。一般来说，碳纤维占 35%，玻璃纤维占 35%，增韧环氧树脂占 30%。主要采用连续拉挤法：将碳纤维整经单向（0°）集束，在线浸渍韧性环氧树脂溶液；然后包覆玻璃纤维，通过钢制模口，控制其直径，然后在 260℃固化成型。整个工艺为连续制造，拉挤速度在 2.7~18m/min 之间调节，芯棒直径在 0.19~19mm 范围内调节。碳纤维可用 T700S，它具有高强度和大伸长；玻璃纤维采用 E-GF 型。玻璃纤维有两个作用，一是提供绝缘层，二是提供大伸长（4.7%），赋予芯棒韧性和抗冲击能力。普通环氧树脂固化后为硬棒，脆性大、易折断，不可能通过放拉试验。所以，环氧树脂一定要用增韧改性的高温性环氧树脂。

目前，ACCC 售价大约是 ACSR 的 3~4 倍，一次性投资较大，使普及应用受到一定影响。随着碳纤维价格的不断下降和生产 ACCC 技术日趋完善，这一高端产品将逐步占领市场。

2. 碳纤维加热电缆的开发和应用

发热电缆辐射供暖系统目前在国内常见有两种：一种是金属发热材料的电缆；另一种是以远红外碳纤维为发热材料的电缆。以金属发热为发热材料的电缆；供热原理是，金属导线通电后，由于自身的电阻而发热，再将热量以热传导形式散出。以碳素纤维为发热材料的电缆发热原理是在碳素纤维两端加以电压，远红外碳纤维以远红外线方式向外辐射能量。

以金属材料为发热体的电加热时，金属丝在高温状态下表面易氧化，由于氧化层不断的增厚，造成了有效通过电流的面积减小，增大了电流的负荷，因此易烧断。在相同的允许的电流负荷面积下，金属丝的强度比碳纤维低 6~10 倍，在使用过程中易折断。碳纤维耐腐蚀、抗氧化、高稳定性、寿命更长。此外碳纤维发热电缆还有以下优点：

① 节能性：热转换率高（97% 以上），相比同类型金属发热电缆节能 20% 以上。

② 环保性：由于采用非金属发热体，所以不产生对人体有害的电磁辐射波。

③ 安全性：碳纤维发热体本身电流非常低，即使人体直接接触也不会有触电感。采用并联铺装，启动时无冲击电流。

④ 实用性：安装采用分户独立控制安装工艺，实现了即用即开，不用不开的目的。采暖季家中无人情况下，可实现零费用。

⑤ 家庭保健性：碳纤维发热电缆产生远红外线，长时间照射下，有利于人体健康。因此，碳纤维发热电缆越来越受到欢迎。

9.3 芳纶纤维

芳纶一般是指芳香族聚酰胺纤维，有时把芳香族聚酰亚胺纤维也归为芳纶。1935 年美国杜邦公司科学家 Carothers 发明脂肪族聚酰胺（通常称尼龙）后，聚酰胺纤维作为工业用纤维发挥了很大的作用。到 20 世纪 60 年代，航天事业的发展促使很多新型的高性能高分子材料不断开发，芳香族聚酰胺作为高分子材料的重要商品问世，杜邦公司于 1962 年发布了 HT-1 即聚间苯二甲酰间苯二胺纤维，其后正式商品名为 Nomex，它有良好的热稳定性，但拉伸强度不高。1966 年，杜邦公司的 Kevlar 等研制的高性能纤维—聚对苯二甲酰对苯二胺纤维（即对位芳纶纤维），并于 1971 年实现工业化生产，商品名为 Kevlar。Kevlar 纤维具有良好的耐热性，而其突出的高拉伸强度和模量更令人关注，如其拉伸强度是普通尼龙纤维的 3 倍。Nomex、Kevlar 等芳纶纤维的问世，一方面满足了人类开拓太空事业对耐热、高强高模高分子材料的需要，另一方面，开辟了高性能有机纤维的新领域，并在液晶高分子、流变学、纤维加工领域各方面取得了创新进展。

为了区别于普通脂肪族聚酰胺纤维，1974 年美国政府通商委员会正式把芳香族聚酰胺命名为 "aramid"，其定义是，"一种人工合成的长链聚酰胺纤维，其中至少 85% 的酰胺键（—CO—NH—）直接与两个苯环基团连接。"正是由于在分子链结构中引入了刚性的苯环结构，芳香族聚酰胺纤维才具有远高于柔性脂肪族聚酰胺纤维的热性能和力学性能。

在我国，把芳香族聚酰胺纤维称为芳纶，如芳纶 1313（聚间苯二甲酰间苯二胺，间位芳纶）和芳纶 1414（聚对苯二甲酰对苯二胺，对位芳纶），其数字部分表示高分子链节中酰胺键与苯环上的碳原子相连接的位置。对位芳纶具有如下所示的化学结构（Kevlar 纤维）：

$$\left[CO - \!\!\!\!\bigcirc\!\!\!\! - CO - NH - \!\!\!\!\bigcirc\!\!\!\! - NH \right]_n$$

芳纶是第一个用高分子液晶纺丝技术生产的高强高模纤维，它是一种伸直链大分子结构的高取向、高结晶度的有机高分子。芳纶纤维的拉伸强度高达 3.0～5.5GPa，较一般工业纤维高 3.0～5.5 倍。杜邦公司的 Kevlar 自问世以来，一直占据芳纶的大部分市场，直到 1986 年荷兰的阿克苏公司（Akzo Nobel）开发出 Twaron 纤维，1987 年日本 Tijin 公司开发出 Technora 纤维和俄罗斯的 Armos 纤维。与 Kevlar 纤维相当或更优的纤维是俄罗斯的 Armos 纤维，结构式如下：

$$\left[CO - \!\!\!\!\bigcirc\!\!\!\bigcirc\!\!\!\! - CO - NH - \!\!\!\!\bigcirc\!\!\!\! - NH \right]_n$$

芳纶纤维已作为结构材料广泛应用于航空航天、军事、建筑、电缆等多个领域。目前，各国主要围绕进一步提高纤维性能、改进工艺技术和生产效率，以适应各主要市场的需求而进行工作，并开发了系列产品和后续加工制品。

9.3.1 芳纶纤维的结构

芳纶纤维 Kevlar 是以聚对苯二甲酰对苯二胺树脂（PPTA）为基本原料合成的。为了合成芳纶纤维 Kevlar，首先要把 PPTA 溶于浓硫酸，随后用湿法纺丝纺出纤维。纺出来的纤维随后被清洗、中和，然后干燥而成 Kevlar 纤维。芳纶溶液中分子链在流动时，沿着剪切方向经历了再取向过程，使得纤维沿轴向具有高度的方向性和结晶度。纤维的结晶度可以通过在高温载荷下的热处理得到进一步提高。

有关芳纶纤维的结构的认识还不很一致。研究者提出了一些不同的理论。如轴向排列褶裥层结构模型、片晶状原纤结构模型、皮芯层有序微区结构模型等。片晶状原纤结构模型 Ayahian 认为芳纶纤维晶体的分子聚集结构的基本单元为沿纤维方向规则排列的片状结晶结构，片晶垂直于纤维轴。片晶厚度恰好为聚合物分子链的相关长度。在片状结晶结构中聚对苯二甲酰对苯二胺呈伸直链构象。

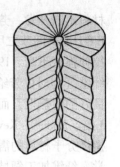

刚性的 PPTA 分子通过氢键形成平面薄片，薄片径向堆积成如图 9-6 所示的褶叠状结构。径向的褶叠状结构通过交替的面以相等但相反的角度堆积而成。薄片间的分子的引力是范德华力。这就解释了为什么芳纶纤维有较低的纵向剪切模量和横向性能。

研究表明 PPTA 纤维的理论强度是 30GPa，理论模量为 182GPa。一般而言，纤维的拉伸强度主要取决于高分子的分子量、取向度和纤维的皮芯结构以及缺陷的分布。

图 9-6　PPTA
纤维结构模型

9.3.2　芳纶纤维的性能

1. 力学性能

芳纶纤维的特点是拉伸强度高，单丝强度可达 3773MPa，芳纶纤维的冲击强度好。大约是石墨纤维的 6 倍；其弹性模量高，可达 $(1.27 \sim 1.577) \times 10^5$ MPa；其断裂伸长率可达 3% 左右；密度小，为 $1.44 \sim 1.45$g/m^3。因此有高的比强度和比模量。

2. 热稳定性

芳纶纤维有良好的热稳定性，耐火而不熔；当温度达 487℃ 开始炭化；在高温下，它直接分解而不发生变形，能在 180℃ 下长期使用。

芳纶纤维的热膨胀系数和碳纤维一样具有各向异性的特点。纵向的膨胀系数在 $0 \sim 100℃$ 为 -2×10^{-6}/℃；在 $100 \sim 200℃$ 为 -4×10^{-6}/℃；横向膨胀系数达 59×10^{-6}/℃。

3. 化学性能

芳纶纤维具有良好的耐介质性能，对非极性化学药品抵抗力较强，但易受酸碱的侵蚀，尤其是强酸的侵蚀；由于结构中存在酰胺基团使其耐水性不佳。

总之，芳纶纤维作为新型增强体材料，具有优良的力学性能，和耐热性能、化学稳定性较好，能耐大多数有机溶剂，但耐强酸强碱能力较弱。芳纶纤维在电缆中主要用于海底光缆或电缆的承载索和加强件。使用的产品有杜邦公司的 Kevlar29、Kevlar49 和荷兰的阿克苏公司（Akzo Nobel）开发出 Twaron 纤维，以及国内的对位芳纶 1414。

9.4　环氧树脂

环氧树脂是主要热固性复合材料的树脂基材料。高性能热固性树脂，它带有高活性基团的低分子量的聚合物或预聚体或低聚物，多数是通过缩聚反应来合成的。该类材料在一定条件下，如加热等以交联反应形成体型结构。通常，热固性树脂在交联反应过程中没有挥发性副产物产生，且一旦交联就不溶不熔，形成的体型交联结构赋予材料具有优异的耐热性和力学性能。

9.4.1　环氧树脂的结构

环氧树脂是由双酚 A 和环氧氯丙烷进行缩聚而得，其分子结构式为

$$CH_2-CH-CH_2 \underset{|}{\overset{O}{\diagdown}} O-\text{[苯环]}-\overset{CH_3}{\underset{CH_3}{C}}-\text{[苯环]}-O-CH_2-CH-CH_2 \underset{OH}{\Big]_n} O-\text{[苯环]}-\overset{CH_3}{\underset{CH_3}{C}}-\text{[苯环]}-O-$$

$n=2\sim10$。

$$CH_2-CH-CH_2$$

环氧树脂两端有环氧基 $CH_2-CH-\overset{O}{\diagup}$ 。因此，凡是有环氧基团的树脂统称为环氧树脂。由于分子中还有醚键、OH 基、环氧基等极性基团，所以它的粘附力大、机械强度高。当它从热塑性树脂固化为热固性树脂时，分子的内聚力大；粘附力加上内聚力使环氧树脂的粘接力非常大；同时由于醚键的存在柔顺性也好。它具有较好的耐寒性、耐化学稳定性、耐老化性及耐热性，工作温度达 120 ~ 130℃。其固化成型收缩率低，尺寸稳定性好，同时具有较好的介电性能。虽有极性但电性能还是比较好的，$\varepsilon = 3 \sim 4$，$\tan\delta = (1 \sim 3) \times 10^{-3}$，$\rho_V = 10^{13} \sim 10^{15}$ $\Omega \cdot m$，$E_b = 16MV/m$，并能耐电弧作用，但高频性能不够理想。

采用不同的单体配料比及工艺条件，可制得不同相对分子质量和相对分子质量分布的树脂。相对分子质量小的树脂为浅黄色黏稠液，相对分子质量大时呈松香状脆性固体。

线型的环氧树脂属于结构预聚体，必须在树脂中加入固化剂，使其转变成体型分子才有使用价值。因此，环氧塑料中除了环氧树脂外，必须添加固化剂，以及根据需要而加入稀释剂、增韧剂、填料、偶联剂、阻燃剂、颜料及触变剂等。

9.4.2 环氧树脂的固化剂

固化剂是能与环氧树脂反应，使树脂从线型结构交联成体型结构的化合物。固化剂是利用分子中含有的活泼氢，例如-NH$_2$、-NH-、-COOH、-OH 和-SH 中的氢，与树脂中活泼的环氧基进行开环加成反应实现固化的。常用的固化剂有胺类和酸酐类。

1）胺类固化剂的固化反应如下：

$$\sim CH_2-CH-CH_2 \underset{O}{\diagdown} + H_2N-R-NH_2 \longrightarrow \sim CH_2-CH-CH_2-NH-R-NH_2 \atop OH$$

通过多元胺上活泼氢与环氧基的反应能形成体型分子。常用的固化剂乙二胺、二乙烯三胺、三乙烯四胺等在室温即可固化；间苯二胺，4、4'-二氨基二苯基甲烷要在 150℃左右才能固化完全。

2）酸酐类固化剂的固化反应较复杂，主要由酸酐与树脂分子中的仲羟基反应生成单酯，单酯中羧基上的活泼氢打开环氧基生成二酯：

$$\text{[邻苯二甲酸酐]}O + HO-\underset{|}{C}-H \longrightarrow \text{[单酯]} \overset{CH_2-CH\sim}{\underset{O}{\diagup}} \longrightarrow \text{[二酯]}$$

常用的固体酸酐有邻苯二甲酸酐、顺丁烯二酸酐、均苯四甲酸二酐；液体酸酐有甲基六氢邻苯二甲酸酐、甲基内亚甲基四氢邻苯二甲酸酐等。固化温度一般都高于 150℃。为降低固化温度，常加入叔胺作促进剂。

固化剂的种类和用量不同，对环氧塑料性能影响很大。用酸酐固化后的制品，因交联密度大、结构紧密。其耐热性、电气性能及力学性能都比胺类固化剂的好。

9.4.3 环氧树脂的增韧剂

用来提高环氧塑料的冲击强度和热冲击性能，也能降低树脂的黏度（但常使塑料的耐热性降低），常用的有邻苯二甲酸二辛酯。增韧剂中也有活性增韧剂，其分子中带有能参加固化反应的活性基团。一般的活性增韧剂也可作为固化剂，例如多官能团聚酰胺、液体聚氨酯、液体羧基丁腈橡胶、低分子聚酯和聚硫橡胶等。新开发的海岛结构的增韧剂不仅能提高耐冲击性，而且不会降低塑料的耐热性。

9.4.4 其他添加剂

1. 稀释剂

稀释剂作用是大幅度地降低了环氧树脂的黏度，使其便于成型加工。稀释剂分活性和非活性两种。活性稀释剂分子中含有环氧基，除了起稀释作用外，还参与固化（如环氧丙烷丁基醚）。非活性稀释剂有丙酮、甲苯等。使用活性稀释剂时，需适当增加固化剂的用量。

2. 填料

填料作用是降低塑料的膨胀系数，降低固化收缩率和成本。常用的填料有石英粉、氧化铝粉、滑石粉等粉粒填料，此外还有可提高机械强度的纤维状填料和可提高导电性的导电填料等。

环氧树脂不仅可以作复合材料的基体，还可制成粘合剂、涂料、浇注料、泡沫塑料等形式，在电气工业上应用广泛。例如，环氧浸渍漆作为 B 级绝缘漆，浸渍中小型电机定子绕组；环氧无溶剂漆用于大电机定子绕组的真空浸渍；层压制品（板、管、棒）用作电机的槽楔和垫块、高压开关的操作杆；粘合剂用于高压电瓷套管的粘接；浇注料用于六氟化硫组合电器（GIS）中隔离绝缘子、互感器的浇注和高压陶瓷电容器的包封。

第 10 章　光纤光缆材料

10.1　概述

通信是一种信息传递和交换，是人类社会活动的重要工具，是实现社会信息化的基本条件，是经济发展和社会进步的关键。目前世界通信产业正在以前所未有的速度发展。

光纤通信系统是由通过将电信号转化为光信号，然后再通过光纤传输信号，其组成如图 10-1 所示。光缆是光纤通信系统的一个重要组成部分。

图 10-1　光纤通信系统组成示意图

光发射机：光发射机是将电端机送来的电信号转换成光信号，并将光信号耦合到光纤中传输。由驱动电路和光源（发光管和激光管）组成。

光接收站：是将光纤传输来的光信号，经光检测器转换成电信号，再经放大送入电端机。

光纤、光缆：光缆中的光纤是光信号的传输线。它的作用是将光发射机发出的光信号，经远距离传输至光接收机，完成信息传输任务。

中继站：是保证光纤实现远距离和高可靠性传输的设备。它有两种作用：一是由于光纤具有吸收和色散作用，对光信号会产生衰减，利用中继站进行放大补偿光的衰减；二是由于光纤的色散，导致信号波形失真，利用中继站对光信号进行整形，降低信号在传输过程中的噪声误码率，从而保证传输质量。

对于光导纤维，由于最初的光纤损耗很大，故不能付诸实用。1966 年高锟和 Hockman 以及 A. Werts 等提出光纤中的损耗大部分是由光纤材料中的某种物质引起的。1970 年当康宁公司的 Kapron、Keck 和 Maurer 制成了衰减率为 20dB/km 的光纤后，光纤通信才进入了一个大发展时代。

目前，世界上已形成了北美、西欧、远东三个通信发达地区。其中美、英、日本在技术上处于领先地位。制成光纤后的单模光纤损耗可低至 0.16dB/km，已接近石英光纤理论上的最低损耗极限。

我国在光纤通信技术方面的研究起步并不晚。1971～1977 年之间为理论研究阶段。1978～1981 年为试验阶段，1982 年以后为推广应用阶段。近年来发展十分迅速，全国已建立了相当数量光纤通信系统。

我国通信网络建设中应用光缆是从"六五"期间开始的，此后通信产业高速发展，光纤市场平均年增长率达 20%～30%。

由于光纤通信是用光波作为载波，以光纤作为传输媒介来传输信息的，与铜线相比，光纤具有许多优点：

1）直径细：光纤纤芯的直径约 0.1mm，是对称电缆线芯的 1/3～1/4。是同轴电缆同轴管的 1%。

2）质量轻：由于光纤是以玻璃作材料的，因此其密度很小，大约是铜的 1/4。

3）不受电磁干扰：光纤是电的绝缘材料，因此不受电磁感应的影响，也不受核辐射的影响。

4）不产生串扰：光信号几乎是完全被封闭在光纤纤芯中传输，在光纤中几乎不会产生串光，因此不会产生干扰。

5）损耗低：目前光纤损耗可以低至 0.2dB/km，已满足了长距离传输要求。

6）传输频带宽：多模光纤带宽为几百 MHz/km，单模光纤带宽可达 10GHz/km，大大超过了同轴电缆的传输频带，可以实现大容量传输。

7）抗化学腐蚀。

总之，光纤通信有传输容量大、传输距离远、不受外界电磁干扰。可应用于恶劣环境中，易维护、易敷设，以及适用范围宽等优点。

10.1.1 光在介质中的传播

光在介质中传播时，一部分光被吸收，一部分光透过。材料透明性越好，光透过得部分越多，吸收得越少。当一条光投在两种介质的界面上时，除一部分光被吸收外，其余的光会在界面上发生反射和折射，光学的主要性能包括各种透过、吸收、折射、反射等，如图 10-2 所示。

当一条光投在两种介质（折射率分别为 n_1、n_2 且 $n_1 > n_2$）的界面上时，当入射光线 θ_1 小于某一 θ_c 时，光在界面上发生反射和折射，一部分光通过折射进入介质 Ⅱ（包层 n_2）；当光线 θ_1 大至 θ_c 时，折射光从界面掠过；当 $\theta_1 > \theta_c$ 时，光从介质 Ⅰ（纤芯 n_1）射到界面时，光不再进入介质 Ⅱ 中，光能量全部被反射，即从界面返回到介质 Ⅰ 中，这时称全反射。否则，折射会造成光在传播过程中损耗，如图 10-3 所示。

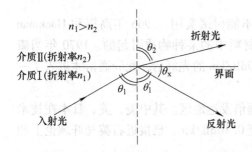

图 10-2 光在两种介质界面的性能

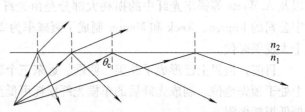

图 10-3 光在两种介质界面的传播

光纤传光原理：以均匀光纤为例。在光纤中，当光纤的纤芯和包层的交界面上产生全反射的光射线时，便会形成波导，经光纤传播（见图 10-4）。光纤结构如图 10-5 所示。

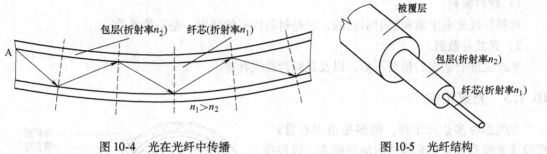

图 10-4　光在光纤中传播　　　　　　　图 10-5　光纤结构

某射线以入射角 θ 从光纤端面 A 点进入光纤，然后以折射角（$90° - \alpha_0$）进入光纤。当该射线在界面上的入射角 θ 满足全反射条件，导波沿光纤传播。

10.1.2　光纤的损耗

光纤单位长度损耗表示为

$$\alpha = \frac{10}{L}\log\frac{P_i}{P_o}$$

式中　α——单位长度损耗（dB/km）；

　　　P_i——输入端光功率；

　　　P_o——输出端光功率；

　　　L——光纤长度。

光纤损耗包括吸收损耗和散射损耗两大类，以吸收损耗为主。

1. 光纤的吸收损耗

物质的吸收损耗作用将传输的光能变成热能，从而造成光功率的损失。造成损耗的因素有很多，但都与光纤材料内部的"谐振"现象有关。在这些"谐振"频率附近，将强烈地吸收光能。吸收损耗包括杂质的吸收、本征吸收及原子缺陷吸收三种情况。

1）杂质吸收

在石英玻璃中，影响最严重的是 OH^- 和各种过渡金属离子如 Fe^+、Cr^+ 等，它们各有自己的吸收带。金属离子含量越多，造成的损耗就越大，为了降低损耗，需严格控制这些金属离子的含量。

另外，水分子中的 OH^- 也会引起严重损耗，在光纤制造中难免受少量水汽的影响，使 SiO_2 光纤中有 OH^- 负离子混入。在金属杂质被提纯后光纤的主要损耗是由 OH^- 引起的。

2）本征吸收

当光纤材料不含任何杂质时，吸收损耗也不能下降为 0，这主要是由于材料本身也有吸收，称为本征吸收或固有吸收。

3）原子缺陷吸收

原子缺陷吸收是由玻璃的热经历或 γ 射线辐射引起的。

2. 光纤的散射吸收

散射作用是引起损耗的另一个原因。散射损耗主要是因为光波在光纤传播过程中遇到光纤不均匀或不连续的情况时，就会有一部分光散射到各个方向去，不能传播到终点，从而造成散射损耗。散射损耗包括材料损耗和光波导散射。

1）材料损耗

材料损耗是由于瑞利散射引起的，它是材料固有的散射，是不能消除的。

2）光波导散射

光纤拉纤时造成的粗细不均，以及光纤弯曲损耗等。

10.1.3　光缆结构

光缆品种多达几十种，但多是由中心管式、层绞式光缆和骨架式光缆结构演变而来。以层绞式光缆为例，它是由多根二次被覆光纤松套管（或部分填充绳）绕中心金属加强件绞合成圆整的缆芯。缆芯外先纵包复合铝带并挤上聚乙烯内护套，再纵包阻水带和双面覆膜皱纹钢（铝）带加上一层聚乙烯外护套组成。层绞式光缆主要有，光纤、油膏、加强件、阻水带、填充芯、护层构成。层绞式光缆的结构图如图 10-6 所示。

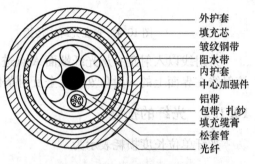

图 10-6　层绞式光缆结构

10.1.4　光缆生产工艺简介

以层绞式光缆的生产工艺为例（见图 10-7）。

首先光纤在氮气保护作用下通过 UV 固化，着上不同的颜色。其次，光纤跟随纤膏一起通过挤塑机进行二次被覆，形成套塑管。然后，套塑管和加强件、填充芯及缆膏一同进行 SZ 绞合成缆芯并绕包上阻水带，最后在缆芯外加上铠装层和外被层起到阻水和防止外界应力和机械损伤的作用。

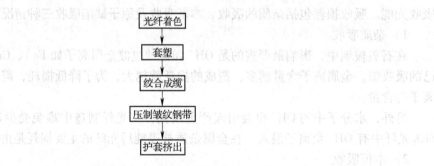

图 10-7　光缆生产流程图

10.2　光纤及光纤被覆材料

10.2.1　光纤材料

1. 光纤材料的要求

光纤的性能直接决定着光缆的传输性能。在实用光纤材料的选择时，需要考虑一系列具体问题，如光衰减、折射率、成纤能力、物化性能，以及生产成本等。其中应特别考虑的问题如下：

1）透明：为了使光纤在特定的波长导光，材料必须完全透明。

2）成型方便：材料必须能够方便的制成细长、柔软的光纤。

3）材料成本：所用材料应是来源丰富，价格便宜的材料。

目前用于制造光纤材料有：石英玻璃、塑料、光子晶体和掺稀土元素的石英玻璃等。

2. 玻璃的主要性质

目前主要使用的光纤材料以石英玻璃为主，石英玻璃光纤在通信领域应用最广，制造技术最成熟。另外有机玻璃、聚苯乙烯光子晶体等也在研究中。

在自然界中最常见的石英就是石英晶体，它是一种坚硬、脆性、难熔的无色固体。它有多种变体。天然石英为 $\beta\text{-SiO}_2$，随温度升高，而逐渐转变成 $\alpha - \text{SiO}_2$ 等变体。石英晶体是原子晶体。石英晶体中的硅原子处于正四面体的中心，分别以单键同处于正四面体顶角的四个氧原子键合形成 SiO_4 四面体，Si-O 在空间不断重复，形成体型大分子石英晶体。结构中 Si 与 O 的原子数之比为 1∶2 故 SiO_2 是石英的最简式。

石英晶体在 1627℃ 左右熔化成黏稠液体，内部结构变成无规则状态，冷却时因为黏度大不易再结晶，变成过冷液体，称为石英玻璃，其中 SiO_4 四面体是杂乱排列的，故其呈无定形透明。它膨胀系数很小，能经受温度剧变，它不溶于水，对各种酸包括强酸、氧化性酸都有抗耐性，但氢氟酸除外。

$$\text{SiO}_2 + 4\text{HF} \rightarrow \text{SiF}_4 + 2\text{H}_2\text{O}$$

石英玻璃是一种特殊的固体物质，是凝固的"液体"或冷却的熔体。其性质有些类似于晶体，有的性质又类似液体。

1）光学性质

石英玻璃透光率极高，纯石英玻璃光吸收极少，理论上只有 0.16dB/km。光在石英玻璃传导产生的损耗主要是 OH^- 和各种过渡金属离子如 Fe^+、Cu^+、Cr^+、Co^+、Ni^+、V^+、Mg^+ 等造成的，它们各有自己的吸收带。如百万分之一的铜离子在波长为 800nm 附近，会造成几百 dB/km 的衰减。而百万分之一的 OH 离子在波长为 800nm 处，会造成 0.1dB/km 的衰减；在波长为 950nm 处，会造成 1dB/km 的衰减；在波长为 1240nm 处，会造成 1.7dB/km 的衰减；在波长为 1390nm 处，会造成 35dB/km 的衰减。所以这些杂质的浓度在光纤中应在百万分之一或十亿分之一。所以，SiO_2 光纤的纯度均要求大于 99.9999%。

2）热性质

热稳定性和耐热性很高，温度高时不会发生老化或化学反应。纯石英玻璃即使在赤热状态下直接放入水中也不开裂。但普通的玻璃受温度剧变时，也会因为产生内应力而破裂。纯石英玻璃膨胀系数很小，为 $5.5 \times 10^{-7}1/\text{K}$。导热系数也很小，玻璃的抗拉强度和导热性越小，膨胀系数越大，越易破裂。

3）力学性质

弹性变形很小，受力后不发生残余变形，有较高的硬度，耐压强度高。玻璃是典型脆性体，在破坏之前，看不出明显变形，耐冲击韧性差。石英玻璃的一些物理性能见表 10-1。

表 10-1　石英玻璃的一些物理性能

性　能	单　位	数　值	性　能	单　位	数　值
密度	g/cm^3	2.2	抗扭强度	MPa	29.4
软化点	℃	1730	杨氏模量	KPa	72.9
抗拉强度	MPa	50	剪切模量	KPa	33
弯曲强度	MPa	66.6	线热膨胀系数	K^{-1}	5.5×10^{-7}

4）化学性质

对酸的抵抗力极强，除氢氟酸外，其他酸对玻璃都不产生腐蚀。但对碱抵抗力较差，而且温度越高，碱液对玻璃破坏作用越大。

5）电性能

纯石英玻璃结构紧密，介电常数很小，只有 3.5 左右，$tan\delta = 0.0002$，$\rho_v = 10^{16}\Omega \cdot m$，而它们与温度和频率关系不大。玻璃的耐电强度在均匀电场中很高，可达 500kV/m，而在不均匀电场中由于边缘效应的影响，在很低的电场下即可发生放电。

光缆中的光纤玻璃是高纯材料，需要特殊制造方法，主要是气相沉淀法，是通过极易挥发的四氯化硅与氧气的气相反应，沉淀出 SiO_2 制成的。

$$SiCl_4 + O_2 \xrightarrow{>400℃} SiO_2 + Cl_2 \uparrow$$

先制成光纤预制棒，然后拉制成光纤。

10.2.2　光纤被覆材料

光纤外径只有 $100 \sim 150\mu m$，而玻璃是脆性易断材料，在不加被覆材料时，由于光纤在空气中裸露，表面缺陷会扩大，并造成应力集中，因而光纤的强度极低，即使在 1N（100gf）左右拉力作用时，光纤也会断裂。为了保护光纤表面，提高其拉伸强度和抗弯强度因而在拉制光纤时要给裸光纤涂覆。

1. 光纤一次涂覆材料

目前已广泛使用一次涂覆材料是有机涂料，它在高温或光作用下，溶剂逐渐挥发，高聚物分子的剩余官能团之间进行反应，最后形成高度交联的热固性漆膜。主要有热固化型和光固化型的有机硅、聚氨酯、环氧树脂等。光纤被覆一般分为两层，内层交联小，比较柔软，可以缓冲光纤的微弯；外层交联大，有足够的机械强度，以保护光纤，并且能够抵抗光纤填充物中的基础油对涂层的溶涨。

对涂料基本要求：流平性能好、热膨胀系数小，而且随温度变化小，耐环境性能好，有适合强度和模量，在使用条件下不析氢，固化收缩小、吸潮小等。同时还必须考虑涂层与光纤的粘接强度和涂层的可剥离性。

1）有机硅涂料

具有耐高温、柔软、弹性好、杨氏模量小且随温度变化小、高低温性能稳定、耐紫外光、耐臭氧、耐辐射、无毒无味、使用方便等优点。是特别适合军用和高可靠的民用光纤一次涂覆层。即可采用热固化也可采用紫外光固化。

2）聚氨酯丙烯酸涂料

聚氨酯丙烯酸涂料耐磨性强、耐水、耐化学腐蚀、耐热、绝缘性好，它比有机硅涂层更薄，固化速度更快。

2. 光纤二次被覆材料

光纤二次被覆是加在光纤一次被覆层或缓冲层上的保护层，它可以保持或提高光纤抗纵向和径向应力的能力，方便后面加工。二次被覆制成套塑管。套塑管分为以下三类：

① 松套管：光纤在光缆中有一定的自由移动空间，这样有利于减小外界机械应力对预涂敷光纤的影响。

② 紧套管：光缆中光纤无自由移动空间，紧套光纤是在光纤涂敷层外直接挤上一层合适的塑料紧套层，紧套光纤光缆直径很小，质量轻，容易剥离、敷设和连接，但较大的拉伸应力会直接影响光纤的衰减性能。

③ 半松半紧套管：光纤的自由移动空间介于松套管和紧套管之间。

要求二次被覆材料热膨胀系数小，短期及长期收缩小，被覆工艺易于控制，被覆管内外光滑，化学及热稳定性好，有适当的拉伸强度和杨氏模量。为适应大芯数光缆用的大松套管还要求被覆材料具有良好的抗弯折性，抗扭性和易开剥性。二次被覆材料主要有聚丙烯、尼龙 12、聚酯弹性体、PBT、氟 – 46、纤维增强塑料、定向拉伸材料（如聚甲醛）以及液晶材料。

1）聚对苯二甲酸丁二醇酯（PBT）

PBT 材料的分子量足够大时，材料的抗张强度、弯曲强度、冲击强度、杨氏模量就高，PBT 松套管就有优良的耐轴向拉力、耐径向侧压力和耐冲击力、对光纤提供最好的保护。

PBT 材料为酯类高聚物，有良好的耐溶剂、耐油、耐化学腐蚀特性，与光纤填充油膏和光缆填充油膏有很好的相容性，得到广泛应用。其主要特性：

① 收缩性小；

② 耐水解性强；

③ 线性热膨胀系数小；

④ 拉伸强度 > 55MPa，弯曲弹性模量为 2.2GPa，易于加工；

⑤ 有良好的耐溶剂、耐油、耐化学腐蚀特性，与纤膏和缆膏有很好的相容性，结晶度高；

⑥ 由于 PBT 材料的熔体流动性好、结晶速度快、成形周期短。

2）尼龙-12

尼龙 12 或尼龙 11 与其他尼龙品种相比，密度小、摩擦系数小、硬度小、耐热冲击性好、脆化温度低（ – 70℃）、使用温度宽广（ – 50℃ ~ +70℃），更可贵的是吸水率极低，分别为 0.7% ~ 0.9% 和 0.2%。

由于尼龙 12 或尼龙 11 的熔点低、熔体黏度也较低，所以可以使用一般螺杆的挤塑机挤制，成型温度较宽。可用普通螺杆加工被覆层，而其他尼龙材料必须使用突变型螺杆专用挤塑机挤制。

3）聚丙烯

优点：加工性能好、吸湿小、密度小、价廉、原料来源丰实。近年来国外开发的具有耐弯折、耐扭结、抗湿热、易开剥及低成本的改性 PP，特别适用于未来的大芯输高密度型光缆。

4）光纤用液晶聚酯

它是目前最新开发的一种高性能光纤二次被覆盖材料，它的特点是高强度、高模量、低线膨胀系数。光纤用液晶聚酯必须保证在适当高强度、高模量的同时，保证低的线膨胀系数和较好的柔软性，并且易于被覆在光纤上。因而必须对常规液晶聚酯进行改性。

目前国外只有少数公司开发了这种新型光纤被覆材料，国内已研制成功用于光纤的以涤纶树脂 PET 为原料之一的液晶聚酯。

10.3　填充阻水材料

在采用各种材料制造光缆的过程中，其内部结构中会产生一些空隙，这些空隙在光缆破损时会成为水和潮气的通路，由此引起的光传输性能的恶化及使用寿命的减少，对光纤造成危害。光缆行业为了消除此类空隙带来的潜在影响，采取了多种方法。目前较为常见的方法是采用填充油膏和膨胀材料，来填充光缆内所有的间隙，以阻止水分和水汽的渗入。

10.3.1　填充油膏

光缆用填充膏主要分两大类：① 填充于直接与光纤接触的场合，例如松套管（松包缓冲管和骨架槽）内，称为纤膏；② 填充在不直接与光纤接触的场合，如缆芯、绞合钢丝空隙间，称为缆膏。纤膏要求更柔软，收缩更小、线膨胀系数更小和清洁。

1. 填充油膏的要求

膏体稳定，高度憎水；与光纤及光缆的其他材料相容性要好，无化学腐蚀，不影响光学和力学性质；在使用温度范围内柔软，线膨胀系数小、热收缩小，有较高的滴点，使用温度下不滴流；材料本身不析氢（或微析氢），在使用条件下不影响光纤衰减；充填容易、控制方便、无毒、使用安全、贮存时间长；易于清洁、便于使用、价格低。这些要求不可能一一满足，应根据具体的使用环境有所侧重。

2. 油膏的组成

填充油膏是将一种（或几种）胶凝剂分散到一种（或几种）基础油中，从而形成一种稠黏性的半固体物质，为了改善有关性能，而需加入少量的抗氧剂（如抗氧剂烷基酚系列及芳胺系列）或其他添加剂（如防腐剂、表面活性剂、氢气清除剂等）。

因而光纤油膏有三个组成部分：基础油、胶凝剂及抗氧剂等添加剂。

1）基础油

基础油是光纤油膏的基材，其质量占油膏的 70%～90%。光纤油膏的一些重要性能如低温柔软性，挥发度等主要由基础油来决定。它是油膏中分散介质。

通常采用矿物油、合成油、硅油三大类。

矿物油：主要由烷烃组成，能满足油膏的基本要求，价廉，但低温性差。

合成油：最常用的是聚 α-烯烃（PAO）和聚异丁烯（PIB）等，其高低温性能均优于矿物油，但价格高。因与矿物油同为 C-H 化合物，可以无限混溶，因而，可将两者混合使用。

硅油：硅油的温黏特性优于其他基础油，如二甲基硅油在 –70～200℃ 之间物理性能基本不变，适用于作为超低温使用的光纤油膏的基础油，但价格高，且与矿物油，合成烃不相混溶。

大多数油的黏度均随温度的降低而增加，为使光缆油膏不至于在低温下过稠，在高温下过稀而影响使用，通常加入一些改进剂，通常是高分子化合物。

2）胶凝剂

胶凝剂又称稠化剂，是一类增稠触变剂，其重量约占光纤油膏的 5% ~20%，增稠触变剂的作用是将流动的基础油增稠成黏稠的不流动的半固体状态。它同基础油一起决定着光纤油膏的一系列性能。

胶凝剂有脂肪酸盐、有机膨润土、气相二氧化硅、石蜡和多种高分子共聚物（如苯乙烯和橡胶的加氢聚合物）。

胶凝剂在基础油中呈分散相，必须长期保持其分散性状，否则光纤松套管内有的地方没有油膏，有的地方油膏结块，松套管中的光纤将因受到不均匀的应力而导致微弯损耗的急剧增加。

应通过正确选择胶凝剂，使基础油分子均匀而牢固的混溶在胶凝剂分子链构成的网架之中，形成稳定的多相分散体。

以气相白碳黑为例（白色 SiO_2 的粉末），表面积常用在 70 ~300 m^2/g 之间。因为 SiO_2 表面有许多 OH 基团，因而是亲水性的，所以在制备 SiO_2 时必须进行改性，使其变成亲油性的，如加氯硅烷、丁醇（偶联剂）等。当 SiO_2 与基础油混溶后，SiO_2 质点表面残留的 OH 基之间形成弱的氢键，将相邻质点相互结合，形成三维网架结构。

当光纤油膏受到外力干扰时，在剪切力的作用下，弱氢键断裂，油膏分子由网状结构变成线状结构，油膏从稠体变成流体。当外力去除后，弱氢键又将相邻质点连接起来，光纤油膏又回到稠黏状态。这就是触变性形成机理。

高聚物胶凝剂近年得到很大发展。如苯乙烯橡胶加氢聚合物。有二嵌段，一端苯乙烯接另一端橡胶链如苯乙烯-丁二烯（SB）嵌段共聚物。三嵌段，苯乙烯在两头，中间橡胶链如苯乙烯-丁二烯-苯乙烯（SBS）嵌段共聚物。形成类似热塑性弹性体的结构。聚苯乙烯段提供膏体的触变部分。增稠作用是聚丁二烯橡胶分子段缠绕所造成的。

10.3.2　吸水膨胀材料

吸水膨胀材料有膨胀油膏、阻水带、阻水绳、阻水纱。其阻水作用是通过遇水膨胀来实现的。可以将高吸水材料加到油膏或粘在无纺布上。阻水带是用粘接剂将吸水树脂附在两层聚酯纤维无纺布中间构成的带状材料。当渗入光缆中的水与阻水带中的吸水树脂相接触时，吸水树脂就迅速吸收渗入水，其自身体积迅速膨胀数百倍甚至上千倍，膨胀体积充满光缆间隙，从而阻止水进一步在光缆纵向和径向流动，达到阻水目的。还可以制成干式光缆，在很大程度上改善光缆施工时接续及维护工作条件，提高工作效率。

膨胀物质是吸水树脂，有天然的，也有合成的。主要有三类：以纤维素为基的衍生物、丙烯酰胺、聚丙烯酸酯。主要是聚丙烯酸盐。

对它们的主要要求是耐热，遇水迅速膨胀成高黏性凝胶且在高温下亦有长期的凝胶稳定性、没有粉末问题、无生物降解、不产生腐蚀等。阻水带除应具有良好的阻水性能和化学稳定性外，我们最关注的是阻水带在一定的时间内的吸水速率，另外阻水带还必须有良好的热稳定性，能承受成缆时瞬时高温，还应有良好的机械强度。

吸水树脂实际上就是交联的水溶性高分子化合物，最主要的水溶性化合物有聚丙烯酸、聚丙烯酰胺、聚乙烯醇等。在这些材料的分子内含有大量的亲水基团，与水短时间接触就会吸水膨胀，可以吸收自重成百倍甚至成千倍的水，且有较好的保水性。以适度交联的聚丙烯酸钠吸水树脂为例。聚丙烯酸钠是以丙三醇作为交联剂形成的树脂，其结构如下：

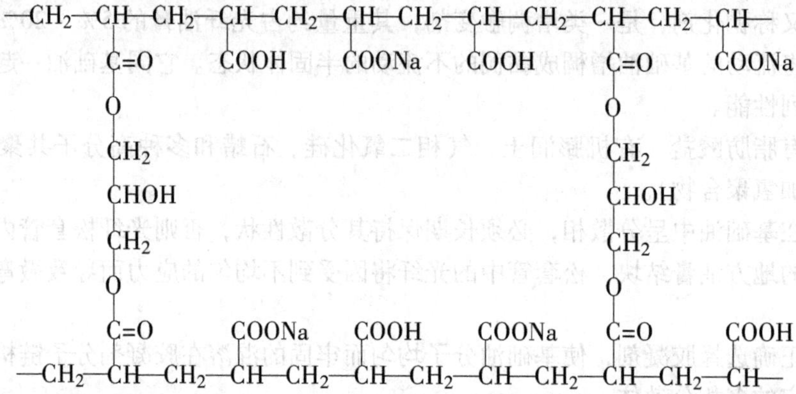

当水与交联聚丙烯酸钠接触时，水分子进入网链结构中，而固定在高分子羧基上的（-COO⁻）上 Na⁺ 与水接触而离开高分子链，因而分子链上带有众多负电荷。由于同种离子相斥力的作用，高分子链伸展开来（溶胀）。由于水分子呈极性，与分子链上负电荷有强烈的亲和作用，使水牢固的吸附在网链中，加上高分子网链结构弹性，使其膨胀吸附大量的水分子，形成水凝胶。因为凝胶是电中性的，Na⁺ 不能自由地迁多到凝胶外面去。聚丙烯酸钠是聚合物电解质，在水溶液中可电离出正负离子，特别是 O⁻ 离子与聚合物链相连（见图 10-8）。

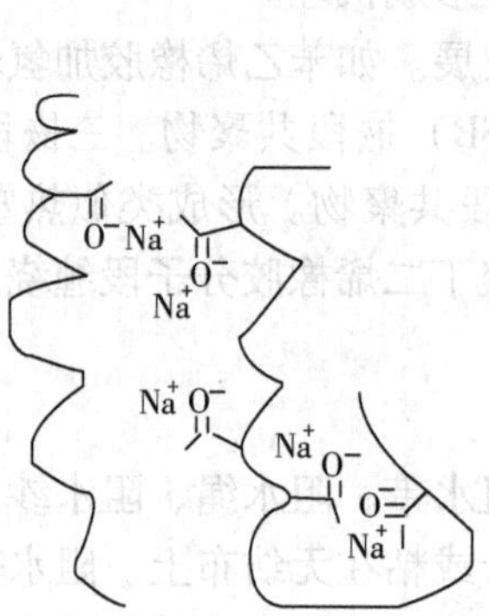

图 10-8　聚丙烯酸钠吸水树脂的溶胀机理示意图

10.3.3　热溶胶

为了防止光缆铠装层径向和纵向渗水，需用热溶胶对光缆铠装复合带的搭接缝进行粘接，或者用热溶胶做光缆阻水环，代替缆用填充油膏和干性阻水带，来阻止水对光缆的渗入。光缆用热溶胶必须具有粘接力强、粘接应力分布均匀、固化速度快、热稳定性好、老化性能好，以及和其他缆用材料相容性好的特点，还应有良好的韧性和低温柔性，以保证光缆在较宽温度范围内能缓冲外来的冲击力。

热溶胶作用：

1）增强剥离强度，对光缆铠装复合带的搭接进行粘接；

2）用于束管光缆还可以减少套塑管的收缩；

3）阻水作用。

10.4　光缆用加强件材料

光缆加强件置于光缆中心（或外层），是用于承受光纤可能受到的机械应力的部件，抵御光缆敷设和应用中可能产生的轴向应力，保证光纤和光缆在较大的张力作用下有较小的应变。要求有较大的抗张强度和小的延伸率，放线张力 > 180N，加强芯的伸长量应与松套管的伸长一致。常用的加强件主要有以下几种。

1. 磷化钢丝

光缆中心金属加强件多用磷化钢丝而不用镀锌钢丝。因为光缆用阻水油膏呈酸性，锌元素属于活泼金属会置换出氢，氢的扩散和渗透使光纤产生氢损。选用磷化钢丝可防止光纤的氢损。磷化钢丝是在高碳钢丝表面镀上一层均匀、连续、牢固的磷化层。磷化层的重量应大于 $3g/m$。

2. 玻璃钢圆棒（FRP）

玻璃钢中心加强件为非金属加强件，其主要特点是重量轻、力学性能和抗电磁干扰能力强。当光缆需要用于雷电频繁区和防强电场作用的电场，例如高压电力输电线路上的全介质自承式光缆（ADSS）光缆中心加强件应选用玻璃钢加强件，以达到免遭雷电和电场作用的目的。

FRP 受力元件中玻纤应采用玻纤耐酸高硅氧 S 型。FRP 是热固性纤维增强塑料，其最大特点是，它既有纤维一样弹性模量大、拉伸强度高等优点，又具有钢绞线一样的刚性，它在低温收缩时，是一个良好的抗收缩支撑元件，使光缆低温衰减不变化，甚至有很大改善。

3. 芳纶纱

架设在高压电力输电线路上的全介质自承式光缆（ADSS 光缆），其重量不是靠悬挂钢索支承，而是靠光缆自身配置的抗拉元件玻璃钢圆棒和芳纶纱来支承自重和抗拉。芳纶纱的优点的重量轻、拉伸强度大。通常，芳纶纱被放置在光缆的内外护套之间，以赋予光缆大的纵向拉伸强度。一般，用芳纶纱作为标准元件的 ADSS 光缆的跨度范围为 75～1000m。

以上几种加强件的技术参数对比表，见表 10-1。

表 10-1　几种加强件的技术参数对比表

类　别	FRP	磷化钢丝	芳　纶
杨氏模量	≥50GPa	≥190GPa	≥115GPa
拉伸强度	≥1100MPa	≥1570MPa	≥2800MPa
断裂延伸率	≤3.5%	≤3.0%	≤2.5%
热膨胀系数	$6～7×10^{-6}/℃$	—	$-2×10^{-6}/℃$ $(0～100℃)$

2）用卡木帮助改善可以做交联配置的机械。

3）基本作用。

第 11 章　气体电介质和液体电介质

11.1　气体电介质

在电线电缆和其他电气设备中，气体电介质获得了广泛的应用。一方面，可以将气体电介质直接作为绝缘材料使用，另一方面，在固体电介质（绝缘材料）中，难免有气隙、气泡，这时气体是作为电缆绝缘中的有害物质，研究它的存在对电缆绝缘性能的影响，也是确保电缆质量所必要的。因此，研究气体电介质具有双重意义。

11.1.1　气体作为电缆绝缘材料的要求

在低的电场强度且没有强烈的电离因素（如紫外光、热）存在时，常温常压下的干燥气体其电气性能较好，如 $\rho_v = 10^{14} \sim 10^{17} \Omega \cdot m$，$\varepsilon_r \approx 1$，$\tan\delta = 10^{-6}$，$E_b = 3MV/m$。其中除击穿场强低于液体、固体外，其他电性能是相当好的。特别由于气体的 ε_r 稳定和 $\tan\delta$ 很小。空气电介质的另一特点是化学稳定性高。气体作为电缆绝缘材料的要求如下：

1）较好的电绝缘性，特别是起始游离电场强度和耐电强度高；

2）化学稳定性好，对接触导电材料、绝缘材料、护层材料成惰性；

3）气体应无毒、无害的中性气体；

4）不燃、不老化、不易放电分解；

5）液化温度尽可能低，否则环境温度下降或电缆有压力时气体凝结成液体，会影响绝缘性能；

6）热容量大、导热性好，使电缆温升降低，提高载流量；

7）制备方便、来源广、成本低，运行中易维护。

以上这些要求在实际中不可能一一满足，因此要根据具体情况，从使用的要求出发，确定首先满足那几条。

11.1.2　气体电介质的一般特性

气体在电工技术中是不可缺少的一种电介质，作为绝缘材料它的优点有：

1）介电常数非常小，接近于 1；

2）化学性质稳定，气体分子结构简单，通常有较强共价键组成；一般不老化、不燃、不爆；

3）由于气体的流动性，既使绝缘击穿后，被破坏的分子可以瞬时散逸或恢复；作为绝缘有自愈性。

4）密度小、重量轻；

5）热交换能力大，电流过载能力强。

气体作为绝缘介质使用，问题也比较突出。它存在两方面不足：一是耐电强度低。比液体和固体的绝缘材料要差得多；二是不能单独作绝缘使用，一般是要和固体介质联合使用。固体作为支撑材料使用，一般固体电介质的 ε_r 和 $\tan\delta$ 大，所以联合使用后，使总的 ε_r 和 $\tan\delta$ 较单独使用气体时有所上升。

11.1.3 常用气体电介质

常用气体电介质是以空气为主，其他有氮气、二氧化碳等天然介质。此外还有人工合成的气体，如六氟化硫、氟利昂等。

1. 空气

空气是自然界分布最广、最廉价，取之不竭，用之不尽的气体电介质。所以空气是应用最广泛的一种气体电介质。

空气由 78% 的氮气、21% 的氧气、1% 的其他成分组成。此外，空气中还有尘埃、烟灰、工业废气，水分（冬夏不一）、盐雾（沿海）、惰性气体等。

温度和湿度对空气的介电常数影响较大。

2. 氮气

空气虽然有很多优点，但其中含有 21% 的氧气及其他杂质，当与金属材料相接触时，会引起氧化反应而腐蚀，而氮气化学稳定性好，又是惰性，不助燃，所以在电工设备中经常使用压缩氮气，由于不含氧，它还可以保护其他材料不受氧化，其电性能与空气相近。

3. 六氟化硫（SF_6）

凡是由卤素元素 F、CL、Br、I 结合的气态卤化物，统称为电负性气体，它捕捉电子能力强，有更高的击穿场强，六氟化硫是常用的电负性气体，它无色、无臭、无毒和不燃不爆，是电负性又很强的惰性气体。

六氟化硫气体特点如下：

1）击穿场强高，是空气的 2.3 倍，在不均匀电场中达 3 倍；

2）灭弧性好，其灭弧能力是空气的 100 倍。这与六氟化硫电负性很强有关；

3）有好的化学稳定性，它 500℃ 不分解，在 150℃ 不与酸、碱、氧气、铜反应；

4）纯的六氟化硫气体无毒，但其密度比空气大，会聚集在地面，应防止工作人员因缺氧而窒息。

六氟化硫相对于其他电负性气体，高压绝缘安全，价格低廉。主要应用在全封闭组合电器、大容量断路器、避雷器及高压套管中，国外充气电缆中也有用六氟化硫作为绝缘介质。

11.2 液体电介质

液体电介质主要有天然的矿物油和人工合成油两大类。它们主要用于变压器、电力电缆、电容器、油断路器等电工设备中起绝缘浸渍、冷却和填充作用。在油断路器中还起灭弧作用，在电容器中还起贮存能量作用。液体电介质与气体电介质一样有流动性，所以击穿后有自愈作用，而其耐电气强度比气体高，一般为 18MV/m 左右，工程上对液体电介质的要求如下：

1）电气性能好，E_b、ρ 要高，$\tan\delta$ 和 ε 要小，而且随温度变化也小；

2）在高温、高电场、氧气的作用下性能稳定，不易分解或放出各种气体而使液体介质本身被破坏或腐蚀接触材料；

  3）闪点要高，凝固点要低；

  4）在油断路器中使用时要求灭弧性能好，在电弧作用下分解出的碳粒少；

  5）无毒、价格低廉、来源广。

以上各项要求也必须报据实际情况而定。

11.2.1 矿物油

它是由石油经提炼精制而得。

1. 矿物油的组成

矿物油主要成分是各种碳氢化合物，如烷烃和环烷烃，和少量的芳香烃及不饱和烃。此外，还有硫、氧、氮等多种元素。各种矿物油由于产地不同，其组分也有差异。

烷烃和环烷烃属于饱和烃，化学稳定性好，介电性能稳定，黏度随温度变化小。芳香烃虽有不饱和键，但也比较稳定，它有一大特点，即在电场作用下不但不析出气体，而且能吸气，这对绝缘油的防电场老化很有益，所以在石油的精制过程中不能把芳香烃全部除去，但也不能留得太多，过多的芳香烃会使油的黏度上升，凝固点提高。

矿物油中还有少量的不饱和烃，烯烃或炔烃，它们是不稳定的成分，在一定的条件下容易氧化、聚合、分解导致油中放出气体，出现水分、酸素、树枝状物质等而恶化绝缘油的性能，所以不饱和烃要设法清除干净。

2. 矿物油的加工

从油矿开采的石油，在 $150 \sim 160℃$ 范围分馏得汽油；温度上升至 $160 \sim 300℃$ 分馏得煤油；在 $300 \sim 350℃$ 下分馏的重油，这就是绝缘油的原油。重油再经分馏、精制，并加入适当的添加剂就可得到各种绝缘油。下面以变压器绝缘油的处理为例加以说明：

将在 $280 \sim 360℃$ 分馏后得到的变压器油原油，先经加入 $8\% \sim 15\%$ 的浓硫酸处理，除去原油中的不饱和碳氢化合物。再加入适量的碱（ $NaOH$ ）使之与剩余的硫酸中和，然后再用热的蒸馏水洗油，以除去油中的 Na_2SO_4 及其他水溶性物质。经澄清排水后还残留水分，所以须将油加热干燥除去水分。但不可能把油中的水分、酸、碱等杂质除净，一般可再经白土（ $AL_2O_3 \cdot mSiO_2 \cdot H_2O$ ）、硅胶等进行精制处理。在加热的同时进行搅拌，杂质就可以被吸附剂所吸附，然后把这些杂质和吸附剂再经过滤除去，即可获得所需的纯净的变压器绝缘油。为了改善绝缘油的防老化性，可加入适量的添加剂，如抗氧剂、抗电场老化剂等。

电缆油和电容器油的处理方法与变压器油基本相同，但对电性能要求更高，所以须经酸、碱、白土反复处理，直到符合要求为止。

绝缘油在精制过程中要处理适当，由于精制的深度不同，绝缘油分为三种情况：

  1）精制不足的油呈深黄色，这种油杂质含量太多，性能差，不能使用；

  2）精制适当的油呈淡黄色，杂质少，性能好，长期使用不易老化；

  3）精制过度的油呈透明无色，新油性能很好，但使用后极易老化，这是因为把能起抗氧作用的芳香烃清除太彻底所致，所以也不合适。

3. 绝缘油的性能

表 11-1 列出了常用的几种矿物绝缘油的主要特性。

表 11-1　绝缘矿物油的主要性能

种类 性能	高压电缆油 (110~330kV)	变压器油	电容器油	开关油 (25#变压器油)
闪点/℃	125	135	135	135
凝固点/℃	-60	-45 ~ -35	-45	-45
酸值/(mgKOH/g)	0.01	0.05	0.02	0.05
ε_r(60℃)	—	—	2.2	—
$\tan\delta$, ≤ (100℃, 50Hz)	0.0015	0.005 (20℃)	0.004	—
E_b/(MV/m)	50	25 ~ 40	60	—
ρ_V/Ω·m (20℃)	$10^{12} \sim 10^{14}$ (25℃)	$4 \times 10^{12} \sim 5 \times 10^{15}$	$> 5 \times 10^{12}$	—
运动黏度/(m²/s) (20℃)	$8 \sim 18 \times 10^{-8}$	30×10^{-8}	$37 \sim 45 \times 10^{-8}$	30×10^{-8}

由表 3-1 可见，高压电缆油、电容器油的性能要求比变压器油高些，这也是根据实际情况而定的。一般而言，电容器油的工作场强要求最高，电缆油略低，而变压器油最低。对性能的影响参数如下：

1）凝固点对室内电工设备影响不大，而对户外用的电工设备，尤其是在我国东北寒冷地带影响很大。如户外用电缆、油断路器、变压器等，当冬天温度下降，如油凝固了不能流动，即将会造成故障。因而户外油断路器在东北于冬天使用时，要装特殊的加热装置，以确保油有良好的流动性。

2）黏度也是绝缘油的一个重要指标。黏度低，油的流动性及浸渍性均好，散热快，灭弧性能也好，但黏度太低，其耐冲击电场强度低并容易挥发。当挥发物浓度达到一定程度时会引起燃烧甚至发生爆炸，所以黏度要选择适当。

3）酸值是指油中有机酸的含量，用中和一克油中的有机酸时所需的 KOH 的毫克数表示。当油与空气中的氧气接触而被氧化时，生成醛或酮和有机酸，这些氧化物的存在使油的电阻率下降，介质损耗角正切值上升，同时还会腐蚀与其接触的材料，所以通过酸值的测定，可以判断绝缘油的老化程度。

4）闪点指油在加热条件下，当其蒸汽与空气混合后，再靠近火焰时，有闪光和爆炸的现象，这时温度称为闪点。继续加热，如果闪光时间达 5s，对应温度称为燃点。闪点越低，越易燃烧。

4. 矿物油的老化及防老化

绝缘油在长期使用过程中，在电场作用下会发热并与空气接触后氧化而发生老化。当存在某些金属如铜、铁、锌时，则更会对油的氧化起催化作用。在油的贮存、运输过程中也会老化或被污染。如果在高温下使用或局部过热，则会使油裂解而生成低分子的烃类化合物，因而降低油的闪点。在油断路器中由于电弧的高温作用，会使油分解出导电碳粒，另一方面油还会吸潮。这些综合作用的结果（其中以氧和热为主）使油老化，颜色变深，黏度、酸值增大，闪点及介电性能下降。为了防止油的老化，采取加强散热是一个很有效的措施。如变压器的外部装有很多管道，就是为了增加散热面积，降低油温；第二个措施，即尽量使油与空气隔绝，防止氧化的发生。还可以加入各种抗氧剂（如 2，6-二叔丁基对甲酚等），使氧化不易发生。为了保证充油电工设备的正常运行，除了上述措施以外，还要经常检查绝缘油的各项物理化学指标，发现性能不合规定时就要进行再生处理。近年来使用气相色谱法来监视和分析油中组成的变化，既快又准确，在各工厂及使用部门已得到大量推广应用。

5. 矿物油的再生处理

1）压力过滤法：用压滤机将已老化或污染了的油通过压滤机进行过滤，能除去油中的机械性杂质、油泥和水分，这是最常用的一种简便方法。但是为了使油能顺利地通过压滤机，通常要将油加热来降低黏度，但过滤时要与空气接触，在热和氧的共同作用下会使油加速氧化而增加酸值。

2）真空喷雾法：在一定的真空度下，将油加热喷雾以除去水分、杂质、油泥等，在处理结束时可加入适量抗氧剂。

3）电净化法：这是将不合格的油通过直流电场（$U = 10 \sim 40kV$ 以上），使油中的水分、纤维、油泥等杂质被电离，正离子移向阴极，负离子移向阳极而后吸附在极板上，达到使油净化的目的。

4）白土硅胶再生法：当绝缘油的老化不是太严重的情况下，可以利用白土或硅胶的优良吸附能力除去油中气体、水分及其他杂质，再生效果较好。

此外，还可以加热通干燥 N_2 或空气除湿。如果油的老化较严重，那么要采用与提炼精制绝缘油时类似的方法进行处理，即用酸碱处理、水洗、白土吸附的方法。但这种处理方法成本太高，所以只用于要求特别高的场合。

11.2.2　合成油

通过人工用化学方法合成的绝缘油称合成油，常用的有十二烷基苯、硅油、聚异丁烯等。它们的主要性能见表 11-2。

表 11-2　常用合成油的主要性能

性能 种类	ε_r （85℃）	$\tan\delta$ （80℃，50Hz）	E_b /（MV/m）	$\rho/\Omega \cdot m$ （80℃）	凝固 点/℃	闪点/℃	运动黏度/（× $10^{-6} m^2/s$）（20℃）	吸气性	可 燃 性
甲基硅油	2.5	3×10^{-4}	16	10^{13}	-55	266	9 ~ 1050	差	不燃
苯甲基硅油	2.8	5×10^{-4}	18	10^{12}	-45	280	100 ~ 200	优	不燃
十二烷基苯	2.17	2×10^{-4}	24	10^{13}	-60	135	7	优	可燃
聚异丁烯	2.2（60℃）	1×10^{-4}	20	10^{13}	-60	252	13820		可燃

1. 十二烷基苯

它是由石油中的煤油分馏，截取平均碳原子为十二的直链烷烃，经氯化后再与苯起烷基化反应制得。其分子结构为

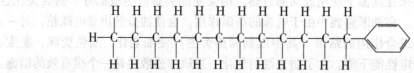

由结构可见，十二烷基苯的结构比较对称，含有庞大的苯环，所以热稳定性和介电稳定

性好。在强电场作用下，非但不放出气体，而且还能吸气。但铝、铅、锌、锡等对它的稳定性有些影响，其中以铝、铅对它的 tanδ 影响较大。

2. 硅油

它是一种线形低分子量的有机硅聚合物，是由二烃基二氯硅烷和三烃基氯硅烷经水解缩聚反应而得。其分子结构为

$$R-\underset{\underset{R}{|}}{\overset{\overset{R}{|}}{Si}}-O-\left[\underset{\underset{R}{|}}{\overset{\overset{R}{|}}{Si}}-O\right]_n-\underset{\underset{R}{|}}{\overset{\overset{R}{|}}{Si}}-R$$

式中，$n = 2 \sim 10$，R 可以为甲基〔$-CH_3$〕、乙基〔$-C_2H_5$〕及苯基〔$-C_5H_6$〕。

硅油的化学组成与矿物油和十二烷基苯不同，在硅油分子中除了有与上述二类油相同的碳、氢成分外，还有 Si 和 O，因此它的性能就有一系列的特点：

1）硅油分子的主链是由硅氧键组成，而 Si-O 键的键能高为 $455kJ/mol$，所以形成硅油的最大特点即耐热性高，工作温度可达 $200℃$，且不易氧化、不碳化、不易燃烧。

2）硅氧键是极性键，因为氧的电负性为 3.5，硅为 1.8，电负性差值为 1.7，应该是强极性的介质。但从结构式可见，在主链的周围被非极性的烃基如 |$-CH_3$|、|$-C_2H_5$| 及 |$-C_5H_6$| 所包围，因此对外呈弱极性，$\varepsilon = 2.6$ 左右，分子间力也小，硅氧键比较柔软，所以整个分子链的柔软性大，使硅油黏度与温度的关系较小，它在很大的温度范围内黏度变化小，如硅油从 100℃ 降低 -70℃ 时黏度只差几十倍。同样的情况下，矿物油的黏度要差上千倍。也由此，硅油的耐寒性也好，直到 -80℃ 还保持足够的耐寒性。

也由于上述同样的原因（非极性的烃基包围在主链的周围），所以硅油具有憎水性，对酸、碱、盐的作用稳定，对金属没有腐蚀性。

3）硅油的 tanδ 低，而 ε 较矿物油略高，它们在 $-40 \sim +45℃$ 适合作耦合电容器，频率超过 10^8，tanδ 有所上升，因此不宜作高频电容器的介质。甲基硅油在高电场下容易老化，而苯甲基硅油的局部放电的起始场强和熄灭场强都比矿物油高，对电场的老化稳定性高，且能吸气，通常工作场强可以取得高些。一般来说，硅油的黏度较大，冷却效果差。

3. 聚异丁烯

它是由异丁烯经聚合而成，分子结构式：

$$\left[\begin{array}{c}\overset{CH_3}{\underset{CH_3}{|}}\\|\\C\\|\end{array}\overset{H}{\underset{H}{\overset{|}{C}}}\right]_n$$

当 n 较小、分子量低时，它是液态；当 n 较大、分子量高时，它是固态，由分子结构可见，它结构对称，是非极性介质，ε 和 tanδ 的值均很低，并随温度、频率变化很小。

聚异丁烯的特点是高温下的介电性能好，在电场作用下的抗吸气性能比矿物油好，在电力电缆和电容器中都有应用。

参考文献

[1] 王春江. 电线电缆手册：第1册 [M]. 2版. 北京：机械工业出版社，2001.

[2] 徐应麟. 电线电缆手册：第2册 [M]. 2版. 北京：机械工业出版社，2001.

[3] 韩忠洗. 电缆工艺原理 [M]. 北京：机械工业出版社，1991.

[4] 汪景璞，邹元. 电缆材料 [M]. 北京：机械工业出版社，1983.

[5] 马德柱，何平笙，徐种德，等. 高聚物的结构和性能 [M]. 北京：科学出版社，1999.

[6] 巫松桢，谢大荣，陈寿田，等. 电气绝缘材料科学与工程 [M]. 西安：西安交通大学出版社，1996.

[7] 陈骓暇. 材料物理性能 [M]. 大连：大连理工大学出版社，2007.

[8] 赵敏. 改性聚丙烯新材料 [M]. 北京：化学工业出版社，2010.

[9] 潘祖仁. 高分子化学（第三版）[M]. 北京：化学工业出版社，2003.

[10] 张海，赵素合. 橡胶及塑料加工工艺 [M]. 北京：化学工业出版社，1996.

[11] 成都科技大学. 塑料成型工艺学 [M]. 北京：中国轻工业出版社，1995.

[12] 王永强. 阻燃材料及应用技术 [M]. 北京：化学工业出版社，2003.

[13] 赵翠琴. 交联工艺学 [M]. 北京：机械工业出版社，2001.

[14] 李长明. 高分子材料绝缘化学基础 [M]. 哈尔滨：哈尔滨工业大学出版社，2007.

[15] 虞钟华. 热塑性弹性体及其在汽车中的应用（上）[J]. 上海化工，2005（1）.

[16] 虞钟华. 热塑性弹性体及其在汽车中的应用（下）[J]. 上海化工，2005（2）.

[17] 蔡小平，陈文启，关颖，等. 乙丙橡胶及聚烯烃类弹性体 [M]. 北京：中国石化出版社，2011.

[18] 邢萱. 非金属材料学 [M]. 重庆：重庆大学出版社，1994.

[19] 化工部教育培训中心. 橡胶、配合剂与胶料配方知识 [M]. 北京：化学工业出版社，1998.

[20] 陈炳炎. 光纤光缆的设计和制造 [M]. 2版. 杭州：浙江大学出版社，2011.

[21] 胡赓祥，钱苗根. 金属学 [M]. 上海：上海科学技术出版社，1980.

[22] 张开. 高分子物理 [M]. 北京：化学工业出版社，1981.

[23] 伊阳，张清辉，李锦文. 无卤阻燃聚烯烃电缆料研究进展 [J]. 电线电缆，2008（4）.

[24] 王澜，王佩璋，陆晓中. 高分子材料 [M]. 北京：中国轻工业出版社，2009.

[25] 胡先志. 光纤与光缆技术 [M]. 北京：电子工业出版社，2007.

[26] 顾书英，任杰. 聚合物基复合材料 [M]. 北京：化学工业出版社，2007.

[27] 黄发荣，周燕，等. 先进树脂基复合材料 [M]. 北京：化学工业出版社，2008.

[28] 孙微，贺福. 高端新产品 碳纤维复合芯电缆 [J]. 化工新型材料，2010（6）.

[29] 李宗鹏. 关于光缆材料与填充复合物相容性的探讨 [J]. 电线电缆，2008（6）.

[30] 阳范文，戴李宗. 动态硫化热塑性弹性体的制备、性能、应用 [J]. 合成材料老化与应用，2004（2）.

[31] 刘江滨，陆根生. 电缆用热塑性弹性体 [J]. 光纤与电缆及其应用技术，2000（6）.

[32] 王春江. 阻燃聚醚型聚氨酯热塑性弹性体在野外特种用途通信电缆中的应用 [J]. 电线电缆，2007（5）.

[33] 顾振军，于威廉. 电介质化学 [M]. 北京：机械工业出版社，1989.

[34] 吕百龄，等. 实用橡胶手册 [M]. 北京：化学工业出版社，2010.

[35] 夏炎. 高分子科学简明教程 [M]. 北京：科学出版社，2000.

[36] 赵忠，丁仁亮，周而康. 金属材料及热处理 [M]. 北京：机械工业出版社，2008.